普通高等教育智能飞行器系列教材
航天科学与工程教材丛书

空天飞行器智能感知与控制

王靖宇　张　烨　谭明虎　韩治国　张　科　编著

科学出版社
北　京

内 容 简 介

本书对空天飞行器智能感知与控制相关的基本理论、方法及典型应用进行了全面而深入的阐述。全书内容从绪论开篇，介绍数据解译与特征工程的基础理论，深度学习和强化学习的核心方法，以及在空天飞行器中实现高效的目标感知和制导控制，最后探讨空天飞行器在博弈制导与控制环境下的应用策略。全书结构严谨、内容丰富，旨在通过理论与实践的结合，为读者呈现空天飞行器智能技术发展的立体视角，特别是相关智能算法的仿真代码及其在实际应用场景中的具体实例，可加深读者对理论内容的理解并提高所介绍方法的可操作性。

本书可作为航空航天类、电子信息类、控制类相关专业高校高年级本科生和研究生教学用书，也可供空天飞行器相关领域科研人员和工程技术人员阅读和参考。

图书在版编目（CIP）数据

空天飞行器智能感知与控制 / 王靖宇等编著. -- 北京 : 科学出版社, 2024. 11. --(普通高等教育智能飞行器系列教材)(航天科学与工程教材丛书). --ISBN 978-7-03-080209-5

Ⅰ. V475. 2-39

中国国家版本馆 CIP 数据核字第 2024RU7618 号

责任编辑：祝　洁 / 责任校对：崔向琳
责任印制：徐晓晨 / 封面设计：迷底书装

科学出版社出版
北京东黄城根北街 16 号
邮政编码：100717
http://www.sciencep.com
北京中石油彩色印刷有限责任公司印刷
科学出版社发行　各地新华书店经销
*
2024 年 11 月第　一　版　开本：787×1092　1/16
2024 年 11 月第一次印刷　印张：15
字数：350 000

定价：108.00 元

“普通高等教育智能飞行器系列教材”编委会

主　　任：岳晓奎

副 主 任：张艳宁　陈　勇

委　　员（按姓氏笔画排序）：

万方义　王明明　王　鹏　王靖宇　石小江

师　鹏　吕　翔　朱学平　刘存良　孙瑾秋

李永波　李亚超　李军智　杨智春　肖　洪

沈　飞　沈　勇　宋笔锋　张　弘　张　迪

张　栋　孟中杰　卿新林　郭建国　曹建峰

龚春林

序

星河瑰丽，宇宙浩瀚。从辽阔的天空到广袤的宇宙，人类对飞行、对未知的探索从未停歇。一路走来，探索的路上充满了好奇、勇气和创新。航空航天技术广泛融入了人类生活，成为了推动社会发展、提升国家竞争力的关键力量。面向“航空强国”“航天强国”的战略需求，如何培养优秀的拔尖人才十分关键。

“普通高等教育智能飞行器系列教材”的编写是一项非常具有前瞻性和战略意义的工作，旨在适应新时代航空航天领域与智能技术融合发展的趋势，发挥教材在人才培养中的关键作用，牵引带动航空航天领域的核心课程、实践项目、高水平教学团队建设，与新兴智能领域接轨，革新传统航空航天专业学科，加快培养航空航天领域新时代卓越工程科技人才。

该系列教材坚持目标导向、问题导向和效果导向，按照“国防军工精神铸魂、智能飞行器领域优势高校共融、校企协同共建、高层次人才最新科研成果进教材”的思路，构建“工程单位提需求创背景、学校筑基础拔创新、协同提升质量”的教材建设新机制，联合国内航空航天领域著名高校和科研院所成体系规划和建设。系列教材建设团队成功入选了教育部“战略性新兴领域‘十四五’高等教育教材体系建设团队”。

在教材建设过程中，持续深化国防军工特色文化内涵，建立了智能航空航天专业知识和课程思政育人同向同行的教材体系；以系列教材的校企共建模式为牵引，全面带动校企课程、实践实训基地建设，加大实验实践设计内容，将实际工程案例纳入教材，指导学生解决实际工程问题、增强动手能力，打通“从专业理论知识到工程实际应用问题解决方案、再到产品落地”的卓越工程师人才培养全流程，有力推动了航空航天教育体系的革新与升级。

希望该系列教材的出版，能够全面引领和促进我国智能飞行器领域的人才培养工作，为该领域的发展注入新的动力和活力，为我国国防科技和航空航天事业发展作出重要贡献！

侯晓

中国工程院院士　侯晓

前　言

本书是在教育部开展战略性新兴领域“十四五”高等教育教材体系建设工作的指导下，根据教学和科研实践撰写完成。

空天飞行器智能感知与控制是在自动化系统中，特别是在空天飞行器中，采用先进的计算机技术、感测器件、人工智能算法和机器学习技术来实现飞行器的高效、精确的控制和对周围环境的敏锐感知的技术学科。这种技术使飞行器能够在各种复杂情况下完成任务，同时提高飞行安全和效率，主要包括模糊控制、目标检测与识别、机器学习、神经网络和强化学习等方法内容。智能感知是指飞行器使用各种传感器收集的数据，运用图像处理、数据分析和模式识别等技术，对环境进行感知和理解；智能控制主要是指使用各种控制策略确保飞行器按照既定路径飞行，同时响应外部变化和内部系统状态的变化。同时，智能感知与控制也是航空航天类专业高年级本科生及研究生需要掌握的专业基础知识，对从事航天器设计、研究和研制的工程技术人员，也是不可缺少的理论基础。空天飞行器的智能感知与控制技术能够大幅提升无人机、卫星、飞机以及其他类型飞行器的自主功能，使其能够执行复杂的勘测、搜救、监视、通信和战术任务，是各类航天飞行器总体设计、控制系统设计和效能分析的重要依据。

本书不仅对空天飞行器智能感知与控制领域的基本理论、方法及典型应用进行全面而深入的阐述，还介绍能够启迪和开拓读者思维的智能感知与控制领域前沿问题，并在部分章节配有与工程实际问题相结合的应用算例。本书内容注重基础性、综合性、全面性、充实性和前沿性，同时聚焦空天飞行器智能感知与控制方法在实践中的实用性、与其他相关学科的融会贯通性，以及学科发展的前瞻性等方面。

本书共 8 章，第 1、2 章由王靖宇编写，第 3 章由张科编写，第 4 章由张烨、李浩宇编写，第 5 章由谭明虎、王红梅编写，第 6 章由张雪、秦雨潇编写，第 7 章由韩治国、苏雨编写，第 8 章由张烨、谭明虎编写。本书内容比较全面，作为教材选用时，可根据专业需求、教学课时、教学对象等确定教学的侧重点，对内容进行选取讲解。受篇幅所限，本书部分正文小节附有算例仿真代码的二维码，读者可自行扫码查阅。

本书编写过程中阅读和参考了大量的文献资料，在此向所有参考文献的作者表示诚挚的谢意。此外，感谢研究生张欣茹、郭圣昭、尹恒姮、王艺嶋、唐培智、杨嘉豪、涂远刚、吴韫怡、王文卿、朱清怡、杨佳莹、曹时成、杜志华、李志恒、张龙政腾、付钇豪、肖明昊、李昭龙、徐忠宇、耿旭晴等在本书编写过程中提供的协助。

由于作者水平有限，书中不妥之处在所难免，请广大读者提出宝贵意见。

作　者

2024 年 6 月

目　录

第1章

绪　论

1.1　空天飞行器概述

1.1.1　定义与发展现状

空天飞行器，作为航空航天技术结合的产物，代表了未来空间开发的关键方向。一般而言，空天飞行器是具有空天一体化能力的飞行器，通常指的是能够在大气层内和外空间自由飞行的航空器，它们能够执行多种任务，如侦察监视、通信中继、快速远距离运输等。例如，美国的 X-37B 空天飞机能够在低地球轨道上执行长期任务，并且能够自主返回和重复使用。我国于 2020 年成功发射并回收了可重复使用的航天器，标志着中国在可重复使用航天器技术研究方面取得了重要突破。

随着技术的进步和应用领域的拓展，空天飞行器的范畴已涵盖广泛的空基与天基飞行器。在民用领域，低空无人机因其在农业监控、物流运输、灾害应急等众多领域的显著应用而备受瞩目。无人机的机动性和经济效益使其成为民用领域不可或缺的工具。例如，在农业领域可用于精准施肥、喷药和监测作物生长情况，大幅提高了农业生产效率。在物流配送方面，能够快速将包裹送达偏远地区，解决了传统物流方式的时效性问题。此外，在灾害救援中，无人机可以迅速评估灾后现场情况，帮助救援人员制订有效的救援方案。为了应对大城市日益严重的交通拥堵问题，并推动航空业向低噪声、零排放转型，实现绿色发展，电动垂直起降(electric vertical takeoff and landing，eVTOL)飞行器应运而生。利用电动推进系统，这种新型飞行器能够在城市环境中进行短途运输，减小地面交通压力，吸引了众多企业和投资者的关注。近年来，外太空及深空探测航天器也在不断发展。例如，SpaceX 的“星链”项目通过部署大量低轨卫星，旨在提供全球范围内的高速互联网接入服务。这一项目展示了空天飞行器在通信领域的应用价值，能够有效解决网络覆盖不足的问题。在军用方向，随着航空航天技术的快速发展，抢占空间资源、低成本进入空间，提升武器打击效能、有效突破敌方防御系统，已成为军事、空天领域关注的焦点问题。空天飞行器可以作为侦察监视与预警平台、空间武器发射平台、快速远距离运输系统，还可用于反卫星作战、战略侦察、快速打击等任务，成为未来战争中的关键因素。

随着空天飞行器的发展，各国都在努力应对技术挑战，如动力形式的选择、气动外形的设计、耐高温热防护、制导控制与信息感知技术的突破等，以实现从地面到轨道空间的全域高效飞行。这些飞行器技术，预示着人类自由进出和高效利用太空的新纪元。

1.1.2 关键技术问题

空天飞行器飞行空域大、速域宽、飞行剖面复杂，因此面临着图 1.1.1 所示的关键技术问题。当前，对空天飞行领域要做到真正认识，需要加强基础科学研究，研究空天飞行动力、气动、结构/材料、信息感知、制导控制和试验等关键技术问题，形成完善的空天飞行基础理论与关键技术研究体系。

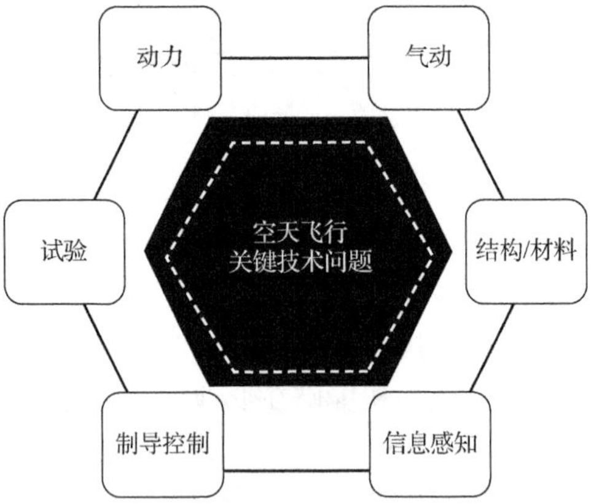

图 1.1.1 空天飞行技术的关键技术问题

1. 动力与能源

具有空天一体化能力的空天飞行器需要自由往返于稠密大气、临近空间和轨道空间，传统单一动力无法满足全速域、大空域、自由高效飞行的需求，多采用组合动力。空天组合动力形式涉及的多种热力循环模态转换与匹配、非平衡流动的超声速燃烧及其组织等基础科学问题与传统航空涡轮发动机和航天火箭发动机不同，是传统动力与能源研究的空白领域。

2. 空气动力学、热力学与等离子体动力学

空天飞行器不仅面临航空空间的空气动力学、太空空间的轨道力学问题，还经历临近空间连续流、滑移流、过渡流、自由分子流等空气组分变化，同时面临力、热、声、电磁等环境共同作用，高速飞行时还面临高温真实气体效应、稀薄气体效应、边界层转捩等复杂流动现象。因此，需将跨空域飞行过程面临的气动基础科学问题解耦，加强机理认知，同时积极探索边界层和等离子体等流动控制方法，提高空天飞行器宽速域升阻比、降低热流密度，改善大空域空天飞行操稳特性。

3. 结构与材料学

要实现自由往返空天飞行，需要全新的结构/材料体系作为支撑，主要面临三个方面的问题：①跨域飞行环境复杂，飞行器结构/材料体系承受力、热、声、振动、粒子、电磁等多种复杂的耦合环境；②不同环境因素对结构/材料体系的影响机理复杂，目前没有完备的表征手段；③由此带来结构/材料领域新的挑战，要求质量更轻、防热能力更优、可重复使用性能更好等。因此，未来空天飞行器面临着新的结构/材料体系的严峻挑战。

4. 信息感知

在空天飞行器研究中，信息感知不仅关乎飞行器对外部环境的理解和适应，还包括对飞行器对自身状态的监测和维护，也是实现飞行器自主控制和决策的基础。空天飞行器在复杂的空间环境中，需要对外部环境进行精确地感知，以实现对目标的识别和跟踪。这包括对敌方目标的探测、识别和分类，以及对民用目标如灾害监测、环境变化的感知。在智能化浪潮与传感器技术的推动下，空天飞行器逐步整合来自雷达、红外光、可见光、激光等多种传感器的数据。这一集成过程要求飞行器能够对这些多源异构数据进行精确的数据解译与特征学习，以增强探测的准确性和可靠性，进而实现对目标的全面感知。近年来，深度学习技术被引入空天飞行器感知信息学习中，如应用于复杂环境中对低可观测性目标的探测。信息感知技术在飞行器的运维管理中也发挥着重要作用。通过对飞行器自身状态的实时监测，可以及时发现潜在的故障和损伤，实现故障预测和健康管理。这不仅能够提高飞行器的安全性，也可以降低维护成本和延长使用寿命。

同时，随着智能时代的到来，空天飞行器的自主控制和决策能力也日益成为研究和开发的焦点。空天飞行器需要具备自主决策能力，以应对复杂多变的战场环境。智能决策技术能够根据环境与态势变化感测信息，利用深度神经网络及强化学习等方法，实现面向多尺度耦合因素的能力推演和机制重建。信息感知技术为飞行器提供了自主进行任务规划和决策的能力，减少了对地面控制的依赖，提高了任务执行的效率和灵活性。例如，通过智能感知技术，飞行器能够自主进行目标跟踪、避障和路径规划。此外，在多飞行器系统中，群体协同技术能够实现多个飞行器之间的信息交互和任务协同，提高整体作战效能。这种技术借鉴自然界的自组织机制，通过信息感知交互产生整体效应，根据任务需求和态势分析进行协同规划和任务分配。信息感知技术的应用还涉及对抗敌方的干扰和欺骗。通过智能感知对抗技术，飞行器能够在复杂的电磁环境中保持对目标的准确感知，提高生存能力和作战效能。在民用领域，信息感知技术的应用同样广泛，如在通信、导航、地球观测等领域，信息感知技术为飞行器提供了高分辨率、高可靠性的数据处理能力，支持了更精确的环境监测和信息服务。信息感知技术的进步推动了空天飞行器技术的整体发展。

信息感知技术在空天飞行器中扮演着至关重要的角色，它不仅涉及对目标的探测和识别，还包括对飞行器自身状态的监测和维护；不仅是飞行器实现自主控制和决策的基础，还是提高飞行器安全性、经济性和作战效能的关键技术。随着智能技术的不断进步，信息感知技术将为空天飞行器的自主运行和智能化提供更加坚实的基础。

5. 制导控制

空天飞行器面临的复杂环境特性、任务特性及飞行器本身多要素耦合等特点，对制导控制技术提出了图 1.1.2 中四大方面的新挑战，即动力学特性复杂问题、轨迹制导约束强问题、稳定控制要求高问题及探测识别难度大问题。

图 1.1.2 空天飞行器制导控制面临的挑战

1) 动力学特性复杂问题

力、热、声、振多场耦合外部环境特性以及由高速飞行带来的复杂流动机理，使得空天飞行器动力学建模存在较大的不确定性；机体、推进一体化使得内外流场耦合严重，气动特性与推进特性互相影响与制约；飞行器结构在严酷力、热载荷作用下产生弹性形变与弹性振动，对飞行动力学产生显著影响。

2) 轨迹制导约束强问题

飞行器爬升段涉及气动姿态角、燃油当量比和火箭流量等设计变量，对攻角、侧滑角的上下边界和动态变化过程约束较多，不同控制输入间、控制输入与飞行状态间的交叉耦合动力学耦合强；飞行器再入飞行段面临力热载荷要求带来的动压、过载和热流等约束，同时还应充分考虑返场需求带来的终端速度、高度及航程约束，飞行走廊狭窄、复杂气动环境带来较大不确定性等问题；临近空间大气稀薄，导致单纯依靠气动力实现轨迹机动难度较高，且临近空间环境导致飞行器舵效无法满足姿态回路快速指令响应的需求。

3) 稳定控制要求高问题

为满足空天飞行器跨大气层飞行，需引入直接力、气动力复合控制方式，其喷流干扰特性将显著影响直接力及气动力矩大小和方向，模型不确定性影响增大；为了满足宽域飞行，引入增升装置或附加控制装置会显著对彼此流场产生干扰和影响，改变操纵效率；为实现全飞行包线静稳定，放宽静稳定性设计使得刚体稳定控制性能与弹性抑制不能兼顾，弹性静不稳定控制设计困难。

4) 探测识别难度大问题

高速飞行过程中气动光学效应影响了光学设备对目标的探测和识别，振动及大过载机动会严重影响高分辨率成像；空天飞行器为适应高速飞行，通常采用扁平前体结构，使得雷达体积(特别是天线尺寸)受限，同时气动加热引起的热噪声问题突出，将会影响成像探测；空天飞行器机体周围形成等离子鞘套，电磁波产生反射、折射及散射，同时吸收电磁波能量，产生射频黑障，影响通信设备正常工作。

此外，还有动力学建模方面的问题。一方面，稀薄气体效应、高温气体效应及流动转捩等物理现象的机理尚未完全揭示，对气动和动力特性的预测具有很大不确定性，可能导致动力学建模存在严重的误差；另一方面，空天飞行器面向动力学分析与控制建模主要采用传统基于系数冻结的小扰动线性化模型简化方法，尚无完备理论依据进行稳定性分析。同时，扰动模型是基于泰勒展开的数学原理获得，忽略了高阶项小量，采用基于扰动模型设计的分段控制器在飞行过程中出现模型参数大范围剧烈变化时，可能导致控制失稳。

空天飞行器对故障诊断与容错技术提出了更高要求。作为可重复使用飞行器，其对控制精度和稳定度的要求较高。为了保障空天飞行器自主运行，在通常的“避错”和被动式容错的技术手段上，必须大力发展和应用自主式故障诊断和系统重构等容错技术，发展空间智能自主控制技术，对空天飞行器控制系统故障进行分析和对策研究，使得系统具有自主故障诊断和重组、重构的容错控制能力，以提高系统可靠性。

6. 试验

空天飞行器试验验证主要包括地面试验和飞行试验两种方式。其中，地面试验(风洞试验)主要包括动力系统试验、气动性能试验、综合环境结构性能试验等；飞行试验主要包括带飞试验、自主飞行试验等。空天飞行器飞行环境复杂、飞行包络宽，在地面难以建立完全模拟真实飞行环境的试验设施条件，而飞行试验往往存在成本高、周期长、不可重复使用等局限性。因此，空天飞行器试验面临着天地一致性、试验真实性、覆盖性差等问题。

1.2 未来发展趋势

智能技术是引领新一轮科技革命和产业变革的战略性技术，将深刻改变人类生活，更成为世界各国博弈的重点，各国纷纷大力布局和发展智能技术，以抢占科技战略制高点。持续推动作战体系智能化和装备智能化发展将是我国主动应对未来军事变革的重要手段，是未来世界航天科技实现跨越式发展的必经之路。

针对未来复杂多变的战场应用环境，空天领域致力于推进自动化，探索自主化、智能化，结合领域特殊性——巨系统、高风险的行业特点，以及适应高可靠、低成本的发展要求，必须紧抓创新，把控战略前沿需求，抓住新时代创新发展机遇，发挥智能技术的引领作用。

1.2.1 智能感知技术

美国、俄罗斯等军事强国把人工智能视为“改变战争游戏规则”的颠覆性技术。武器系统的智能感知技术可加快空天态势监控设备和预警系统的数据处理速度，空天飞行器智能系统需要能够对防御导弹进行目标识别与飞行自主控制。事实上，智能感知是武器装备智能化的核心，感知对抗是战场上敌我在信息域上的较量。

智能感知技术的主要目标是实现复杂环境态势的全维感知。利用空天平台搭载的各种新型光电传感器，通过先进智能传感和信息处理方法，融合不同平台、传感器、分辨率、时相的探测信息，对陆、海、空、天多域的自然环境、物理环境、攻防态势等进行自主、多源、异构的态势感知。基于不确定推理理论、多源信息融合理论等构建态势感知模态，实现对战场环境和自身能力的双重感知。

为了实现在复杂战场环境下对目标的高效识别与感知，需要综合利用特征识别与博弈对抗领域的人工智能技术，以及小样本或无样本自博弈训练推演技术，生成智能感知对抗决策模型，实现地面指挥决策与导弹自主打击两个环节上的感知对抗。首先，在地面指挥决策环节，依托战场态势预判，生成针对不同时域、空域威胁的对抗策略，为导弹射前任务规划提供支撑；其次，在自主打击环节，依托战场实时态势，针对不同的来袭目标、干扰机或诱饵，在线生成实时的对抗策略，为空天飞行器飞行中的在线智能对抗决策提供支撑。技术途径为发展天基智能遥感成像感知、分布式多源信息融合与态势感知、弱目标高分辨智能探测与感知、精确制导智能干扰感知与对抗、目标易损部位智能学习与识别探测、高性能智能信号处理平台等关键技术。

1.2.2 智能控制技术

智能控制是自动控制理论发展的最新阶段，其基于自动控制、人工智能和运筹学相关方法，设计出具有学习、抽象、推理、决策等能力的智能控制器，并根据其所在环境做出自适应动作以完成相关任务。随着人工智能技术的飞速发展，智能控制技术在空天飞行器这类复杂系统中的应用更具前景和潜力。为了最终实现智能控制方法在空天飞行器上的工程应用，一是需要提高智能控制器的鲁棒性和泛化能力，二是需要通过在线学习手段以适应不同飞行环境和任务。当下人工智能技术中的监督学习、强化学习、增量学习及元学习等技术恰恰是对应该问题的备选途径。

强化学习是一类基于数据实现端到端飞行控制的手段，无须对模型进行解耦及线性化等操作。通过前期采用强化学习算法对高速飞行器姿态控制仿真的研究发现，在强化学习训练的智能体控制下，飞行器能较好完成大偏差、快时变扰动下的姿态控制任务。元学习则是一类新兴的机器学习算法，该类算法的部分框架比较宽泛，可以同时应用在监督学习和强化学习中。相比增量学习，元学习更关注在学习越来越多的任务时提高效率，其过程主要可以分为内环和外环两个部分。内环为基于优化、记忆的快速学习适应过程，外环为利用内环的样本来优化目标，最终使智能体学会学习的元学习部分。

在一种同时包含离线部分和在线部分的智能控制方案框架中，离线部分充分利用飞行器的历史飞行数据和模拟飞行数据训练智能体和元学习器，在线部分则通过当前飞行数据对智能体进行优化以适应新的飞行任务。搭建的模拟器包括飞行器的多通道非线性动力学模型以及相应的飞行任务，基于强化学习方法使智能体与环境交互，从而使在任务目标下的累计回报最大化。在训练时可以注入参数不确定性及环境干扰，以增大信息池的信息量，拓宽智能体的探究范围，从而增强智能体的鲁棒性。此外，针对变任务情况，定参数的智能体可能无法适应，这时则需要基于元学习方法，通过历史数据和模拟数据训练元学习器，以使智能体适应在线控制中的多任务场景。

综上所述，鉴于空天飞行器的强非线性、强耦合、大不确定性等特点，基于特征的建模、人工智能技术及现代控制理论的结合应用将有助于解决此类飞行器的控制难题，进一步提升飞行器控制性能。此外，智能技术在此类飞行器控制领域的应用还需要继续关注其可解释性、可信性、可控性等方面的问题，为工程应用提供理论指导与安全保障。

思 考 题

1.1 空天飞行器的发展现状对其在民用领域和军用领域的应用有哪些潜在影响？请探讨其对社会、经济和安全的意义。

1.2 请分析当前空天飞行器技术发展中遇到的主要技术瓶颈，并提出可能的解决方案。

1.3 针对空天飞行器的未来发展，你认为哪些新兴技术或跨学科研究领域将发挥重要作用？

1.4 如何利用智能感知技术提高空天飞行器的环境适应性和任务执行效率？

1.5 请探讨在极端环境下(如太空、高空等)，智能感知系统可能面临的挑战及其应对策略。

1.6 你认为未来智能控制技术在空天飞行器领域有哪些新的发展方向？

1.7 在空天飞行器的智能控制中，安全性和可靠性如何得到保证？请从系统设计和测试验证两个方面进行讨论。

1.8 在智能感知技术的发展中，如何处理和利用大量传感器数据来提高空天飞行器的态势感知能力？

1.9 请探讨智能控制技术在提高空天飞行器性能方面的作用，并给出具体的应用实例。

第 2 章

数据解译与特征工程

空天场景下实时遥测图像、飞行器状态反馈参数及运行模式变量所涉及的数据规模庞大，导致人为识别和标注的方式难以满足空天信息智能感知的效率。为此，数据解译与特征工程通过设计学习模块，构造符合应用需求的智能模型，能够从给定的、有限的、用于学习的训练数据集合中提取关键特征和演化规律，并进一步被应用于先验信息缺失的、数据规模未知的样本状态预测。凭借自动化、智能化优势，数据解译与特征工程在空天智能感知领域得到了广泛应用，如地物目标识别与分类、在轨卫星状态预测与异常预警等任务。需要注意的是，从原始浅层数据到深层潜在特征提取，再到具体任务导向下的智能感知与解译，特征工程涉及多个处理环节。本章将简要介绍数据解译与特征工程中的关键环节，如数据预处理手段及核心理论技术，包括特征提取、聚类分析、回归与分类分析等。

2.1 特征提取

空天场景所覆盖的视野通常较为广泛且所涉及的传感器数据较为庞大，如为了提高图像信息含量通常引入多波段数据进行数据增强，为了监测飞行器集群性能需要增设多组物理传感器进行实时遥控，进而导致空天数据规模陡然增加、智能解译算法的时空复杂度难以被常规计算机设备所承担。为此，通常采取特征提取算法对原始数据空间中的样本进行降维处理，其主旨在于压缩数据规模并尽可能地减少信息损失。按照策略进行划分，常见的特征提取算法包括主成分分析法、线性判别分析法、局部线性嵌入法。

2.1.1 主成分分析法

主成分分析(principal component analysis，PCA)法作为一种无监督特征提取方法，目的在于习得主成分(所习得超平面上的各个投影坐标轴)进行低维投影，将原始样本点中可能存在的线性相关特征转换为线性无关特征，从而达到剔除冗余特征或者对特征进行重组的效果。与此同时，算法在投影过程中秉持最大可分性原理，即希望在尽可能少地损失原始数据信息的同时使得原始样本在投影空间内的分布尽可能分散，便于下游任务处理。

假设样本数量为 n，特征数为 d 的样本矩阵 $\boldsymbol{X}'=\{\boldsymbol{x}_1,\boldsymbol{x}_2,\cdots,\boldsymbol{x}_n\}\in\mathbb{R}^{d\times n}$ 中列向量表示某样本特征，投影矩阵 $\boldsymbol{W}=\{\boldsymbol{w}_1,\boldsymbol{w}_2,\cdots,\boldsymbol{w}_n\}\in\mathbb{R}^{d\times d'}$ 中 $d'\leqslant d$ 表示投影后的数据特征数。为使得低维特征之间呈现线性无关性，算法为每个投影向量 $\boldsymbol{w}$ 均施加标准正交约束，即 $\boldsymbol{w}_i^{\mathrm{T}}\boldsymbol{w}_i=1,\boldsymbol{w}_i^{\mathrm{T}}\boldsymbol{w}_j=0$，并对原始数据进行中心化处理以得到新的数据矩阵 $\boldsymbol{X}\in\mathbb{R}^{d\times n}$，其中 $\sum_{i=1}^{n}\boldsymbol{x}_i=0$。由此，每个样本点在新超平面可表示为 $\boldsymbol{W}^{\mathrm{T}}\boldsymbol{x}_i$，进而基于最大可分性可以得到：

$$\max_{\boldsymbol{W}^{\mathrm{T}}\boldsymbol{W}=\boldsymbol{I}}\sum_{i=1}^{n}\left\|\boldsymbol{W}^{\mathrm{T}}\boldsymbol{x}_i\right\|_2^2\Rightarrow\max_{\boldsymbol{W}^{\mathrm{T}}\boldsymbol{W}=\boldsymbol{I}}\sum_{i=1}^{n}\boldsymbol{W}^{\mathrm{T}}\boldsymbol{x}_i\boldsymbol{x}_i^{\mathrm{T}}\boldsymbol{W}\Rightarrow\max_{\boldsymbol{W}^{\mathrm{T}}\boldsymbol{W}=\boldsymbol{I}}\operatorname{tr}(\boldsymbol{W}^{\mathrm{T}}\boldsymbol{X}\boldsymbol{X}^{\mathrm{T}}\boldsymbol{W})\tag{2.1.1}$$

其中，目标函数中只有单一待求变量 $\boldsymbol{W}$，即常系数不影响优化问题的求解。因此，$\sum_{i=1}^{n}\boldsymbol{W}^{\mathrm{T}}\boldsymbol{x}_i\boldsymbol{x}_i^{\mathrm{T}}\boldsymbol{W}$ 可以等价为投影后样本点协方差矩阵 $1/n\sum_{i=1}^{n}\boldsymbol{W}^{\mathrm{T}}\boldsymbol{x}_i\boldsymbol{x}_i^{\mathrm{T}}\boldsymbol{W}$。进一步地，基于最大可分性的 PCA 最终可以被转化为最大化问题，利用拉格朗日乘子法求解可得

$$\boldsymbol{X}\boldsymbol{X}^{\mathrm{T}}\boldsymbol{w}_i=\lambda_i\boldsymbol{w}_i\tag{2.1.2}$$

其中，λ_i 等价于原始样本协方差矩阵的特征值，对特征值进行排序并选取最大的 d' 个特征值对应的特征向量组成 $\boldsymbol{W}$ 矩阵，即可得到 PCA 的所有新主成分。因此，PCA 的本质就是一个逐一选取方差最大方向的过程。

2.1.2　线性判别分析法

线性判别分析(linear discriminant analysis，LDA)法作为一种有监督的特征提取算法，与无监督方法的区别在于，该算法需要借助数据标签信息在最小化低维空间类内距离的同时最大化类间距离(即同类的样本尽可能近，不同类的样本尽可能远)，进而使得子空间内的样本分布达到类内紧致、类间可分的效果，以便于提取具有类别判别性的特征。

为量化前述提到的类内和类间数据距离，LDA 构造了三个散度矩阵：类内散度矩阵 $\boldsymbol{S}_{\mathrm{w}}$、类间散度矩阵 $\boldsymbol{S}_{\mathrm{b}}$ 和全局散度矩阵 $\boldsymbol{S}_{\mathrm{t}}$。根据已知的标签信息，用 $C_j(j=1,2,\cdots,c)$ 表示包含第 j 类所有样本的集合。令 $\boldsymbol{X}=\{\boldsymbol{x}_1,\boldsymbol{x}_2,\cdots,\boldsymbol{x}_n\}\in\mathbb{R}^{d\times n}$ 表示样本数量为 n、特征数为 d 的样本矩阵，其中每列代表一个样本，每个样本属于一个类别，即 $\boldsymbol{x}_i\in C_j\ (i=1,2,\cdots,n;j=1,2,\cdots,c)$。据此，定义 $\boldsymbol{S}_{\mathrm{w}}$、$\boldsymbol{S}_{\mathrm{b}}$ 和 $\boldsymbol{S}_{\mathrm{t}}$ 的表达式分别为

$$\begin{cases}\boldsymbol{S}_{\mathrm{w}}=\sum_{j=1}^{c}\sum_{\boldsymbol{x}_i\in C_j}(\boldsymbol{x}_i-\boldsymbol{m}_j)(\boldsymbol{x}_i-\boldsymbol{m}_j)^{\mathrm{T}}\\ \boldsymbol{S}_{\mathrm{b}}=\sum_{j=1}^{c}n_j(\boldsymbol{m}_j-\boldsymbol{m})(\boldsymbol{m}_j-\boldsymbol{m})^{\mathrm{T}}\\ \boldsymbol{S}_{\mathrm{t}}=\boldsymbol{S}_{\mathrm{w}}+\boldsymbol{S}_{\mathrm{b}}=\sum_{i=1}^{n}(\boldsymbol{x}_i-\boldsymbol{m})(\boldsymbol{x}_i-\boldsymbol{m})^{\mathrm{T}}\end{cases}\tag{2.1.3}$$

其中，n_j 为属于第 j 类的样本数量；$\boldsymbol{m}_j$ 为类别集合 C_j 的均值向量，$\boldsymbol{m}_j=(1/n_j)\cdot$

$\sum_{x_i \in C_j} \boldsymbol{x}_i$；$\boldsymbol{m}$ 为所有样本的均值向量，$\boldsymbol{m}=(1/n)\sum_{i=1}^{n}\boldsymbol{x}_i$。为了实现同时最小化低维空间类内距离、最大化类间距离的目标，LDA 的目标函数有多种表现形式，其中最常见的是迹比值(trace ratio，tr)。考虑如下优化问题：

$$\max J(\boldsymbol{W})=\max_{\boldsymbol{W}}\frac{\sum_{j=1}^{d'}\boldsymbol{w}_j^{\mathrm{T}}\boldsymbol{S}_{\mathrm{b}}\boldsymbol{w}_j}{\sum_{j=1}^{d'}\boldsymbol{w}_j^{\mathrm{T}}\boldsymbol{S}_{\mathrm{w}}\boldsymbol{w}_j}=\max_{\boldsymbol{W}}\frac{\mathrm{tr}(\boldsymbol{W}^{\mathrm{T}}\boldsymbol{S}_{\mathrm{b}}\boldsymbol{W})}{\mathrm{tr}(\boldsymbol{W}^{\mathrm{T}}\boldsymbol{S}_{\mathrm{w}}\boldsymbol{W})} \tag{2.1.4}$$

其中，$\boldsymbol{W}=\{\boldsymbol{w}_1,\boldsymbol{w}_2,\cdots,\boldsymbol{w}_{d'}\}\in\mathbb{R}^{d\times d'}$，$\boldsymbol{W}$ 为投影矩阵；$d'\leqslant d$，d' 表示特征提取处理后的低维特征数量，d 表示投影前原始特征数量。由于投影矩阵 $\boldsymbol{W}$ 缺少约束，最大化目标函数 $J(\boldsymbol{W})$ 所得到的最优解 $\boldsymbol{W}^*$ 为一个元素全为 0 的矩阵，这个解对于 LDA 寻找判别性子空间的任务没有贡献，被称为平凡解。因此，研究人员通常在式(2.1.4)中引入正交约束，即 $\boldsymbol{W}^{\mathrm{T}}\boldsymbol{W}=\boldsymbol{I}_{d'}$，来保证最优解的有效性：

$$\max_{\boldsymbol{W}^{\mathrm{T}}\boldsymbol{W}=\boldsymbol{I}_{d'}}\frac{\mathrm{tr}(\boldsymbol{W}^{\mathrm{T}}\boldsymbol{S}_{\mathrm{b}}\boldsymbol{W})}{\mathrm{tr}(\boldsymbol{W}^{\mathrm{T}}\boldsymbol{S}_{\mathrm{w}}\boldsymbol{W})} \tag{2.1.5}$$

在式(2.1.5)中，正交约束规定投影矩阵 $\boldsymbol{W}$ 中的各投影向量 $\boldsymbol{w}_i(i=1,2,\cdots,d')$ 间应满足 $\boldsymbol{w}_i^{\mathrm{T}}\boldsymbol{w}_j=0(i\neq j)$ 且 $\boldsymbol{w}_i^{\mathrm{T}}\boldsymbol{w}_i=1(i=1,2,\cdots,d')$，即投影向量为两两正交的单位向量，从而获得非平凡解。由此，式(2.1.5)可以通过转化为求解广义特征值分解问题 $\boldsymbol{S}_{\mathrm{b}}\boldsymbol{W}=\boldsymbol{S}_{\mathrm{w}}\boldsymbol{W}\boldsymbol{\Lambda}$，得到 $\boldsymbol{W}$ 的全局最优解。其中，$\boldsymbol{\Lambda}\in\mathbb{R}^{d'\times d'}$，为 $\boldsymbol{S}_{\mathrm{b}}$ 和 $\boldsymbol{S}_{\mathrm{w}}$ 的前 d' 个最大广义特征值组成的对角矩阵，$\boldsymbol{W}$ 则由这些广义特征值对应的广义特征向量按列排列构成。若采用特征值分解的方法来求解这个广义特征分解问题，则上述问题的最优解由 $\boldsymbol{S}_{\mathrm{w}}^{-1}\boldsymbol{S}_{\mathrm{b}}$ 前 d' 个最大特征值对应的特征向量按列排列组成。

2.1.3 局部线性嵌入法

局部线性嵌入(locally linear embedding，LLE)法适用于流形数据的嵌入分析，能够在降维的过程中保持样本的局部线性特征。其中，流形数据指代高维空间中不闭合的曲面分布，如图 2.1.1 所示，空间几何距离相近的样本间曲面路径可能存在较大差距，进而使得部分降维算法难以适用于该类数据的嵌入分析。

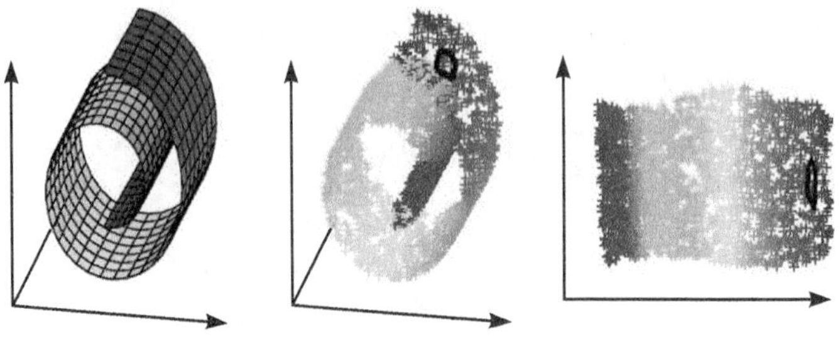

图 2.1.1 流形数据分析示意图(Roweis et al., 2000)

为解决这一问题，局部线性嵌入法假设在局部范围内，样本间仍然属于线性紧邻，即样本可表示为 $\boldsymbol{x}_i = \omega_{ij}\boldsymbol{x}_j + \omega_{ik}\boldsymbol{x}_k + \omega_{il}\boldsymbol{x}_l$ 且有 $\sum_{j\in Q_i}\omega_{ij} = 1$。在降维过程中，局部线性嵌入法期望在低维空间中保持上述近邻结构，并将低维空间内局部近邻结构损失作为目标函数。

$$\sum_{i=1}^{m}\left\|\boldsymbol{x}_i - \sum_{j\in Q_i}\omega_{ij}\boldsymbol{x}_j\right\|_2^2 = \sum_{i=1}^{m}\left\|\sum_{j\in Q_i}\omega_{ij}\boldsymbol{x}_i - \sum_{j\in Q_i}\omega_{ij}\boldsymbol{x}_j\right\|_2^2 = \sum_{i=1}^{m}\left\|\sum_{j\in Q_i}\omega_{ij}(\boldsymbol{x}_i - \boldsymbol{x}_j)\right\|_2^2$$
$$= \sum_{i=1}^{m}\boldsymbol{W}_i^{\mathrm{T}}(\boldsymbol{x}_i - \boldsymbol{x}_j)^{\mathrm{T}}(\boldsymbol{x}_i - \boldsymbol{x}_j)\boldsymbol{W}_i = \sum_{i=1}^{m}\boldsymbol{W}_i^{\mathrm{T}}\boldsymbol{Z}_i\boldsymbol{W}_i \tag{2.1.6}$$

采用拉格朗日乘子法对其进行优化可以得到：

$$L(\boldsymbol{W}_i) = \sum_{i=1}^{m}\boldsymbol{W}_i^{\mathrm{T}}\boldsymbol{Z}_i\boldsymbol{W}_i + \lambda\left(\boldsymbol{W}_i^{\mathrm{T}}\mathbf{1}_k - 1\right) \tag{2.1.7}$$

$$\frac{\partial L(\boldsymbol{W}_i)}{\partial \boldsymbol{W}_i} = 2\boldsymbol{Z}_i\boldsymbol{W}_i + \lambda\mathbf{1}_k = 0 \rightarrow \boldsymbol{W}_i = \frac{\boldsymbol{Z}_i^{-1}\mathbf{1}_k}{\mathbf{1}_k^{\mathrm{T}}\boldsymbol{Z}_i^{-1}\mathbf{1}_k} \tag{2.1.8}$$

其中，$\boldsymbol{Z}_i = (\boldsymbol{x}_i - \boldsymbol{x}_j)(\boldsymbol{x}_i - \boldsymbol{x}_j)^{\mathrm{T}}$，表示局部协方差矩阵。根据权重系数向量 $\boldsymbol{W}_i$ 组成的权重系数矩阵 $\boldsymbol{W}$ 计算矩阵 $\boldsymbol{M} = (\boldsymbol{I} - \boldsymbol{W})(\boldsymbol{I} - \boldsymbol{W})^{\mathrm{T}}$，以及该矩阵的前 $(d+1)$ 个特征值及其对应的特征向量 $\{\boldsymbol{y}_1, \boldsymbol{y}_2, \cdots, \boldsymbol{y}_{d+1}\}$，而最终的投影样本则由第二个特征向量至第 $(d+1)$ 个特征向量组成。

2.2 聚类分析

聚类分析是一种经典数据分析方法，其目的在于按照一定规则为各图像像素分配目标标签，使得同类目标的图像像素相似度尽可能大，而异类目标的图像像素相似度尽可能小，并被广泛应用于空天图像智能解译和飞行器异常监测等领域。例如，图像分割指对图像进行简化和分割，进而能够将图像划分为几个特征相似的不同区域，与聚类分析的任务导向相符。以聚类策略为参照，可以将聚类算法划分为均值聚类算法、密度聚类算法和谱聚类算法。

2.2.1 均值聚类算法

K 均值(*K*-means)聚类是均值聚类的代表算法，也是著名的传统聚类算法之一，该算法的中心思想是根据数据点与某中心点之间的距离，将数据点划分至距离最近的中心点，每个中心点代表一个聚类中心，即一个簇。在算法的具体执行过程中，根据预设的簇数目 k 随机初始化 k 个中心点，采用最小化距离损失函数的方式对中心点进行迭代更新，直到算法收敛至损失函数的局部最小值。

对于给定数据集 $\boldsymbol{X} = [\boldsymbol{x}_1, \boldsymbol{x}_2, \cdots, \boldsymbol{x}_n] \in \mathbb{R}^{d\times n}$，$d$ 和 n 分别为数据集的维数和样本个数，向量 $\boldsymbol{x}_i \in \mathbb{R}^{d\times 1}$ 代表数据集的第 i 个样本点。假设划分的 k 个簇集为 $\{C_1, C_2, \cdots, C_k\}$，

集合 C_j 代表第 j 个簇。K 均值聚类算法的目标函数可以写为如下形式：

$$\min_{\boldsymbol{\mu}_j, C_j} \sum_{j=1}^{k} \sum_{\boldsymbol{x}_i \in C_j} \left\| \boldsymbol{x}_i - \boldsymbol{\mu}_j \right\|_2^2 \tag{2.2.1}$$

其中，$\boldsymbol{\mu}_j \in \mathbb{R}^{d\times 1}$，表示第 j 个簇 C_j 的中心，$\boldsymbol{\mu}_j = \sum_{x\in C_j} \boldsymbol{x} \big/ \left|C_j\right|$，$\left|C_j\right|$ 表示簇集合 C_j 中的元素个数。通过优化式(2.2.1)，每个数据点被划分至距离最近的簇中心，簇内数据点之间的距离较小，即同类样本尽量“紧凑”，符合聚类算法“簇内相似度高”的要求。

式(2.2.1)的目标函数也称为聚类的误差平方和(sum of the squared errors，SSE)。K 均值聚类算法提供了一种通过随机初始化簇中心并迭代更新簇中心直至中心点收敛的贪心策略，通过交替迭代优化簇中心和样本标签得到局部最优解。对所有簇类执行相同操作，得到更新后的均值向量。

2.2.2 密度聚类算法

准确地说，密度聚类算法是一种聚类思想，而不是特指某一种经典聚类方法。密度聚类的核心思想是将密度高的数据点聚集在一起形成一个簇，而密度低的数据点则被视为噪声或边界点，通过识别数据空间中的密集连续区域，从而发现复杂形状的簇结构。密度聚类的优点是可以处理任意形状和大小的簇，并且不需要预先指定簇的数量。

以基于密度的带噪声空间聚类应用(density-based spatial clustering of applications with noise，DBSCAN)算法为例，其期望从数据集中发现密度不低于阈值的高密度点，将所有高密度点聚集的区域划分为不同簇类，并将其他低密度的数据点视为噪声或边界点。具体而言，DBSCAN 算法首先定义某样本点 p 的近邻点集 $N_{\mathrm{Eps}}(p) = \{q \in \boldsymbol{X} \mid \mathrm{dist}(p, q) \leqslant \mathrm{Eps}\}$。其中，$\mathrm{dist}(p,q)$ 表示点 p 和点 q 之间的欧氏距离，Eps 表示认为设定的距离阈值。样本点 p 的密度可以表示为 $\left|N_{\mathrm{Eps}}(p)\right|$，即样本点 p 的近邻点集密度(以下简称“密度”)。为了更有效地识别不同密度区域中的数据点，以便更准确地描述簇类的形成过程，防止噪声干扰，DBSCAN 算法将数据点划分为核心点、边界点和噪声点。其中，核心点指代密度大于或等于指定阈值的样本点，边界点指代位于核心点邻域但密度小于指定阈值的样本点，噪声点则是不满足以上条件的样本点。

假设数据集 $\boldsymbol{X}$ 的簇划分为 $\mathcal{C} = \{C_1, C_2, \cdots, C_c\}$，定义不属于任何簇类的噪声点为 $\mathrm{noise} = \{p \in \boldsymbol{X} \mid p \notin C_k (\forall k = 1, 2, \cdots, c)\}$。DBSCAN 算法旨在依据原始数据的分布密度对样本点的簇类标签进行传播，即核心点会把簇标签传播给所有关于自身 Eps-近邻的样本点，进而判断 Eps-近邻样本点集是否为核心点，以便将簇标签继续传播下去，直至遇到边界点后停止传播，此时表明属于该簇类的所有样本点已被全部找到。特别地，对于噪声点而言，样本会单独成簇且不会进行任何标签传播。

2.2.3 谱聚类算法

图学习将所有数据看作原始空间的样本点，通过边线连接可以构造对应的图网络，其中边线权重能够表示两点间的关系亲疏程度。谱聚类算法是从图论中演化出来的经典算法，凭借能够解析各种不同分布结构数据的优势在聚类领域广泛应用，其主要思想在于对网络拓扑结构进行图切，使得不同子图间边权重和尽可能小，而子图内的边权重和尽可能大。

图切是谱聚类算法的核心步骤，其目的在于按照一定准则将原始样本点集$\mathcal{V}$划分为c个数据簇$(\mathcal{V}_1,\mathcal{V}_2,\cdots,\mathcal{V}_c)$。数据簇划分应满足对于任意$i,j\in[1,2,\cdots,c]$且$i\neq j$，均存在$\mathcal{V}_i\cap\mathcal{V}_j=\varnothing$且$\mathcal{V}_1\cup\mathcal{V}_2\cup\cdots\cup\mathcal{V}_c=\mathcal{V}$。谱聚类算法通常采取的图切策略包括 Min-cut 策略、R-cut 策略和 N-cut 策略，其对应的目标函数可分别写为

$$\min J=\min\sum_{k=1}^{c}\frac{\mathrm{cut}(\mathcal{V}_k,\overline{\mathcal{V}_k})}{\sigma(\mathcal{V}_k)}=\min\sum_{k=1}^{c}\frac{\sum\limits_{v_i\in\mathcal{V}_k,v_j\in\overline{\mathcal{V}_k}}s_{ij}}{\sigma(\mathcal{V}_k)} \tag{2.2.2}$$

$$\sigma(\mathcal{V}_k)=\begin{cases}1 & \text{Min-cut策略}\\ |\mathcal{V}_k| & \text{R-cut策略}\\ \mathrm{vol}(\mathcal{V}_k) & \text{N-cut策略}\end{cases} \tag{2.2.3}$$

其中，$\mathcal{V}_k$表示第k个数据簇；$|\mathcal{V}_k|$表示簇内样本点数量；$\mathrm{vol}(\mathcal{V}_k)$表示簇内边线权重总和；$\overline{\mathcal{V}_k}$表示除第$k$个数据簇以外的其他簇。Min-cut 策略中，$\mathrm{vol}(\mathcal{V}_k)$对于任意数据簇均保持一致，因此该策略无法区分簇内特征差异。R-cut 策略和 N-cut 策略则通过引入簇内样本点数量或簇内边线权重总和作为簇内特征，使得优化模型能够在最大化簇间差异的同时，最小化簇内差异。R-cut 策略引入簇内样本点个数$|\mathcal{V}_k|$作为簇内特征，并将图切目标函数进一步转化为

$$\begin{aligned}&\min\ \ \text{R-cut}(\mathcal{V}_1,\mathcal{V}_2,\cdots,\mathcal{V}_c)\Leftrightarrow\min_{\boldsymbol{f}_k^{\mathrm{T}}\boldsymbol{f}_k=1,\boldsymbol{f}_k\in\mathrm{Ind}}\sum_{k=1}^{c}\boldsymbol{f}_k^{\mathrm{T}}\boldsymbol{L}\boldsymbol{f}_k\\&\Leftrightarrow\min_{\boldsymbol{F}^{\mathrm{T}}\boldsymbol{F}=\boldsymbol{I},\boldsymbol{F}\in\mathrm{Ind}}\sum_{k=1}^{c}(\boldsymbol{F}^{\mathrm{T}}\boldsymbol{L}\boldsymbol{F})_{kk}\Leftrightarrow\min_{\boldsymbol{F}^{\mathrm{T}}\boldsymbol{F}=\boldsymbol{I},\boldsymbol{F}\in\mathrm{Ind}}\mathrm{tr}(\boldsymbol{F}^{\mathrm{T}}\boldsymbol{L}\boldsymbol{F})\end{aligned} \tag{2.2.4}$$

其中，$\boldsymbol{L}=\boldsymbol{D}-\boldsymbol{S}$，$\boldsymbol{L}$为拉普拉斯矩阵，$\boldsymbol{D}$为度矩阵；$\boldsymbol{F}\in\mathrm{Ind}$，表示指示矩阵服从离散分布。此时，单个指示向量$\boldsymbol{f}_k\in\mathbb{R}^{n\times1}$的取值情况包含$n!$种，图切优化问题的时间复杂度为$\mathcal{O}(n^2)$，意味着算法无法在多项式时间内完成计算，同时也无法在多项式时间内验证某值是否为最优值。因此，R-cut 策略的优化求解属于 NP 难问题。在实际应用中，谱聚类算法在保持约束$\boldsymbol{F}^{\mathrm{T}}\boldsymbol{F}=\boldsymbol{I}$的同时将指示矩阵松弛$\boldsymbol{F}$为连续分布，并通过特征分解获得特征矩阵作为近似解。R-cut 策略的目标函数最终转化为

$$\begin{aligned}&\min_{\boldsymbol{F}}\mathrm{tr}(\boldsymbol{F}^{\mathrm{T}}\boldsymbol{L}\boldsymbol{F})\\&\text{s.t. }\boldsymbol{F}^{\mathrm{T}}\boldsymbol{F}=\boldsymbol{I}\end{aligned} \tag{2.2.5}$$

需要注意的是，特征向量服从连续分布，无法直接获得样本标签。一般，在习得特征矩阵后需要后处理手段将其离散化，如使用K均值聚类算法或谱旋转算法等手段，进一步提取样本标签。由此，特征向量的求解可视作低维特征空间学习的过程，即将原始样本空间$\boldsymbol{X}\in\mathbb{R}^{n\times d}$降维至低维特征空间$\boldsymbol{F}\in\mathbb{R}^{n\times c}$，并尽可能保持数据关键特征。后处理

手段相当于进行标签学习，即将子空间内样本分布离散化。区别于 R-cut 策略，N-cut 策略引入簇内边线权重和 $\mathrm{vol}(\mathcal{V}_i)$ 作为簇内特征，其目标函数可以表示为

$$\min\ \text{N-cut}(\mathcal{V}_1,\mathcal{V}_2,\cdots,\mathcal{V}_c) \Leftrightarrow \min_{\boldsymbol{f}_k^{\mathrm{T}}\boldsymbol{D}\boldsymbol{f}_k=1,\boldsymbol{f}_k\in\mathrm{Ind}} \sum_{k=1}^{c} \boldsymbol{f}_k^{\mathrm{T}}\boldsymbol{L}\boldsymbol{f}_k$$

$$\Leftrightarrow \min_{\boldsymbol{F}^{\mathrm{T}}\boldsymbol{D}\boldsymbol{F}=\boldsymbol{I},\boldsymbol{F}\in\mathrm{Ind}} \sum_{k=1}^{c} (\boldsymbol{F}^{\mathrm{T}}\boldsymbol{L}\boldsymbol{F})_{kk} \Leftrightarrow \min_{\boldsymbol{F}^{\mathrm{T}}\boldsymbol{D}\boldsymbol{F}=\boldsymbol{I},\boldsymbol{F}\in\mathrm{Ind}} \mathrm{tr}(\boldsymbol{F}^{\mathrm{T}}\boldsymbol{L}\boldsymbol{F}) \tag{2.2.6}$$

此时，式(2.2.6)的求解同样属于 NP 难问题，需要首先通过特征分解获得特征矩阵，并离散化该矩阵以提取样本标签。N-cut 策略的目标函数可以表示为

$$\begin{aligned}&\min_{\boldsymbol{F}} \mathrm{tr}(\boldsymbol{F}^{\mathrm{T}}\boldsymbol{L}\boldsymbol{F})\\ &\text{s.t. } \boldsymbol{F}^{\mathrm{T}}\boldsymbol{F}=\boldsymbol{I}\end{aligned} \tag{2.2.7}$$

由于 $\boldsymbol{F}$ 不满足正交约束，令 $\hat{\boldsymbol{F}}=\boldsymbol{D}^{-1/2}\boldsymbol{F}$，则 $\hat{\boldsymbol{F}}^{\mathrm{T}}\boldsymbol{L}\hat{\boldsymbol{F}}=\hat{\boldsymbol{F}}^{\mathrm{T}}\boldsymbol{D}^{-1/2}\boldsymbol{L}\boldsymbol{D}^{-1/2}\hat{\boldsymbol{F}}$，有 $\hat{\boldsymbol{F}}^{\mathrm{T}}\boldsymbol{D}\hat{\boldsymbol{F}}=\boldsymbol{F}^{\mathrm{T}}\boldsymbol{F}=\boldsymbol{I}$。此时，N-cut 策略的目标函数可最终写为

$$\begin{aligned}&\min_{\boldsymbol{F}} \mathrm{tr}(\boldsymbol{F}^{\mathrm{T}}\boldsymbol{D}^{-1/2}\boldsymbol{L}\boldsymbol{D}^{-1/2}\boldsymbol{F})\\ &\text{s.t. } \boldsymbol{F}^{\mathrm{T}}\boldsymbol{F}=\boldsymbol{I}\end{aligned} \tag{2.2.8}$$

其中，$\boldsymbol{D}^{-1/2}\boldsymbol{L}\boldsymbol{D}^{-1/2}$ 又被称为对称规范化拉普拉斯矩阵(symmetric normalized Laplacian matrix)，即 $\boldsymbol{L}^{\mathrm{sym}}=\boldsymbol{D}^{-1/2}\boldsymbol{L}\boldsymbol{D}^{-1/2}=\boldsymbol{I}-\boldsymbol{D}^{-1/2}\boldsymbol{W}\boldsymbol{D}^{-1/2}$。最终，R-cut 策略同样需要对 $\boldsymbol{L}^{\mathrm{sym}}$ 进行特征分解，获得 c 个特征向量作为潜在低维特征，并进一步采取 K 均值谱类算法或者谱旋转算法提取最终样本标签。

2.3 回归与分类分析

回归与分类分析算法是有监督场景下的经典模型，旨在学习已知数据中蕴含的规律，实现对未知数据的预测，常见于在轨飞行器健康状态监测以及地物目标分类任务当中。其中，经典的回归算法包括最小二乘回归和支持向量回归，经典的分类算法包括 K 近邻分类器和支持向量机。

2.3.1 最小二乘回归

最小二乘回归的思想在于最小化预测数值与实际数值间误差的平方和，寻求数据的最佳函数匹配。线性回归是回归算法中最基础且应用最广泛的模型，因此本节将讲解简单最小二乘回归并将其推广至非线性回归领域。通常情况下，回归分析任务采用向量 $\boldsymbol{x}\in\mathbb{R}^{1\times d}$ 表示样本的特征属性，作为模型分析的自变量。因变量则是待预测的样本属性 y，并且样本属性一般为连续值(实数或连续整数)。此时，线性回归模型可以表示为一组参数化的线性函数：

$$f(\boldsymbol{x};\boldsymbol{w},b)=\boldsymbol{w}^{\mathrm{T}}\boldsymbol{x}+b \tag{2.3.1}$$

其中，$\boldsymbol{w} \in \mathbb{R}^{1\times d}$，$\boldsymbol{w}$ 为权重向量；b 为偏置，两者均为待学习的参数。为方便起见，可以将自变量与权重向量分别改写为增广特征变量和增广权重向量：

$$\hat{\boldsymbol{x}} = [\boldsymbol{x};1] \in \mathbb{R}^{1\times(d+1)}, \hat{\boldsymbol{w}} = [\boldsymbol{w};b] \in \mathbb{R}^{1\times(d+1)} \tag{2.3.2}$$

此时，线性回归模型可以简写为 $f(\boldsymbol{x};\boldsymbol{w}) = \boldsymbol{w}^{\mathrm{T}}\boldsymbol{x}$。本节将直接采用 $\boldsymbol{x}$ 和 $\boldsymbol{w}$ 表示增广特征变量和增广权重向量。对于给定的一组包含 n 个训练样本的训练集 $\mathfrak{D} = \{(\boldsymbol{x}_i, y_i)\}_{i=1}^{n}$，线性回归希望习得最优的权重向量 $\boldsymbol{w}$。线性回归的实际输入 y_i 与预测输出均为连续的实数值，因此平方损失函数能够表示最小化真实属性与预测属性之间的差异：

$$\sum_{i=1}^{n} \mathcal{L}(y_n, f(\boldsymbol{x}_i;\boldsymbol{w})) = \frac{1}{2}\sum_{i=1}^{n}(y_i - f(\boldsymbol{x}_i;\boldsymbol{w}))^2 = \frac{1}{2}\sum_{i=1}^{n}(y_i - \boldsymbol{w}^{\mathrm{T}}\boldsymbol{x}_i)^2 = \left\|\boldsymbol{y} - \boldsymbol{X}^{\mathrm{T}}\boldsymbol{w}\right\|_2^2 \tag{2.3.3}$$

其中，$\boldsymbol{y} = [y_1, y_2, \cdots, y_n]^{\mathrm{T}} \in \mathbb{R}^{n\times 1}$，$\boldsymbol{y}$ 为所有样本真实属性组成的列向量。此时，最小化平方损失函数式(2.3.3)是关于权重向量 $\boldsymbol{w}$ 的凸优化问题，令 $\mathcal{L}(\boldsymbol{w})$ 关于 $\boldsymbol{w}$ 的导数为零，可以得到最优的权重向量 $\boldsymbol{w}^* = (\boldsymbol{X}\boldsymbol{X}^{\mathrm{T}})^{-1}\boldsymbol{X}\boldsymbol{y}$。

2.3.2　*K* 近邻分类器

K 近邻(*K*-nearest neighbor，KNN)法是一种有监督的分类与回归方法。当训练集、距离度量(如欧氏距离)、k 值及分类决策规则(如多数表决)确定后，对于任何一个新的输入实例，它所属的类唯一确定。这相当于根据上述要素将特征空间划分为一些子空间，确定子空间里的每个点所属的类。

特征空间中，对每个训练实例点 $\boldsymbol{x}_i$ 而言，距离该点比其他点更近的所有点可以组成一个单元区域。每个训练实例点拥有一个单元，进而所有训练实例点的单元构成对特征空间的一个划分。K 近邻分类器将实例 $\boldsymbol{x}_i$ 的类 y_i 作为其单元中所有点的类标记(class label)，进而能够确定每个单元内实例点的类别。设特征空间 $\mathbb{R}^d$ 中任意两个特征向量 $\boldsymbol{x}_i$，$\boldsymbol{x}_j \in \mathbb{R}^d$，$\boldsymbol{x}_i = \left(x_i^{(1)}, x_i^{(2)}, \cdots, x_i^{(d)}\right)^{\mathrm{T}}$，$\boldsymbol{x}_j = \left(x_j^{(1)}, x_j^{(2)}, \cdots, x_j^{(d)}\right)^{\mathrm{T}}$，$\boldsymbol{x}_i$ 和 $\boldsymbol{x}_j$ 的 L_p 被定义为

$$L_p(\boldsymbol{x}_i, \boldsymbol{x}_j) = \left(\sum_{l=1}^{d}\left|x_i^{(l)} - x_j^{(l)}\right|^p\right)^{\frac{1}{p}} \tag{2.3.4}$$

其中，指数 $p \geqslant 1$。当 $p = 2$ 时，L_p 被称为欧氏距离(Euclidean distance)；当 $p = 1$ 时，L_p 被称为曼哈顿距离(Manhattan distance)；当 $p = \infty$ 时，L_p 为各个坐标的最大值。K 近邻法为有监督算法，需要利用数据集对其进行训练，因此需要先使用训练数据集对模型进行训练。该算法根据给定的距离度量计算得到该数据与训练集中最近的点，划分子空间同时进行分类，根据分类决策规则决定各点所属的类别。

2.3.3　支持向量机

分类算法旨在习得尽可能正确划分数据集的准则，即能将原始样本空间 $\mathbb{R}^{n\times d}$ 划分

为两部分的最优超平面 $\mathbb{R}^{n\times(d-1)}$。图 2.3.1(a)中两类数据点表示两类样本，$\boldsymbol{H}$ 表示超平面，$\boldsymbol{H}_1$、$\boldsymbol{H}_2$ 分别表示各类样本中距离超平面最近且与超平面平行的超平面，两者之间的距离称为分类间隔。支持向量机的分类思想在于求解最优化超平面，使其不仅能够将样本正确划分，并且分类间隔最大。同时，考虑到真实数据分布中存在部分噪声数据干扰，支持向量机期望超平面学习允许少部分样本被误划分，通过引入松弛变量 $\xi_i \geqslant 0$ 表示样本点被误划分的程度，并最小化 ξ_i 以限制误划分样本数量。

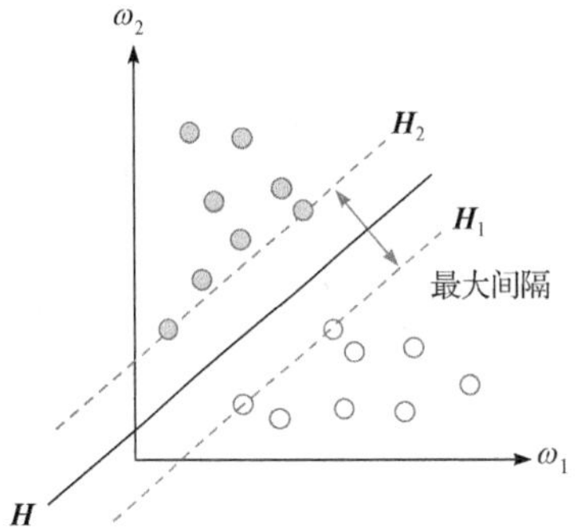

(a) 支持向量机原理示意图

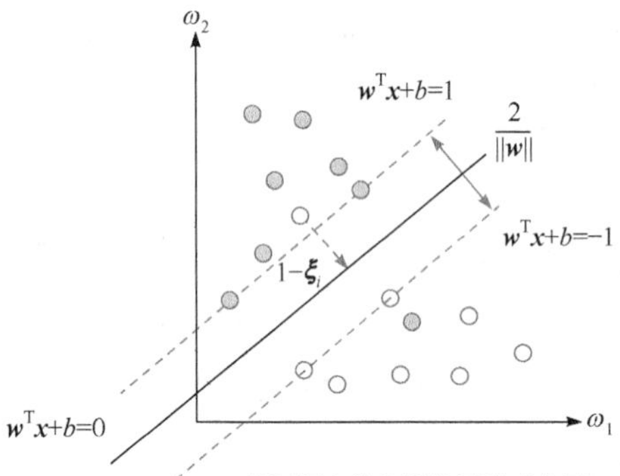

(b) 软间隔支持向量机原理示意图

图 2.3.1　支持向量机与软间隔支持向量机原理示意图

对于训练样本集 $\{(\boldsymbol{x}_i, y_i) \mid \boldsymbol{x}_i \in \mathbb{R}^{1\times d},\ y_i \in \{+1, -1\},\ i \in (1, 2, \cdots, n)\}$ 包含两类样本，如图 2.3.1(b)所示，支持向量机的目标函数可写为

$$\begin{aligned}&\min_{w,b} \frac{1}{2}\|\boldsymbol{w}\|^2 + C\sum_{i=1}^{n}\xi_i \\ &\text{s.t.}\ \ y_i(\boldsymbol{w}^{\mathrm{T}}\boldsymbol{x}_i + b) \geqslant 1 - \xi_i,\ \ \forall i \in \{1, 2, \cdots, n\}\end{aligned} \tag{2.3.5}$$

其中，$C > 0$，表示惩罚系数。最优化目标函数的首项意味着最大化样本集与超平面间的间隔，最优化末项负责控制被错误划分的样本点尽可能少。软间隔支持向量机通过调节惩罚系数，在两者之间寻求平衡。此时，待优化的变量包括 $\boldsymbol{w}$、b 和松弛变量 ξ_i。待优化问题建立在等式约束条件与不等式约束条件下，同样可以结合拉格朗日乘子法将多变量优化问题转化为单变量优化问题，并可最终得到模型最优解为

$$\begin{cases}\boldsymbol{\alpha}_i \geqslant 0, \quad \boldsymbol{\mu}_i \geqslant 0 \\ y_i(\boldsymbol{w}^{\mathrm{T}}\boldsymbol{x}_i + b) - 1 + \xi_i \geqslant 0 \\ \boldsymbol{\alpha}_i(y_i(\boldsymbol{w}^{\mathrm{T}}\boldsymbol{x}_i + b) - 1 + \xi_i) \geqslant 0 \\ \xi_i \geqslant 0, \quad \boldsymbol{\mu}_i\xi_i = 0\end{cases} \tag{2.3.6}$$

对于任意训练样本点 $(\boldsymbol{x}_i, y_i)$，总存在 $\boldsymbol{\alpha}_i = 0$ 或 $y_i(\boldsymbol{w}^{\mathrm{T}}\boldsymbol{x}_i + b) - 1 + \xi_i = 0$。当 $\boldsymbol{\alpha}_i = 0$ 时，约束条件不产生影响；当 $\boldsymbol{\alpha}_i \neq 0$ 时，若 $C > \boldsymbol{\alpha}_i > 0$，则有 $\boldsymbol{\mu}_i > 0$ 且 $\xi_i = 0$，这意味着样本点位于支持向量。若 $\boldsymbol{\alpha}_i = C$，则 $\boldsymbol{\mu}_i = 0$，此时 ξ_i 的取值理论上可为任意正数。若 $\xi_i > 1$，则意味着样本点被误划分，其余情况样本点均落在最大间隔内部。由此，软

间隔支持向量机的最终决策函数只和支持向量有关，即满足 $y_i(\boldsymbol{w}^{\mathrm{T}}\boldsymbol{x}_i+b)-1+\xi_i=0$ 的样本。

2.4 算例仿真

2.4.1 经典遥感图像数据集特征提取算例

超光谱遥感图像信息丰富，被广泛应用于地表目标识别领域，如环境监测、土地农作物分析、气象分析等。由于超光谱遥感图像光谱频带波段数量众多、图像维数较高，超光谱图像解译普遍存在运算数据量庞大、处理效率迟缓等问题，对常规的低维数据处理技术提出了新的挑战。本小节将以经典遥感图像数据集印第安纳(Indian①)为例展示特征提取的重要性，其中，图像为 145 像素×145 像素，包含 200 个波段的地物信息。

1. 实现过程

具体而言，本小节采用 Matlab 语言完成包括主成分分析法和局部线性嵌入法在内的特征提取算法完成波段提取，并在低维波段特征子集的基础上用 K 近邻分类器进行地物划分，而低维特征数量可以人为灵活设定，此处可将其设定为 6。

```
function [oa, pa, K, predict_PCA] = USFE_PCA(HSI, Tr, dim)
[nx,ny,nz]=size(HSI);                          % 提取光谱图像面积及波段数量
data=reshape(HSI,nx*ny,nz);                     % 将光谱图像转化为二维矩阵
[code] = pca(data');                            % 采用主成分分析法提取特征
FE_Mpca=reshape(code(:,1:dim), nx, ny, dim);    % 提取前 dim 维度低维特征
trainIndices = crossvalind('HoldOut', size(data, 1), 0.4);
X = reshape(FE_Mpca,145*145,dim);
Label = reshape(Tr,145*145,1);
trainX = X(trainIndices,:);                     % 生成训练数据用于分类器学习
trainL = Label(trainIndices,:);                 % 生成训练标签用于分类器学习
mdl = fitcknn(trainX, trainL, 'NumNeighbors',5, 'Standardize',1); % K 近邻分类器学习
predict_PCA = predict(mdl,X);                   % K 近邻分类器数据预测的标签
[oa, pa, K]=MetricCal(Label,predict_PCA);       % K 近邻分类器数据预测的性能
```

2. 检测结果

通过加载印第安纳光谱数据以及先验地物信息，运行如下命令可得图 2.4.1 所示结果。

```
load Indian.mat;              % 导入 Indian 遥感图像数据集
load TRLabel                  % 导入 Indian 遥感图像地物标签信息
dim=16;                       % 设置特征提取结果的低维特征维度
[oa, pa, K, predict_PCA] = USFE_PCA(HSI, Tr, dim); % 采用主成分分析法降维
[oa, pa, K, predict_LPP] = USFE_LPP(HSI, Tr, dim);  % 采用局部线性嵌入降维
imagesc(predict_PCA)          % 基于主成分分析法的 K 近邻分类器结果可视化
imagesc(predict_LPP)          % 基于局部线性嵌入的 K 近邻分类器结果可视化
```

① 数据集名称，见 https://www.ehu.eus/ccwintco/index.php/Hyperspectral_Remote_Sensing_Scenes#Indian_Pines。

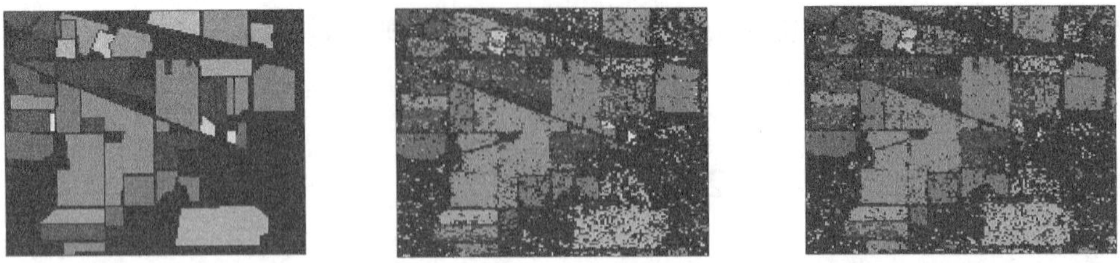

(a) 印第安纳光谱数据真实地物标签分布 (b) 主成分分析法+K近邻分类器识别结果 (c) 局部线性嵌入法+K近邻分类器识别结果

图 2.4.1　*K* 均值聚类算法处理飞行目标分割效果图

图 2.4.1(a)为真实地物标签分布，图 2.4.1(b)为基于主成分分析法特征提取的 *K* 近邻分类器识别结果，图 2.4.1(c)为基于局部线性嵌入法特征提取的 *K* 近邻分类器识别结果。

此外，通过设定降维特征数量并观察分类准确率，可得如图 2.4.2 所示曲线。在特征数量增加初期，分类器的分类准确率普遍随着特征数量的增加而增长。然而，特征波段所包含的地物信息存在重复性，特征数量的累积无法有效丰富波段信息，导致分类准确率在到达一定阈值后，随特征数量增加而增长的速度逐步减缓甚至停滞。特征提取的任务在于为下游任务选择合适的特征数量及对应的特征子集，一方面，确保绝大部分地物信息得以保持；另一方面，缩减特征规模以缓解下游任务的计算负担和存储压力。

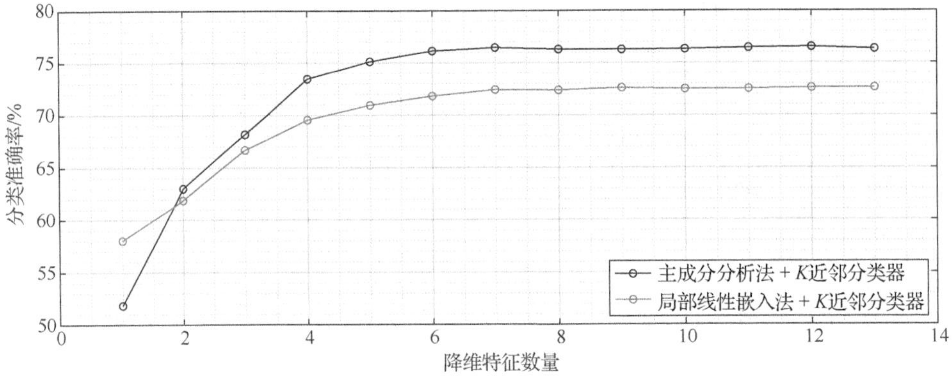

图 2.4.2　*K* 均值聚类算法处理飞行目标分割结果

2.4.2　飞行器图像数据集“背景–目标”聚类算例

通常，空天图像中图像像素包含的特征信息不局限于彩色像素值，而是涉及高光谱信息以提升图像信息含量。将整幅图像中各像素所包含的全体特征视作单个样本，通过计算不同像素间空间欧氏距离即可完成相似度度量。考虑到空天视场下，拍摄得到的图像中像素规模庞大，密度聚类算法以及谱聚类算法的时间复杂度难以满足解译时效性，本小节选取 *K* 均值聚类算法进行图像分割，待处理原始图像如图 2.4.3(a)所示。

1. 实现过程

具体而言，本小节选取 *K* 均值聚类算法提取目标和背景信息，并采用 Matlab 语言进行代码实现。首先，读取图像数据并将其转化为矩阵存储的形式。由于图像中包含两类

(a) 原始图像　　(b) *K*均值聚类算法处理结果示意图

图 2.4.3　原始图像和 *K* 均值聚类算法处理飞行目标分割效果图(Lei et al., 2018)

背景物体以及单个目标，可以预设标签数量为 3。在此基础上采用 *K* 均值聚类算法，可以为像素添加类别标签进而得到识别结果。

```
I = imread('airplane.jpg');                                   % 读取待处理的图像数据
[m1, n, p] = size(I); X = reshape(double(I), m1*n, p);        % 将图像转化为二维矩阵
clusters = 3; [C, dist, J] = keams_cut(X, clusters , b);      % 预设类别数量提取标签
[~, label] = min(dist, [], 2);                                % 最终获得像素标签信息
```

2. 检测结果

通过分析 *K* 均值聚类算法提取得到的样本标签信息，可以运行如下指令得到如图 2.4.3(b)所示处理结果示意图。

```
imshow(uint8(reshape(C(label, :), m1, n, p)));
```

观察图 2.4.3 可知飞机主体被准确分割，然而由于异类目标的图像像素间同样存在一定相似度，目标边缘的分割呈现“锯齿”状，其平滑性存在一定局限性。

思　考　题

2.1　主成分分析法与线性判别分析法的区别有哪些?

2.2　局部线性嵌入法与拉普拉斯映射的异同点有哪些?

2.3　均值聚类算法与密度聚类算法的优点各有哪些?

2.4　谱聚类算法中后处理手段是否必要？并阐述原因。

2.5　硬间隔支持向量机与软间隔支持向量机的区别有哪些?

2.6　支持向量机中惩罚系数如何影响模型决策?

第 3 章

深度学习理论

近年来，深度学习领域发展迅速并在诸多应用场景中取得显著成果，其通过深层神经网络模型提取从原始样本输入到目标特征输出的信息流，能够从有限样例中发现、总结一般性规律和特征并有效应用于对未知数据的预测中。例如，深度学习模型通过挖掘遥感图像中已知地物目标的波段判别性特征，可对未知地物对象进行标签预测，并能够学习地物目标运动规律，进而对移动目标进行准确、实时跟踪。本章将围绕空天信息解译及智能控制，详细介绍神经网络基础、卷积神经网络、新型神经网络及神经网络压缩相关内容。

3.1　神经网络基础

神经网络的前期发展大致包括单个神经元模型的建立、多层感知机的提出及反向传播神经网络的设计，其核心特征是结合神经元权重学习的自适应非线性动态系统。以下将从神经网络基础出发，讲解神经网络发展各阶段所涉及的概念与技术。

3.1.1　神经元

人工神经元(简称“神经元”)是构成神经网络的基本单元，能够模拟生物神经元特性接收输入信号并结合激活函数输出特征。对于输入向量 $\boldsymbol{x}=[x_1,x_2,\cdots,x_D]$ 而言，神经元能够对其进行加权聚合，其处理信息的公式化表达为

$$z=\sum_{d=1}^{D} w_d x_d + b = \boldsymbol{w}^{\mathrm{T}}\boldsymbol{x}+b \tag{3.1.1}$$

其中，$\boldsymbol{w}$ 是 D 维权重向量，$\boldsymbol{w}=[w_1, w_2,\cdots, w_D]\in\mathbb{R}^D$；$b\in\mathbb{R}$，是偏置；聚合值 z 经过非线性的激活函数 $f(\cdot)$ 处理后可以得到神经元的激活值 $a=f(z)$。典型的神经元结构如图 3.1.1 所示。

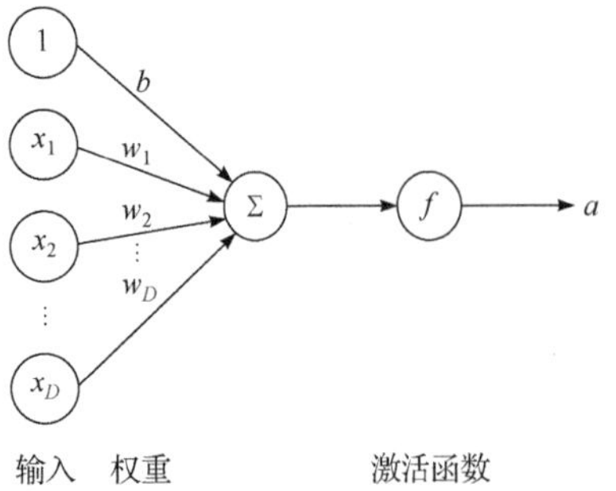

图 3.1.1　典型的神经元结构(邱锡鹏，2020)

为了增强网络的表示能力和学习能力，激活函数需要具备连续可导性、构造

简约性及值域有界性，在应用过程中主要结合表 3.1.1 所示的激活函数。

表 3.1.1　常用激活函数名称及构造

激活函数名称	激活函数构造
逻辑函数(logistic function, logistic)	$\sigma(x)=1/(1+\mathrm{e}^{-x})$
双曲正切函数(hyperbolic tangent function, tanh)	$\tanh(x)=(\mathrm{e}^{x}-\mathrm{e}^{-x})/(\mathrm{e}^{x}+\mathrm{e}^{-x})$
修正线性函数(rectified linear unit, ReLU)	$\mathrm{ReLU}(x)=\max(0,x)$
带参修正线性函数(parametric rectified linear function, PReLU)	$\mathrm{PReLU}_i(x)=\max(0,x)+\alpha_i\min(0,x)$
泄漏修正线性函数(leaky rectified function, Leaky ReLU)	$\text{Leaky ReLU}(x)=\max(0,x)+\alpha\min(0,x)$
指数线性函数(exponential linear function, ELU)	$\mathrm{ELU}(x)=\max(0,x)+\min(0,\gamma(\mathrm{e}^{x}-1))$
软加函数(softplus function, softplus)	$\mathrm{softplus}(x)=\ln(1+\mathrm{e}^{x})$

α 是一个很小的正的常数，如 α 可以取 0.01；α_i 是 $x\leqslant 0$ 时函数的斜率，表示可学习的参数，不同神经元可以有不同参数；γ 是一个非负的超参数，决定 $x\leqslant 0$ 时的曲线，并调整输出均值在 0 附近。常用激活函数的图像如图 3.1.2 所示。

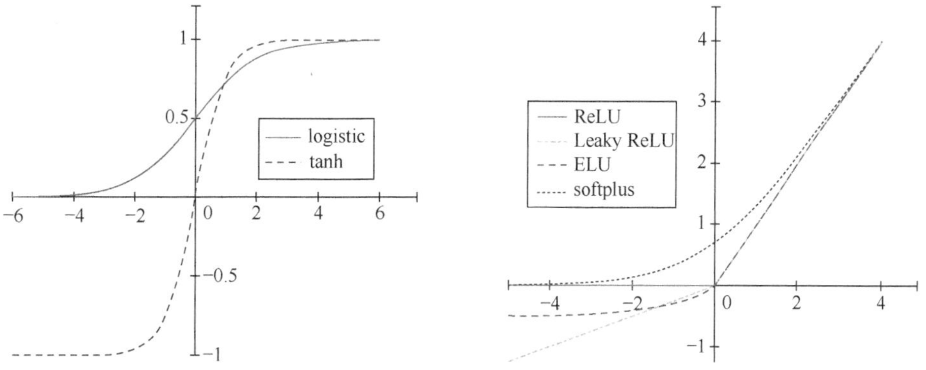

图 3.1.2　常用激活函数的图像(邱锡鹏，2020)

3.1.2　多层感知机

为理解多层感知机工作原理，本小节首先介绍结构更为简洁的单层感知机模型，并逐步深入分析其参数学习方法。对于给定 N 个样本的训练数据集 $\mathcal{D}=\left\{\left(\boldsymbol{x}^{(n)},y^{(n)}\right)\right\}_{n=1}^{N}$，单层感知机仅包含一个神经元，并希望通过错误驱动模型习得参数 $\boldsymbol{w}^*$ 使其对各样本 $\left(\boldsymbol{x}^{(n)},y^{(n)}\right)$ 存在：

$$y^{(n)}(\boldsymbol{w}^*)^{\mathrm{T}}\boldsymbol{x}^{(n)}>0 \tag{3.1.2}$$

其中，$y^{(n)}\in\{+1,-1\}$。该不等式的物理意义在于，期望样本标签 $y^{(n)}$ 和预测标签 $(\boldsymbol{w}^*)^{\mathrm{T}}\boldsymbol{x}^{(n)}$ 的正负性保持一致，即准确预测样本类别信息。为实现这一目的，单层感知机期望满足 $y\boldsymbol{w}^{\mathrm{T}}\boldsymbol{x}<0$ 的错分样本尽可能少，可以得到损失函数和优化方法分别为

$$\mathcal{L}(\boldsymbol{w};\boldsymbol{x},y)=\max(0,-y\boldsymbol{w}^{\mathrm{T}}\boldsymbol{x}) \tag{3.1.3}$$

$$\frac{\partial\mathcal{L}(\boldsymbol{w};\boldsymbol{x},y)}{\partial\boldsymbol{w}}=\begin{cases}0, & y\boldsymbol{w}^{\mathrm{T}}\boldsymbol{x}>0\\ -y\boldsymbol{x}, & y\boldsymbol{w}^{\mathrm{T}}\boldsymbol{x}<0\end{cases} \tag{3.1.4}$$

其中，权重系数 $\boldsymbol{w}$ 为待优化参数，并且可以采用式(3.1.4)所示的随机梯度下降法逐步更新，最终完成样本预测。

多层感知机是多个感知机的组合构造，通过感知机的逐层运算和参数传递得到模型的输出结果。具体而言，多层感知机中输入数据经过各层神经元线性变换处理及激活函数映射得到中间特征，并将该特征作为输入传递至下一感知机，重复上述流程直至得到模型预测值。由此，多层感知机中信息流的传递可以视作有向无环路图，通过简单非线性函数的多次聚合，实现从输入空间到输出空间的复杂映射。多层前馈神经网络如图 3.1.3 所示。

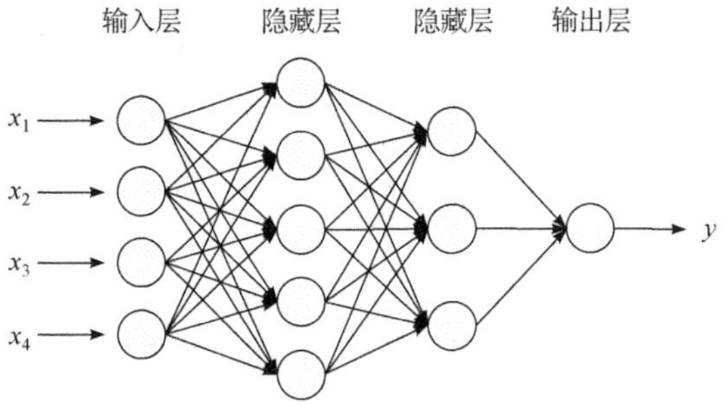

图 3.1.3　多层前馈神经网络(邱锡鹏，2020)

令 L 为神经网络的层数，M_l 为第 l 层神经元的个数，$f_l(\cdot)$ 为第 l 层神经元的激活函数，$\boldsymbol{W}^{(l)}\in\mathbb{R}^{M_l\times M_{l-1}}$ 和 $\boldsymbol{b}^{(l)}\in\mathbb{R}^{M_l}$ 分别为第 $(l-1)$ 层到第 l 层的权重矩阵和偏置，$\boldsymbol{z}^{(l)}\in\mathbb{R}^{M_l}$ 和 $\boldsymbol{a}^{(l)}\in\mathbb{R}^{M_l}$ 分别为第 l 层的数据输入和特征输出且有 $\boldsymbol{a}^{(0)}=\boldsymbol{x}$，此时多层感知机可表示为

$$\boldsymbol{z}^{(l)}=\boldsymbol{W}^{(l)}\boldsymbol{a}^{(l-1)}+\boldsymbol{b}^{(l)} \tag{3.1.5}$$

$$\boldsymbol{a}^{(l)}=f_l\left(\boldsymbol{z}^{(l)}\right) \tag{3.1.6}$$

其中，多层感知机首先根据第 $(l-1)$ 层神经元的活性值 $\boldsymbol{a}^{(l-1)}$ 计算得到第 l 层神经元的净活性值 $z^{(l)}$，其次经过激活函数处理得到第 l 层神经元的活性值。因此，可以将每个神经层视作由仿射变换和非线性变换组成，而通过逐层的信息传递可以得到网络最后的输出 $\boldsymbol{a}^{(L)}$：

$$\boldsymbol{x}=\boldsymbol{a}^{(0)}\to\boldsymbol{z}^{(1)}\to\boldsymbol{a}^{(1)}\to\boldsymbol{z}^{(2)}\to\cdots\to\boldsymbol{a}^{(L-1)}\to\boldsymbol{z}^{(L)}\to\boldsymbol{a}^{(L)}=\phi(\boldsymbol{x};\boldsymbol{W},\boldsymbol{b}) \tag{3.1.7}$$

其中，$\boldsymbol{W}$ 和 $\boldsymbol{b}$ 分别表示网络中所有层的连接权重和偏置；$\phi(\boldsymbol{x};\boldsymbol{W},\boldsymbol{b})$ 可以视作复合处理。更进一步，对于多分类问题而言，训练数据集 $\mathcal{D}=\left\{\left(\boldsymbol{x}^{(n)},\boldsymbol{y}^{(n)}\right)\right\}_{n=1}^{N}$，$\boldsymbol{y}^{(n)}$ 以每个样本标签对应的独热(one-hot)编码向量表示，多层感知机期望根据样本输入 $\boldsymbol{x}^{(n)}$ 得到预测标

签 $\hat{\boldsymbol{y}}^{(n)}$，并且其损失函数可以定义为

$$\mathcal{R}(\boldsymbol{W},\boldsymbol{b})=\frac{1}{N}\sum_{n=1}^{N}\mathcal{L}\left(\boldsymbol{y}^{(n)},\hat{\boldsymbol{y}}^{(n)}\right)+\frac{1}{2}\lambda\|\boldsymbol{W}\|_{\mathrm{F}}^{2} \tag{3.1.8}$$

其中，$\|\boldsymbol{W}\|_{\mathrm{F}}^{2}$ 为用于防止过拟合的正则化项；$\lambda>0$，为模型超参数，且 λ 越大，$\boldsymbol{W}$ 中的权重稀疏越接近 0。基于以上学习准则和训练样本，模型参数可以通过梯度下降法来进行学习，并且在梯度下降法的每次迭代中，第 l 层参数 $\boldsymbol{W}^{(l)}$ 和 $\boldsymbol{b}^{(l)}$ 的更新方式为

$$\boldsymbol{W}^{(l)}\leftarrow\boldsymbol{W}^{(l)}-\alpha\frac{\partial R(\boldsymbol{W},\boldsymbol{b})}{\partial\boldsymbol{W}^{(l)}}=\boldsymbol{W}^{(l)}-\alpha\left(\frac{1}{N}\sum_{n=1}^{N}\left(\frac{\partial\mathcal{L}\left(\boldsymbol{y}^{(n)},\hat{\boldsymbol{y}}^{(n)}\right)}{\partial\boldsymbol{W}^{(l)}}\right)+\lambda\boldsymbol{W}^{(l)}\right) \tag{3.1.9}$$

$$\boldsymbol{b}^{(l)}\leftarrow\boldsymbol{b}^{(l)}-\alpha\frac{\partial R(\boldsymbol{W},\boldsymbol{b})}{\partial\boldsymbol{b}^{(l)}}=\boldsymbol{b}^{(l)}-\alpha\left(\frac{1}{N}\sum_{n=1}^{N}\frac{\partial\mathcal{L}\left(\boldsymbol{y}^{(n)},\hat{\boldsymbol{y}}^{(n)}\right)}{\partial\boldsymbol{b}^{(l)}}\right) \tag{3.1.10}$$

其中，α 为学习率。梯度下降法需要计算损失函数对参数的偏导数，导致采用链式法则逐一对参数进行求偏导的效率有待提升。

3.1.3　反向传播神经网络

鉴于多层感知机的局限性，反向传播神经网络通过逆向反馈误差来提升神经网络的优化效率。具体而言，反向传播神经网络由输入层、隐藏层(中间层)和输出层构成，隐藏层包含若干层感知机且各层包括若干神经元，后向传递则是指比较输出结果和真实标签，以计算损失函数对每个权重和偏置的偏导数，进而将误差进行逆向传递从而更新权重和偏置。

对于给定的样本 $(\boldsymbol{x},\boldsymbol{y})$，通过神经网络提取后得到的输出标签为 $\hat{\boldsymbol{y}}$。采用损失函数 $\mathcal{L}(\boldsymbol{y},\hat{\boldsymbol{y}})$ 进行优化时，需要计算损失函数关于每个参数的导数。不失一般性，对第 l 层中的参数 $\boldsymbol{W}^{(l)}$ 和 $\boldsymbol{b}^{(l)}$ 计算偏导数，并根据链式法则可以得

$$\frac{\partial\mathcal{L}(\boldsymbol{y},\hat{\boldsymbol{y}})}{\partial w_{ij}^{(l)}}=\frac{\partial\boldsymbol{z}^{(l)}}{\partial w_{ij}^{(l)}}\frac{\partial\mathcal{L}(\boldsymbol{y},\hat{\boldsymbol{y}})}{\partial\boldsymbol{z}^{(l)}} \tag{3.1.11}$$

$$\frac{\partial\mathcal{L}(\boldsymbol{y},\hat{\boldsymbol{y}})}{\partial\boldsymbol{b}^{(l)}}=\frac{\partial\boldsymbol{z}^{(l)}}{\partial\boldsymbol{b}^{(l)}}\frac{\partial\mathcal{L}(\boldsymbol{y},\hat{\boldsymbol{y}})}{\partial\boldsymbol{z}^{(l)}} \tag{3.1.12}$$

其中，式(3.1.11)和式(3.1.12)等号右端的第二项均为目标函数关于第 l 层的神经元 $\boldsymbol{z}(l)$ 的偏导数，即误差项。由此，反向传播神经网络的优化需要计算 $\partial\boldsymbol{z}^{(l)}/\partial w_{ij}^{(l)}$、$\partial\boldsymbol{z}^{(l)}/\partial\boldsymbol{b}^{(l)}$ 和 $\partial\mathcal{L}(\boldsymbol{y},\hat{\boldsymbol{y}})/\partial\boldsymbol{z}^{(l)}$ 的数值，三者优化分别如下所示。

首先，计算偏导数 $\partial\boldsymbol{z}^{(l)}/\partial w_{ij}^{(l)}$，由于 $\boldsymbol{z}^{(l)}=\boldsymbol{W}^{(l)}\boldsymbol{a}^{(l-1)}+\boldsymbol{b}^{(l)}$，有

$$\begin{aligned}\frac{\partial\boldsymbol{z}^{(l)}}{\partial w_{ij}^{(l)}}&=\left[\frac{\partial z_{1}^{(l)}}{\partial w_{ij}^{(l)}},\cdots,\frac{\partial z_{i}^{(l)}}{\partial w_{ij}^{(l)}},\cdots,\frac{\partial z_{M_l}^{(l)}}{\partial w_{ij}^{(l)}}\right]=\left[0,\cdots,\frac{\partial\left(\boldsymbol{w}_{i:}^{(l)}\boldsymbol{a}^{(l-1)}+b_{i}^{(l)}\right)}{\partial w_{ij}^{(l)}},\cdots,0\right]\\&=\left[0,\cdots,a_{j}^{(l-1)},\cdots,0\right]\triangleq\boldsymbol{I}_{i}\left(a_{j}^{(l-1)}\right)\ \in\mathbb{R}^{1\times M_l}\end{aligned} \tag{3.1.13}$$

其中，$\boldsymbol{w}_{i:}^{(l)}$ 表示权重矩阵 $\boldsymbol{W}^{(l)}$ 的第 i 行；$\boldsymbol{I}_i\left(a_j^{(l-1)}\right)$ 表示第 i 个元素为 $a_j^{(l-1)}$、其余为 0 的行向量。

其次，计算偏导数 $\partial \boldsymbol{z}^{(l)}/\partial \boldsymbol{b}^{(l)}$，由于 $\boldsymbol{z}^{(l)}=\boldsymbol{W}^{(l)}\boldsymbol{a}^{(l-1)}+\boldsymbol{b}^{(l)}$，有

$$\frac{\partial \boldsymbol{z}^{(l)}}{\partial \boldsymbol{b}^{(l)}}=\boldsymbol{I}_{M_l} \quad \in \mathbb{R}^{M_l \times M_l} \tag{3.1.14}$$

其中，$\boldsymbol{I}_{M_l}$ 为 $M_l \times M_l$ 的单位矩阵。

最后，计算偏导数 $\partial \mathcal{L}(\boldsymbol{y},\hat{\boldsymbol{y}})/\partial \boldsymbol{z}^{(l)}$，表示第 l 层神经元对最终损失的影响，也反映了最终损失对第 l 层神经元的敏感程度，因此可称其为第 l 层神经元的误差项，用 $\boldsymbol{\delta}^{(l)}$ 表示：

$$\boldsymbol{\delta}^{(l)} \triangleq \frac{\partial \mathcal{L}(\boldsymbol{y},\hat{\boldsymbol{y}})}{\partial \boldsymbol{z}^{(l)}} \quad \in \mathbb{R}^{M_l} \tag{3.1.15}$$

其中，误差项 $\boldsymbol{\delta}^{(l)}$ 间接反映神经元对网络能力的贡献程度，从而有效解决贡献度分配问题(credit assignment problem，CAP) (Minsky，1961)。根据 $\boldsymbol{z}^{(l+1)}=\boldsymbol{W}^{(l+1)}\boldsymbol{a}^{(l)}+\boldsymbol{b}^{(l+1)}$、$\boldsymbol{a}^{(l)}=f_l\left(\boldsymbol{z}^{(l)}\right)$ 及链式求导法则可以最终得到第 l 层的误差项为

$$\begin{aligned}\boldsymbol{\delta}^{(l)} &\triangleq \frac{\partial \mathcal{L}(\boldsymbol{y},\hat{\boldsymbol{y}})}{\partial \boldsymbol{z}^{(l)}}=\frac{\partial \boldsymbol{a}^{(l)}}{\partial \boldsymbol{z}^{(l)}}\frac{\partial \boldsymbol{z}^{(l+1)}}{\partial \boldsymbol{a}^{(l)}}\frac{\partial \mathcal{L}(\boldsymbol{y},\hat{\boldsymbol{y}})}{\partial \boldsymbol{z}^{(l+1)}}=\operatorname{diag}\left(f_l'\left(\boldsymbol{z}^{(l)}\right)\right)\left(\boldsymbol{W}^{(l)}\right)^{\mathrm{T}}\boldsymbol{\delta}^{(l+1)} \\ &=f_l'\left(z^{(l)}\right)\odot\left(\left(\boldsymbol{W}^{(l+1)}\right)^{\mathrm{T}}\boldsymbol{\delta}^{(l+1)}\right) \quad \in \mathbb{R}^{M_l}\end{aligned} \tag{3.1.16}$$

其中，$\odot$ 是向量的点积运算符，表示向量中每个元素相乘。从式(3.1.16)可以看出，第 l 层的误差项可以通过第 $(l+1)$ 层的误差项计算得到，进而体现反向传播的含义：第 l 层神经元的误差项(或敏感性)是所有与该神经元相连的、第 $(l+1)$ 层神经元的误差项权重和乘以该神经元激活函数的梯度。在完成偏导数计算后，式(3.1.11)可以写为

$$\frac{\partial \mathcal{L}(\boldsymbol{y},\hat{\boldsymbol{y}})}{\partial w_{ij}^{(l)}}=\boldsymbol{I}_i\left(a_j^{(l-1)}\right)\boldsymbol{\delta}^{(l)}=\left[0,\cdots,a_j^{(l-1)},\cdots,0\right]\left[\delta_1^{(l)},\cdots,\delta_i^{(l)},\cdots,\delta_{M_l}^{(l)}\right]^{\mathrm{T}}=\delta_i^{(l)}a_j^{(l-1)} \tag{3.1.17}$$

其中，$\delta_i^{(l)}$ 和 $a_j^{(l-1)}$ 分别为向量 $\boldsymbol{\delta}^{(l)}$ 和向量 $\boldsymbol{a}^{(l-1)}$ 外积的第 i、j 个元素。式(3.1.17)可以进一步写为

$$\left[\frac{\partial \mathcal{L}(\boldsymbol{y},\hat{\boldsymbol{y}})}{\partial \boldsymbol{W}^{(l)}}\right]_{ij}=\left[\boldsymbol{\delta}^{(l)}\left(\boldsymbol{a}^{(l-1)}\right)^{\mathrm{T}}\right]_{ij} \tag{3.1.18}$$

最终，$\mathcal{L}(\boldsymbol{y},\hat{\boldsymbol{y}})$ 关于第 l 层权重 $\boldsymbol{W}^{(l)}$ 和偏置 $\boldsymbol{b}^{(l)}$ 的梯度可以分别表示为

$$\frac{\partial \mathcal{L}(\boldsymbol{y},\hat{\boldsymbol{y}})}{\partial \boldsymbol{W}^{(l)}}=\boldsymbol{\delta}^{(l)}\left(\boldsymbol{a}^{(l-1)}\right)^{\mathrm{T}} \quad \in \mathbb{R}^{M_l \times M_{l-1}} \tag{3.1.19}$$

$$\frac{\partial \mathcal{L}(\boldsymbol{y},\hat{\boldsymbol{y}})}{\partial \boldsymbol{b}^{(l)}}=\boldsymbol{\delta}^{(l)} \quad \in \mathbb{R}^{M_l} \tag{3.1.20}$$

由此，反向传播神经网络通过计算各层的误差项，习得该层参数梯度并逐步完成参

数更新任务。

3.2 卷积神经网络

卷积神经网络(convolutional neural network，CNN)是由卷积层、池化层和全连接层交叉堆叠而构成的深层前馈神经网络，其所具备的局部连接、权重共享和池化等结构特性使得特征提取过程在借助更少参数的同时，满足平移、缩放和旋转不变性。由于空天场景下可视化数据的采集难以使得图像尺度、视角和背景区域保持严格一致，卷积神经网络被广泛应用于空天图像解译和视频流分析等任务。例如，对卫星遥感图像中的目标进行分类、识别和对空天运动目标进行实时追踪，能够为空天监测、军事侦察、情报监控等应用提供有力的技术支持。本节将介绍卷积神经网络基本结构、AlexNet 和 VGGNet。

3.2.1 卷积神经网络基本结构

对于全连接前馈神经网络而言，连接第 l 层中 M_l 个神经元和第 $(l-1)$ 层中 M_{l-1} 个神经元的权重矩阵包括 $M_l \times M_{l-1}$ 个参数。其中，神经元数量的增加将导致权重矩阵规模的骤增及训练效率的下降。卷积神经网络则通过设计卷积核逐层提取特征以用于后续分析，能够有效缩减待优化参数规模，其网络构造包括卷积层、池化层、填充与步长等概念。

1. 卷积层

卷积层的作用在于结合卷积核进行特征映射以得到局部特征，从而将原始数据 $\boldsymbol{X} \in \mathbb{R}^{M \times N \times D}$ 转化为输出特征 $\boldsymbol{Y} \in \mathbb{R}^{M' \times N' \times P}$ 。其中，M 和 N 表示原始图像大小，M' 和 N' 表示输出特征大小，D 表示输入层图像通道数量，P 表示特征映射次数。对于灰度图像而言，$D=1$；对于彩色图像而言，$D=3$，即需要对 RGB 三个颜色通道图像进行特征映射。具体而言，卷积层的工作原理可以被公式化表达为

$$\boldsymbol{Y}^p = f(\boldsymbol{W}^p \otimes \boldsymbol{X} + b^p) = f\left(\sum_{d=1}^{D} \boldsymbol{W}^{p,d} \otimes \boldsymbol{X}^d + b^p\right) \tag{3.2.1}$$

其中，切片矩阵 $\boldsymbol{X}^d \in \mathbb{R}^{M \times N}$，为单通道图像且有 $1 \leqslant d \leqslant D$；切片矩阵 $\boldsymbol{Y}^p \in \mathbb{R}^{M' \times N'}$，为映射得到的特征图输出且有 $1 \leqslant p \leqslant P$；四维张量 $\boldsymbol{W}^{p,d} \in \mathbb{R}^{U \times V}$，为二维卷积核且有 $1 \leqslant p \leqslant P, 1 \leqslant d \leqslant D$；$\otimes$ 为互相关运算符；$f(\cdot)$ 为非线性激活函数。卷积层操作可视化流程如图 3.2.1 所示。

如图 3.2.1 所示，卷积层利用卷积核 $\boldsymbol{W}^{p,D}$ 对图像进行局部特征提取并进一步进行聚合操作，在此基础上结合非线性激活函数可以最终获得 D 通道下特征映射 $\boldsymbol{Y}^p$。结合不同卷积核设计可以进行 P 次特征映射，得到 P 个输出特征映射 $\boldsymbol{Y}^1, \boldsymbol{Y}^2, \cdots, \boldsymbol{Y}^P$。由此，卷积操作所涉及的优化参数规模被精简为 $P \times D \times (U \times V) + P$。

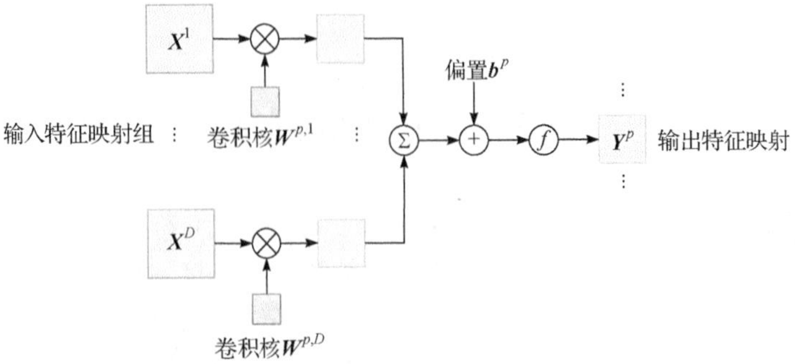

图 3.2.1 卷积层中从输入特征映射组 $\boldsymbol{X}$ 到输出特征映射 $\boldsymbol{Y}^p$ 的计算示例(邱锡鹏，2020)

2. 池化层

池化层的作用在于减少优化参数数量，降低模型陷入过拟合的风险。常用的池化函数包括最大池化和平均池化。

(1) 最大池化(max pooling)。对于某个区域 $R_{m,n}^d$ ，选择该区域内所有神经元的最大活性值作为该区域的表示：

$$\underset{\text{max pooling}}{y_{m,n}^d} = \max_{i\in R_{m,n}^d} x_i \tag{3.2.2}$$

(2) 平均池化(mean pooling)。对于某个区域 $R_{m,n}^d$ ，取该区域内所有神经元活性值的平均值作为区域的表示：

$$\underset{\text{mean pooling}}{y_{m,n}^d} = \frac{1}{|R_{m,n}^d|}\sum_{i\in R_{m,n}^d} x_i \tag{3.2.3}$$

其中，x_i 为区域 $R_{M'\times N'}^d$ 内每个神经元的活性值；对每一个输入特征映射 $\boldsymbol{X}^d$ 的 $M'\times N'$ 个区域进行子采样，得到池化层的输出特征映射 $\boldsymbol{Y}^d=\left\{y_{m,n}^d\right\}$ ，$1\leqslant m\leqslant M'$ ，$1\leqslant n\leqslant N'$ 。最大池化操作的流程示例如图 3.2.2 所示。

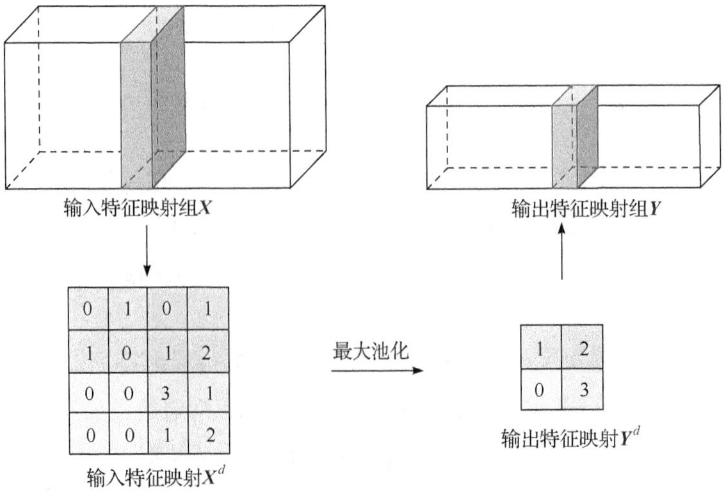

图 3.2.2 最大池化操作的流程示例(邱锡鹏，2020)

如图 3.2.2 所示，池化层将图像划分为 2 像素×2 像素的子区域，并使用最大池化的方式进行下采样。池化层不仅可以有效减少神经元数量，还可以使得网络对局部形态改变保持不变性，并拥有更大范围的感受野，但在使用过程中需要选取适当面积的子区域以减少信息损失。

3. 填充与步长

卷积层的叠加将不可避免地导致被丢失的图像边缘像素数量增加，而填充则是在输入图像的边界填充元素(通常填充元素是 0)以减缓信息损失。为 $n_h \times n_w$ 面积的输入图像添加 p_h 行填充和 p_w 列填充，并使用 $k_h \times k_w$ 大小的卷积核进行映射时得到的输出形状为

$$(n_h - k_h + p_h + 1) \times (n_w - k_w + p_w + 1) \tag{3.2.4}$$

其中，输出图像的高度和宽度将分别取决于 p_h 和 p_w。由此，卷积窗口从输入图像的左上角开始，向下、向右滑动可以访问全局子区域，而每次滑动元素的数量称为步长。通常，当垂直步长为 s_h、水平步长为 s_w 时，输出形状为

$$\left\lfloor \frac{n_h - k_h + p_h + s_h}{s_h} \right\rfloor \times \left\lfloor \frac{n_w - k_w + p_w + s_w}{s_w} \right\rfloor \tag{3.2.5}$$

其中，$\lfloor \cdot \rfloor$ 为向下取整符号，表示将一个实数向下取到最接近它的整数。填充数值通常被设置为 $p_h = k_h - 1$ 和 $p_w = k_w - 1$，使得输入图像与输出图像面积一致。卷积核大小通常设置为奇数，进而使得图像上、下沿和左、右沿填充像素数量一致。

4. 反卷积

反卷积又称转置卷积或上采样，用于将低分辨率的特征图转换为高分辨率的可视化图像。具体而言，将输入图像和输出图像的元素矩阵分别展开成一个列向量 $\boldsymbol{X}$ 和列向量 $\boldsymbol{Y}$，卷积操作的公式化可以表示为 $\boldsymbol{Y} = \boldsymbol{C}\boldsymbol{X}$。反卷积的操作就是对这个矩阵运算进行逆运算，即根据各个矩阵的尺寸大小计算 $\boldsymbol{X} = \boldsymbol{C}^{-1}\boldsymbol{Y}$。

5. 感受野

对卷积神经网络中某一层的任意元素 x 而言，其感受野(receptive field，RF)是指在前向传播期间可能影响 x 计算的所有元素。假定卷积核的大小均为 $k_i \times k_i$，那么第 $(l+1)$ 层特征图的感受野大小可以通过如下公式进行计算：

$$\mathrm{RF}_{l+1} = \mathrm{RF}_l + (k_{l+1} - 1) \times \prod_{i=0}^{l} \mathrm{strides}_i \tag{3.2.6}$$

其中，RF_{l+1} 表示要计算的第 $(l+1)$ 层特征图对应的目标感受野；RF_l 表示第 l 层特征图对应的感受野；$\mathrm{strides}_i$ 表示第 i 层卷积核的步长；第 $(l+1)$ 层卷积核的大小为 $k_{l+1} \times k_{l+1}$。特别地，规定初始图像的感受野用 RF_0 表示，且 $\mathrm{RF}_0 = 1$。

以面积为 5 像素×5 像素的原始图像为例，使用卷积核为 3 像素×3 像素进行卷积操作可以得到面积为 3 像素×3 像素的特征图且该特征图上各像素点的感受野均为 3 像素。需要注意的是，感受野的计算不考虑填充的大小，即忽略图像边缘的影响。

3.2.2 AlexNet

AlexNet(Krizhevsky et al., 2012)作为第一个现代深度卷积网络模型，成功开创了现代深度卷积网络的技术范式，如 GPU 并行训练、ReLU 非线性函数激活及随机丢弃(dropout)过拟合预防等。具体而言，AlexNet 包括 5 个卷积层、3 个最大池化层和 3 个全连接层，并且使用归一化指数(softmax)函数做模型输出层，其结构如图 3.2.3 所示。

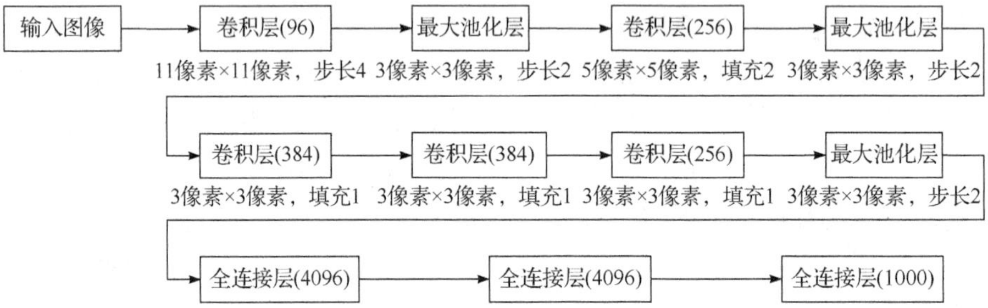

图 3.2.3 AlexNet 结构(Zhang et al., 2023)

除此以外，AlexNet 还在前两个池化层之后进行了局部响应归一化(local response normalization，LRN)，以增强模型的泛化能力。

3.2.3 VGGNet

虽然 AlexNet 在深层特征提取方面卓有成效，但它无法指导研究人员根据任务需求设计新型网络。鉴于此，牛津大学的视觉几何组(visual geometry group，VGG)首次引入使用块的想法并提出 VGG 网络(VGG network，VGGNet) (Simonyan et al., 2014)中，旨在使用循环操作和子程序模块设计实现重复架构。经典卷积神经网络由带填充以保持分辨率的卷积层、非线性激活函数和池化层组成，VGG 网络构架则将卷积层和池化层模块化，将其封装入 VGG 块，并搭配全连接层完成各项处理任务。通常而言，VGG 块包括带有 3 像素×3 像素卷积核、填充为 1 的卷积层和带有 2 像素×2 像素池化窗口、步长为 2 的最大池化层，且块设计本质如图 3.2.4 所示。

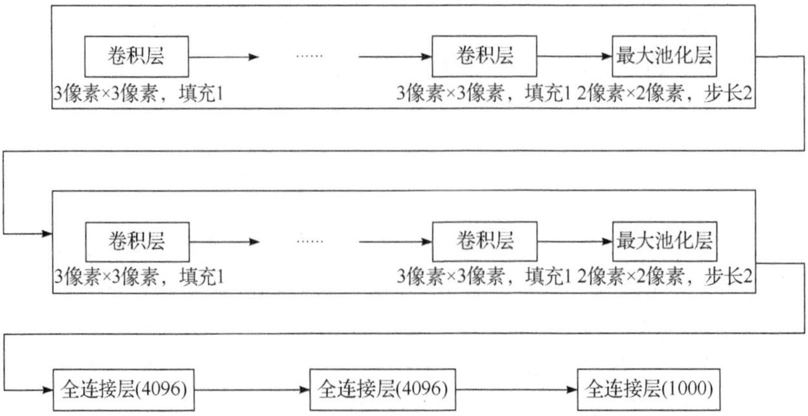

图 3.2.4 VGGNet 的块设计本质(Zhang et al., 2023)

VGGNet 相较于 AlexNet 的优势在于设计 VGG 块，采用卷积层模块化堆叠的方式提取特征，并且使用多个 3 像素×3 像素面积的卷积核可以大幅减少卷积层参数量。例如，设置输入卷积层的特征图通道数为 C_0，卷积层输出的特征图通道数为 C，对于 2 个面积为 3 像素×3 像素的卷积层而言，其参数量为 $2\times(3\times3\times C_0\times C)=18C_0C$；对于 1 个面积 5 像素×5 像素的卷积层而言，其参数量为 $1\times(5\times5\times C_0\times C)=25C_0C$。

3.3 新型神经网络

尽管卷积神经网络应用在图像处理等领域成果显著，但其模型构造在处理复杂数据类型时，如时序数据、拓扑结构数据，以及在应对极端场景任务时有明显局限性。举例说明，视频流数据在包含单帧图像信息的同时还涉及各帧图像间像素的时空关联关系，仅通过网络层数的堆叠容易导致神经网络出现“遗忘”现象；极限视距场景下，弱小辐射源目标像素信息及其邻域像素信息对于识别任务的贡献程度较高，而采用统一卷积核对图像进行无差别特征提取可能导致关键特征被忽视，进而难以满足极端任务需求。

3.3.1 递归神经网络

递归神经网络(recurrent neural network，RNN)是一种具有循环连接的神经网络结构，主要用于处理序列数据。与传统的前馈神经网络不同，RNN 能够接受任意长度的输入序列，通过循环连接将历史信息传递至当前时间步，进而保留记忆特征。这种循环连接使得 RNN 能够对序列中的每个元素进行建模，并且可以根据之前的信息来预测下一个元素。递归神经网络架构如图 3.3.1 所示。

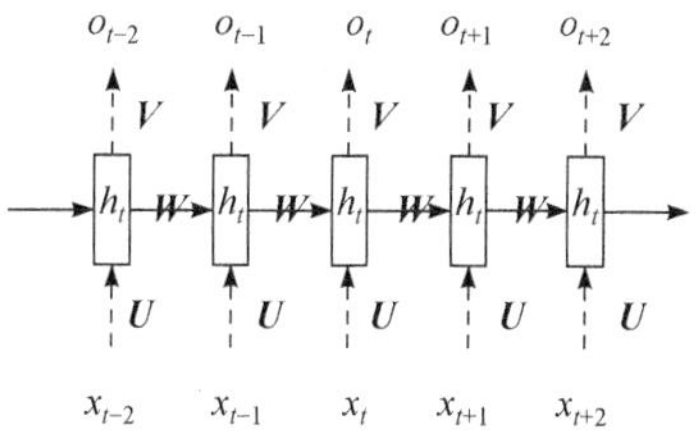

图 3.3.1 递归神经网络架构

图 3.3.1 中，网络在某一时刻的输入 x_t 代表 n 维输入数据向量，h_t 代表该时刻下输入数据的隐藏状态，o_t 代表该时刻下的输出数据。输入层到隐藏层的权重由 $\boldsymbol{U}$ 表示，隐藏层到输出层的权重由 $\boldsymbol{V}$ 表示，而 $\boldsymbol{W}$ 则是由隐藏层到隐藏层的权重，负责调度递归神经网络的记忆。由此构成的递归神经网络中，单个神经元会递归调用自身隐藏状态并将该状态信息传递给下一时刻的神经元以充分挖掘单帧数据的上下文信息，其前向传播过程的公式化表达为

$$\begin{cases} s_1=\boldsymbol{U}x_1+\boldsymbol{W}h_0 \\ h_1=f(s_1) \\ o_1=g(\boldsymbol{V}h_1) \end{cases} \tag{3.3.1}$$

$$\begin{cases} s_2=\boldsymbol{U}x_2+\boldsymbol{W}h_1 \\ h_2=f(s_2) \\ o_2=g(\boldsymbol{V}h_2) \end{cases} \tag{3.3.2}$$

其中，$f(\cdot)$ 表示激活函数；$\boldsymbol{U}$、$\boldsymbol{V}$、$\boldsymbol{W}$ 表示初始化权重矩阵；h_0 表示 $t=0$ 时刻初始值且通常赋值为 0。随着时间帧的推进，历史状态 h_1 可以作为 $t=0$ 时刻的记忆特征参与下一时间帧的预测。依此类推，递归神经网络能够拥有记忆能力，即通过映射矩阵 $\boldsymbol{W}$ 历史状态进行总结，从而作为未来时间帧状态预测的辅助特征。可以这样理解隐藏状态：

$$h=f(\text{过去记忆总结}+\text{现有的输入}) \tag{3.3.3}$$

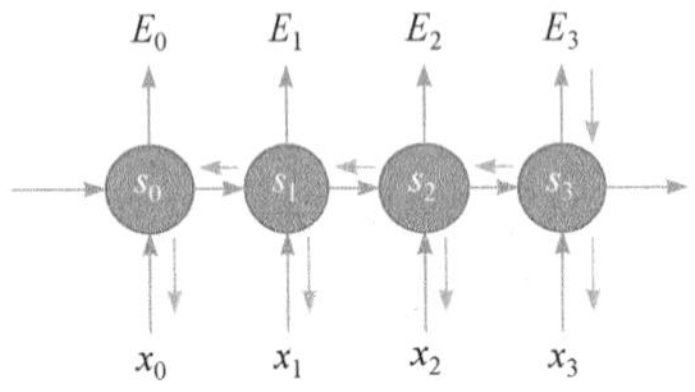

图 3.3.2 递归神经网络的梯度计算顺序

由于递归神经网络中每一时刻的输出与之前时刻的输入有关，递归神经网络的反向传播与传统神经网络有所不同，其梯度计算顺序如图 3.3.2 所示。

对损失函数求解其关于 $\boldsymbol{W}$ 的偏导可得

$$\frac{\partial E_3}{\partial \boldsymbol{W}}=\sum_{i=1}^{3}\frac{\partial E_3}{\partial \hat{y}}\frac{\partial \hat{y}}{\partial s_3}\left(\prod_{j=k+1}^{3}\frac{\partial s_j}{\partial s_{j-1}}\right)\frac{\partial s_k}{\partial \boldsymbol{W}} \tag{3.3.4}$$

与卷积神经网络类似，递归神经网络同样可以通过叠加网络构造得到深层神经网络，其中，浅层网络输出可以作为深层网络输入并且同层之间通过递归传递信息，进而增强网络拟合能力和记忆能力。

3.3.2 长短期记忆神经网络

尽管递归神经网络能够有效处理短时间序列数据，但其在处理上下文信息间隔较远的时序数据时，可能存在“长期依赖问题”，即递归神经网络仅能记忆较短间隔内出现的视频帧状态。随着时间序列长度的增加，简单递归神经网络还会因多次递归而出现“梯度消失”或“梯度爆炸”，导致参数调节速率急剧下降或调整幅度陡增。为解决这一系列问题，经过改进之后的长短期记忆神经网络被提出，长短期记忆神经网络能够有效地传递和表达长时间序列中的信息，并且不会导致较长时间间隔前的关键信息被网络遗忘。图 3.3.3 直观地展示了长短期记忆神经网络神经元内部构造。

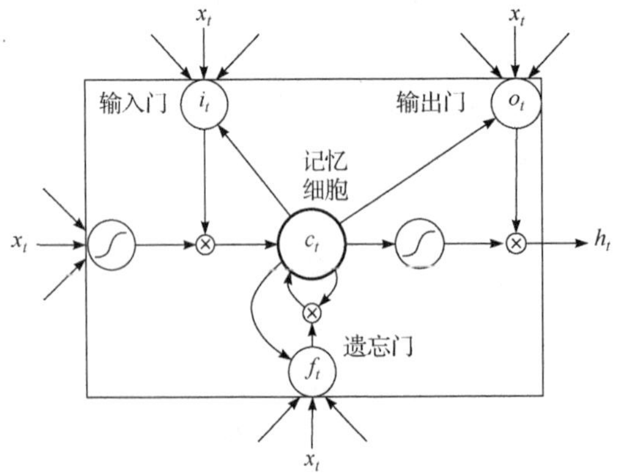

图 3.3.3 长短期记忆神经网络神经元内部构造(Sutskever et al., 2011)

在递归神经网络的结构基础上，长短期记忆神经网络引入输入门、遗忘门、输出门以及与隐藏状态形状相同的记忆细胞以记录额外的信息。其中，输入门、遗忘门和输出门的输入均为当前时间帧输入 x_t 与上一时间帧隐藏状态 x_{t-1}，其输出由 sigmoid 激活函数的全连接层计算得到，进而元素值域为[0,1]。由此，记忆细胞 C_t 满足 $C_t = F_t \odot C_{t-1} + I_t \odot \tilde{C}_t$，表示当前时间帧记忆细胞的计算组合了上一时间帧记忆细胞和当前时间帧候选记忆细胞的信息，进而控制遗忘门和输入门的信息流动。具体而言，遗忘门控制上一时间帧记忆细胞 C_{t-1} 中信息是否传递到当前时间帧，输入门则控制候选记忆细胞 $\tilde{C}_t$ 如何传入当前帧的记忆细胞。例如，若遗忘门输出趋近于 1 且输出门输出趋近于 0，则上一时间帧的记忆细胞将保存并传递至当前时间帧。输出门则能够控制记忆细胞到隐藏状态 H_t 的信息流动。当输出门输出趋近于1时，记忆细胞信息将传递到隐藏状态供输出层使用；当输出门输出趋近于 0 时，记忆细胞信息仅为自己保留。由此，这样的网络架构能够有效应对循环神经网络中的梯度衰减问题，并更好地捕捉长时间序列中长间隔时间帧的依赖关系。

3.3.3 生成对抗神经网络

生成对抗神经网络的构造思路来源于博弈论中的零和博弈原理，即通过生成网络和判别网络的动态博弈，使得网络习得准确的数据分布。其中，生成网络(generator network)的数学表示为概率约束 $p(x)$，其能够将给定的简单先验分布 $\pi(z)$ 映射为训练集数据的概率分布，任务对象是数据先验分布与预期概率分布之间的映射关系；判别网络(discriminator network)的数学表示为 $y = f(x)$，其能够根据输入数据特征属性输出其标签信息，任务对象是模型准确输出数据标签的概率。

规定 z 为随机噪声，$P_Z(z)$ 表示随机噪声 z 服从的概率分布，$p_{\text{date}}(x)$ 表示真实数据分布而 $p_Z(z)$ 表示伪图像概率分布，则生成对抗神经网络的目标函数可以表示为

$$\min_G \max_D V(D,G) = E_{x\sim p_{\text{date}}(x)}[\ln D(x)] + E_{z\sim p_Z(z)}[\ln(1-D(G(z)))] \tag{3.3.5}$$

其中，生成器 G 的输出是伪图像信息；判别器 D 的输出为分布范围 0～1 的标量，表示判别器对伪图像的置信度。等号后公式的两项分别表示输入为真图像或伪图像时，判别器能够准确识别其标签的概率。在博弈过程中，生成器的训练期望目标函数值尽可能小，即尽可能使伪图像概率分布逼近真实图像，判别器的训练则期望目标函数值尽可能大，即尽可能区分真实图像和伪图像。

生成器网络和判别器网络均由卷积层和全连接层组成，而两者所执行的任务存在差异。具体而言，生成器能够通过上采样方式，结合噪声生成伪图像信息。其中，噪声通常指代随机数组成的 n 维向量并且其分布通常符合正态分布。由于噪声生成的随机性，生成器能够模拟多种伪图像信息用于博弈学习，判别器则负责接收生成器输出的伪图像用于真伪判别。生成对抗神经网络迭代过程如图 3.3.4 所示。

图 3.3.4 表述了生成对抗神经网络拟合训练集图片像素概率分布的过程，黑点表示训练集数据的分布曲线，虚线表示判别网络输出的分布曲线，实线则是生成网络输出的分布曲线，z 表示生成对抗网络映射前的数据概率分布，x 表示真实数据概率分布。图 3.3.4(a)～(d)分别对应生成网络与判别网络构成的动态“博弈过程”。首先在判别器训

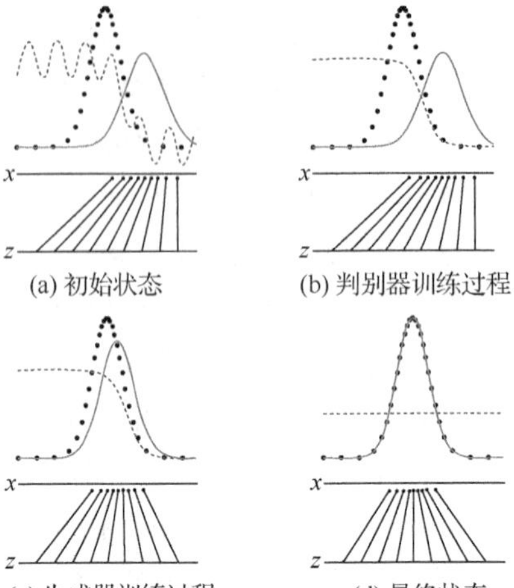

(a) 初始状态　(b) 判别器训练过程　(c) 生成器训练过程　(d) 最终状态

图 3.3.4　生成对抗神经网络迭代过程(Goodfellow et al., 2014)

练过程中，判别器的输出在面对真实数据和生成网络生成数据时能够准确区分，即判别器的准确率得以提高；然后为生成器的训练过程，其使得实线曲线更加逼近于黑点线，说明生成器生成数据与真实数据更加相似；经过多次循环，模型最终达到一个判别器与生成器相互平衡的效果，即生成对抗神经网络习得的数据概率分布与真实数据概率分布趋近于一致。此时判别网络难以挖掘生成数据与真实数据的差别，进而准确率稳定在 0.5 附近，该平衡点也被称纳什均衡点。

3.3.4　Transformer 神经网络

在序列数据处理领域，递归神经网络和长短期记忆神经网络的核心思想都是通过神经网络训练，提取上下文编码向量并根据该向量习得最终的结果，该策略可以视作一个“编码(encoder)—解码(decoder)”的过程。然而，采用隐含变量衔接编码过程和解码过程时，固定的向量长度难以覆盖完整的上下文语义信息，进而导致性能下降。在真实场景下，人们对序列数据的理解并不总是依赖完整的上下文语义信息，而是自动聚焦于一些关键信息。鉴于此，Transformer 神经网络引入注意力机制，允许解码过程为编码过程得到的隐含变量赋予合适权重，使得网络能够聚焦于关键语义。相较于本书之前提到的长短期记忆神经网络，Transformer 神经网络能够利用分布式 GPU 进行并行训练以提高模型训练效率，并且在遥感图像解译领域得到广泛应用，如高分辨率图像分类、变化检测、平移锐化、建筑物检测等。具体而言，Transformer 神经网络结构如图 3.3.5 所示，主要由输入部分、输出部分、编码器部分和解码器部分组成。

如图 3.3.5 所示，Transformer 神经网络的关键组成在于编码器和解码器，并且借助注意力机制能够自动提取重要特征信息。其中，编码器主要由多头自注意力层和前馈全连接层组成，并且层间均进行层归一化并采用残差连接。解码器则在编码器的基础上增设基于掩码的多头自注意力层，其模块输入为某历史时刻的模块输出。注意力机制需要通过注意力函数实现，并且注意力函数由特征信息与权重矩阵的映射组合，其结构可视化如图 3.3.6 所示。

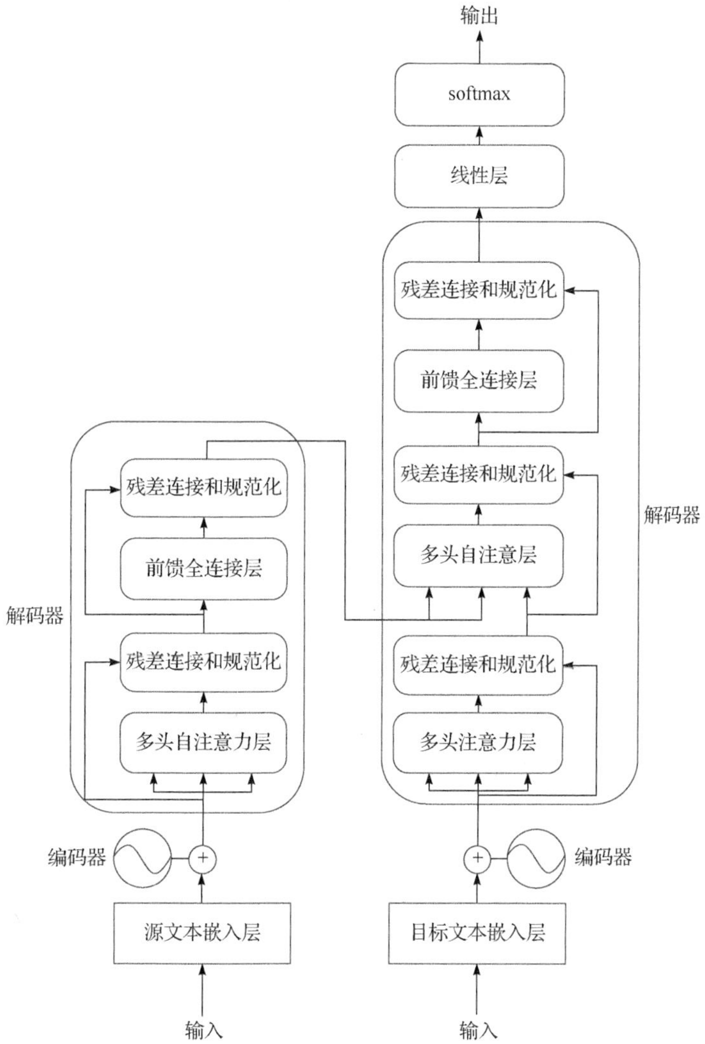

图 3.3.5　Transformer 神经网络结构示意图(Vaswani et al., 2017)

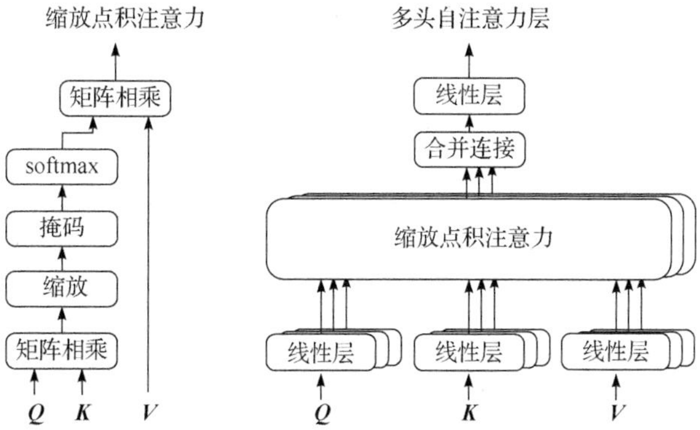

图 3.3.6　Transformer 神经网络的注意力机制结构可视化(Vaswani et al., 2017)

类比信息检索系统中查询值、匹配值以及目标信息的概念，注意力机制中采用$\boldsymbol{Q}$表示输入特征，$\boldsymbol{K}$表示待匹配特征，$\boldsymbol{V}$表示模板向量，注意力机制的任务则在于分析输入信息和待匹配信息间的相似度，其公式化表达为

$$\text{Attention}(\boldsymbol{Q},\boldsymbol{K},\boldsymbol{V})=\text{softmax}\left(\frac{\boldsymbol{Q}\boldsymbol{K}^{\mathrm{T}}}{\sqrt{d_k}}\right)\boldsymbol{V} \tag{3.3.6}$$

其中，d_k表示输入信息和待匹配信息的向量长度；函数 softmax 通过分析$\boldsymbol{Q}$、$\boldsymbol{K}$内积数值与向量长度的比例能够量化两者匹配度，也获得网络在各特征维度的注意力。在此基础上，计算匹配度与模板向量的乘积可以最终完成自注意力特征提取。在具体实施过程中，Transformer 神经网络结合多个注意力函数多次提取输入特征、待匹配特征以及模板向量(通常设置映射次数为 8 次)并最终聚合得到整体子注意力特征，其公式化表达为

$$\begin{cases}\boldsymbol{Q}_i=\boldsymbol{Q}\boldsymbol{W}_i^{Q},\boldsymbol{K}_i=\boldsymbol{K}\boldsymbol{W}_i^{K},\boldsymbol{V}_i=\boldsymbol{V}\boldsymbol{W}_i^{V}\\ \text{head}_i=\text{Attention}(\boldsymbol{Q}_i,\boldsymbol{K}_i,\boldsymbol{V}_i)\\ \text{MultiHead}(\boldsymbol{Q},\boldsymbol{K},\boldsymbol{V})=\text{Contact}(\text{head}_1,\cdots,\text{head}_8)\boldsymbol{W}^0\end{cases} \tag{3.3.7}$$

其中，$\boldsymbol{W}_i^Q$、$\boldsymbol{W}_i^K$和$\boldsymbol{W}_i^V$分别表示从原始信息到输入特征、待匹配特征和模板向量的映射矩阵；$\text{Contact}(\cdot)$表示各子注意力模块输出的特征聚合操作；$\boldsymbol{W}^0$表示对聚合特征的深度映射变换。由此，Transformer 神经网络能够自适应提取特征间关键特征关联性并获取注意力信息，更加灵活地捕捉远程依赖关系并进一步提升遥感图像解译性能。

3.4 神经网络压缩

尽管神经网络的发展日益迅速，智能技术的实现仍然依赖于硬件层面的部署。考虑到神经网络的规模与性能要求，真实应用场景下机载处理设备面临的主要难题在于内存和运行效率。一方面，大规模遥测数据存储与处理要求精简神经网络模型参数；另一方面，跟踪等应用要求神经网络能够对输入数据做出及时响应和判断。因此，神经网络压缩也成为空天场景下神经网络应用中必不可少的环节，以下将着重介绍模型剪枝、权重共享和参数量化等技术。

3.4.1 模型剪枝

模型剪枝是深度学习中的一种重要技术，旨在优化神经网络结构以达到减少模型参数和计算复杂度的目的，同时能够保持甚至提高模型的性能。通过剪枝，可以有效地减少模型的存储需求、内存占用和推理时间，使模型更适合在资源受限的环境中部署，如移动设备、嵌入式系统等。考虑到网络中仅有部分参数对模型性能起到关键作用，而冗余参数在占据内存空间的同时对模型性能的贡献度微弱，剪枝期望结合网络中参数重要性，决定部分参数的保留或丢弃，通过选择性删除非关键参数以清除网络中的冗余参数和链接，从而减小模型规模，降低计算成本。

对于大规模神经网络而言，首先选择合适的模型剪枝标准以衡量参数对于模型的重

要性，并选择重要性不高的参数进行删除。在删除某些参数后，模型的精确度会有所下降，为了弥补剪枝后精确度降低的模型，通常需要再次用原数据集进行训练。通常，一次模型剪枝幅度不会太大，避免精确度损失太大导致无法弥补，因此这一过程需要进行多次，才能达到预期的效果。模型剪枝前后的对比如图 3.4.1 所示。

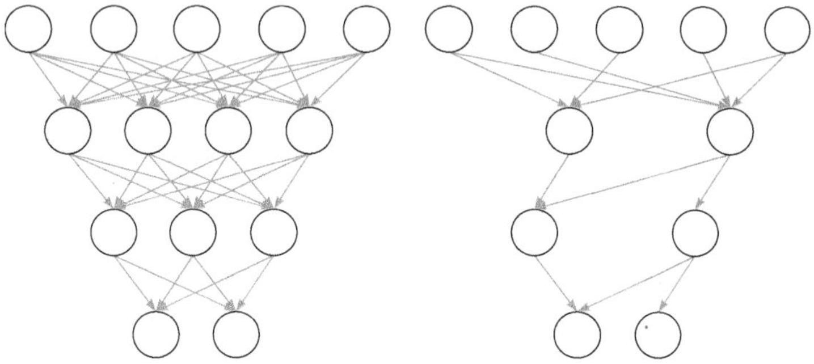

(a) 模型剪枝前　　(b) 模型剪枝后

图 3.4.1　模型剪枝前后的对比示意图

常见的模型剪枝包括权重剪枝、通道剪枝、结构化剪枝和迭代剪枝。权重剪枝的删除标准在于参数大小，具体而言，将数值接近于 0 的权重删除，并且该类连接对模型的贡献度较低；通道剪枝是针对卷积神经网络的一种剪枝方法，其将卷积层中的每个滤波器视作一个通道，通过计算每个通道输出特征图的重要性，并删除对模型贡献度较小的通道以实现网络压缩；结构化剪枝并不对网络结构进行处理，而是删除整个权重向量或矩阵中的一部分，以保证剪枝后的模型仍然具有稀疏性；迭代剪枝采取动态优化的剪枝方法，在每次迭代过程中删除一部分参数并对剪枝后的模型进行微调，以补偿由于剪枝而造成的性能损失。

3.4.2　权重共享

权重共享是深度学习中一种重要的优化技术，旨在减少模型的参数数量并提高模型的泛化能力。在传统的神经网络中，每个连接都有自己的权重，这意味着网络中存在大量的参数，容易导致过拟合和计算负担。权重共享通过在网络的不同部分共享相同的权重，有效地减少了参数数量，同时有助于提高模型的泛化能力。

权重共享的原理建立在相似度假设之上，即在某些任务中，不同位置或层级的特征具有一定的相似性。例如，图像分类任务中对象存在不变性和相似性，即不同图像区域可以通过权重共享具备相似特征提取能力。例如，CNN 中的卷积层通过滑动窗口提取特征并进行权重共享，可以在整幅输入图像上共享特征提取能力，从而大大减少参数数量和计算复杂度。进一步，可以通过聚类的方式提取此类相似、重复参数，进而实现模型的压缩。图 3.4.2 所示为简单权重共享流程。其中，卷积核中的部分参数满足共享关系，可以被进一步划分为四个种类并根据类别标签进行权重更新。

在减少模型运算和存储需求的同时，权重共享还能够通过限制模型的复杂度来防止模型陷入过拟合，采用参数共享传播梯度信息进而加速模型收敛速度。总结而言，权重

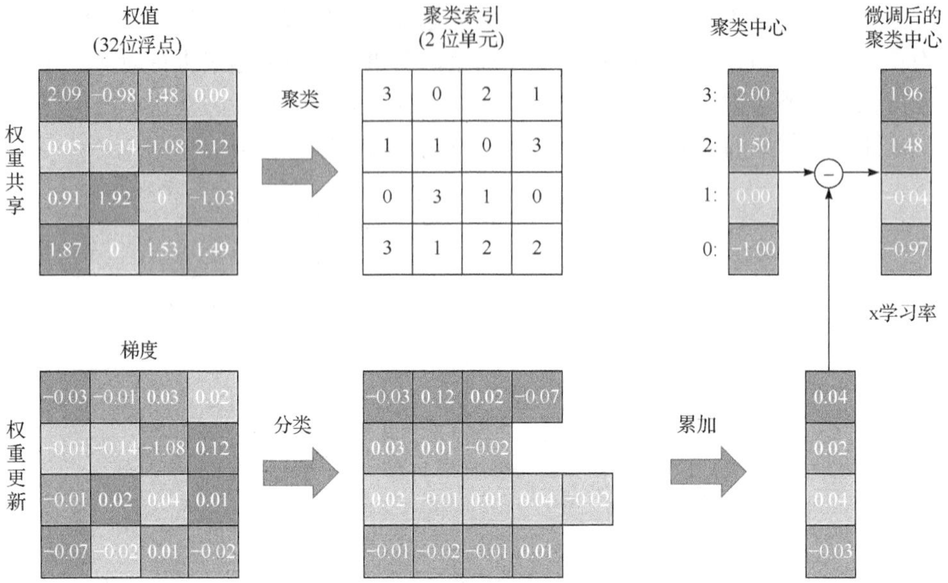

图 3.4.2　简单权重共享流程

共享是一种简化、加速深度学习的关键技术，通过在模型中多个位置或层次上使用相同的参数来共享信息，进而可以显著减少计算和存储需求。

3.4.3　参数量化

神经网络模型的参数通常使用 32 位或更高精度的浮点数来表示，但这些高精度的参数占用了大量的存储空间，并且在计算时消耗了大量的计算资源。参数量化则希望通过降低参数位宽，如将 32 位数据压缩至 8 位，以减少存储需求和计算成本。根据量化策略，可以将参数量化分为线性量化、非线性量化和自适应量化三类。线性量化期望将模型的参数线性映射至有限的整数范围内，如使用均匀量化步长将原始参数转化至[0, 255]或[−128, 127]；非线性量化则期望使用非线性函数，如 sigmoid 函数、tanh 函数和 ReLU 函数，将模型参数映射至指定值域范围内；自适应量化则能够根据数据分布自适应调整映射函数，能够在保持模型性能的同时最大限度地减少存储需求和计算成本。

在线性量化策略与非线性量化策略中，数值映射法则具体包括二值化策略和三值化策略，前者通过设置阈值并将满足阈值的输出值映射至+1，而其余的输出值映射至−1，后者则进一步细分阈值设置，将输出值映射至+1、0 和−1。非线性量化通常采取的数值映射法则为聚类量化，其能够通过图嵌入学习将相关数据映射至低维邻域空间，进而协同实现标签发现和特征压缩。

需要注意的是，参数量化操作虽然能够降低数据存储空间需求、提升数据读取速率，但是其在进行压缩的过程中不可避免地会导致信息损失，因此需要充分考虑数据位数对推理精度的影响，设置合理的数据压缩维度。

3.5 算例仿真

3.5.1 卷积神经网络特征图可视化算例

考虑到深度学习模型属于“黑盒”模型，即各层网络所习得的数据信息难以被直观体现，研究人员通常采取特征图可视化的方式，辅助了解卷积神经网络在进行卷积运算时所提取得到的深层特征以及网络构造中数据流的传递方式，进而更好地设计和优化网络构架。特征图可视化指代在给定输入图像后，展示模型处理过程中各中间层(包括卷积层和池化层等)输出的特征。本小节将展示使用 VGG16 卷积神经网络完成飞行目标识别任务过程中，结合反卷积进行可视化的流程。

1. 实现过程

通过选取反卷积映射后最大激活函数值，确定模型关键特征空间坐标，编写 Python 代码如下所示。

```
def vis_layer(layer, vgg16_conv, vgg16_deconv):
    num_feat = vgg16_conv.feature_maps[layer].shape[1]
    new_feat_map = vgg16_conv.feature_maps[layer].clone()
    act_lst = []
    for i in range(0, num_feat):
        choose_map = new_feat_map[0, i, :, :]
        activation = torch.max(choose_map)
        act_lst.append(activation.item())
    act_lst = np.array(act_lst)
    mark = np.argmax(act_lst)
    choose_map = new_feat_map[0, mark, :, :]
    max_activation = torch.max(choose_map)
    if mark == 0:
        new_feat_map[:, 1:, :, :] = 0
    else:
        new_feat_map[:, :mark, :, :] = 0
        if mark != vgg16_conv.feature_maps[layer].shape[1] - 1:
            new_feat_map[:, mark + 1:, :, :] = 0
    choose_map = torch.where(choose_map==max_activation,
            choose_map,
            torch.zeros(choose_map.shape)
            )
    new_feat_map[0, mark, :, :] = choose_map
    print(max_activation)
    deconv_output = vgg16_deconv(new_feat_map, layer, mark, vgg16_conv.pool_locs)
    new_img = deconv_output.data.numpy()[0].transpose(1, 2, 0)    # (H, W, C)
    new_img = (new_img - new_img.min())/(new_img.max() - new_img.min()) * 255
    new_img = new_img.astype(np.uint8)
    return new_img, int(max_activation)
```

2. 检测结果

将神经网络中的各层特征图作为输入，调用上述函数能够得到图 3.5.1 所示可视化结果。

```
for idx, layer in enumerate([14, 17, 19, 21, 24, 26, 28]):
    plt.subplot(2, 4, idx+2)
    img, activation = vis_layer(layer, vgg16_conv, vgg16_deconv)
```

```
plt.title(f'第{layer}层网络特征图',fontweight='heavy')
plt.imshow(img)
```

原始图像
第14层网络特征图
第17层网络特征图
第19层网络特征图
第21层网络特征图
第24层网络特征图
第26层网络特征图
第28层网络特征图

图 3.5.1　基于 VGG16 网络的飞行目标特征可视化

由图 3.5.1 分析可知，VGG 神经网络在前期处理过程(如第 14 层网络特征图所示)中仅能提取简单的、浅层的特征。随着神经网络层数的增加，其能够具备识别目标的功能(如第 17 层和第 19 层网络特征图所示)，表现为目标及领域范围内特征值分布较为显著。然而，随着神经网络层数与感受野的增加，VGG16 网络错误地将目标及部分背景信息引入特征图，进而导致无法精确感知目标分布坐标(如第 21 层至第 26 层网络特征图所示)。由此，研究人员能够通过分析特征图像素分布了解神经网络运作原理，并为网络构造优化提供指导意见。

3.5.2　航天器状态监控及故障检测算例

考虑到航天器需要适应长期在轨运行、多功能并发和复杂太空环境等多种需求，并且航天器的健康状态完全依赖于传感器实时反馈数据，地面监测站通过实时收集航天器遥测数据以提取航天器运行特征，研究人员则需要通过对此类已知数据进行规律挖掘并对未来状态进行预测。以传感器模拟数据集为例，本小节将结合长短期记忆神经网络完成状态检测。

1. 实现过程

通过长短期记忆神经网络提取时序数据深层特征，进而对传感器状态进行预测，编写 Python 代码如下所示。

```
def build_model():
    model = Sequential()
    model.add(LSTM(input_dim=1, output_dim=50, return_sequences=True))
    print(model.layers)
    model.add(LSTM(100, return_sequences=False))
    model.add(Dense(output_dim=1))
    model.add(Activation('linear'))
    model.compile(loss='mse', optimizer='rmsprop')
    return model
```

2. 检测结果

将 test.csv 时序数据作为原始输入进行长短期记忆神经网络进行训练，并将未知时刻的时序参数用作模型预测，最终能够得到图 3.5.2 所示结果。

```
train_x, train_y, test_x, test_y, scaler = load_data('test.csv')
train_x = np.reshape(train_x, (train_x.shape[0], train_x.shape[1], 1))
test_x = np.reshape(test_x, (test_x.shape[0], test_x.shape[1], 1))
predict_y, test_y = train_model(train_x, train_y, test_x, test_y)
predict_y = scaler.inverse_transform([[i] for i in predict_y])
test_y = scaler.inverse_transform(test_y)
fig2 = plt.figure(2)
plt.plot(predict_y, 'g:')
    plt.plot(test_y, 'r-')
    plt.show()
```

图 3.5.2 中，横坐标表示时间节点，纵坐标表示航天器信号，实线曲线表示真实航天器传感器数值，虚线曲线表示算法预测数值。结合长短期记忆神经网络进行故障检测能够有效感知航天器运行状态并精确预测未来在轨模式，高效编码方式能够压缩数据编码尺寸，即迫使模型使用尽可能少的参数拟合关键的、核心的数据特征与演变规律。

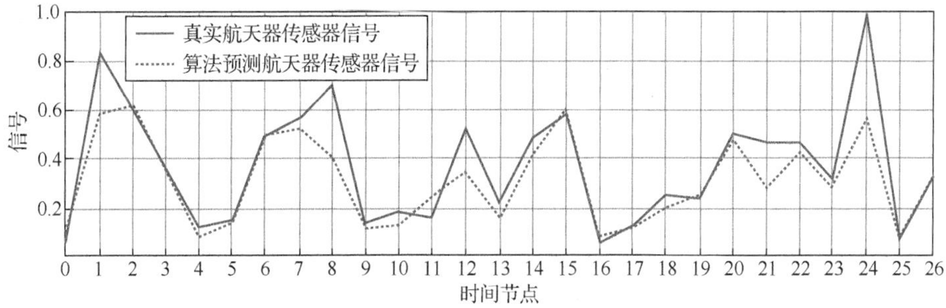

图 3.5.2 长短期记忆神经网络对航天器故障数据的识别结果

思 考 题

3.1 相较于单层感知机，多层感知机的性能有哪些拓展？

3.2 为什么需要激活函数？比较 Sigmoid 激活函数和 ReLU 激活函数的优缺点。

3.3 神经网络反向传播机制的重要性有哪些？

3.4 在反向传播过程中，如何计算输出层的误差？请给出公式并解释每个部分的含义。

3.5 卷积神经网络与传统的全连接神经网络有什么区别？

3.6 卷积操作、池化操作的功能分别是什么？

3.7 感受野的范围大小如何影响卷积结果？

3.8 递归神经网络与长短期神经网络如何提取历史状态信息？

3.9 如何理解注意力机制中注意力的概念？

3.10 模型剪枝中修剪与否的判定标准是什么？

3.11 权重分享能够实现神经网络压缩的前提条件是什么？

第 4 章

强化学习理论

强化学习是一种通过机器与环境进行交互来实现目标的计算方法。在每一轮交互中，机器会基于当前环境状态做出决策，并将该决策应用于环境中，引起环境的相应变化。随后，机器会接收到由此产生的奖励信号，并传回下一轮交互所需的新环境状态。这一过程是不断迭代的，机器的目标是通过多轮交互最大化累积奖励的期望值。在强化学习中，智能体这一概念被用来表示做出决策的机器。与有监督学习的模型相比，强化学习中的智能体不仅可以感知环境信息，还可以直接通过决策来改变环境。在现代空中对抗场景中，对智能化武器作战策略需求的日益提升推动了智能制导律的发展，借助强化学习强大的决策能力，无模型的强化学习方法在智能控制领域蓬勃发展。

4.1 马尔可夫过程

4.1.1 强化学习概念

1. 基础概念

强化学习中智能体与环境的交互如图 4.1.1 所示。在每一轮交互中，智能体感知环境的当前状态，然后基于这个状态进行计算，做出相应的动作并将其应用于环境中。环境接收到智能体的动作后，会产生即时的奖励信号，并导致状态发生转移，智能体则在下一轮交互中感知到新的环境状态，以此类推。

(1) 智能体：执行动作的主体，谁做出动作，谁就是智能体。

(2) 状态：对当前环境的一个概括。

(3) 状态空间：指所有可能存在状态的集合，针对不同的场景，状态空间可能是无限集合，存在无穷多种可能的状态，也可能是有限集合，可以枚举出所有可能存在的状态。对于决策问题，状态包括智能体当前所处的状态及之后将要经历的状态。因此，状态空间可以看作是系统的“现在”和“未来”。

(4) 动作：指智能体做出的决策，可以是离散的，也可以是连续的。

(5) 动作空间：指所有可能动作的集合。

(6) 奖励函数：在智能体做出一个动作后，环境反馈给智能体的一个数值，表示为 R_{t-1}。奖励函数的设置不仅影响智能体的学习效率，也影响智能体最终的决策。

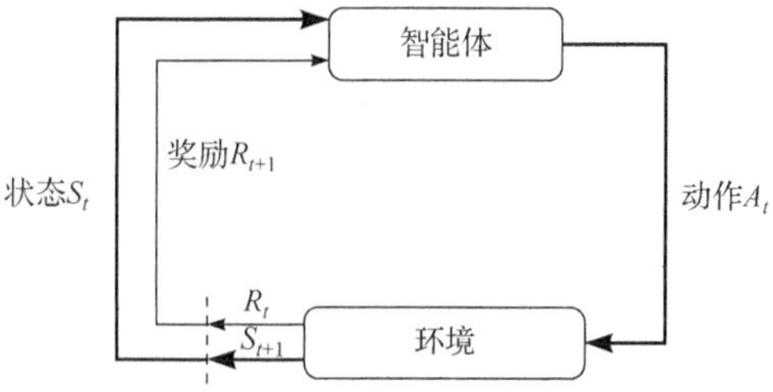

图 4.1.1　强化学习中智能体与环境的交互

(7) 折扣因子：折扣因子是一个介于 0 和 1 之间的常数，表示对未来回报的重视程度，即观察到的回报比未来的回报更受重视。折扣因子越大，未来的回报就越重要。

(8) 回报：从当前时刻开始到一回合结束的所有奖励的总和，也称为累积奖励，一般定义为$U_t = R_t + R_{t+1} + R_{t+2} + \cdots$。

(9) 折扣回报：实际中，通常优先考虑瞬时回报而不是未来可能获得的回报，因此在强化学习中通常使用折扣回报，给未来的奖励做折扣，折扣回报定义为$U_t = R_t + \gamma R_{t+1} + \gamma^2 R_{t+2} + \cdots$。

(10) 状态转移概率：指从当前状态S_t，智能体执行动作A_t后转移到新状态S_{t+1}的概率。即把(S_t, A_t)映射到S_{t+1}，通常用$P(S_{t+1} | S_t, A_t)$表示。状态转移概率是马尔可夫决策过程(Markov decision process，MDP)最重要的部分之一，它描述了状态变化的规律。马尔可夫决策过程的状态转移差异性是指状态转移概率具有特殊的性质，系统的状态只依赖于当前状态和执行的动作，而与历史状态无关。

2. 马尔可夫性质和马尔可夫过程

当且仅当某时刻的状态只取决于上一时刻的状态时，一个随机过程被称为具有马尔可夫性质(Markov property)，用公式表示为$P(S_{t+1} | S_t) = P(S_{t+1} | S_1, \cdots, S_t)$。也就是说，当前状态是未来的充分统计量，即下一个状态只取决于当前状态，而不会受到过去状态的影响。需要明确的是，具有马尔可夫性质并不代表这个随机过程就和历史完全没有关系。虽然$t+1$时刻的状态只与t时刻的状态有关，但是时刻的状态其实包含了时刻的状态的信息，通过这种链式的关系，历史的信息被传递到了现在。马尔可夫性质可以大大简化运算，这是因为只要当前状态可知，所有的历史信息都不再需要了，利用当前状态信息就可以决定未来。

马尔可夫过程(Markov process)是指具有马尔可夫性质的随机过程，又称马尔可夫链，通常用$\langle S, \boldsymbol{P} \rangle$来表示，其中$S$是有限数量的状态集合，$\boldsymbol{P}$是状态转移矩阵。假设有$n$个状态，则$S = \{s_1, s_2, \cdots, s_n\}$，状态转移矩阵$\boldsymbol{P}$定义了所有状态对之间的转移概率，即

$$\boldsymbol{P} = \begin{bmatrix} P(s_1 | s_1) & \cdots & P(s_n | s_1) \\ \vdots & & \vdots \\ P(s_1 | s_n) & \cdots & P(s_n | s_n) \end{bmatrix} \tag{4.1.1}$$

3. 马尔可夫奖励过程

在马尔可夫过程的基础上加入奖励函数和折扣因子，就可以得到马尔可夫奖励过程(Markov reward process，MRP)，一个马尔可夫奖励过程由$\langle S,P,R,\gamma\rangle$组成。在马尔可夫奖励过程中，一个状态的期望回报被称为这个状态的价值(value)。所有状态的价值就组成了价值函数(value function)，价值函数的输入为某一状态，输出为该状态的价值。价值函数写为$V(s)=\mathbb{E}[U_t \mid S_t=s]$，展开为

$$\begin{aligned}V(s)&=\mathbb{E}[U_t \mid S_t=s]=\mathbb{E}\left[R_t+\gamma R_{t+1}+\gamma^2 R_{t+2}+\cdots \mid S_t=s\right]\\&=\mathbb{E}\left[R_t+\gamma(R_{t+1}+\gamma R_{t+2}+\cdots) \mid S_t=s\right]=\mathbb{E}\left[R_t+\gamma U_{t+1} \mid S_t=s\right]\\&=\mathbb{E}\left[R_t+\gamma V(S_{t+1}) \mid S_t=s\right]\end{aligned}\tag{4.1.2}$$

式(4.1.2)即为贝尔曼方程(Bellman equation)，对所有状态均成立。求解马尔可夫奖励过程中的价值函数时，可以使用动态规划、蒙特卡洛方法和时间差分学习，这些方法将分别在 4.1.2 小节、4.1.3 小节和 4.1.4 小节中详细介绍。

4. 马尔可夫决策过程

马尔可夫决策过程(MDP)是强化学习的数学基础。一个 MDP 通常由状态空间S、动作空间A、状态转移概率P、奖励函数R以及折扣因子γ等组成。简单地说，强化学习是一个序贯决策过程，它试图找到一个使得系统获得最大的累积奖励值的决策规则(即策略)，即获得最大价值。

MDP 与 MRP 十分相似，主要区别在于 MDP 中的状态转移函数和奖励函数都比 MRP 多了动作a作为自变量。MDP 存在一个执行动作的智能体，智能体与环境不断交互。智能体根据当前状态从动作空间中选择一个动作的函数，被称为策略。策略表示智能体根据它对环境的观测来行动的方式，策略是从状态s和动作a到动作概率分布$\pi(a \mid s)$的映射，这个概率分布是在状态s下采取动作a的概率，即

$$\pi(a \mid s)=p(A=a \mid S=s)\tag{4.1.3}$$

策略可以分为确定性策略和随机性策略。当策略是确定性策略时，每个状态只输出某一个确定性的动作，即只有该动作的概率为 1，其他动作的概率为 0；当策略是随机性策略时，每个状态输出的是关于动作的概率分布，然后根据该分布进行采样得到某一动作。在 MDP 中，根据马尔可夫性质，策略只需要与当前状态有关，不需要考虑过去状态。同时，在 MDP 中也可以定义类似的价值函数，相对于 MRP 中的价值函数来说，此时的价值函数还与策略有关，即对于不同的策略，即使在相同状态下其价值也很可能不同，状态价值函数定义为从状态s开始遵循策略π能获得的期望回报，状态价值函数写为

$$V^{\pi}(s)=\mathbb{E}_{\pi}[U_t \mid S_t=s]\tag{4.1.4}$$

同时，由于 MDP 中动作的存在，还可以定义一个动作价值函数，用$Q^{\pi}(s,a)$表示遵循策略π时，对当前状态s执行动作a得到的期望回报，动作价值函数写为

$$Q^{\pi}(s,a)=\mathbb{E}_{\pi}\left[U_t \mid S_t=s, A_t=a\right] \tag{4.1.5}$$

显然，状态价值函数和动作价值函数可以互相转换。使用策略 π 时，状态 s 的价值等于在该状态下基于策略 π 采取所有动作的概率与相应的价值相乘再求和的结果，表示为

$$V^{\pi}(s)=\sum_{a\in A}\pi(a \mid s)Q^{\pi}(s,a) \tag{4.1.6}$$

使用策略 π 时，状态 s 下采取动作 a 的价值等于即时奖励加上折扣后的所有可能的下一状态的状态转移概率与相应价值的乘积，表示为

$$Q^{\pi}(s,a)=r(s,a)+\gamma\sum_{s'\in S}P(s' \mid s,a)V^{\pi}(s') \tag{4.1.7}$$

贝尔曼期望方程用于计算给定策略 π 时价值函数在策略指引下所采轨迹的期望，定义了当前状态与未来状态之间的关联。因为强化学习中的策略是一直变化的，而价值函数是以当前策略为条件或者用其估计的，所以称之为“在线”(on-policy)估计方法(注意其与后文的在线策略和离线策略的区别)。通过简单推导就可以分别得到两个价值函数的贝尔曼期望方程，数学表达式为

$$\begin{aligned}V^{\pi}(s)&=\mathbb{E}_{\pi}\left[R_t+\gamma V^{\pi}(S_{t+1}) \mid S_t=s\right]\\&=\sum_{a\in A}\pi(a \mid s)\left(r(s,a)+\gamma\sum_{s'\in S}P(s' \mid s,a)V^{\pi}(s')\right)\end{aligned} \tag{4.1.8}$$

$$\begin{aligned}Q^{\pi}(s,a)&=\mathbb{E}_{\pi}\left[R_t+\gamma Q^{\pi}(S_{t+1},A_{t+1}) \mid S_t=s,A_t=a\right]\\&=r(s,a)+\gamma\sum_{s'\in S}P(s' \mid s,a)\sum_{a\in A}\pi(a' \mid s')Q^{\pi}(s',a')\end{aligned} \tag{4.1.9}$$

回到强化学习本身，其目标通常是找到一个策略，使智能体从初始状态开始能获得最多的期望回报，两个策略之间的优劣可以简单定义：当且仅当对于任意状态 s 都有 $V^{\pi}(s)\geqslant V^{\pi'}(s)$，则 $\pi>\pi'$。因此，对于一个有限状态和动作的 MDP，至少存在一个策略比其他所有策略都好或至少存在一个策略不差于其他策略，这个策略就是最优策略。最优策略可能不止一个，将所有的最优策略表示为 $\pi^{*}(s)$。

最优策略的状态价值函数相同，称为最优状态价值函数，表示为

$$V^{*}(s)=\max_{\pi}V^{\pi}(s),\quad \forall s\in S \tag{4.1.10}$$

同理，最优动作价值函数表示为

$$Q^{*}(s,a)=\max_{\pi}Q^{\pi}(s,a),\quad \forall s\in S,a\in A \tag{4.1.11}$$

为了使 $Q^{\pi}(s,a)$ 最大，需要在当前的状态动作对 (s,a) 之后都执行最优策略，故可以得到最优状态价值函数和最优动作价值函数之间的关系，表示为

$$Q^{*}(s,a)=r(s,a)+\gamma\sum_{s'\in S}P(s' \mid s,a)V^{*}(s') \tag{4.1.12}$$

同时，最优状态价值是选择此时使得最优动作价值最大的动作时的状态价值，表示为

$$V^*(s) = \max_{a \in A} Q^*(s,a) \tag{4.1.13}$$

根据$V^*(s)$和$Q^*(s,a)$之间的关系，可以得到贝尔曼最优方程，表示为

$$V^*(s) = \max_{a \in A}\left\{r(s,a) + \gamma \sum_{s' \in S} P(s' \mid s,a) V^*(s')\right\} \tag{4.1.14}$$

$$Q^*(s,a) = r(s,a) + \gamma \sum_{s' \in S} P(s' \mid s,a) \max_{a' \in A} Q^*(s',a') \tag{4.1.15}$$

4.1.2 动态规划

动态规划将复杂的动态问题拆解为子问题，提供了一种通用的求解框架。其基本思想是将待求解问题分解成若干子问题，先求解各个子问题，然后从这些子问题的解得到目标问题的解。本小节将介绍如何用动态规划的思想来求解在马尔可夫决策过程中的最优策略。

基于动态规划的强化学习算法主要有两种：策略迭代和价值迭代。其中，策略迭代由策略评估和策略提升两部分组成。具体而言，策略迭代中的策略评估使用贝尔曼期望方程来得到一个策略的状态价值函数，这是一个动态规划的过程；价值迭代直接使用贝尔曼最优方程来进行动态规划，得到最终的最优状态价值。

1. 策略迭代

策略迭代是策略评估和策略提升不断循环交替，直至得到最优策略的过程。策略评估用来计算一个策略的状态价值函数。根据式(4.1.7)，当奖励函数和状态转移函数已知时，可以根据下一状态的价值来计算当前状态的价值。因此，根据动态规划的思想，将计算下一状态的价值当成一个子问题，计算当前状态的价值看作当前问题。在得到子问题的解后，就可以求解当前问题。考虑所有的状态，即用上一轮的状态价值函数来计算当前这一轮的状态价值函数，即

$$V^{k+1}(s) = \sum_{a \in A} \pi(a \mid s)\left(r(s,a) + \gamma \sum_{s' \in S} P(s' \mid s,a) V^k(s')\right) \tag{4.1.16}$$

选定任意初始值V^0，根据贝尔曼期望方程可知，$V^k = V^\pi$是式(4.1.16)的一个不动点。当$k \to \infty$时，序列$\{V^k\}$会收敛到V^π，因此可以计算得到一个策略的状态价值函数。

使用策略评估计算得到当前的状态价值函数之后，可由此改进该策略。假设对于策略π，其价值为V^π，即已知策略π下从状态s出发得到的期望回报。在状态s下做出动作a，之后的动作遵循策略π，此时的期望回报为动作价值$Q^\pi(s,a)$，若$Q^\pi(s,a) > V^\pi(s)$，则在状态s下做出动作a比原来的策略$\pi(a \mid s)$得到更高的期望回报。

以上假设只针对一个状态，当存在一个确定性策略π'时，在任意状态s下，都满足

$$Q^{\pi}(s,\pi'(s)) \geqslant V^{\pi}(s) \tag{4.1.17}$$

则在任意状态s下，有

$$V^{\pi'}(s) \geqslant V^{\pi}(s) \tag{4.1.18}$$

这就是策略提升定理，贪心地在每一个状态选择动作价值最大的动作，也即

$$\pi'(s) = \arg\max_{a} Q^{\pi}(s,a) = \arg\max_{a} \left\{ r(s,a) + \gamma \sum_{s'} P(s' \mid s,a) V^{\pi}(s') \right\} \tag{4.1.19}$$

贪心策略π'满足策略提升定理的条件，所有策略π'比策略π更好或者至少一样好。这种根据贪心方法选取动作从而得到新策略的过程称为策略提升。当策略提升后的策略π'与策略π一样时，说明策略迭代达到了收敛，即最优策略。

策略提升定理的证明如下：

$$\begin{aligned}
V^{\pi}(s) &\leqslant Q^{\pi}(s,\pi'(s)) = \mathbb{E}_{\pi'}\left[R_t + \gamma V^{\pi}(S_{t+1}) \mid S_t = s \right] \\
&\leqslant \mathbb{E}_{\pi'}\left[R_t + \gamma Q^{\pi}(S_{t+1},\pi'(S_{t+1})) \mid S_t = s \right] = \mathbb{E}_{\pi'}\left[R_t + \gamma R_{t+1} + \gamma^2 V^{\pi}(S_{t+2}) \mid S_t = s \right] \\
&\leqslant \mathbb{E}_{\pi'}\left[R_t + \gamma R_{t+1} + \gamma^2 R_{t+2} + \gamma^3 V^{\pi}(S_{t+3}) \mid S_t = s \right] \\
&\;\;\vdots \\
&\leqslant \mathbb{E}_{\pi'}\left[R_t + \gamma R_{t+1} + \gamma^2 R_{t+2} + \gamma^3 R_{t+3} + \cdots \mid S_t = s \right] = V^{\pi'}(s)
\end{aligned} \tag{4.1.20}$$

策略迭代算法过程：对当前策略进行评估，得到其状态价值函数，然后根据该状态价值函数进行策略提升来获得一个更好的新策略，接着继续评估新策略，提升策略，如此反复，直至最后收敛得到最优策略。

2. 价值迭代

策略迭代中的策略评估需要进行多轮迭代才能收敛得到某一策略的状态函数，这需要很大的计算量，尤其是在状态空间和动作空间比较大的情况下。如果只在策略评估中进行一轮价值更新，然后直接根据更新后的价值进行策略提升，这就是价值迭代算法，可以被认为是一种策略评估只进行了一轮更新的策略迭代算法。需要注意的是，价值迭代中不存在显式的策略，只维护一个状态价值函数。

价值迭代可以看作一种动态规划过程，将式(4.1.14)改写为迭代更新的方式为

$$V^{k+1}(s) = \max_{a \in A} \left\{ r(s,a) + \gamma \sum_{s' \in S} P(s' \mid s,a) V^{k}(s') \right\} \tag{4.1.21}$$

当$V^{k+1} = V^{k}$时，对应最优状态价值函数V^{*}，再恢复出最优策略即可，具体为

$$\pi(s) = \arg\max_{a} \left\{ r(s,a) + \gamma \sum_{s'} P(s' \mid s,a) V^{k+1}(s') \right\} \tag{4.1.22}$$

基于动态规划的强化学习算法均要求事先知道环境的状态转移函数和奖励函数，即

需要知道整个 MDP。在这样一个 MDP 环境中，不需要通过智能体和环境的交互来进行学习，而是直接使用动态规划求解状态价值函数。然而，实际中难以获取整个 MDP，这就是动态规划的局限之处。同时，策略迭代和价值迭代通常只适用于有限 MDP，即状态空间和动作空间是离散且有限的。蒙特卡洛方法和时间差分学习则无须事先得知奖励函数和状态转移函数，将在 4.1.3 小节和 4.1.4 小节中分别介绍。

4.1.3 蒙特卡洛方法

不同于动态规划，蒙特卡洛方法只需要基于过去的经验就可以进行学习，不需要知道环境的所有信息，是一种基于采样的方法。给定策略 π，让智能体与环境进行交互，可以得到大量的轨迹，每个轨迹对应的回报为

$$U_t = R_t + \gamma R_{t+1} + \gamma^2 R_{t+2} + \cdots \tag{4.1.23}$$

计算出所有轨迹回报的平均值，就可以知道该策略下对应的状态价值，即式(4.1.4)。蒙特卡洛方法可以采集大量的轨迹，计算所有轨迹的真实回报，再计算其平均值。蒙特卡洛方法使用经验平均回报的方法来估计，不需要马尔可夫决策过程的状态转移函数和奖励函数，进一步地，蒙特卡洛方法无须像动态规划一样使用自举(bootstrapping)，即不用其他状态的估算来估算当前的状态值，该性质可以使得偏差更小，但方差较大。

具体而言，使用蒙特卡洛方法得到评估价值 $V(s)$ 的具体步骤如下所示。

(1) 在每个回合中，如果在时间步为 t 时状态 s 被访问了，则状态 s 的访问数 $N(s)$ 增加 1；状态 s 的总回报 $S(s)$ 增加 U_t。

(2) 状态 s 的价值可以通过回报的平均来估计，即

$$V(s) = \frac{S(s)}{N(s)} \tag{4.1.24}$$

由大数定律可知，只要轨迹足够多就可以趋近该策略对应的价值函数。当 $N(s) \to \infty$ 时，$V(s) \to V^{\pi}(s)$。假设有当前样本 $\{x_1, x_2, \cdots, x_t\}$，将经验均值转换为增量均值的形式，即

$$\mu_t = \frac{1}{t}\sum_{j=1}^{t} x_j = \frac{1}{t}\left(x_t + \sum_{j=1}^{t-1} x_j\right) = \frac{1}{t}(x_t + (t-1)\mu_{t-1}) = \mu_{t-1} + \frac{1}{t}(x_t - \mu_{t-1}) \tag{4.1.25}$$

其中，$x_t - \mu_{t-1}$ 表示残差；$1/t$ 类似于学习率。

通过这种转换就可以得到上一时刻平均值与当前时刻平均值之间的关系。将蒙特卡洛方法更新的方法称为增量式蒙特卡洛方法。让智能体与环境交互，可以得到轨迹 $(s_1, a_1, r_1; s_2, a_2, r_2; \cdots; s_t)$，利用增量的方式进行更新，即

$$N(s_t) \leftarrow N(s_t) + 1 \tag{4.1.26}$$

$$V(s_t) \leftarrow V(s_t) + \frac{1}{N(s_t)}(U_t - V(s_t)) \tag{4.1.27}$$

令 $\alpha = 1/N(s_t)$，式(4.1.27)改写为

$$V(s_t) \leftarrow V(s_t) + \alpha(U_t - V(s_t)) \tag{4.1.28}$$

其中，α 为学习率，表示更新的速率，一般人为定义其大小。

4.1.4　时间差分学习

时间差分(temporal difference，TD)学习是强化学习中的一个核心方法，用于估计一个策略的价值函数。它结合了动态规划与蒙特卡洛的思想，即时间差分在估算过程中与动态规划类似，使用了自举；在学习过程中与蒙特卡洛类似，不需要了解环境的全部信息。

顾名思义，时间差分是在利用差异值进行学习，即目标值和估计值在不同时间步上的差异。使用自举的原因在于时间差分需要从观察到的回报和对下个状态的估值中构造它的目标。具体而言，最基本的时间差分更新方式为

$$V(s_t) \leftarrow V(s_t) + \alpha(R_t + \gamma V(s_{t+1}) - V(s_t)) \tag{4.1.29}$$

其中，$R_t + \gamma V(s_{t+1}) - V(s_t)$ 被称为时间差分误差(TD error)。

该方法也称为 TD(0)，或是单步 TD。可以通过将目标值修改为 N 步未来中的折扣回报和 N 步过后的估计状态价值来实现 N 步 TD。比较式(4.1.28)和式(4.1.29)可以发现，在时间差分中利用 $R_t + \gamma V(s_{t+1})$ 替代了回报 U_t，具体原因为

$$\begin{aligned} V^{\pi}(s) &= \mathbb{E}_{\pi}\left[U_t \mid S_t = s\right] = \mathbb{E}_{\pi}\left[\sum_{k=0}^{\infty}\gamma^k R_{t+k} \mid S_t = s\right] \\ &= \mathbb{E}_{\pi}\left[R_t + \gamma\sum_{k=0}^{\infty}\gamma^k R_{t+k+1} \mid S_t = s\right] = \mathbb{E}_{\pi}\left[R_t + \gamma V^{\pi}(S_{t+1}) \mid S_t = s\right] \end{aligned} \tag{4.1.30}$$

蒙特卡洛方法将式(4.1.30)中的第一行作为更新的目标，需要经过一个回合后才能进行更新；时间差分则以最后一行作为更新目标，每一步均可以计算并更新。为了进一步理解时间差分，后续将介绍状态–动作–奖励–状态–动作(state-action-reward-state-action，Sarsa)算法和 Q 学习算法。

1. Sarsa 算法

时间差分学习主要用于估计价值函数，可以将其理解为策略评估，但是如何在不知道状态转移函数和奖励函数的情况下进行策略提升？一种简单的方法是直接利用时间差分学习来估计动作价值函数，即

$$Q(s_t,a_t) \leftarrow Q(s_t,a_t) + \alpha(R_t + \gamma Q(s_{t+1},a_{t+1}) - Q(s_t,a_t)) \tag{4.1.31}$$

Sarsa 算法的过程：首先在一个状态下，选择了一个动作，同时也观察到了奖励，接着到了另外一个状态下，需要选择一个新的动作。这样的过程可以做一个简单的更新步骤。对于每一个转移，状态价值都得到更新，更新后的状态价值会影响决定动作的策略。

蒙特卡洛方法利用当前状态之后每一步的奖励而不使用任何价值估计，时间差分算法只利用一步奖励和下一个状态的价值估计。它们之间的区别在于，蒙特卡洛方法是无

偏(unbiased)的，但是具有比较大的方差，这是因为每一步的状态转移都有不确定性，而每一步状态采取的动作所得到的不一样的奖励最终都会加起来，这会极大影响最终的价值估计。时间差分算法具有非常小的方差，它只关注一步的状态转移和奖励。由于采用了下一个状态的价值估计而不是其真实的价值，时间差分算法是有偏的。为了结合二者的优势，采用多步时间差分方法，即使用n步的奖励，然后采用之后状态的价值估计。用公式表示，将

$$U_t = R_t + \gamma Q(s_{t+1}, a_{t+1}) \tag{4.1.32}$$

替换为

$$U_t = R_t + \gamma R_{t+1} + \cdots + \gamma^n Q(s_{t+n}, a_{t+n}) \tag{4.1.33}$$

则式(4.1.31)可写为

$$Q(s_t, a_t) \leftarrow Q(s_t, a_t) + \alpha(R_t + \gamma R_{t+1} + \cdots + \gamma^n Q(s_{t+n}, a_{t+n}) - Q(s_t, a_t)) \tag{4.1.34}$$

2. Q 学习算法

Q 学习(Q-learning)算法的提出也是强化学习早期的一个重要突破，并且为后续的深度强化学习奠定了基础。Q 学习算法是一种离线策略方法，与 Sarsa 算法类似，二者最大的区别在于时间差分算法更新的方式不同，Q 学习算法为

$$Q(s_t, a_t) \leftarrow Q(s_t, a_t) + \alpha\left(R_t + \gamma \max_a Q(s_{t+1}, a) - Q(s_t, a_t)\right) \tag{4.1.35}$$

观察式(4.1.35)可以发现，待学习的动作价值函数$Q(s_t, a_t)$采用了对最优动作价值函数的直接近似作为学习目标，而与用于生成智能体决策序列轨迹的行动策略无关。与之相对的，Sarsa 算法的学习目标中使用的是待学习的动作价值函数本身，它的计算需要知道下一时刻的动作a_{t+1}，因此与生成数据的行动策略是相关的。

利用价值迭代的思想进一步理解 Q 学习算法，即 Q 学习算法是在直接估计Q^*，即式(4.1.15)，而 Sarsa 算法则是在估计当前ε-贪婪算法的动作价值函数。注意，Q 学习算法更新时并非必须使用当前贪婪策略采样得到的数据，这是因为给定任意(s,a,r,s')均可以直接更新Q，Sarsa 算法则必须使用当前贪婪策略采样得到的数据。将 Sarsa 算法称为在线策略(on-policy)算法，Q 学习算法称为离线策略(off-policy)算法。

3. 在线策略算法与离线策略算法

将采样数据的策略称为行为策略(behavior policy)，用这些数据来更新的策略称为目标策略(target policy)。在线策略算法表示行为策略和目标策略是同一个策略；离线策略算法表示行为策略和目标策略不是同一个策略。Sarsa 算法是典型的在线策略算法，而 Q 学习算法是典型的离线策略算法。判断二者类别的一个重要手段是看计算时间差分的价值目标的数据是否来自当前的策略。

具体而言，对于 Sarsa 算法，它的更新公式必须使用来自当前策略采样得到的五元组(s,a,r,s',a')，因此它是在线策略算法；对于 Q 学习算法，它使用的是四元组

(s,a,r,s') 来更新当前状态动作对的价值 $Q(s,a)$，数据中的 s 和 a 是给定的条件，r 和 s' 皆由环境采样得到，该四元组并不需要一定是当前策略采样得到的数据，也可以来自行为策略，因此 Q 学习算法是离线策略算法。

4.2　深度强化学习

强化学习方法提供了一种解决决策问题的方法，然而其仅能应用在维度较小的环境中，对于空天飞行器控制等现实场景，由于维度较高，强化学习方法难以表述。伴随着深度学习方法的发展，深度强化学习方法应运而生，借助深度学习方法强大的表征能力，可以将深度强化学习方法应用在飞行器控制等场景中。本节将介绍四种典型的深度强化学习方法，其中，深度 Q 网络(deep Q-network，DQN)算法只适用于离散动作空间的环境中；深度确定性策略梯度(deep deterministic policy gradient，DDPG)算法和双延迟确定性策略梯度(twin delayed deep deterministic policy gradient，TD3)算法属于同一类算法，适用于确定性策略的环境中；近端策略优化(proximal policy optimization，PPO)算法则适用于随机性策略的环境中。

4.2.1　DQN 算法

4.1.4 小节讲解的 Q 学习算法是以矩阵的方式建立一张存储每个状态下所有动作价值的表格。表格中的每一个动作价值函数 $Q(s,a)$ 表示在状态 s 下选择动作 a，然后继续遵循某一策略预期能够得到的期望回报。然而，这种用表格存储动作价值的做法只在环境的状态和动作都是离散的，并且空间都比较小的情况下适用。在状态或者动作数量非常大的时候，这种做法就不适用了。更甚者，在状态或者动作连续的时候，就有无限个状态动作对，更加无法使用这种表格形式来记录各个状态动作对的值。

对于这种情况，需要用函数拟合的方法来估计 Q 值，即将这个复杂的 Q 值表格视作数据，使用一个参数化的函数 Q_θ 来拟合这些数据。显然，这种函数拟合的方法存在一定的精度损失，因此被称为近似方法。DQN 算法便可以用来解决连续状态下离散动作的问题。

在训练环境中得到动作价值函数 $Q(s,a)$，由于状态每一维度的值都是连续的，无法使用表格记录，一个常见的解决方法便是使用函数拟合的思想。神经网络具有强大的表达能力，因此可以用一个神经网络来表示函数 Q。若动作是连续的，神经网络的输入是状态 s 和动作 a，然后输出一个标量，表示在状态 s 下采取动作 a 能获得的价值。若动作是离散的，除了可以采取动作连续情况下的做法，还可以只将状态 s 输入到神经网络中，使其同时输出每一个动作的 Q 值。通常 DQN 算法(以及 Q 学习算法)只能处理动作离散的情况，因为在函数 Q 的更新过程中有 $\max_a$。假设神经网络用来拟合函数的参数是 ω，即每一个状态 s 下所有可能动作 a 的 Q 函数都能表示为 $Q_\omega(s,a)$。将用于拟合函数 Q 函数的神经网络称为 Q 网络。

Q 学习算法利用时间差分学习目标 $r+\gamma\max_{a'}Q(s',a')$ 来增量式更新 $Q(s,a)$，即让

$Q(s,a)$ 和 TD 目标 $r+\gamma\max_{a'}Q(s',a')$ 靠近。因此，对于 (s_i,a_i,r_i,s_i')，可以利用构造均方误差的方式定义 Q 网络的损失函数，具体为

$$\omega^*=\arg\min_{\omega}\frac{1}{2N}\sum_{i=1}^{N}\left[Q_\omega(s_i,a_i)-\left(r_i+\gamma\max_{a'}Q_\omega(s_i',a')\right)\right]^2 \tag{4.2.1}$$

为了在使用原始像素输入的复杂问题中实现端到端决策，DQN 算法通过两个关键技术结合 Q 学习算法和深度学习算法来解决不稳定性问题——经验回放和目标网络，它们能够帮助 DQN 算法取得稳定、出色的性能。

1. 经验回放

在一般的有监督学习中，假设训练数据是独立同分布的，每次训练神经网络的时候从训练数据中随机采样一个或若干个数据来进行梯度下降，随着学习的不断进行，每一个训练数据会被使用多次。在原来的 Q 学习算法中，每一个数据只会用来更新一次 Q 值。为了更好地将 Q 学习和深度神经网络结合，DQN 算法采用了经验回放(experience replay)方法，即维护一个回放缓冲区，将每次从环境中采样得到的四元组数据 (s,a,r,s') 存储到回放缓冲区中，训练 Q 网络的时候再从回放缓冲区中随机采样若干数据来进行训练，这么做可以起到两个作用。第一，可以使样本满足独立假设。在 MDP 中交互采样得到的数据本身不满足独立假设，这是因为这一时刻的状态和上一时刻的状态有关。非独立同分布的数据对训练神经网络有很大的影响，会使神经网络拟合到最近训练的数据上。采用经验回放可以打破样本之间的相关性，让其满足独立假设。第二，可以提高样本效率。每一个样本可以被使用多次，十分适合深度神经网络的梯度学习。

2. 目标网络

DQN 算法最终更新的目标是让 $Q_\omega(s,a)$ 逼近 $r+\gamma\max_{a'}Q(s',a')$，TD 误差目标本身就包含神经网络的输出，因此在更新网络参数的同时目标也在不断地改变，这非常容易造成神经网络训练的不稳定性。为了解决这一问题，DQN 算法便使用了目标网络(target network)的思想：既然训练过程中 Q 网络的不断更新会导致目标不断发生改变，不如暂时先将 TD 目标中的 Q 网络固定住。为了实现这一思想，需要利用两套 Q 网络：其一是原始训练网络 $Q_\omega(s,a)$，计算原始损失函数 $\left[Q_\omega(s,a)-\left(r+\gamma\max_{a'}Q_{\omega^-}(s',a')\right)\right]^2\Big/2$ 中的 $Q_\omega(s,a)$ 项，并且使用正常梯度下降方法来进行更新；其二是目标网络 $Q_{\omega^-}(s,a)$，用于计算原始损失函数中的 $(r+\gamma\max_{a'}Q_{\omega^-}(s',a'))$ 项，其中 ω^- 表示目标网络中的参数。如果两套 Q 网络的参数随时保持一致，则仍为原先不够稳定的算法。为了让更新目标更稳定，目标网络并不会每一步都更新。具体而言，目标网络使用训练网络的一套较旧的参数，原始训练网络 $Q_\omega(s,a)$ 在训练中的每一步都会更新，而目标网络的参数每隔 C 步才会与训练网络同步一次，即 $\omega^-\leftarrow\omega$。这样做使得目标网络相对于训练网络更加稳定。

DQN 算法敲开了深度强化学习的大门，但是作为先驱性的工作，其本身存在着一

些问题和一些可以改进的地方。于是，在 DQN 算法之后，学术界涌现出了非常多的改进算法。例如，两个非常著名的算法 Double DQN(van Hasselt et al., 2016)和 Dueling DQN(Wang et al., 2016)，这两个算法的实现非常简单，只需要在 DQN 算法的基础上稍加修改，它们能在一定程度上改善 DQN 算法的效果。如果读者想要了解更多、更详细的 DQN 算法改进算法，可以阅读 Rainbow 模型的论文(Hessel et al., 2018)及其引用文献。

4.2.2 DDPG 算法

DQN 算法直接估计最优函数 Q，可以做到离线策略学习，但是它只能处理动作空间有限的环境，这是因为它需要从所有动作中挑选一个值最大的动作。如果动作个数是无限的，如何采用离线策略算法来处理动作空间无限的环境？深度确定性策略梯度(DDPG)算法可以解决该问题，它通过构造一个确定性策略，通过梯度上升来最大化值。DDPG 算法属于一种演员–评论家(Actor-Critic)框架算法，学习一个确定性策略。在具体介绍 DDPG 算法之前，首先介绍 Actor-Critic。

Actor-Critic 是一个既基于价值又基于策略的方法，基于价值的方法只学习一个价值函数(DQN)，而基于策略的方法只学习一个策略函数 REINFORCE(Williams，1992)。DQN 算法在 4.2.1 小节中已介绍，接下来简单介绍 REINFORCE 算法。

基于策略的方法首先需要将策略参数化。假设目标策略 π_θ 是一个随机性策略，并且处处可微，其中 θ 是对应的参数。可以用一个线性模型或者神经网络模型来为这样一个策略函数建模，输入某个状态，然后输出一个动作的概率分布，其目标是要寻找一个最优策略并最大化这个策略在环境中的期望回报。将策略学习的目标函数定义为

$$J(\theta)=\mathbb{E}_{s_0}\left[V^{\pi_\theta}(s_0)\right] \tag{4.2.2}$$

其中，s_0 表示初始状态。将目标函数对策略 θ 求导，为

$$\nabla_\theta J(\theta)=\mathbb{E}_{\pi_\theta}\left[Q^{\pi_\theta}(s,a)\nabla_\theta \ln \pi_\theta(a\mid s)\right] \tag{4.2.3}$$

得到导数后利用梯度上升的方法来最大化该目标函数，从而得到最优策略。注意，式(4.2.3)中使用的是 π_θ，因此为在线策略算法，即必须使用当前策略 π_θ 采样得到的数据计算梯度。同时，可以使用多种方法对 $Q^{\pi_\theta}(s,a)$ 进行估计，REINFORCE 算法采样蒙特卡洛方法来估计该值，其策略梯度为

$$\nabla_\theta J(\theta)=\mathbb{E}_{\pi_\theta}\left[\sum_{t=0}^{T}\left(\sum_{t'=t}^{T}\gamma^{t'-t}r_{t'}\right)\nabla_\theta \ln \pi_\theta(a\mid s)\right] \tag{4.2.4}$$

其中，T 表示智能体与环境交互的最大步数。

Actor-Critic 同时学习演员(actor)函数(智能体的策略函数 $\pi(\cdot\mid s)$)和评论家(critic)函数(状态价值函数 $V^\pi(s)$)。actor 采用策略梯度的原则进行更新，critic 采用时间差分的方式，对单个数据定义价值函数的损失函数为

$$L(\omega)=\frac{1}{2}(r+\gamma V_\omega(s_{t+1})-V_\omega(s_t))^2 \tag{4.2.5}$$

该损失函数的梯度为

$$\nabla_{\omega}L(\omega) = -(r + \gamma V_{\omega}(s_{t+1}) - V_{\omega}(s_t))\nabla_{\omega}V_{\omega}(s_t) \tag{4.2.6}$$

然后利用梯度下降方法来更新 critic 价值网络参数即可。

DDPG 算法可以看作是确定性策略梯度算法和深度神经网络的结合，也可以看作是深度 Q 网络算法在连续动作空间中的扩展，它可以解决深度 Q 网络算法无法直接应用于连续动作空间的问题。DDPG 算法同时建立 Q 函数和策略函数。价值网络与深度 Q 网络算法相同，通过时间差分方法进行更新。策略网络利用 Q 函数的估计，通过策略梯度方法进行更新。

在 DDPG 算法中，策略网络是一个确定性策略，表示为 $\pi(s)$，待学习参数表示为 θ^{π}。每个动作直接由 $a_t = \pi\left(s_t \mid \theta_t^{\pi}\right)$ 计算，不需要从随机策略中采样。DDPG 算法通过在训练过程中添加随机噪声来解决确定性策略的探索和利用问题。每个输出动作添加噪声 N，则动作 $a_t = \pi\left(s_t \mid \theta_t^{\pi}\right) + N_t$，如奥恩斯坦–乌伦贝克(Ornstein-Uhlenbeck，O-U)过程。

DDPG 算法的动作价值函数 $Q(s,a \mid \theta^{Q})$ 和 DQN 算法一样，通过贝尔曼方程进行更新，在状态 s_t 下，通过策略 π 执行动作 $a_t = \pi\left(s_t \mid \theta_t^{\pi}\right)$，得到下一状态 s_{t+1} 和奖励 r_t，则有

$$Q^{\pi}(s_t, a_t) = \mathbb{E}\left[r(s_t, a_t) + \gamma Q^{\pi}(s_{t+1}, \pi(s_{t+1}))\right] \tag{4.2.7}$$

计算 Q 值，为

$$y_i = r_i + \gamma Q^{\pi}(s_{t+1}, \pi(s_{t+1})) \tag{4.2.8}$$

使用梯度下降算法最小化损失函数：

$$L = \frac{1}{N}\sum_i (y_i - Q(s_i, a_i \mid \theta^{Q}))^2 \tag{4.2.9}$$

将链式法则应用于期望回报函数 $J = \mathbb{E}_{r_i, s_i \sim E, a_i \sim \pi}\left[\sum_{i=t}^{T} \gamma^{i-t} r(s_i, a_i)\right]$，以更新策略函数 π：

$$\nabla_{\theta^{\pi}} J = \mathbb{E}_{s_t \sim \rho_{\beta}}\left[\nabla_{\alpha} Q(s, a \mid \theta^{Q})|_{s=s_t, a=\pi(s_t)} \nabla_{\theta^{\pi}} \pi(s \mid \theta^{\pi})|_{s=s_t}\right] \tag{4.2.10}$$

通过批量样本的方式更新：

$$\nabla_{\theta^{\pi}} J \approx \frac{1}{N}\sum_i \nabla_{\alpha} Q(s, a \mid \theta^{Q})|_{s=s_i, a=\pi(s_i)} \nabla_{\theta^{\pi}} \pi(s \mid \theta^{\pi})|_{s=s_i} \tag{4.2.11}$$

此外，DDPG 算法采用了类似 DQN 算法的目标网络，利用指数平滑方式更新目标网络：

$$\theta^{Q'} \leftarrow \rho\theta^{Q} + (1-\rho)\theta^{Q'} \tag{4.2.12}$$

$$\theta^{\pi'} \leftarrow \rho\theta^{\pi} + (1-\rho)\theta^{\pi'} \tag{4.2.13}$$

其中，参数 $\rho \ll 1$，目标网络的更新缓慢且平稳，提高了学习的稳定性。

4.2.3 PPO 算法

之前介绍的基于策略的方法虽然简单、直观，但在实际应用过程中会遇到训练不稳定的情况。回顾一下基于策略的方法：参数化智能体的策略，并设计衡量策略好坏的目标函数，通过梯度上升的方法来最大化这个目标函数，使得策略最优。具体来说，假设 θ 表示策略 π_θ 的参数，定义 $J(\theta)=\mathbb{E}_{s_0}\left[V^{\pi_\theta}(s_0)\right]$，基于策略的方法的目标就是找到 $\theta^*=\arg\max\limits_{\theta} J(\theta)$，策略梯度算法主要沿着 $\nabla_\theta J(\theta)$ 方向迭代更新策略参数 θ。但是，这种算法有一个明显的缺点：当策略网络是深度模型时，沿着策略梯度更新参数，很有可能因步长太长，策略突然显著变差，进而影响训练效果。

针对以上问题，在更新时找到一块信任区域，在这个区域上更新策略时能够得到某种策略性能的安全性保证，这就是信任区域策略优化(trust region policy optimization，TRPO)算法的主要思想。该算法在理论上能够保证策略学习的性能单调性，并在实际应用中取得了比策略梯度算法更好的效果，然而其缺点也很明显，即计算过程复杂，每一步运算量都很大。基于此，近端策略优化(PPO)算法被提出，它是 TRPO 算法的改进版本，有两种形式，PPO-惩罚和 PPO-截断。

1. PPO-惩罚

首先初始化一个策略的参数 θ^0。在每一个迭代里面，用前一个训练迭代得到的策略网络参数 θ^k 与环境交互，采样到大量状态–动作对。根据 θ^k 交互的结果，估测 $A^{\theta^k}(s_t,a_t)$，使用 PPO 算法的优化公式。与原来的策略梯度不一样，原来的策略梯度只能更新一次参数，更新完以后，就要重新采样数据。不同的是，可以用 θ^k 与环境交互，采样到这组数据以后，让 θ 更新多次来最大化目标函数，如下所示：

$$J_{\mathrm{PPO}}^{\theta^k}(\theta)=J^{\theta^k}(\theta)-\beta KL(\theta,\theta^k) \tag{4.2.14}$$

其中，β 为超参数，需要人为设置。同时，PPO 算法给出了一种动态调整 β 的方法：如果 $KL(\theta,\theta^k)>KL_{\max}$，增大 β；否则，减小 β。

PPO-惩罚具体表示为

$$J_{\mathrm{PPO1}}^{\theta^k}(\theta)\approx\sum_{(s_t,a_t)}\frac{p_\theta(a_t\mid s_t)}{p_{\theta^k}(a_t\mid s_t)}A^{\theta^k}(s_t,a_t) \tag{4.2.15}$$

2. PPO-截断

计算 KL 散度(Kullback-Leibler divergence)很复杂，可以采用近端策略优化裁剪。近端策略优化裁剪的目标函数里面没有 KL 散度，其要最大化的目标函数为

$$J_{\mathrm{PPO2}}^{\theta^k}(\theta)\approx\sum_{(s_t,a_t)}\min\left(\frac{p_\theta(a_t\mid s_t)}{p_{\theta^k}(a_t\mid s_t)}A^{\theta^k}(s_t,a_t),\mathrm{clip}\left(\frac{p_\theta(a_t\mid s_t)}{p_{\theta^k}(a_t\mid s_t)},1-\varepsilon,1+\varepsilon\right)A^{\theta^k}(s_t,a_t)\right) \tag{4.2.16}$$

其中，clip(·)表示如果第一项小于第二项，则输出$1-\varepsilon$，如果第一项大于第三项，则输出$1+\varepsilon$；ε为超参数，一般设置为0.2。

4.3 多智能体强化学习

深度强化学习在各种领域取得显著的成果。然而，现实环境通常包括多个与环境交互的智能体，多智能体深度强化学习(multi-agent deep reinforcement learning，MADRL)获得蓬勃的发展，在各种复杂的序列决策任务上取得优异的表现。本节首先介绍多智能体系统的设定和基本概念，然后介绍两种典型的多智能体强化学习算法，它们分别是DDPG和PPO的多智能体算法(MADDPG算法和MAPPO算法)，可以应用在空天飞行器协同控制等场景。

4.3.1 多智能体系统

1. 多智能体系统的设定

多智能体系统(multi-agent system，MAS)中包含m个智能体，智能体共享环境，智能体之间会相互影响。一个智能体的动作会改变环境状态，从而影响其余所有智能体。多智能体强化学习(multi-agent reinforcement learning，MARL)是指让多个智能体处于相同的环境中，每个智能体独立与环境交互，利用环境反馈的奖励改进自身策略，以获得更高的回报。在多智能体系统中，一个智能体的策略不能简单依赖于自身的观测、动作，还需要考虑到其他智能体的观测、动作。因此，MARL 比单智能体强化学习更困难。

多智能体系统有三种常见设定：完全合作(fully cooperative)关系、完全竞争(fully competitive)关系、混合合作竞争(mixed cooperative and competitive)关系。

(1) 完全合作关系：智能体的利益一致，获得的奖励相同，有共同的目标。假设有m个智能体，它们在t时刻获得的奖励分别是$R_t^1,R_t^2,\cdots,R_t^m$ (R上标表示智能体，下标表示时刻)。在完全合作关系中，它们的奖励是相同的，即

$$R_t^1 = R_t^2 = \cdots = R_t^m \tag{4.3.1}$$

(2) 完全竞争关系：一方的收益是另一方的损失。在完全竞争的设定下，双方的奖励是负相关的。如果是零和博弈，双方获得的奖励总和等于0，即

$$R_t^1 = -R_t^2 \tag{4.3.2}$$

(3) 混合合作竞争关系：智能体分成多个群组；组内的智能体是合作关系，它们的奖励相同；组间是竞争关系，两组的奖励是负相关的。

2. 多智能体系统基本概念

将4.1.2小节中定义的基本概念推广到多智能体系统。m表示智能体的数量，上标i表示智能体的序号($i=1,2,\cdots,m$)，下标t表示时刻。

(1) 状态：用 S 表示状态随机变量，用 s 表示状态的观测值。注意，单个智能体未必能观测到完整状态。如果单个智能体的观测只是部分状态，就用 o^i 表示第 i 个智能体的不完全观测。

(2) 动作：把第 i 个智能体的动作随机变量记作 A^i，把动作的实际值记作 a^i。所有智能体的动作的连接为 $A=[A^1,A^2,\cdots,A^m],a=[a^1,a^2,\cdots,a^m]$。

(3) 动作空间：把第 i 个智能体的动作空间记作 $\mathcal{A}^i$，它包含该智能体所有可能的动作。整个系统的动作空间是 $\mathcal{A}=\mathcal{A}^1\times\mathcal{A}^2\times\cdots\times\mathcal{A}^m$。两个智能体的动作空间可能相同，也可能不同。

(4) 状态转移函数：所有智能体执行动作后，环境根据状态转移函数给出下一时刻状态。状态转移函数是条件概率密度函数，记作 $P(s_{t+1}\mid s_t;a_t)=\mathbb{P}\left[S_{t+1}=s_{t+1}\mid S_t=s_t,\right.$ $\left.A_t=a_t\right]$。

(5) 奖励：环境反馈给智能体的数值。把第 i 个智能体的奖励随机变量记作 R^i，把奖励的实际值记作 r^i。在完全合作关系的设定下，$R^1=R^2=\cdots=R^m$；在完全竞争关系的设定下，$R^1=-R^2$。t 时刻的奖励 R_t^i 由状态 S_t 和所有智能体的动作 $A=[A^1,A^2,\cdots,A^m]$ 共同决定。

(6) 折扣回报：与 4.1.2 小节中的定义类似。

因此，一个多智能体环境可以用一个元组 $(N,\mathcal{S},\mathcal{A},\mathcal{R},P)$ 表示。其中，N 是智能体的数目，$\mathcal{S}$ 是所有智能体的状态集合，$\mathcal{A}$ 是所有智能体的动作集合，$\mathcal{R}$ 是所有智能体奖励函数的集合，P 是环境的状态转移概率。一般，多智能体强化学习的目标是为每个智能体学习一个策略来最大化其自身的累积奖励。面对上述问题形式，最直接的想法是基于已经熟悉的单智能体算法来进行学习，主要分为以下两种思路。

(1) 完全中心化(fully centralized)：将多个智能体进行决策当作一个超级智能体在进行决策，即把所有智能体的状态聚合在一起当作一个全局的超级状态，把所有智能体的动作连起来作为一个联合动作。其优势是，由于已知所有智能体的状态和动作，对这个超级智能体而言环境依旧是稳态的，一些单智能体的算法的收敛性依旧可以得到保证。然而，这样不能很好地扩展到智能体数量很多或者环境很大的情况，这是因为这时候将所有的信息简单暴力地拼在一起会导致维度爆炸，训练复杂度巨幅提升的问题往往不可解决。

(2) 完全去中心化(fully decentralized)：与完全中心化方法相反的范式便是假设每个智能体都在自身的环境中独立地进行学习，不考虑其他智能体的改变。完全去中心化方法直接对每个智能体用一个单智能体强化学习算法来学习。这种方法的缺点是环境是非稳态的，训练的收敛性不能得到保证；这种方法的优势在于随着智能体数量的增加有比较好的扩展性，不会遇到维度灾难而导致训练不能进行下去。

4.3.2　MADDPG 算法

多智能体深度确定性策略梯度(muli-agent DDPG，MADDPG)算法看似是对于每个智能体实现一个 DDPG 的算法，实际上，所有智能体共享一个中心化的价值网络，该价值网络在训练的过程中同时对每个智能体的策略网络给出指导，而执行时每个智能体的策略网络则是完全独立做出行动，即去中心化地执行。这样一种训练方式称为集中式训练分散式执行(centralized training with decentralized execution，CTDE)。

CTDE 的应用场景通常可以被建模为一个部分可观测马尔可夫博弈(partially observable Markov games)：用 $\mathcal{S}$ 代表 N 个智能体所有可能的状态空间，这是全局的信息。对于每个智能体 i，其动作空间为 $\mathcal{A}^i$，观测空间为 $\mathcal{O}^i$，每个智能体的策略 π_{θ^i} 是一个概率分布，用来表示智能体在每个观测下采取各个动作的概率。每个智能体的奖励函数为 r^i，每个智能体从全局状态得到的部分观测信息为 o^i。每个智能体的目标是最大化其期望累积奖励。

MADDPG 算法具体流程如图 4.3.1 所示，每个智能体用策略–价值的方法训练，但不同于传统单智能体的情况，在 MADDPG 中每个智能体的价值网络都能够获得其他智能体的策略信息。具体来说，考虑一个有 N 个智能体的博弈，每个智能体的策略参数为 $\theta=\{\theta^1,\cdots,\theta^N\}$，记 $\pi=\{\pi^1,\cdots,\pi^N\}$ 为所有智能体的策略集合，那么可以写出在随机性策略情况下每个智能体的期望收益的策略梯度：

$$\nabla_{\theta^i}J(\theta^i)=\mathbb{E}_{s\sim p^{\mu},a\sim\pi^i}\left[\nabla_{\theta^i}\ln\pi^i(a^i\mid o^i)Q^{\pi,i}(x,a_1,\cdots,a_N)\right] \tag{4.3.3}$$

其中，$Q^{\pi,i}(x,a_1,\cdots,a_N)$ 是一个中心化的动作价值函数；$x=\{o^1,\cdots,o^N\}$。

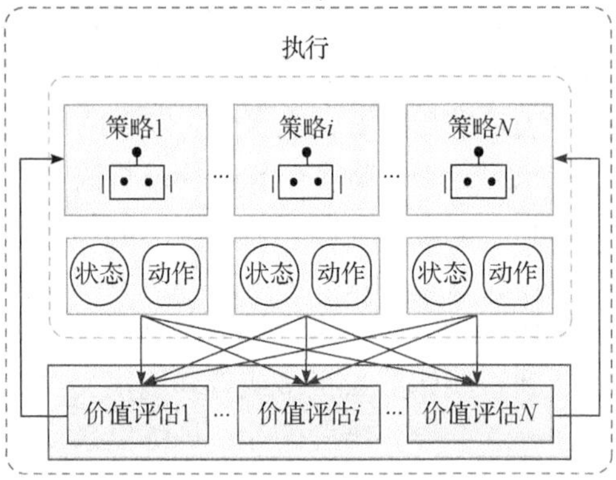

图 4.3.1　MADDPG 算法具体流程(张伟楠等，2022)

对于确定性策略来说，考虑有 N 个连续的策略 μ_{θ^i}，则 DDPG 的梯度公式为

$$\nabla_{\theta^i}J(\mu_i)=\mathbb{E}_{\boldsymbol{x}\sim D}\left[\nabla_{\theta^i}\mu^i(o^i)\nabla_{a^i}Q^{\mu,i}(x,a^1,\cdots,a^N)\big|_{a^i=\mu^i(o^i)}\right] \tag{4.3.4}$$

其中，D 为存储数据的经验回放池。在 MADDPG 中，中心化动作价值函数的损失函数更新方式为

$$L(\omega^i)=\mathbb{E}_{\boldsymbol{x},a,r,\boldsymbol{x}'}\left[(Q^{\mu,i}(x,a^1,\cdots,a^N)-y)^2\right] \tag{4.3.5}$$

$$y = r^i + \gamma Q^{\mu',i}(x', a'^1, \cdots, a'^N)\Big|_{a'^j = \mu'^j(o^j)} \tag{4.3.6}$$

其中，$\mu' = \left\{\mu'_{\theta^1}, \cdots, \mu'_{\theta^N}\right\}$，表示更新价值函数中使用的目标策略集合，有着延迟更新的参数。

4.3.3 MAPPO 算法

多智能体近端策略优化(multi-agent PPO，MAPPO)算法是一种在线策略算法，采用的是经典的策略–价值架构，其最终目的是寻找一种最优策略，用于生成智能体的最优动作。与 MADDPG 算法类似，同样采用了集中式训练分布式执行的方法。对 MAPPO 算法的实现与单智能体环境下的结构相似，通过学习策略 π 和价值函数 $V(s)$ 来实现最大化回报；这些函数分别由两个独立的神经网络表示。价值函数 $V(s)$ 用于减少方差，在训练期间发挥作用，因此它可以接收智能体的全局信息，使得 MAPPO 算法能够适应多智能体领域中的集中式训练分布式执行(CTDE)结构。该算法的核心：MAPPO 算法的价值网络部分使用全局状态而不是局部观测作为输入。同时，对于相同类型的智能体，可以使用同一套参数的策略和价值网络。策略网络优化目标为

$$\begin{aligned} L(\theta) = & \frac{1}{Bn}\sum_{i=1}^{B}\sum_{k=1}^{n}\min\left(r_{\theta,i}^{(k)}A_i^{(k)}, \operatorname{clip}\left(r_{\theta,i}^{(k)}, 1-\varepsilon, 1+\varepsilon\right)A_i^{(k)}\right) \\ & + \sigma\frac{1}{Bn}\sum_{i=1}^{B}\sum_{k=1}^{n}S\left[\pi_\theta\left(o_i^{(k)}\right)\right] \end{aligned} \tag{4.3.7}$$

其中，$A_i^{(k)}$ 为优势函数；S 为策略的熵；σ 为控制熵系数的超参数；B 为批大小；n 为智能体数量；$r_{\theta,i}^{(k)} = \pi_\theta\left(a_i^{(k)} \mid o_i^{(k)}\right) \Big/ \pi_{\theta_{old}}\left(a_i^{(k)} \mid o_i^{(k)}\right)$。

价值网络优化目标为

$$\begin{aligned} L(\phi) = & \frac{1}{Bn}\sum_{i=1}^{B}\sum_{k=1}^{n}\max\left(\left(V_\phi\left(s_i^{(k)}\right) - \hat{R}_i\right)^2,\right. \\ & \left.\left(\operatorname{clip}\left(V_\phi\left(s_i^{(k)}\right), V_{\phi_{old}}\left(s_i^{(k)}\right) - \varepsilon, V_{\phi_{old}}\left(s_i^{(k)}\right) + \varepsilon\right) - \hat{R}_i\right)^2\right) \end{aligned} \tag{4.3.8}$$

其中，$\hat{R}_i$ 为折扣奖励。

MAPPO算法使用了参数共享，即在智能体相同(具有相同的观察和行动空间)的环境中，采用参数共享策略，即智能体共享策略 π 和价值函数 $V(s)$ 的参数，能提高学习效率。需要注意，即使价值网络使用了全局的信息，还是会给每一个智能体计算一个 $V(s)$ 值，这是因为合并顺序不同，每个智能体输入的状态不一样，即每个智能体的 $V(s)$ 值不同。

4.4 算例仿真

4.4.1 DQN 算法训练倒立摆算例

代码

本小节算例采用的环境是倒立摆(inverted pendulum)，该环境下有一个处于随机位置

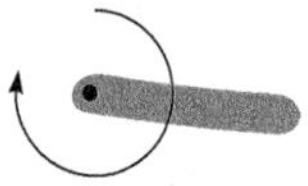

图 4.4.1 倒立摆环境示意图

的倒立摆，如图 4.4.1 所示。

1. 实现过程

环境的状态包括倒立摆角度的正弦值 $\sin\theta$ ，余弦值 $\cos\theta$ ，角速度 $\dot{\theta}$ ；动作 a 为对倒立摆施加的力矩，详情参见表 4.4.1 和表 4.4.2。

表 4.4.1 倒立摆状态空间

维度	状态	最小值	最大值
0	$\cos\theta$	–1.0	1.0
1	$\sin\theta$	–1.0	1.0
2	$\dot{\theta}$	–8.0	8.0

表 4.4.2 倒立摆动作空间

维度	动作	最小值	最大值
0	力矩	–2.0	2.0

每一步都会根据当前倒立摆状态的好坏给予智能体不同的奖励，该环境的奖励函数为 $-(\theta^2+0.1\dot{\theta}^2+0.001a^2)$ ，倒立摆向上保持直立不动时奖励为 0，倒立摆在其他位置时奖励为负数。环境本身没有终止状态，运行 200 步后自动结束。本算例使用 Python 语言，pytorch 框架进行训练，首先，智能体获得初始时刻状态，将初始时刻状态输入到 actor 网络中得到动作；其次，将动作输入到环境中，得到下一时刻动作，奖励以及是否完成任务等；再次，将状态、动作、奖励、下一时刻状态和完成与否保存至临时经验池，当一轮训练结束时，开始进行参数更新；最后，将下一时刻状态输入至 actor 网络中，完成循环。同时需要注意，DQN 算法仅适用于离散动作空间，因此在面对连续动作空间时要采用离散化动作的技巧。

```
for i in range(10):
    with tqdm(total=int(num_episodes / 10), desc='Iteration %d' % i) as pbar:
        for i_episode in range(int(num_episodes / 10)):
            episode_return = 0
            state = env.reset()
            done = False
            while not done:
                action = agent.take_action(state)
                max_q_value = agent.max_q_value(state) * 0.005 + max_q_value * 0.995  # 平滑处理
                max_q_value_list.append(max_q_value)  # 保存每个状态的最大 Q 值
                next_state, reward, done, _ = env.step(action)
                replay_buffer.add(state, action, reward, next_state, done)
                state = next_state
                episode_return += reward
                # 当 buffer 数据的数量超过一定值后,才进行 Q 网络训练
                if replay_buffer.size() > minimal_size:
                    b_s, b_a, b_r, b_ns, b_d = replay_buffer.sample(batch_size)
                    transition_dict = {
                        'states': b_s,
                        'actions': b_a,
                        'next_states': b_ns,
```

```
                    'rewards': b_r,
                    'dones': b_d}
                agent.update(transition_dict)    # 更新网络参数
        return_list.append(episode_return)
        if (i_episode + 1) % 10 == 0:
            pbar.set_postfix({
                'episode':
                    '%d' % (num_episodes / 10 * i + i_episode + 1),
                'return':
                    '%.3f' % np.mean(return_list[-10:])})
        pbar.update(1)

def dis_to_con(discrete_action, env, action_dim):    # 离散动作转回连续的函数
    action_lowbound = env.action_space.low[0]    # 连续动作的最小值
    action_upbound = env.action_space.high[0]    # 连续动作的最大值
    return action_lowbound + (discrete_action / (action_dim - 1)) * (action_upbound - action_lowbound)
```

2. 训练结果

DQN 训练倒立摆环境奖励和平均奖励曲线分别如图 4.4.2 和图 4.4.3 所示，可以看到，DQN 的性能在 50 轮后很快得到提升，最终收敛到策略的最优回报值 0。同时可以发现，在 DQN 的性能得到提升后，它会持续出现一定程度的震荡，这主要是神经网络过拟合到一些局部经验数据后由 arg max 运算带来的影响。

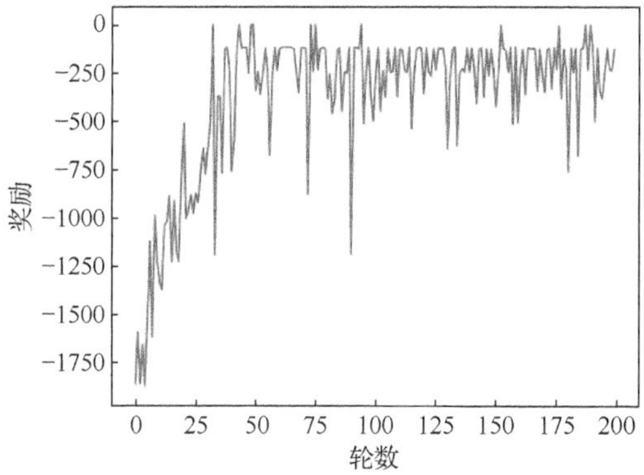

图 4.4.2　DQN 训练倒立摆环境奖励曲线

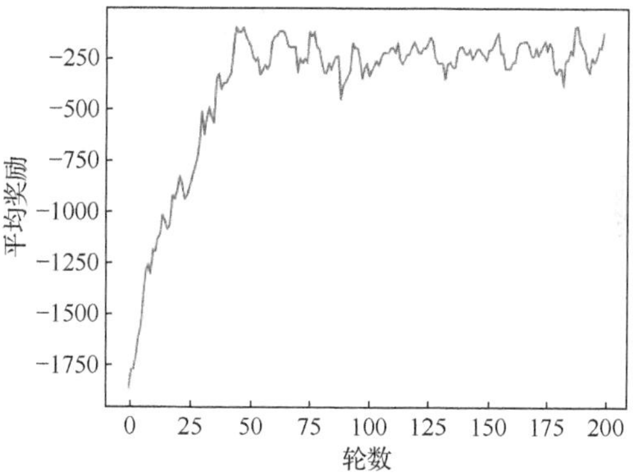

图 4.4.3　DQN 训练倒立摆环境平均奖励曲线

4.4.2　MADDPG 算法训练 MPE 算例

代码

本小节算例采用多智能体粒子环境(multi-agent particles environment，MPE)，它是一些面向多智能体交互的环境的集合。在这个环境中，粒子智能体可以移动、通信、“看”到其他智能体，也可以和固定位置的地标交互。选择 MPE 中的“简单对手”(simple adversary)环境作为代码实践的示例。该环境中有 1 个红色的对抗智能体(adversary)、N 个蓝色的正常智能体，这 N 个地点中有一个是目标地点(绿色)。这 N 个正常智能体知道哪一个是目标地点，但对抗智能体不知道。正常智能体是合作关系：它们其中任意一个距离目标地点足够近，则每个正常智能体都能获得相同的奖励。对抗智能体如果距离目标地点足够近，也能获得奖励，但它需要猜哪一个才是目标地点。因

此，正常智能体需要进行合作，分散到不同的坐标点，以此欺骗对抗智能体。

需要说明的是，MPE 中的每个智能体的动作空间是离散的。DDPG 算法本身需要使智能体的动作对于其策略参数可导，这对连续的动作空间来说是成立的，但是对于离散的动作空间并不成立。这并不意味着当前的任务不能使用 MADDPG 算法求解，可以使用耿贝尔-归一化指数(Gumbel-softmax)方法来得到离散分布的近似采样。下面对其原理进行简要的介绍。

假设有一个随机变量 Z 服从某个离散分布 $\mathcal{K}=(a_1,\cdots,a_k)$ 。其中， $a_i\in[0,1]$ 表示 $P(Z=i)$ 并且满足 $\sum_{i=1}^{k}a_i=1$ 。利用耿贝尔-归一化指数方法，使得该离散分布的采样可导。具体而言，首先引入一个重参数因子 g_i ，其为一个采样自 $\text{Gumbel}(0,1)$ 的噪声，即

$$g_i=-\ln(-\ln u),\quad u\sim\text{Uniform}(0,1) \tag{4.4.1}$$

则耿贝尔-归一化指数方法采样可以写为

$$y_i=\frac{\exp\left(\dfrac{\ln a_i+g_i}{\tau}\right)}{\sum\limits_{i=1}^{k}\exp\left(\dfrac{\ln a_i+g_i}{\tau}\right)},\quad i=1,2,\cdots,k \tag{4.4.2}$$

其中， $\tau>0$ ，为分布的温度参数，通过调整它可以控制生成的耿贝尔-归一化指数方法分布与离散分布的近似程度。τ 越小，生成的分布越趋向于 $\text{onehot}\left(\arg\max\limits_i(\ln a_i+g_i)\right)$ 的结果；τ 越大，生成的分布越趋向于均匀分布。

通过 $z=\arg\max\limits_i y_i$ 计算离散值，该离散值就近似等价于离散采样 $z\sim\mathcal{K}$ 的值。

1. 实现过程

与 4.4.1 小节仿真算例类似，代码实现过程如下。

```
for i_episode in range(num_episodes):
    state = env.reset()
    for e_i in range(episode_length):
        actions = maddpg.take_action(state, explore=True)
        next_state, reward, done, _ = env.step(actions)
        replay_buffer.add(state, actions, reward, next_state, done)
        state = next_state
        total_step += 1
        if replay_buffer.size(
        ) >= minimal_size and total_step % update_interval == 0:
            sample = replay_buffer.sample(batch_size)
            def stack_array(x):
                rearranged = [[sub_x[i] for sub_x in x]
                              for i in range(len(x[0]))]
                return [
                    torch.FloatTensor(np.vstack(aa)).to(device)
                    for aa in rearranged
                ]
            sample = [stack_array(x) for x in sample]
            for a_i in range(len(env.agents)):
                maddpg.update(sample, a_i)
            maddpg.update_all_targets()
```

```
    if (i_episode + 1) % 100 == 0:
        ep_returns = evaluate(env_id, maddpg, n_episode=100)
        return_list.append(ep_returns)
        print(f"Episode: {i_episode + 1}, {ep_returns}")
```

2. 训练结果

MADDPG算法训练MPE对抗智能体和正常智能体奖励曲线分别如图4.4.4和图4.4.5所示。可以看到，正常智能体_0 和正常智能体_1 的回报结果完全一致，这是因为它们的奖励函数完全一样。正常智能体最终保持了正向的回报，说明它们通过合作成功地占领了两个不同的地点，进而让对抗智能体无法知道哪个地点是目标地点。

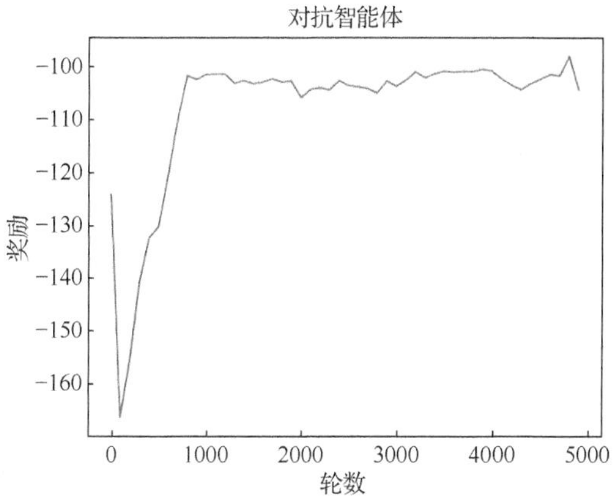

图 4.4.4　MADDPG 算法训练 MPE 对抗智能体奖励曲线

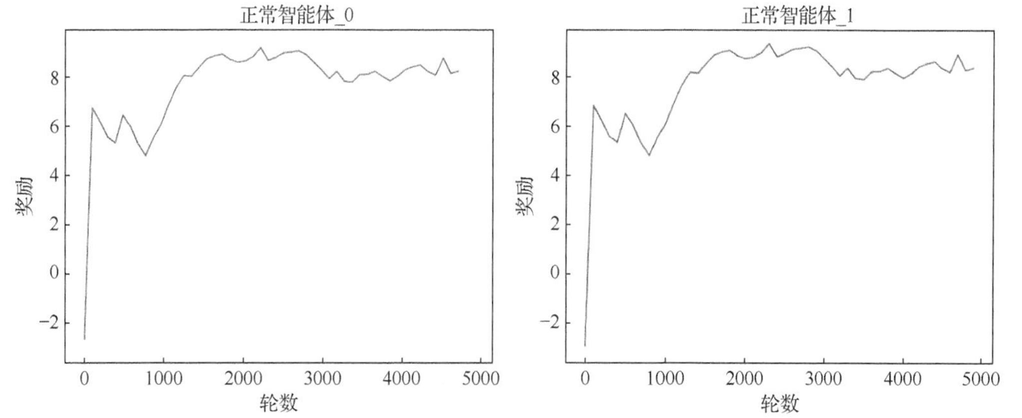

图 4.4.5　MADDPG 算法训练 MPE 正常智能体奖励曲线

思　考　题

4.1　马尔可夫决策过程主要由哪几部分组成?

4.2　在线策略(on-policy)和离线策略(off-policy)有什么不同之处?

4.3 DDPG 算法和 TD3 算法有何异同?

4.4 PPO 算法有哪两种形? 哪种形式更加简便，为什么?

4.5 多智能体系统有哪几种常见的关系? 多智能体强化学习有哪两种思路?

4.6 MADDPG 和 DDPG 有何异同? MAPPO 和 PPO 有何异同?

第 5 章

空天飞行器空中目标感知

随着科技不断进步和应用领域的扩大，空中目标感知技术在空天飞行器领域扮演着至关重要的角色，该技术包括目标检测、目标识别、目标跟踪和目标轨迹预测等。运动目标检测利用计算机视觉和图像处理算法，能够准确检测飞行器周围的移动目标。目标识别技术进一步对检测到的目标进行分类和识别，使飞行器能够理解周围环境中不同类型的目标。目标跟踪技术实时追踪目标的运动轨迹，提供位置和速度等关键信息。目标轨迹预测技术基于目标的历史轨迹和运动模式，预测目标未来的位置和行为。这些技术的发展为飞行器提供了强大的感知能力，提高了飞行安全性和任务执行能力。空中目标感知技术的不断进步将进一步推动空天飞行器领域的发展，并扩展其应用范围。

5.1 运动目标检测

运动目标检测的主要目的是从图片序列中将变化区域或者运动物体从背景图像中分离出来，常用于视频监控、异常检测、三维重建、实时定位等领域。运动目标检测在空天智能感知中具有重要的意义，通过利用无人机、卫星等航空航天设备采集数据，并结合人工智能技术进行分析和处理，运动目标检测能够快速准确地识别和跟踪地面上的运动物体。在空天智能感知领域，它是许多关键应用的基础，因此受到广泛关注和研究。

目前，运动目标检测的基本方法主要包括背景减除法、帧间差分法和光流法。

5.1.1 背景减除法

1. 研究现状

背景减除(background subtraction)法是目前最流行的一大类运动目标检测方法，其基本思想是从视频中减除背景、保留运动前景目标。早期简单的背景减除法主要是从一些训练数据中分析并估计场景的背图像，如由各像素在训练数据中的灰度均值或中值形成背景图像，然后对当前输入帧与背景图像进行差分运算，对于差异较小的区域即判断其为背景，反之则判断其为前景目标。随着空中目标感知对检测精度的要求不断提高，研究人员逐渐使用背景模型来代替单一的背景图像，以准确描述复杂多变的场景。

最初用于描述背景的模型是概率分布模型。1997 年，麻省理工学院 Wren 等提出的

Pfinder 系统利用了单个高斯分布对场景背景建模，实现了室内场景中的运动目标检测。由于单个高斯分布背景模型无法适应场景的动态变化，1999 年麻省理工学院 Stauffer 等提出了使用多个高斯分布对场景背景建模的运动目标检测算法，也被称为高斯混合模型(Gaussian mixture model，GMM)算法。大量实验证明，GMM 算法可以有效应对存在缓慢光照变化和重复性运动的动态背景。但是，GMM 算法中描述背景模型的参数很多为经验设定，缺少适应实际情况的灵活性，因此在此基础上出现了一大批行之有效的 GMM 改进算法。除使用高斯分布外，研究人员还尝试着用其他分布来对背景建立模型。背景减除法计算较为简单，这是因为背景图像中没有运动目标，当前图像中有运动目标，将两幅图像相减，显然可以提取出完整的运动目标，解决了帧间差分法提取的目标内部含有“空洞”的问题。

2. 基本原理

背景减除法的基本原理是首先建立一个背景模型，然后将视频与所建模型逐帧比较，若视频图像中与背景模型同一位置的像素点相同，则被认定为背景并更新背景模型，否则为运动目标。其流程如图 5.1.1 所示，将当前图像与已经处理好的背景图像进行差分(图中表示为减号)，再通过图像二值化及形态学处理，得到检测结果。

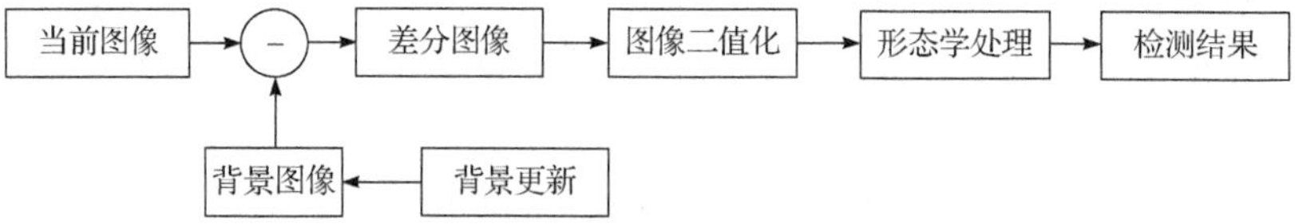

图 5.1.1　背景减除法流程图

背景减除法基本思路：首先根据视频序列图像前 $(m-1)$ 帧的图像信息来构建背景模型图像 $B_m(x,y)$，其次利用当前图像帧 $F_m(x,y)$ 与图像 $B_m(x,y)$ 做差分运算，并将差值与阈值比较得到二值图像 $D_m(x,y)$，最后对二值图像进行膨胀运算、腐蚀运算等形态学处理，寻找连通区域并显示结果。二值图像 $D_m(x,y)$ 的计算公式为

$$D_m(x,y)=\begin{cases}1, & |F_m(x,y)-B_m(x,y)|\geqslant T\\ 0, & |F_m(x,y)-B_m(x,y)|<T\end{cases} \tag{5.1.1}$$

背景减除法具有算法简单、实时性好等优点，但在实际的监控场景中周期性运动的背景和噪声等会严重影响目标检测的质量，因此需要在背景建模和检测过程中加入背景更新来减少环境变化带来的影响：

$$B_m(x,y)=\begin{cases}\partial B_{m-1}(x,y)+(1-\partial)F_m(x,y), & |F_m(x,y)-B_m(x,y)|<T\\ B_{m-1}(x,y), & |F_m(x,y)-B_m(x,y)|\geqslant T\end{cases} \tag{5.1.2}$$

式中，∂ 为更新系数，用来调整背景更新的程度；针对不同的视频，设定合理的阈值 T，若背景 $B_{m-1}(x,y)$ 和当前帧 $F_m(x,y)$ 中对应像素的差值小于 T，则表明该像素属于背景，需按照一定的比例将该像素更新到背景中，反之背景保持不变。

利用背景减除法实现目标检测主要包括四个环节：背景建模、背景更新、目标检测和后期处理。其中，背景建模和背景更新是背景减除法中的核心问题。背景建模的好坏直接影响到目标检测的效果。背景建模就是通过数学方法，构建出一种可以表征“背景”的模型，常用的背景建模方法主要有高斯背景建模法和码本(codebook)背景建模法(Kim et al., 2005)。获取背景的最理想方法是在没有运动目标的情况下获取一帧“纯净”的图像作为背景，但在实际情况中，由于光照变化、雨雪天气、目标运动等诸多因素的影响，这种方法很难实现。

3. 高斯背景建模法

高斯背景建模法的原理：利用高斯概率密度函数精确地量化图像特征，从而可以采用若干个基于高斯概率密度的函数来表示图像。通常将固定不变的背景称为单模态背景，单高斯背景模型适用于单模态背景视频的检测。GMM 算法是一种利用少量帧建模背景，并在检测过程中自动更新的算法。该算法通过统计视频图像中各个点的像素来建立背景模型，之后利用背景减除的方式获取运动目标所在区域。该方法的基本假设是，在一段足够长的时间内，背景出现的概率要远高于运动前景出现的概率。因此，如果对视频帧上的任何一坐标位置的像素值进行基于时间的统计，可以用若干个高斯概率密度函数作为统计的概率分布模型。一般，对视频帧中某一点 p ，该点的 k 个高斯分布描述记为 M_p ，可表示为

$$M_p = \left\{ G_1\left(\mu_1, \sigma_1^2, \omega_1\right), G_2\left(\mu_2, \sigma_2^2, \omega_2\right), \cdots, G_k\left(\mu_k, \sigma_k^2, \omega_k\right) \right\} \tag{5.1.3}$$

在高斯概率密度函数建立后，将新帧与背景模型进行对比，如果匹配该模型，则新帧中对应像素点判定为背景，否则判定为运动前景。实际情况中，k 个高斯分布不仅包含着背景像素的分布，还包含着运动前景像素的分布，因此在算法运行时候，需要依据检测结果，对 k 个高斯分布进行权重分配，筛选出几个权重大的分布作为实际分布模型。

经过不断检测，出现频率高的高斯分布的权重会不断上升，而出现频率低的权重会逐渐下降，并被新分布所取代。因此，GMM 算法利用权重的动态调整，实现背景在检测过程中的自适应更新。如图 5.1.2 所示，GMM 算法检测精度高，更新效果好，但缺点也较明显。由于其原理基于背景概率高于前景概率，当背景出现光照变化、相机画面抖动、背景移动等显著变化时，该算法会出现较多的错误检测；此外，当模型的更新速度与检测目标的运动速度不匹配时，会出现鬼影等问题；当运动物体的像素值与背景相近时，会出现空洞现象。

(a) 原始图像　(b) 检测结果　(c) 背景图像

图 5.1.2　GMM 算法检测结果

4. ViBe 算法与 ViBe+算法

视觉背景提取(visual background extractor，ViBe)算法(Barnich et al., 2010)是一种采用邻域像素创建背景模型的背景建模法，通过对比当前帧和背景模型之间的像素差异，检测该像素是否属于背景，并在检测完成后基于检测结果进行背景模型的实时更新。其主要框架为三部分，分别为背景模型初始化、运动区域检测、背景模型更新。

背景模型初始化一般采用单帧进行初始化。算法基于每个像素与邻域像素存在空间域相似分布的原理，随机选取邻域像素值，构建该像素点的背景模型。在运动区域检测时，通过设置阈值，将待检测帧的像素与该点的背景模型进行对比，当有指定数量的对比结果超过阈值时，则判定为前景点，否则判定为背景点。在背景模型更新时，采用保守的更新策略，仅将判定为背景的像素更新进背景模型，更新点的位置与是否更新均采用随机的方式选取，以体现时间与空间上的随机性。ViBe 算法的背景更新方法打破了许多算法采用的先入先出的方法，允许少数旧样本保留在背景模型中，使得样本在总体上的剩余寿命有着指数衰减的趋势。

ViBe 算法很好地解决了当时的诸多背景建模法参数众多的问题。该算法不需要对参数进行调整，仅需要一帧即可进行初始化，并且有着较好的抗干扰能力与运算速度，显著解决了检测过程中的空洞问题，但针对初始帧存在运动目标、检测物体存在阴影、运动目标静止后重新运动等问题难以应对，如图 5.1.3 所示。

(a) 原始图像

(b) 检测结果

图 5.1.3 ViBe 算法检测结果

因此，在 ViBe 算法的基础上，相关学者进行了改进，提出了 ViBe+算法(van Droogenbroeck et al., 2012)。ViBe+算法通过将分割掩膜与更新掩膜适配不同后处理参数，改进了模板更新策略；设计了新的抑制传播机制，极大改进了鬼影问题；提出了自适应的距离测量方法与阈值化方案，针对不同场景与不同检测难度，能获得较好的检测效果；此外，针对闪烁等小幅度动态背景问题，使用计数的方式针对闪烁点设置闪烁等级，当超过阈值后即判定该点正在闪烁，从而剔除了出背景模板。改进的 ViBe+算法大幅度提高了 ViBe 算法的检测精度，但也在一定程度上降低了检测速度。

5.1.2 帧间差分法

1. 研究现状

帧间差分法是将视频中时域相邻的图像的特征进行差分运算，而后对所得的差分图像进行二值化阈值处理，以提取运动目标所在位置。帧间差分法不需要监控场景的任何先验知识，也不需要训练过程，且其计算量小，存储数据少，可以迅速输出检测结果，即使应用在嵌入式系统中也可实现实时检测。

帧间差分法主要应用于对检测实时性有很高要求的视频分析应用中(如智能交通监控等)。1995 年，美国密歇根州立大学 Dubuisson 等利用对 3 个相邻视频帧做两次帧间差分结果取交集的方式提取车辆的完整轮廓信息。1998 年，美国卡耐基梅隆大学 Lipton 等利用连续两个视频帧灰度差的绝对值来寻找变化区域。此外，由于帧间差分法计算量小，常被作为复杂运动目标检测算法的预处理步骤，用来提取运动目标的初始大致区域。研究人员将帧间差分法与其他运动目标检测方法结合使用，用来提高运动目标检测的性能。2015 年，Han 等提出将帧间差分法与光流法结合，以降低光流法的计算复杂度。Liu 等(2016a)提出将帧间差分法与背景减除法结合，实现水下视频的运动目标检测。

帧间差分法对光照变化、背景扰动、环境噪声等异常敏感，因此将它应用于复杂监控场景时无法准确地获得运动目标的分割区域。特别是当运动目标运动速度较慢时，帧间差分法易在运动目标检测结果的内部形成空洞，甚至当运动目标短暂静止时，无法再检测出整个运动目标。可见，帧间差分法虽简单易行，但当智能视频分析系统需要获取并准确分析分割的运动目标时(尤其是需对分割出来的运动目标进行后续的识别、理解等高级分析)则很难满足其需求。

2. 基本原理

帧间差分法的基本原理：在视频图像序列的连续两帧或三帧中进行逐像素的差分运算，并通过设定合理的阈值来提取出图像中的前景区域，其流程如图 5.1.4 所示，分为输入视频、图像预处理、帧间差分运算(图中表示为减号)、结果二值化、形态学处理(开运算、闭运算、连通区域检测)等阶段。

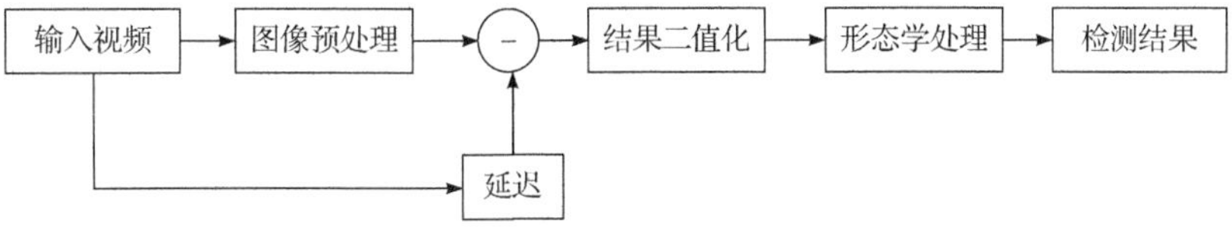

图 5.1.4　帧间差分法流程图

采用帧间差分法进行前景检测时，首先，对相邻两帧做差分运算得到差分图像 $D_m(x,y)$；其次，根据式(5.1.1)将图像 $D_m(x,y)$ 中的每一个像素点与阈值 T 进行对比，得到二值图像 $B_m(x,y)$；最后，对二值图像 $B_m(x,y)$ 进行膨胀运算、腐蚀运算等形态学处理，寻找连通区域并显示结果。帧间差分法的公式化表达如式(5.1.4)所示，其示意图如图 5.1.5 所示。

$$\begin{cases} D_m(x,y)=\left|F_m(x,y)-F_{m-1}(x,y)\right| \\ B_m(x,y)=\begin{cases} 1, & D_m(x,y)>T \\ 0, & D_m(x,y)\leqslant T \end{cases} \end{cases} \tag{5.1.4}$$

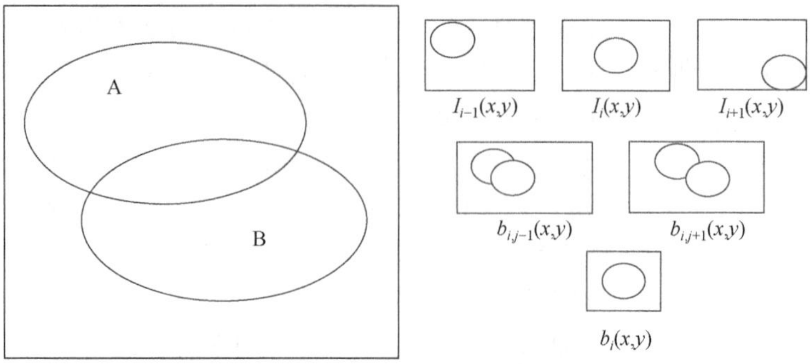

(a) 两帧差分法示意图　　(b) 三帧差分法示意图

图 5.1.5　帧间差分法示意图

采用帧间差分法检测不同视频中运动目标的结果如图 5.1.6 所示。可以看出，帧间差分法检测的结果噪声少，但只能得到目标的轮廓信息，轮廓内部有孤立的点和少量不连通区域。因此，帧间差分法虽然具有实时性好、占用内存小、算法简单、计算量少等优点，但该算法的检测结果严重依赖于阈值的选择，阈值过低，不能够抑制图像中噪声的影响，阈值过高则检测结果不完整，而且此算法只能得到运动目标的边缘信息，目标内部空洞大，无法广泛应用于各类视频场景检测中。

(a) 原始图像　　(b) 检测结果

图 5.1.6　帧间差分法检测结果

5.1.3　光流法

1. 技术发展及研究现状

光流法主要通过分析视频的光流场进行运动目标检测。光流是指空间中物体的运动在图像平面上表现出的物体灰度模式的流动。光流法基于场景中物体的灰度守恒假设，通过分析视频图像平面上物体灰度模式的流动，发现场景中各物体的运动，并对运动特性不同的物体进行分割。光流法能够同时捕捉因前景目标运动引起的前景目标的光流和因摄像机运动导致的背景物体的光流，并能够对它们进行有效区分，因此适用于摄像机存在运动情况下的运动目标检测(如车载摄像机监控等)。

1981 年，美国卡耐基梅隆大学的 Lucas 和 Kanade 共同提出了一个局部光流法的经典算法——Lucas-Kanade 算法。同年，美国麻省理工学院人工智能实验室研究人员 Horn 等提出了一个全局光流法的经典算法。1994 年，加拿大西安大略大学 Barron 等将多种光流计算方法分类为基于梯度的方法、基于匹配的方法、基于能量的方法和基于相位的方法，并对它们进行了实验对比分析。1997 年，德国埃尔朗根–纽伦堡大学的研究人员 Meyer 等使用光流法进行运动目标的初始分割，以对基于轮廓的跟踪算法进行初始化。2000 年，日本德岛大学 Chunke 等提出了利用多梯度限制的基于梯度的光流法。2011 年，美国微软研究院 Baker 等创建了新的数据库并利用该数据库对经典的多种光流法进行了对比分析。2012 年，韩国浦项科技大学 Lim 等提出利用光流和极线约束来区分运动的前景目标和运动的背景，以实现对移动摄像机拍摄视频的运动前景目标的检测。2015 年，比利时根特大学 Allebosch 等提出利用光流法检测摄像机运动(如平移、俯仰、抖动)，并对摄像机的运动进行补偿。

光流法计算量很大，且其基础的灰度守恒假设条件在实际应用中受噪声、光照变化等多因素影响，很难得到满足，因此光流法一般不适用于对运动目标检测精度和实时性要求较高的检测系统。

2. 基本原理

1) 基本假设条件

第一，亮度恒定不变，即同一目标在不同帧间运动时，其亮度不会发生改变。这是基本光流法的假定(所有光流法变种都必须满足)，用于得到光流法基本方程。

第二，时间连续或运动是“小运动”，即时间的变化不会引起目标位置的剧烈变化，相邻帧之间位移比较小。

2) 基本约束条件

考虑一个像素 $I(x,y,t)$ 在第一帧的光强度，移动 $(\mathrm{d}x,\mathrm{d}y)$ 的距离到下一帧，用了 $\mathrm{d}t$ 时间(其中 t 代表其所在的时间维度)。因为是同一个像素点，依据上文提到的第一个假设，所以该像素在运动前后的光强度是不变的，即

$$I(x,y,t)=I(x+\mathrm{d}x,y+\mathrm{d}y,t+\mathrm{d}t) \tag{5.1.5}$$

将式(5.1.5)用一级泰勒级数展开，得

$$I(x,y,t)=I(x,y,t)+I_x\frac{\mathrm{d}x}{\mathrm{d}t}+I_y\frac{\mathrm{d}y}{\mathrm{d}t}+I_t+O(\mathrm{d}t^2) \tag{5.1.6}$$

化简式(5.1.6)，得

$$I_x\mathrm{d}x+I_y\mathrm{d}y+I_t\mathrm{d}t=0 \tag{5.1.7}$$

令 $u=\mathrm{d}x/\mathrm{d}t$，$v=\mathrm{d}y/\mathrm{d}t$，得到光流约束方程为

$$I_xu+I_yv+I_t=0 \tag{5.1.8}$$

光流矢量可分为在 x 与 y 方向上的两个分量，I_x、I_y、I_t 是该像素点的灰度值在 x、y、t 方向上的偏导数，求解光流约束方程即可得到像素点在相邻帧间的像素变化。

使用光流法检测运动目标的原理：首先，通过光流计算为图像中的每个像素点赋予一个速度矢量，在图像中形成了一个运动矢量场；其次，对图像中各个像素点的速度矢量特征分析，若图像中没有运动目标则光流矢量在整个图像区域是连续变化的，否则目

标和背景的运动是相对的，且两者的速度矢量必定有所不同，由此便可以得到运动目标的位置。由图 5.1.7 可以看出，光流法虽然能够有效地检测出运动目标，但计算复杂度高，对光照很敏感且抗噪声能力差，无法保证实时性和实用性。

(a) 原始图像　　(b) 检测结果　　(c) 二值化结果

图 5.1.7　光流法检测结果

5.2　光学目标检测

光学目标检测在空天场景中的主要目的是实现对空中目标的准确识别和检测，以提供全面而可靠的目标情报。通过光学目标检测技术，航空器、航天器等载具可以捕捉图像数据，并利用算法和模型对其中的目标进行分析和识别，这样可以实现对飞机、气球和飞鸟等目标进行精确识别和分类，进一步获取目标的属性、运动状态和行为特征。光学目标检测在空天智能感知中实现了对目标的智能感知和理解，为众多领域提供准确的目标情报。同时，通过光学目标检测还可以辅助航空器导航与避障，提高飞行的安全性能。

传统基于手工设计特征的光学目标检测流程包括候选区域提取、特征提取、分类器设计和后处理。相对于手工特征提取，深度学习直接将候选区域提取、特征提取和分类器设计整合在一起，实现了端到端的检测。深度学习在海量数据驱动下学习到的特征具有更强的语义表征能力，性能相对于手工提取方式得到大幅度的提升，同时在神经网络前向传播过程中避免了大量窗口的冗余计算，提升了检测速度。基于深度学习的光学目标检测，根据是否需要进行感兴趣区域(region of interest，RoI)提取，划分为单阶段(one-stage)目标检测和双阶段(two-stage)目标检测。

5.2.1　单阶段目标检测

1. 技术发展与研究现状

单阶段指模型无须生成候选建议框(proposal)，而是重新定义目标检测任务，直接以回归的形式预测图像目标的分类及定位。“你只需要看一次”(you only look once，YOLO)系列是首个被研制用于目标检测的单阶段目标检测算法。经过不断的改进，YOLO 在精度和速度上都超越了其同期的单阶段实时模型，成为最成功的目标检测模型之一。输入图像被划分为一个 $A\times A$ 的网格，由对象中心所在网格预测其所属类别的置信度并按个人需求设置合理的阈值参数，根据阈值去除可能性比较低的目标窗口，最后使用非极大值抑制去除冗余窗口，从而判断是否为正样本。需要注意的是，由于输出层为全连接层，因此在检测时，初代 YOLO 模型的输入只支持与训练图像相同的输入分辨率。

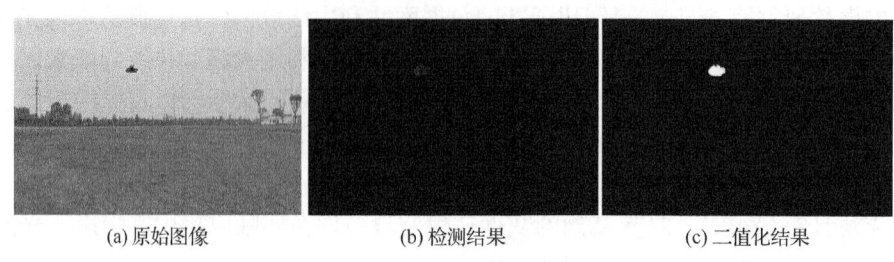

Yolo-v5 是 YOLO 系列的集大成者，在输入端合理运用训练技巧，试图在精度与效率之间找寻一个最佳平衡点，如马赛克(mosaic)数据增强、自适应锚框、余弦退火(cosine annealing)算法调整学习率、自适应图像缩放、卷积正则化，在特征提取骨干(backbone)网络与颈部(neck)网络子网中融入跨阶段局部网络(cross stage partial network，CSP)结构和路径聚合网络(path aggregation network，PAN)结构等。

2. Yolo-v5 基本结构

下面针对 Yolo-v5 的四个主要结构组成部分作简要介绍。

1) 输入端

Yolo-v5 的输入端采用了多种数据增强技术以提高模型的鲁棒性和泛化能力，主要有以下几方面。

(1) 马赛克数据增强。同 Yolo-v4 类似，马赛克数据增强方式在 Yolo-v5 的输入端中仍得到了使用，然而其主要思路为将随机剪裁的四张图片拼接到一张图上作为训练图像，数据集通过这样的方法得到了丰富，并且使网络的鲁棒性更好。

(2) 自适应锚框。锚框是目标检测的常用一种方法，它通过在图像中定义多个预设的不同大小和比例的框，来捕捉不同大小和比例的目标。因此，之前的 YOLO 系列算法中不同数据集都会有初始设定好的长宽固定锚框。在训练过程中，算法会在初始设定的锚框基础上输出预测框，将其与真实框对比，计算两者的交并比，再反向迭代更新。自适应锚框技术不再对每个预设的锚框大小和比例进行硬编码，转而通过聚类算法从输入训练数据中自适应得到最佳锚框大小和比例，使得每次训练时都可以自适应计算不同训练集中的最佳锚框值，减少了锚框设计的主观性和不确定性，提高了检测模型的准确性和泛化能力。

(3) 自适应图像缩放。在目标检测任务中，输入图像的大小对于模型输出的结果有着重要的影响。如果输入的图像过小，会导致模型不能很好地检测小目标或者对目标的边框定位不准确；如果输入的图像过大，则会增加计算负担，降低模型的速度和效率。在 Yolo-v5 中，加入了自适应缩放图像的功能，使得缩放后的图像的短边的尺寸在一定的范围内，这样使因图像长宽比不同导致的黑边大小不同问题得到了解决，也减少图像推理时的计算量，在一定程度上提升了检测速度。

2) 骨干网络

Yolo-v5 的骨干网络在检测过程中主要负责提取图像特征，采用更少的层数和更少的参数，具有与更大的网络相同特征表达能力。该特点使得 Yolo-v5 可在保证检测精度的同时具有快速和高效的优势，在计算资源有限的设备上具有很好的适应性，其关键技术包括：

(1) 采用聚焦法(focus)结构。Yolo-v5 的骨干网络头部加入了新的聚焦法结构。聚焦法结构的主要作用是将原始输入图像缩小，并保留图像的语义信息，使得后续的处理能够针对更重要的特征区域进行处理。具体方法是在一张输入图像中每间隔一个像素进行一次取值，类似于邻近下采样，这样就得到了保留完整特征信息且互补的四张图片。通过这样的做法，将通道数放大四倍，将原色(红绿蓝，red, green and blue，RGB)三通道的图片扩充为十二通道，最终对得到的图片通过卷积融合操作生成二倍下采样特征图。

(2) C3 模块。Yolo-v5 中的 C3 模块主要参考先前的瓶颈层(bottleneck cross stage partial，BottleneckCSP)结构模块，将原输入分成两支，对其中一个分支进行卷积操作使得通道数减半，同时让另一个分支经过若干个残差结构，再对两个分支进行特征融合，最终通过一个卷积结构并输出结果。

3) 特征融合部分

Yolo-v5 的特征融合部分为特征金字塔网络(feature pyramid network, FPN)与 PAN 的组合。特征金字塔网络采用自顶向下的方法，通过上采样融合高层特征信息并传递，再预测融合之后的特征图。该结构主要针对目标检测中多尺度问题，通过改变网络连接，使小物体检测的性能得到大幅度提升，同时可确保计算量不增加。特征金字塔网络传递高层的语义信息，但是几乎忽略了定位信息，因此在特征金字塔网络结构后面增加了路径聚合网络结构，采用自底向上的方式向上传递底层的定位特征信息，弥补了特征金字塔网络结构的不足，使语义信息和定位信息都得以保留。

4) 输出部分

Yolo-v5 的输出部分主要采用完全交并比损失(complete intersection over union loss，CIOU_Loss)函数。最初的交并比损失(intersection over union loss，IoU_Loss)函数仅将检测框和目标框重叠面积作为考虑对象，忽略了检测框和目标框不重合时相对位置不同的问题。据此，广义交并比损失(generalized intersection over union loss，GIoU_Loss)函数被提出，将最初的交并比损失函数的值记为 $F_{\text{IoU\_Loss}}$，广义交并比损失函数的值记为 $F_{\text{GIoU\_Loss}}$：

$$F_{\text{GIoU\_Loss}} = F_{\text{IoU\_Loss}} - \frac{C - A \cup B}{C} \tag{5.2.1}$$

其中，A、B 分别代表检测框和目标框，且 $C = A \cap B$。距离交并比损失函数(distance intersection over union loss，DIoU_Loss)则在前两者的基础上增加了目标框和检测框中心点距离的计算，解决了当目标框包裹检测框时出现的回归不准确问题。将目标框与检测中心点的欧式距离记为 $F_{\text{Distance\_2}}$，将目标框与检测框最小外接矩形的对角线距离记作 $F_{\text{Distance\_C}}$，将距离交并比损失函数记为 $F_{\text{DIoU\_Loss}}$：

$$F_{\text{DIoU\_Loss}} = 1 - \frac{F_{\text{Distance\_2}}^2}{F_{\text{Distance\_C}}^2} \tag{5.2.2}$$

根据距离交并比损失函数的计算方法，Yolo-v5 中采用的完全交并比损失函数增加了一个影响因子，并考虑目标框和预测框的长宽比。即完全交并比损失函数记为 $F_{\text{CIoU\_Loss}}$：

$$F_{\text{CIoU\_Loss}} = 1 - \left(F_{\text{IoU\_Loss}} - \frac{d_0^2}{d_{\text{c}}^2} - \frac{v^2}{1 - F_{\text{IoU\_Loss}} + v} \right) \tag{5.2.3}$$

其中，d_0 为目标框与预测框中心点的欧式距离；d_{c} 为目标框对角线的距离；v 是衡量长宽比的参数，其定义式如下：

$$v=\frac{4}{\pi^2}\left(\arctan\frac{w^{gt}}{h^{gt}}-\arctan\frac{w^{p}}{h^{p}}\right)^2 \tag{5.2.4}$$

其中，w^{gt} 和 h^{gt} 分别表示真实目标框的宽和高；w^{p} 和 h^{p} 分别表示预测框的宽和高。完全交并比损失函数进一步考虑了重叠面积、中心点距离和长宽比等影响因素，使损失函数的计算更加准确。

3. Yolo-v5 检测流程及优点

Yolo-v5 的检测流程：输入图像、骨干网络提取特征、中间层混合丰富特征、预测分类。虽然结构与之前版本相似，但是每个部分都会略有优化。首先，输入图像时添加了新的缩放方式以及数据增强方法；其次，在提取特征的骨干网络中加入了两种新的结构，聚焦法结构和跨阶段局部网络结构，而且 Yolo-v5 中使用了特征金字塔网络与路径聚合网络结合结构丰富特征的细节；最后，在预测时使用了与之前不同的损失函数——广义交并比损失函数，优化了模型检测小目标对象的效果。

5.2.2　双阶段目标检测

1. 技术发展与研究现状

2014 年，Girshick 等提出了区域卷积神经网络(region CNN，RCNN)算法。RCNN 算法首次将传统目标检测中提取感兴趣目标区域和深度学习中分类特征学习结合。通过选择性搜索对输入图像分割提取，将提取到可能包含目标的候选区域输入到卷积神经网络中，再进行图像特征提取，最终通过支持向量机(support vector machines，SVM)分类器对候选框做分类回归。He 等(2015)针对 RCNN 训练速度慢、检测效果差等问题，提出了空间金字塔池化(spatial pyramid pooling，SPP)网络，创造性地提出了空间金字塔池化结构，将不同维度提取的特征转换为相同维度的特征，避免了特征信息丢失。该网络只对输入图像进行一次特征提取便可获得整个特征，相比于 RCNN 算法，检测速度提升效果明显。Mottaghi 等(2014)针对融入上下文信息对提高目标检测精度的影响，提出了新的网络模型，将局部特征信息和全局特征信息相结合并融合全局上下文信息，使目标检测精度结果有所提升。2015 年，Girshick 提出了快速 RCNN(fast RCNN)算法。该算法在 RCNN 算法的基础上，引入空间金字塔池化结构，对感兴趣区域池化层进行改进。同时，快速 RCNN 算法在网络训练中使用归一化指数(softmax)分类器，从训练分类损失函数和回归损失函数两方面对网络优化。2015 年，Ren 等在计算机视觉顶级会议 NIPS 上提出了 Faster-RCNN 算法，通过区域建议网络(region proposal networks，RPN)产生建议候选区域，区域建议网络与后续的分类回归都整合到卷积神经网络中，整个网络共享提取到的目标特征，实现端到端检测，检测效果明显提升，不过没有达到实时检测效果。

2. Faster-RCNN 算法基本结构

双阶段目标检测算法 Faster-RCNN 由四个部分构成。首先是特征提取网络，选取VGG16 作为特征提取网络；其次是双阶段算法最重要的候选区域建议网络，区域建议网络用于从均匀铺设的不同大小不同比例的锚框(anchor)中获取候选框，这部分通过归一化指数函数从全部锚框中挑选涵盖目标的锚框去除背景，同时利用回归计算修正锚框的位置和大小，获得更加贴近实际目标的候选框；再次，针对每个候选框，使用感兴趣区域池化将所有候选框对应位置的特征图池化到相同的尺寸；最后，检测器对感兴趣区域池化生成的特征图分别计算分类回归结果。Faster-RCNN 算法结构见图 5.2.1。

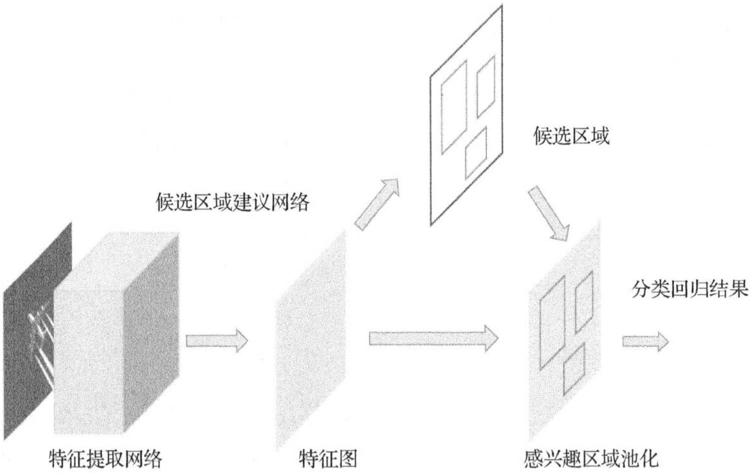

图 5.2.1 Faster-RCNN 算法结构图

3. Faster-RCNN 算法检测流程

Faster-RCNN 算法可分为如下步骤：数据输入，将完整图像输入到特征提取网络中得到特征图；得到特征矩阵，即利用区域候选网络生成候选框，并将生成的候选框直接投影到特征图上，直接得到对应的特征矩阵；得到缩放矩阵，即通过感兴趣区域池化层将这些特征矩阵统一缩放到 7×7 大小。相比于快速 RCNN 里的选择性搜索方法，Faster-RCNN 使用卷积层后面添加的区域候选网络结构来发现候选框。区域候选网络通过滑动窗口在特征图上进行滑动，在每个位置生成一个一维向量，包含目标概率及边界框回归参数。

Faster-RCNN 在检测过程中其实做了两次分类与回归，第一次是在区域候选网络阶段，对所有锚框对应的特征图进行了目标背景的二分类与第一次粗回归，第二次是对区域候选网络的结果进行池化，将特征图的尺寸统一，这一步是为了适配基于全连接层的检测器。因为使用全连接层需要输入前后的维度在网络定义时就固定，所以检测器只能接受固定大小的输入。由于进行了两次分类回归计算，Faster-RCNN 具有较好的检测精度，而且因为采用三种大小和三种长宽比例，共计九种锚框来生成候选框，所以 Faster-RCNN 对小目标的检测能力也较为优秀。但是这种双阶段网络结构注定在速度上有所损失，而且因为有全连接层的限制，网络只能对固定大小的图片进行检测。

5.3　动态目标跟踪

动态目标跟踪是计算机领域重要的研究热点之一，应用领域广泛，包括无人机监察、空域目标跟踪、行人与车辆监控等。动态目标跟踪面临目标旋转、变化、多目标、目标模糊、环境复杂、尺度变换、目标遮挡、光照变化等非常困难的问题，而确保动态目标跟踪的鲁棒性，准确性及实时性则极具挑战性。传统的动态目标跟踪方法大多需要人工提取特征，如采用核方法结合直方图特征具有较好的准确性，使用均值法结合金字塔特征具有较好的鲁棒性，而核相关滤波(kernel correlation filter，KCF)采用相关特征，实时性很好，但是在目标发生尺度变化及遮挡等情况时会跟丢目标。

传统人工提取特征的弊端在于无法提取更高层次的语义信息，对于人工提取的特定场景特征无法适应普遍场景，泛化能力较差，由此引入深度学习来解决特征提取遇到的问题。

5.3.1　基于相关滤波的目标跟踪

1. 技术发展与研究现状

在相关滤波方法用于目标跟踪之前，跟踪算法都是在时域上进行处理。在运算过程中，涉及复杂的矩阵求逆计算，运算量大、实时性差。相关滤波将频域引入目标跟踪，大大加快了跟踪速度。

最小输出误差平方和(minimum output sum of squared error，MOSSE)算法(Bolme et al., 2010)将计算转换到频域，利用单通道灰度特征与最小二乘目标函数，使用稀疏采样进行样本训练，开创性地将相关滤波引入目标跟踪。核循环跟踪(exploiting the circulant structure of tracking-by-detection with kernels，CSK)算法(Henriques et al., 2012)在 MOSSE 算法的基础上引入循环矩阵，利用循环矩阵可以在频域对角化的性质，大大减少了运算量，有效提高运算速度，且加入正则化项与核技巧，防止滤波器过拟合。核相关滤波算法(Henriques et al., 2015)在 CSK 算法基础上进行了优化，采用梯度直方图(histogram of oriented gradient，HOG)(Liu et al., 2015)多通道特征，将岭回归由单通道推广到多通道，完善了相关滤波算法框架。

随着深度学习方法的广泛应用，人们考虑将深度特征运用在动态目标跟踪算法中。深度空间正则化鉴别相关性滤波器(deep spatially regularized discriminative correlation filters，DeepSRDCF)算法(Danelljan et al., 2015a)采用单卷积层进行建模，用输出的深度特征进行目标跟踪，这样能够更好地区别目标与背景。此外，也有学者针对相关滤波框架进行改进，由于相关滤波是模板类方法，如果目标快速运动或者发生形变，手工特征不能实时跟上目标的变化，会产生错误样本，造成分类器性能下降，导致边界效应的产生。SRDCF(Danelljan et al., 2015b)针对这一问题，扩大了搜索区域，加入空间正则化约束，其减少了背景区域的权重，提高了分类器的可靠性。SRDCFdecon 算法(Danelljan et al., 2016)在 SRDCF 算法基础上将学习率从固定值改为自适应函数。背景感知相关滤波(background-aware correlation filters，BACF)算法(Galoogahi et al., 2017)直接从训练分类器入手，扩大样本数量的同时又增加样本的质量。先扩大循环采样区域，这样样本数量会大量增加；同时，为了保证样本质量，缩小搜索区域，减少背景信息的干扰。

2. 基本原理

相关是描述两个信号间关系的运算，其基本思想为越相似的两个目标相关值越大，即视频帧中与初始化目标越相似，得到的响应也越大。相关运算在时域上可表示为

$$g = f * h \tag{5.3.1}$$

其中，f 为输入信号；g 为输出信号；h 为相关滤波器。根据傅里叶变换，相关运算在频域可写为如下形式：

$$G = F \odot H^* \tag{5.3.2}$$

其中，G 与 F 分别表示 g 与 f 的傅里叶变换；H^* 表示 H 的复共轭。MOSSE 算法为最早将相关滤波引入目标跟踪的算法，为连续跟踪目标，需要找到一个滤波器模板 H^*，使得响应输出 G 最大化。在 G 与 F 均已知的前提下，滤波器模板 H^* 可由如下公式求得：

$$H^* = \frac{G}{F} \tag{5.3.3}$$

在跟踪过程中，目标可能发生旋转、形变、尺度变化等问题，为防止模板过拟合，采用采样初始目标并放射变换的方式生成多组样本，再用最小二乘法确定最优模板，其最小化问题可写为如下形式：

$$\min_{H^*} \sum_i \left| F_i \odot H^* - G_i \right|^2 \tag{5.3.4}$$

对式(5.3.4)求偏导并使导数为 0，可得最优 H^* 的计算公式：

$$H^* = \frac{\sum G_i \odot F_i^*}{\sum F_i \odot F_i^*} \tag{5.3.5}$$

在训练得到模板 H^* 后，即可通过对下一帧对应位置进行相关计算，得到最大响应位置，新的最大响应位置即为新目标位置的中心。为保证模型的鲁棒性，MOSSE 算法提出了一种滤波器模板的更新方法：

$$\begin{cases} H^* = A_i / B_i \\ A_i = \eta G_i \odot F_i^* + (1-\eta) A_{i-1} \\ B_i = \eta F_i \odot F_i^* + (1-\eta) B_{i-1} \end{cases} \tag{5.3.6}$$

式中，η 表示学习率，η 越大，对当前帧保留的信息越多，对历史信息更新越快。

MOSSE 算法首次将相关滤波引入目标跟踪，训练样本是通过目标的仿射变换得到的，每个样本的输出为各自的一个高斯分布，然后根据误差平方和最小的原则计算这一帧的滤波器模板，且设计了模板更新方法，能够在一定程度上解决目标形变问题。该方法使用的是原始的单通道灰度特征，表征能力弱；分类器使用的是线性最小二乘滤波器，分类性能较差；在初始帧训练采样时为稀疏采样，训练效果较差。

3. CSK 算法与 KCF 算法

CSK 算法是对 MOSSE 算法的改进，采用循环矩阵生成样本进行密集采样代替稀疏采样，且在目标函数后加入正则化项防止过拟合，并引入核技巧增强分类器分类能力。CSK 算法采用的仍为单通道灰度特征，KCF 算法使用多通道方向梯度直方图特征代替灰度特征，并将单通道岭回归推广到了多通道，构成了完整的相关滤波算法。

CSK 算法与 KCF 算法引入循环矩阵进行样本的密集采样，循环矩阵是由初始样本构成的一组矩阵，其第一行为实际采样的目标特征，其他行为通过周期性前移产生的虚拟目标特征，其形式如下所示：

$$C(\boldsymbol{u})=\begin{bmatrix} u_0 & u_1 & \cdots & u_{n-1} \\ u_{n-1} & u_0 & \cdots & u_{n-2} \\ \vdots & \vdots & & \vdots \\ u_1 & u_2 & \cdots & u_0 \end{bmatrix} \tag{5.3.7}$$

利用循环矩阵与滤波器点乘，能省略滤波模板在检测区域内滑动的过程，简化了对重合度高的候选窗的运算，提高了速度。循环矩阵具有傅里叶对角化特性，存在：

$$\boldsymbol{u}\otimes\boldsymbol{v}=C(\boldsymbol{u})\boldsymbol{v}=F^{-1}(F(\boldsymbol{u})\odot F(\boldsymbol{v})) \tag{5.3.8}$$

利用这一特性，能够在求解滤波模板时大大简化计算。此外，CSK 算法的目标函数为增添了正则项的最小二乘法，也称岭回归，其公式如下：

$$\min_{\omega,b}\sum_{i}^{n}L(y_i,f(x_i))+\lambda\|\omega\|^2 \tag{5.3.9}$$

式中，L 为损失函数；$\lambda\|\omega\|^2$ 为正则化项。在 CSK 算法中，损失函数为二次损失函数：

$$L(y,f(x))=(y,f(x))^2 \tag{5.3.10}$$

算法的训练目的为求解线性分类器，即

$$f(x)=\omega x+b \tag{5.3.11}$$

在此基础上引入核技巧，通过在丰富的高维特征空间中分类以提高性能。定义核：

$$\begin{cases}\kappa(x,x')=\langle\varphi(x),\varphi(x')\rangle \\ K_i=[\kappa(x_i,x_1),\kappa(x_i,x_2),\cdots,\kappa(x_i,x_j)]\end{cases} \tag{5.3.12}$$

由此，在高维核空间中，线性分类器可表示为

$$\begin{cases} W = \sum_{i=1}^{n} \alpha_i \varphi(x_i) \\ f(X_i) = \langle W, \varphi(x_i) \rangle + b = \left\langle \sum_{j=1}^{n} \alpha_j \varphi(x_j), \varphi(x_i) \right\rangle + b = \sum_{j=1} \alpha_j \left\langle \varphi(x_j, \varphi(x_i)) \right\rangle + b \\ \quad = \sum_{j=1}^{n} \alpha_j \kappa(x_j, x_i) = \sum_{j=1}^{n} \alpha_j \kappa(x_i, x_j) = K_i \alpha \end{cases} \tag{5.3.13}$$

对于目标函数中的正则项，有

$$\begin{aligned} \frac{1}{2}\|\boldsymbol{\omega}\|^2 &= \frac{1}{2}\boldsymbol{\omega}^{\mathrm{T}}\boldsymbol{\omega} \\ &= \frac{1}{2}\sum_{j=1}^{n}\sum_{j=1}^{n}\alpha_j\alpha_j\left\langle \varphi(x_j), \varphi(x_j) \right\rangle = \frac{1}{2}\sum_{j=1}^{n}\sum_{j=1}^{n}\alpha_j\alpha_j K_{jj} \\ &= \alpha_1^2 K_{11} + \alpha_2^2 K_{22} + \cdots + \alpha_n^2 K_{nn} = \boldsymbol{\alpha}^{\mathrm{T}} K \boldsymbol{\alpha} \end{aligned} \tag{5.3.14}$$

由此可得目标函数：

$$\min_{\boldsymbol{\alpha}} \sum_{i=1}^{n} (Y_i - K_i \boldsymbol{\alpha})^2 + \lambda \boldsymbol{\alpha}^{\mathrm{T}} \boldsymbol{K} \boldsymbol{\alpha} \Rightarrow \min_{\alpha} (\boldsymbol{Y} - \boldsymbol{K}\boldsymbol{\alpha})^{\mathrm{T}} (\boldsymbol{Y} - \boldsymbol{K}\boldsymbol{\alpha}) + \lambda \boldsymbol{\alpha}^{\mathrm{T}} \boldsymbol{K} \boldsymbol{\alpha} \tag{5.3.15}$$

求偏导并使之等于 0，即可得到最优 $\boldsymbol{\alpha}$ 值：

$$\boldsymbol{\alpha} = (\lambda \boldsymbol{I} + \boldsymbol{K})^{-1} \boldsymbol{Y} = C\left(F^{-1}\left(\frac{1}{F(k) + \lambda} \right) \right) \boldsymbol{Y} = F^{-1}\left(\frac{F(Y)}{F(k) + \lambda} \right) \tag{5.3.16}$$

用于定位的响应计算如下所示：

$$\boldsymbol{Y} = F^{-1}(F(k) \odot F(\alpha)) \tag{5.3.17}$$

根据以上响应计算，即可得到下一帧中目标位置所在区域。

相关滤波目标跟踪框架可以在保证实时性的同时，提高目标跟踪精度，且可灵活替换特征、增加尺度跟踪器等，可扩展性高，在实际场景中应用广泛。

4. 尺度估计法

目标尺度的精确估计是视觉目标跟踪中一个具有挑战性的研究问题。尺度估计方面，判别尺度空间跟踪(discriminative scale space tracker，DSST)算法则将目标跟踪看成位置变化和尺度变化两个独立问题，首先训练位置平移相关滤波器以检测目标中心平移，然后训练尺度相关滤波器来检测目标的尺度变化。相关滤波采用循环移位采样，导致除了中心样本以外的其他样本都会存在边界，称为边界效应(Danelljan et al., 2014)；多特征尺度自适应(scale adaptive multiple feature，SAMF)算法同时检测目标位置和尺度的变化，采用图像金字塔进行尺度选择，最佳尺度对应最大相应值(Li et al., 2014)。

1) DSST 算法基本介绍

DSST 算法提出了一种在基于检测的跟踪(tracking-by-detection)框架下的目标尺度估计算法。该算法基于尺度金字塔描述来学习判别式相关滤波，将跟踪分为两部分，位置变化和尺度变化；在跟踪的实现过程中，算法定义了两个相关滤波器，分别为学习尺度估计滤波器、位置滤波器两个不同的滤波器。其中，位置滤波器用于确定新的目标所处位置，尺度滤波器用于尺度评估。

在位置滤波器中使用 HOG 特征，利用一维滤波器仅估算尺度，利用二维滤波器仅估算平移，利用三维滤波器对目标进行详尽的尺度空间定位。

相较于全面的尺度搜索方法，快速尺度跟踪方法性能提升显著，并能够方便地融入其他没有尺度估计的跟踪算法中。

(1) 判别式相关滤波。判别相关滤波器(discriminative correlation filters，DCF)是基于 MOSSE 跟踪方法，算法通过学习得到一个位置的相关滤波器，用这个滤波器来确定目标在下一帧的位置。MOSSE 使用的是灰度图像。通过在傅里叶频域中最小化误差项：

$$\varepsilon=\sum_{j=1}^{t}\left\|h_t\cdot f_i-g_i\right\|^2=\frac{1}{MN}\sum_{j=1}^{t}\left\|H_t^{*}F_j-G_j\right\|^2 \tag{5.3.18}$$

其中，f_i 为训练图像；g_i 为期望的高斯响应；h_t 为第 t 帧时待求的滤波器。由此可求解得到第 t 帧的滤波器(使用 t 个样本)：

$$H_t=\frac{\sum_{j=1}^{t}G_j^{*}F_j}{\sum_{j=1}^{t}F_j^{*}F_j} \tag{5.3.19}$$

通过对过去帧的检测结果加权平均来取代直接的求和，当在当前帧内 $M\times N$ 大小的检测区域 Z 进行检测时，检测结果为

$$\boldsymbol{y}=\mathcal{F}^{-1}(H_t^{*}Z) \tag{5.3.20}$$

新目标的估计位置即为相关分数矩阵 $\boldsymbol{y}$ 的最大位置。

(2) 多维特征的 DCF。考虑信号(如图像)的 d 维特征图表示，假设 f 是从该特征图中提取的目标矩形片段，用 f^l 表示 f 的特征维数 $1\in\{1,2,\cdots,d\}$，目标是找到一个最佳的相关性滤波器 h，每个特征维度由一个滤波器 h^l 组成。通过最小化成本函数实现：

$$\varepsilon=\left\|\sum_{l=1}^{d}h^l\cdot f^l-g\right\|^2+\lambda\sum_{l=1}^{d}\left\|h^l\right\|^2 \tag{5.3.21}$$

其中，期望相应输出 g 为二维高斯函数；参数 $\lambda\geqslant 0$ 控制正则化项的影响，其解为

$$H^l=\frac{\bar{G}F^l}{\sum_{k=1}^{d}\bar{F}^kF^k+\lambda} \tag{5.3.22}$$

正则化参数可以减少 f 频谱中的零频问题，通过最小化所有训练片段的输出误差可以得到最佳滤波。然而，这需要解每个像素的 $d\times d$ 维线性方程组，计算消耗的成本很高，为了得到鲁棒近似值，分别更新式(5.3.19)中 H_t^l 的分子分母：

$$A_t^l=(1-\eta)A_{t-1}^l+\eta\bar{G}F_t^l \tag{5.3.23}$$

$$B_t = (1-\eta)B_{t-1} + \eta\sum_{k=1}^{d}\overline{F}_t^k F_t^k \tag{5.3.24}$$

$$y = \mathcal{F}^{-1}\left(\frac{\sum_{l=1}^{d}\overline{A}^l Z^l}{B+\lambda}\right) \tag{5.3.25}$$

其中，η 为学习率参数。利用式(5.3.25)计算出特征图上一个矩形区域 z 的相关分数 y，然后通过最大化 y 来找到新的目标状态。

(3) 全面尺度空间跟踪。基于三维的位置尺度滤波器，滤波器尺寸为 $M\times N\times S$，M 和 N 是滤波器的高度和宽度，S 表示高、宽、通道数。首先，以目标旧位置为中心提取 S 种不同尺度下的矩形样本，把所有样本调整到固定的尺寸($M\times N$)，构成一个 $M\times N\times S$ 的矩形块(以待估计目标的位置和尺度为中心)。其次，在这个固定的尺寸下提取融合 HOG(fused HOG, FHOG)特征，使用三维高斯函数构建对应的期望输出 g。滤波器的迭代计算方式与前文判别式相关滤波相同。预测时，取矩形块响应输出中的最大值，同时得到新位置和新尺度。最后，以该位置和尺度为中心进行下一步矩形块的构建和迭代计算。

(4) 快速尺度跟踪。这是基于一维尺度的滤波器。由于在连续的两帧中，位置的变化往往大于尺度的变化，先采用了二维位置滤波器确定位置信息，再在位置的基础上使用一维尺度滤波器确定尺度信息。快速尺度跟踪算法示意如图 5.3.1 所示。

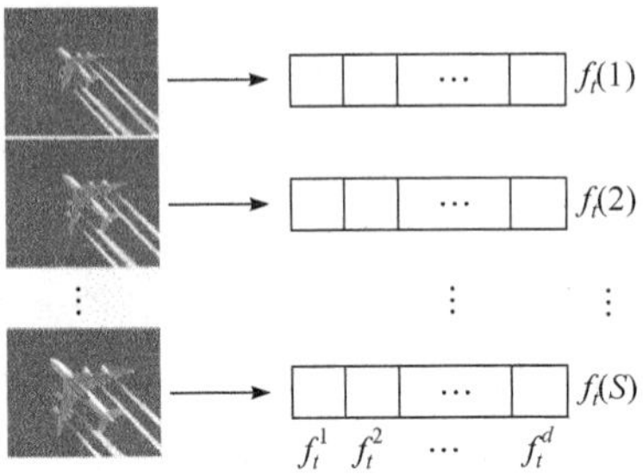

图 5.3.1　快速尺度跟踪算法示意图

在当前帧里，提取上一帧目标 2 倍大小区域($M\times N$)作为样本 Z_{trans}。首先，以多维特征的判别式滤波器方法，计算目标新位置 P_t。其次，以目标当前新位置 P_t 为中心，截取 $S=33$ 不同尺度下的矩形样本 Z_{scale}，然后把所有样本调整到固定的尺寸($M\times N$)，在这个固定的尺寸下提取 FHOG 特征，每个尺度样本 Z_{scale} 的特征串成一个特征向量(设长度为 d，长度和调整的尺寸有关)。再次，对应到多维特征的判别式滤波器方法更新公式，则特征层数变为特征向量的长度 d，g 变为一维高斯函数(通道数 $S=33$)，在每个 f^l 上分别乘一个一维汉明(Hamming)窗。最后，预测输出响应最高的尺度值。

2) SAMF 算法基本介绍

SAMF 算法是在 KCF 算法的基础上改进的，采用灰度特征、方向梯度直方图特征等多特征和颜色特征(color names，CN)的多特征融合。HOG 特征与 CN 能够实现互补(颜色与梯度)，并且采用多尺度搜索策略。其贡献主要有两点：一是将单一的特征扩展为多个特征；二是利用尺度池的方法实现目标的自适应跟踪。

(1) 多特征融合。使用好的特征是实现准确跟踪的基础，最早的 MOSSE 算法使用的是单一的灰度特征，由于特征的单一，MOSSE 算法的处理速度非常快，达到 669fps，但其精度很低，不到 0.5；随后人们开始使用 CN，算法在精度上得到了很大的提升；KCF 算法使用 HOG 特征，将精度提高到 0.7 左右(不同的数据集有一定偏差，没有准确数值)，速度也达到了 172fps；之后，人们也开始寻找高质量的特征表达，但没有明显的成果。因此，考虑用多特征融合的方法来提高跟踪精度。

核相关函数只需计算点积和矢量规范，因此可以对图像特征进行多通道应用。假设数据表示的多个通道被连接成一个向量 $\boldsymbol{x}=[x_1,x_2,\cdots,x_C]$。公式如下：

$$k^{\boldsymbol{xx}'}=\exp\left(-\frac{1}{\sigma^2}\left(\|\boldsymbol{x}\|^2+\|\boldsymbol{x}'\|^2\right)-2F^{-1}\left(\sum_C \hat{\boldsymbol{x}}_C\odot\hat{\boldsymbol{x}}_C'^*\right)\right) \tag{5.3.26}$$

这样就可以使用更强的特征，而不是原始灰度像素。此外，还可以利用各种强大的特征来发挥特征融合的优势。SAMF 算法提出的跟踪器使用了三种类型的特征，除了原始图像的原始灰度像素外，还采用了视觉任务中常用的两种特征。

(2) 尺度自适应。双线性插值法将图像表示空间从可数整数空间放大到不可数浮点空间。固定模板大小 $s_T=(s_x,s_y)$，定义尺度池 $S=\{t_1,t_2,\cdots,t_k\}$。假设原始图像空间中的目标窗口大小为 s_T。对于当前帧，在 $\{t_is_T\mid t_i\in S\}$ 中采 k 个尺度样本以找到合适目标。利用双线性插值法使得各个尺度的样本变成与初始样本图的 s_T 大小一致，如图 5.3.2 所示。

图 5.3.2　不同尺度的样本图

需要注意的是，核相关函数中的点积需要固定大小的数据，最终响应的计算公式为

$$\arg\max F^{-1}\hat{f}\left(z^{t_i}\right) \tag{5.3.27}$$

其中，z^{t_i} 表示大小为 t_is_t 的样本片段，其大小调整为 s_T。

响应函数得到的为矢量，需使用最大化运算来找到其最大标量。由于目标移动隐含在响应图中，最终位移需要通过 t 来调整，以获得真实的移动偏差。注意到所有模板的初始大小相同，因此仅有两组系数需要更新。将新滤波器与旧滤波器进行线性组合如下：

$$\bar{T}=\theta T_{\text{new}}+(1-\theta)\bar{T} \tag{5.3.28}$$

其中，$T=[\alpha^{\mathrm{T}},\tilde{x}^{\mathrm{T}}]$，表示待更新的模板。有了尺度自适应方案，跟踪器就能应对尺寸变化。

图 5.3.3 是 SAMF 算法的流程图。将样本图分别送入 KCF(结合了 FHOG 特征和 CN)，得到一个响应图，一共 7 层，其中最大响应值对应的尺度即为合适的尺度。

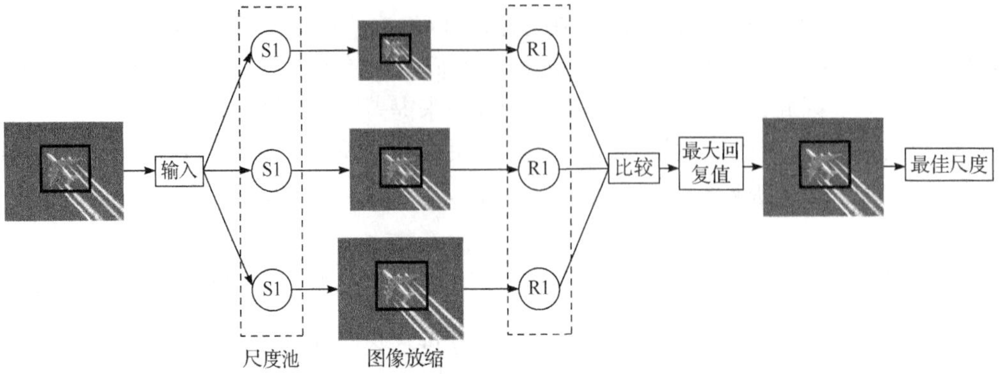

图 5.3.3 SAMF 算法的流程图

5.3.2 基于深度学习的目标跟踪

基于深度学习的目标跟踪方法主要利用深度特征强大的表征能力来实现跟踪，跟踪器不仅要准确地预测出目标位置，而且速度至少要达到与视频同样的帧率，这样才具有较高的实用性。因此，基于深度学习的跟踪器在网络设计和训练上需要平衡预测精度和速度。按照网络训练方式，可将基于深度学习的跟踪算法归为三类：基于预训练网络的深度目标跟踪方法、基于在线微调网络的深度目标跟踪方法以及基于离线训练网络的深度目标跟踪方法。

1. 基于预训练网络的深度目标跟踪方法

传统的跟踪方法使用人工特征描述目标，如方向梯度直方图、颜色等，而基于预训练特征提取网络的深度目标跟踪方法直接使用预训练网络提取目标特征，从而替代传统人工设计的特征，然后再使用传统的分类或回归方法预测目标。较之人工设计的特征，深度特征因其表达的丰富性以及平移不变性，可以大大提高跟踪性能。此外，深度特征(特别是浅层特征)具有很强的通用性，在其他视觉任务上学习到的特征可以迁移到目标跟踪中。具体地，该方法一般使用特征通用性较强的图像分类网络(如 AlexNet、VGGNet 等)，可以在海量的图像数据集(如 ImageNet①)上进行预训练。采用这种方法有很多优点：一方面，完全使用预训练网络，节省了大量的训练时间，而且无须在线更新网络，可以取得较快的跟踪速度；另一方面，预训练网络可以利用大量图像分类的标注数据，解决了目标跟踪中训练样本不足的问题。但是该方法的缺点也很明显：一方面，其他任务上训练的网络不能完全适应目标跟踪这个任务；另一方面，目标在跟踪过程中会发生很多形变，网络不更新导致无法学习到目标的变化信息。

2. 基于在线微调网络的深度目标跟踪方法

基于在线微调网络的深度目标跟踪方法结合离线训练和在线微调，更好地表征目标，以适应目标变化，网络架构通常特征提取和目标检测两部分。特征提取部分采用预

① 数据集名称，见 https://image-net.org/。

训练的网络进行初始化。在跟踪开始时，首先用第一帧的标注样本训练目标检测部分和微调特征提取部分。跟踪过程中，根据预测结果生成一定的正、负样本，然后微调整个网络，进一步提高网络的判别能力，较好地适应目标的变化，显著提高跟踪性能。但是，由于采用在线微调，跟踪速度受到很大影响，一般很难达到实时要求。下文以多域网络(multi-domain network，MDNet)(Nam et al., 2016)为例介绍基于在线微调网络的深度目标跟踪方法。

1) 多域网络

MDNet 的体系结构，输入大小为107像素×107像素 的 RGB 图像，具有五个隐藏层，包括三个卷积层和两个全连接层。另外，网络最后对于 K 个域(K 个训练序列)对应的全连接层具有 K 个分支。卷积层与 VGG-M 网络的相应部分相同，除了特征图尺寸是由输入尺寸调整的。接下来的两个完全连接的层具有 512 维输出，并且与 ReLU 和随机丢弃结合。每个 K 分支包含一个具有归一化指数交叉熵损失的二分类层，负责区分每个域(训练视频)中的目标和背景。

MDNet 的网络架构远远小于典型图像识别任务中常用的网络架构，这种简单的架构更适合视觉追踪：第一，视觉追踪旨在区分目标和背景两个类别，这需要比一般视觉识别问题(如具有 1000 个类别的 ImageNet 分类)少得多的模型复杂度；第二，深度 CNN 对于精确目标定位的效果较差，这是因为随着网络的深入，空间信息往往会被稀释；第三，视觉追踪中的目标通常很小，因此希望缩小输入大小，这自然会降低网络的深度；第四，一个较小的网络在视觉追踪问题上明显更有效率，在线训练和测试是在线进行的。当我们测试更大的网络时，算法不太准确，并且变得更慢。

学习算法(learning algorithm)的目标是训练一个多域 CNN，其可以在任意域中辨别目标和背景，这不是直接的，因为来自不同域的训练数据对目标和背景有不同的概念。不过，对于所有域中的目标表示仍然存在一些常见描述属性，如对照明变化的鲁棒性、运动模糊、尺度变化等。为了提取满足这些公共属性的有用特征，通过结合多领域学习框架将领域独立信息与领域特定信息分开。

CNN 通过随机梯度下降(stochastic gradient descent，SGD)方法进行训练，其中每个域在每个迭代中专门处理。

在第 k 次迭代中，网络基于一个由第 $k \bmod K$ (k 除以 K 取余数)个序列的训练样本组成的小批量(minibatch)更新，其中仅启用第 $k \bmod K$ 的单个分支，重复直到网络收敛或达到预定义的迭代次数。通过这个学习过程，独立于领域的信息在共享层中建模，从中获得有用的通用特征表示。

2) 基于多域网络的在线目标跟踪方法

通过长期和短期的更新，考虑视觉追踪中的两个互补方面，即鲁棒性和适应性。使用长期收集的正样本，进行定期长期更新，而每当检测到潜在的跟踪失败或故障时(当估计目标被分类为背景时)，则使用短期内采集的正样本实施更新。两种情况下，通常使用在短期观察到的负样本，这是因为旧的负样本往往对当前帧来说是冗余的或不相关的。

为了估计每帧中的目标状态，使用网络对前一个目标状态周围采样的 N 个目标候选

者 $x^1,x^2,\cdots,x^N$ 进行评估，从网络中获得它们的正分数 $f+(x^i)$ 和负分数 $f-(x^i)$，通过找到具有最大正分数的候选者给出最优目标状态 x^*，即

$$x^* = \underset{x^i}{\arg\max}\, f+(x^i) \tag{5.3.29}$$

大多数负样本在跟踪检测方法中通常是不重要的或冗余的，只有少数背景干扰的负样本在训练分类器时是有效的。因此，普通的 SGD 方法(训练样本均匀地贡献于学习)容易遭受漂移问题，这是因为背景干扰负样本是不够的。这个问题的一个流行解决方案是硬性负样本挖掘，训练程序和测试程序交替识别困难负样本，通常检测结果是假正性(false positives)样本，故这个想法用来进行在线学习。

首先，将困难负样本挖掘步骤在小批量选择中进行，在学习过程的每一次迭代中，每个小批量包含 M^+ 个正样本和 M_h^- 个困难负样本。通过测试 M^- 个 $\left(\gg M_h^-\right)$ 负样本并选择具有最高真正分数(positive scores)的 M_h^- 个样本作为困难负样本。

随着学习的进行，网络的辨别能力越来越好，小批量中的分类变得更加具有挑战性。该方法检验预定数量的样本，并有效识别关键负样本，而不需要像标准的困难负样本挖掘技术中那样明确的运行检测器来找出假正样本。

基于 CNN 的高级特征抽象和数据增强策略(在目标周围对多个正示例采样)网络有时无法找到精确包围目标的边框，应用在目标检测中很普遍的边界框回归技术来提高目标定位精度。由给出的测试序列的第一帧，使用目标位置附近样本的三层卷积特征训练一个简单的线性回归模型，来预测目标的精确位置。在随后的帧中，如果待评估样本可靠(如 $f^+(x^*)>0.5$)，即可利用回归模型评估方程式调整目标的位置。

3. 基于离线训练网络的深度目标跟踪方法

上面基于在线微调网络的深度目标跟踪方法会使跟踪器的效率大大降低，深度特征的提取和更新很难做到实时。为解决该问题，提出基于离线端到端训练的全卷积孪生网络的跟踪(fully-convolutional Siamese networks for object tracking，SiamFC)方法(Bertinetto et al., 2016)；其跟踪速度在 GPU 上可以达到每秒 86 帧，而且其性能超过了绝大多数实时跟踪器。下文会详细介绍基于孪生神经网络的目标跟踪方法。

1) 基本原理

孪生神经网络(Siamese neural network，SNN)是一种包含两个或更多相同子网的神经网络结构，子网络之间实行参数和权重共享。SNN 的主要思想是将两个输入映射到同一个分布域上，通过损失函数计算两个输入的相似度。目标跟踪算法的本质是候选区域和目标模板之间的相似度量，因此 SNN 被广泛应用到目标跟踪领域。

孪生神经网络的原始过程是将输入映射为一个或多个特征向量，使用 2 个向量之间的“距离”来表示输入之间的差异，也就是相似度数值。这个数值在 2 个或多个输入相似或属于同一类别时较小，输入不相似或不属于同一类别时较大。这里相同结构仅代表有相同的参数和权重，可以在 2 个子网上同时进行更新，如图 5.3.4 所示。

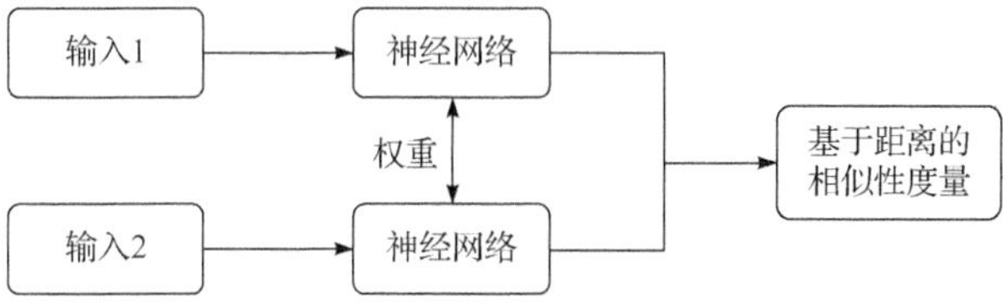

图 5.3.4 孪生神经网络结构

1994 年，Bromley 等在提出孪生神经网络这个概念后，将其用于签名验证，并取得了相对不错的结果。2015 年，Zagoruyko 等研究了如何从图像数据中直接学习到一个普适性的相似度函数用于图像匹配，结果表明，孪生神经网络在图像匹配领域具有较大的优势。2016 年，Melekhov 等提出了一种基于孪生神经网络的全图像相似度预测方法，结果表明，孪生神经网络在图像比对任务中具有较好的可行性和竞争力。同年，Tao 等通过使用孪生神经网络学习一个匹配函数，以第一帧做模板，其他帧与第一帧进行匹配计算，选最高分帧作为目标，提出的孪生实例搜索跟踪器(Siamese instance search for tracker，SINT)算法首次使用孪生神经网络完成了目标跟踪任务。

基于孪生神经网络的目标跟踪算法将跟踪问题转化为相似度度量问题，并在发展过程中逐渐从简单的相似度匹配问题延伸到分类与回归的综合问题。与传统方法相比，孪生神经网络特殊的网络结构提高了样本的利用率，在有限样本中提取出了更多特征，同时其结果在一定程度上保证了精度和速度的平衡，并提高了算法的鲁棒性。

2) 基于全卷积孪生神经网络的目标跟踪

基于孪生神经网络的目标跟踪将跟踪问题看成是一个相似度计算，通过计算候选块与目标模板之间的相似度，确定目标在当前帧中的位置。基于孪生网络的目标跟踪一般框架包括两个分支，即模板分支和检测分支，如图 5.3.5 所示。图中 Z、X 分支表示模板分支，其中模板图像是固定不变的。输入大小为 127 像素×127 像素，通道数为 3 的模板图像，经过卷积运算得到 C_t 的特征图。X 、Z 表示检测分支，代表在后续帧中的候选搜索区域。输入大小为 255 像素×255 像素，通道数为 3 的候选图像，经过卷积运算得到大小为 22 像素×22 像素、通道数为 128 的特征图。最后，将两个分支的特征图进行互相关操作，输出一个大小为 17 像素×17 像素的得分映射，分数最高的位置就是当前帧中的目标位置。

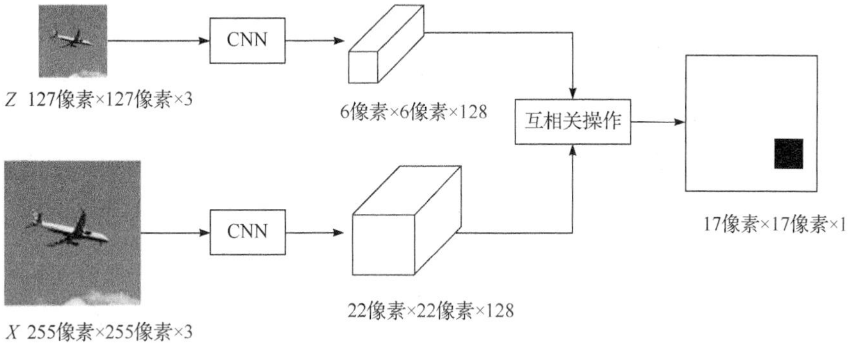

图 5.3.5 基于 SNN 的跟踪框架

基于全卷积孪生神经网络的目标跟踪(SiamFC)算法构建了一个孪生网络模型，用于特征提取，并利用一个互相关联层嵌入两个分支。它以模板特征为内核，直接对搜索区域进行卷积运算，得到单通道响应映射。为了给出更精确的定义，通过学习一个函数$f(z,x)$对模板图像和搜索区域进行相似性度量计算如下：

$$f(z,x)=g(\phi(z),\phi(x)) \tag{5.3.30}$$

其中，函数$g(\cdot)$用于相似度计算；函数$\phi(\cdot)$用于特征的提取。

SiamFC 算法提出了一个端到端学习的跟踪框架，而且达到了实时跟踪效果。SiamFC 对主干特征提取网络 AlexNet 进行了改进，去掉了填充(padding)层和全连接层，加入批标准化(BN)层。基于大量的训练样本，训练一个全卷积网络(fully convolutional network，FCN)。FCN 首先进行特征提取，再利用双线性层计算滑动窗口的两个输入间的相互关系，实现了密集高效的滑动窗口评价。

然而，SiamFC 算法采用固定的度量方式没有利用具体视频中的其他有效信息。2017 年，Valmadre 等提出基于相关滤波器的端到端表示学习的目标跟踪(cascade and fused cost volume based network，CFNet)算法。将相关滤波器作为孪生跟踪框架中的可微调层，将其嵌入到孪生神经网络框架中。在目标模板分支中引入相关滤波模板ϕ、标量参数尺度s和偏差b：

$$f(z,x)=s\omega(\phi(z)*\phi(x))+b \tag{5.3.31}$$

其中，相关滤波块$\omega=\omega(x)$，通过求解傅里叶域中的岭回归问题，从训练特征映射$z=\phi(z)$中计算出标准相关滤波模板h_{t-1}。该模板的效果可以理解为一个具有鲁棒性的区分模板。CFNet 算法采用端到端训练相关滤波器，并与 CNN 结合，充分利用了相关滤波跟踪器速度快的优点和 CNN 跟踪算法具有更准确的跟踪效果的特点。

CFNet 算法与标准的相关滤波方法存在同样的问题——边界效应，一定程度上降低了跟踪算法的性能。为了更好解决深度网络训练中的过拟合问题，Wang 等(2018)提出了基于残差注意力孪生神经网络(residual attentional Siamese network, RASNet)的目标跟踪算法。RASNet 在全卷积孪生神经网络跟踪框架内重新制定了相关滤波器，并将残差注意力、一般注意力和通道注意力机制嵌入端到端的孪生神经网络中，无须在线更新模型。RASNet 算法不仅缓解了深度网络训练中的过拟合问题，而且由于表征学习和鉴别学习的分离，增强了其判别能力和自适应能力。与 CFNet 算法相比，RASNet 算法对目标表观变化具有更好的适应能力和更高的准确度。

在跟踪过程中，复杂的现实场景往往伴随目标姿态的变化，更新在线学习目标模板成为另一种趋势。Guo 等(2017)提出了基于动态的孪生网络(dynamic Siamese network，DSiam)的目标跟踪算法和动态孪生网络跟踪结构，在 SiamFC 算法的基础上引入变换因子V_{t-1}^{l}和W_{t-1}^{l}：

$$f_t^l(z,x)=g\left(V_{t-1}^{l}*\phi(z),W_{t-1}^{l}*\phi(x)\right) \tag{5.3.32}$$

其中，V_{t-1}^{l}表示目标外观变换；W_{t-1}^{l}表示背景抑制变换。DSiam 算法增加了在线学习模块，解决了目标外观变换和背景抑制变换，提升了目标特征表示能力。DSiam 算法较好地解决了 SiamFC 算法采用固定目标模板从而可能导致跟踪漂移等问题，通过在线动态更新，获得更加准确的目标模板信息等。

为了更好地适应目标表观变化，He 等(2018)提出了双孪生网络实时目标跟踪算法，包括表观分支和语义分支两个分支结构。它们都通过与第一帧目标模板在特征空间做互相关运算得到响应图，由两个响应图进行加权平均得到最终响应图。通过对最终响应图中最大响应点进行插值运算得到在原图中的位置，即在当前帧的目标位置。此外，利用全卷积孪生网络训练语义分支和表观分支，每个分支都使用孪生网络结构计算候选块和目标模板间的相似度，并进行单独训练，以保持两种类型特性的异构性。

5.4 算例仿真

5.4.1 背景减除法运动目标检测算例

代码

下面通过开源 Python 代码介绍 ViBe 算法对运动目标检测的实现过程。算例采用自采空中运动目标数据集，其原始输入图像如图 5.4.1(a)所示。

(a) 原始输入图像　　(b) ViBe运动目标检测结果

图 5.4.1　原始输入图像与 ViBe 运动目标检测结果

1. 实现过程

下载开源代码 https://github.com/yangshiyu89/VIBE，编写 Python 文件 run.py 如下，并放置于 VIBE-master 文件夹下。

```
import numpy as np
import os
import cv2
from vibe_test import *

if __name__ == '__main__':
    rootDir = r'data/input' # 设置文件夹
    image_file = os.path.join(rootDir, os.listdir(rootDir)[0])
    image = cv2.imread(image_file, 0)
    N = 20 # 设置模型参数
    R = 20
    _min = 2
    phai = 16
    samples = initial_background(image, N) # 初始化背景
    for lists in os.listdir(rootDir): # 迭代图像序列进行检测
        path = os.path.join(rootDir, lists)
        frame = cv2.imread(path)
```

```
        gray = cv2.cvtColor(frame, cv2.COLOR_BGR2GRAY)
        segMap, samples = vibe_detection(gray, samples, _min, N, R)
        cv2.imshow('segMap', segMap)
        if cv2.waitKey(1) and 0xff == ord('q'):
            break
    cv2.destroyAllWindows()
```

2. 检测结果

修改对应路径，并运行文件，即可于可视化窗口中输出测试图像的检测结果，如图 5.4.1(b)所示。

5.4.2 单阶段目标检测算例

代码

下面通过 Python 代码介绍 Yolo-v5 对遥感图像目标检测的训练与检测过程。算例采用经典图像数据集 COCO，其原始输入图像如图 5.4.2(a)所示。

(a) 原始输入图像　　(b) Yolo-v5目标检测结果

图 5.4.2 原始输入图像与 Yolo-v5 目标检测结果

1. 实现过程

使用 https://github.com/open-mmlab/mmyolo 提供的 MMOpenLab 开源算法框架 MMYOLO 进行编写，train_test 函数文件 train_test.py 如下，并放于 mmyolo-main 文件夹。

```
from mmdet.utils import setup_cache_size_limit_of_dynamo
from mmengine.config import Config, DictAction
from mmengine.logging import print_log
from mmengine.runner import Runner
from mmyolo.registry import RUNNERS
from mmyolo.utils import is_metainfo_lower
class cfg_train(object):
    def __init__(self):
        self.config = './configs/yolov5/yolov5_s-v61_syncbn_8xb16-300e_coco.py'
        self.work_dir = './out_dir'  #训练工作文件夹
class cfg_test(object):
    def __init__(self):
        self.config = './configs/yolov5/yolov5_s-v61_syncbn_8xb16-300e_coco.py'
        self.checkpoint = './out_dir/epoch_best.pth'  #权重文件
        self.work_dir = './out_dir/test'  #测试工作文件夹
```

```
        self.show_dir = self.work_dir + '/image'   #测试图片输出
if __name__ == '__main__':
    args = cfg_train()   #导入参数
    setup_cache_size_limit_of_dynamo()
    cfg = Config.fromfile(args.config)
    cfg.launcher = args.launcher
    cfg.work_dir = args.work_dir
    is_metainfo_lower(cfg)
    runner = Runner.from_cfg(cfg)
    runner.train()   #开始训练
    args = cfg_test()   #导入参数
    setup_cache_size_limit_of_dynamo()
    cfg = Config.fromfile(args.config)
    cfg.work_dir = args.work_dir
    cfg.load_from = args.checkpoint
    cfg = trigger_visualization_hook(cfg, args)
    is_metainfo_lower(cfg)
    runner = Runner.from_cfg(cfg)
    runner.test()   #开始测试
```

2. 检测结果

修改对应路径，并运行文件，即可于指定文件夹下输出测试图像的检测结果，如图 5.4.2(b)所示。

5.4.3　相关滤波法目标跟踪算例

代码

下面通过开源 Python 代码介绍 KCF 算法对目标跟踪的实现过程。算例采用自采空中运动目标数据集，其原始输入图像如图 5.4.3(a)所示。

(a) 原始输入图像　　(b) KCF目标跟踪结果

图 5.4.3　原始输入图像与 KCF 目标跟踪结果

1. 实现过程

下载开源代码 https://github.com/ryanfwy/KCF-DSST-py，编写 Python 文件 run.py 如下，并放置于 KCF-DSST-py-master 文件夹下。

```
import cv2
from tracker import KCFTracker
tracker = KCFTracker(True, True, True)   #初始化参数
def get_image():   #获取图像路径
    data_path = "./data/"
    image_path = []
    for i in range(1000):
        image_path.append(data_path + "img%07d.jpg" % (i+1))
```

```
    return image_path
def trackerr(cam, frame, bbox):  #定义跟踪算法运行函数
    tracker.init(bbox, cv2.imread(image[0]))  #初始化第一帧
    i = 1
    while True:  #循环跟踪
        frame = cv2.imread(image[i])
        timer = cv2.getTickCount()
        bbox = tracker.update(frame)
        bbox = list(map(int, bbox))
        p1 = (int(bbox[0]), int(bbox[1]))
        p2 = (int(bbox[0] + bbox[2]), int(bbox[1] + bbox[3]))
        cv2.rectangle(frame, p1, p2, (255, 0, 0), 2, 1)
        cv2.imshow("Tracking", frame)
        i += 1
if __name__ == '__main__':
    image = get_image()
    bbox = cv2.selectROI('Select ROI', cv2.imread(image[0]), False)  #选择目标
    trackerr(1, cv2.imread(image[0]), bbox)
```

2. 检测结果

修改对应路径，并运行文件，即可于图形窗口中显示测试图像的跟踪结果，如图 5.4.3(b)所示。

思 考 题

5.1 运动目标检测有哪些基本方法?

5.2 背景减除法的基本原理是什么? 相较于其他运动目标检测方法，背景减除法有哪些优点?

5.3 基于深度学习的目标检测方法可以分为哪几类?

5.4 单阶段目标检测与双阶段目标检测各有哪些优势?

5.5 基于相关滤波的目标跟踪主要有哪些算法? 简述其中一个的基本原理。

5.6 基于深度学习的目标跟踪算法可分为哪几类?

5.7 卡尔曼滤波的算法迭代过程由哪两部分组成? 请依次写出一轮迭代中的各个计算步骤以及对应表达式。

5.8 隐马尔可夫模型的两个基本假设和三个基本问题分别是什么? 解释其含义。

第 6 章 空天飞行器地物目标感知

6.1 目标检测方法

光学遥感图像目标检测的主要任务是在光学遥感图像中对感兴趣目标进行定位和分类，在情报侦察、目标监视、灾害救援、工业应用及日常生活等领域都发挥着重要作用，同时也是后续目标跟踪、场景分类、图像理解等工作的基础。随着遥感卫星技术的不断成熟，遥感图像分辨率不断提升、数据规模日益猛增，传统目标检测算法主要基于人工提取特征，人工提取特征存在识别准确率不高、效率低、易受背景干扰等缺点，已难以满足应用需求。在计算机视觉领域，深度学习方法相较于传统方法显示出巨大优势。深度学习方法可以从海量图像数据中学习图像特征表达，极大地提高含有大量信息的图像处理精度。通过组合多个非线性变换、自适应地组合低层特征形成更抽象的高层特征的深度网络，进而提取出图像中的光谱、纹理、几何等隐藏得更深、语义信息更丰富的特征，获得比传统方法更高的精度和效率。

随着深度学习在计算机视觉领域取得的革命性成果，卷积神经网络(CNN)被广泛应用于图像分类与目标识别。卷积神经网络可以自动提取特征，大大提高了目标识别的准确率。基于深度学习的目标检测方法主要分为基于锚框(anchor-based)的方法和无锚框(anchor-free)的方法，其中基于锚框的方法包括基于候选区域(region proposals)的双阶段目标检测算法和基于回归的单阶段目标检测算法。

目标检测的基本思路大致可以分为以下两个步骤。首先，将目标图片中的物体用边界框标记出来；其次，将图像输入分类器中，对目标的类别进行分类。因此，可以根据边界框的类型，将目标检测方法分为基于水平边界框(horizontal bounding box，HBB)目标检测算法和基于定向边界框(oriented bounding box，OBB)目标检测算法，见图 6.1.1。本章将介绍两种经典的基于水平边界框和基于定向边界框的目标检测算法。

(a) 水平边界框　　(b) 定向边界框

图 6.1.1　边界框类型示意图(Yu et al., 2019)

6.1.1　水平边界框目标检测

代码

1. SSD 算法概述

单次多边界框检测(single shot multibox detector，SSD)是目前主流的基于深度学习的目标检测框架之一，本书以 SSD 算法为例，介绍水平边界框目标检测算法。SSD 算法由 2016 年欧洲计算机视觉会议提出，是继 YOLO 之后又一个引发关注的单阶段目标检测算法。SSD 算法不仅借鉴了 Faster-RCNN 的锚点机制和特征金字塔结构，同时继承了 YOLO 的回归思想，基于端对端网络对相关目标对象进行检测和分类。相比于 Faster-RCNN 算法，SSD 算法不需要候选区域提取，具有较快的检测速度；相比于 YOLO，SSD 算法没有使用全连接层，检测精度得到进一步提升。SSD 算法主要存在以下两种结构——SSD-300 和 SSD-512，用来对各种输入尺寸的图片进行识别，本书以 SSD-300 为例介绍该算法。SSD-300 网络结构如图 6.1.2 所示。

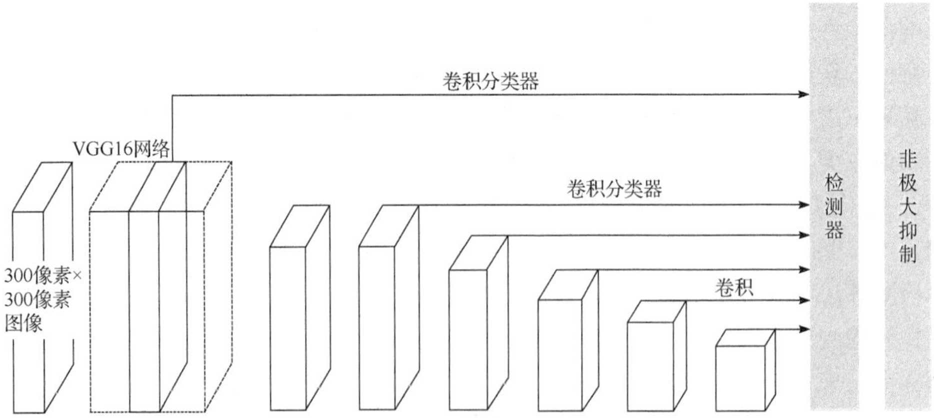

图 6.1.2　SSD-300 网络结构图(Liu et al., 2016b)

SSD-300 网络的预测过程的基本步骤如下所述。

1) 输入图像

输入一张大小为 300 像素×300 像素的图形，将其输入到预训练好的改进 VGG-16 分类网络中，以得到不同大小的特征。

2) 形成边界框

抽取卷积层 4_3(conv4_3)、conv7、conv8_2、conv9_2、conv10_2、conv11_2 层的特征图，然后在上述特征图形中每个点形成了 6 个不同尺寸的先验框(default boxes)；依次进行检测与分类，可以得到若干个初步符合条件的先验框。

3) 输出结果

把从不同特征图中收集到的初始框组合起来并通过非极大值抑制(non-maximum suppression，NMS)的方式来抑制部分重叠的不准确的先验框，从而得到了最后的先验框集，即最终输出的检测效果。

2. SSD 算法核心设计思路

1) 多尺度特征图

SSD 算法所使用的 CNN 一般比前面的特征图更大，但 CNN 之后逐渐使用步长为 2 的卷积和池化操作来减小特征图尺寸。这些不同尺寸的特征图的优点是较大特征图可以分辨更多单元，所以用较大尺寸的特征图可以来检查相对较小的目标，较小尺寸特征图也可以用来检查相对较大目标。不同尺度下的特征图比较如图 6.1.3 所示。

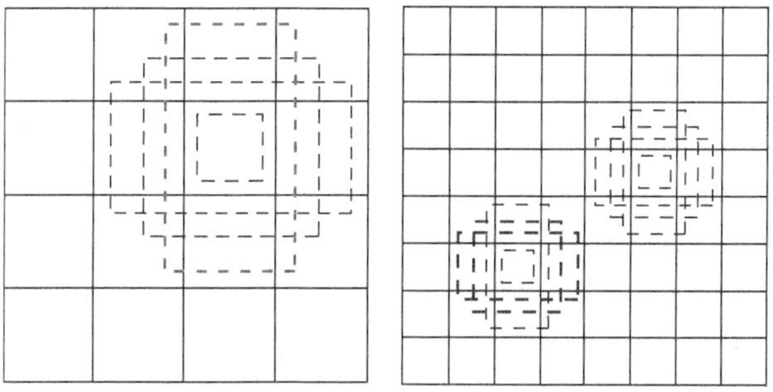

(a) 4像素×4像素特征图　(b) 8像素×8像素特征图

图 6.1.3　不同尺度下的特征图比较(Liu et al., 2016b)

在每一种特征图中都只能用尺寸大小相等的选框，因此当目标尺度与选框尺度之间的差别过大时，也就无法实现理想检测效果。如图 6.1.4 所示，在较大尺度的特征图中便能够很容易检测出较小目标对象，对于较大目标而言，则因为单元尺寸太小而无法很好地检测到；在较小尺度的特征图中，能够更加精确地检测到较大目标。因此，采用多尺度特征图可以提高识别的准确度。

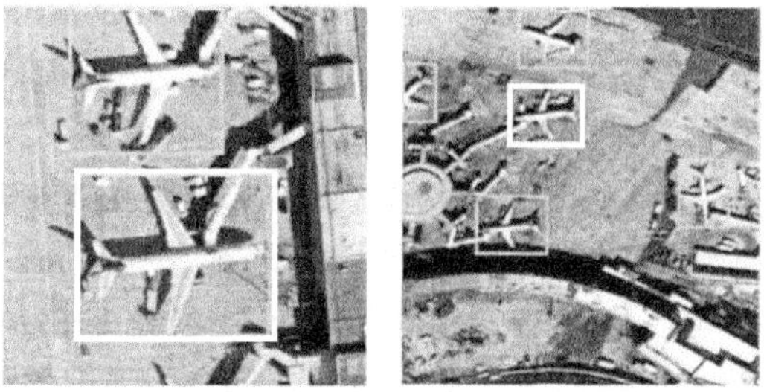

(a) 4像素×4像素特征图　(b) 8像素×8像素特征图

图 6.1.4　不同尺度飞机的检测效果(Li et al., 2020)

2) 设置先验框

SSD 算法参考了 Faster-RCNN 中锚框的思路，在各个单元中设定不同尺度的先验框，这个先验框是后续检测边界框(bounding boxes)的基础。SSD 算法中共提供了 conv7、conv8_2、conv9_2、conv10_2、conv11_2 和 conv4_3 六个特征图，其尺寸大小分别是(38,38)、(19,19)、(10,10)、(5,5)、(3,3)和(1,1)。但是，各种特征图设置的先验框数量也各有不同。先验框的设定，通常涉及尺度和宽高两方面，因此 SSD 算法可以直接通过式(6.1.1)估算先验框的尺度：

$$S_k = S_{\min} + \frac{S_{\max} - S_{\min}}{m-1}(k-1) \tag{6.1.1}$$

其中，m 表示除去单独设置特征图的其余特征图个数；S_k 表示 k 层特征图先验框大小相比图像的比例；$S_{\min}$ 表示比例的最小值，一般取 0.2；$S_{\max}$ 表示比例的最大值，一般取 0.9。

SSD 算法对于 conv4_3 特征图是单独设置的，其尺度为 30。因此，利用式(6.1.1)计算可得到所有特征图中的初始框尺度为 30、60、110、162、213 和 264。对于两种先验框(长方形和正方形)的宽高，SSD 算法采用式(6.1.2)进行计算：

$$\begin{cases} S_k' = \sqrt{S_k S_{k+1}} \\ w_k^a = S_k \sqrt{a_r} \\ h_k^a = S_k \big/ \sqrt{a_r} \end{cases} \tag{6.1.2}$$

其中，S_k' 表示 k 层特征图正方形先验框的长；w_k^a 表示 k 层特征图长方形先验框的宽；h_k^a 表示 k 层特征图长方形先验框的高；$a_r \in \{1,2,3,1/2,1/3\}$。

3) 采用卷积神经网络进行检测

SSD 算法采用卷积神经网络比对各种尺寸的特征图的方式来实现获取检测结果。对卷积神经网络中 6 个给定的卷积层的输出，分别通过两个 3×3 的卷积核完成卷积，产出物体分类用的目标置信度。每个先验框可以产生 21 个置信度，其中 20 个为物体类型，1 个为背景类型；由另一卷积核负责输出回归用的目标定位值，即从各个先验框产生的 4 个坐标值。

6.1.2 定向边界框目标检测

带有旋转角的候选区域建议网络(rotate region proposal network，RRPN)算法是基于 Faster-RCNN 改进的一个优秀的目标检测算法，同样属于基于区域建议的目标检测算法，是针对自然场景下的文本检测任务提出的定向目标检测算法，该网络整体结构如图 6.1.5 所示。RRPN 改进了区域建议网络(RPN)结构，使其能够产生定向的感兴趣区域(RoI)用于定向目标检测，并使用了旋转感兴趣区域池化层(rotate RoI pooling)提取对定向感兴趣区域进行特征归一化。RRPN 框架由多个部分组成，包括特征提取网络、RRPN 区域建议网络、定向感兴趣区域池化层、目标分类与定位网络，其检测流程一般为：首先，利用 VGG16 网络提取输入图像的特征图；其次，通过 RRPN 产生候选定向感兴趣区域；再次，对使用定向感兴趣区域池化层对定向感兴趣区域特征进行归一化；最后，将归一化后的定向感兴趣区域特征输入到目标检测单元，进行目标的分类、定位。

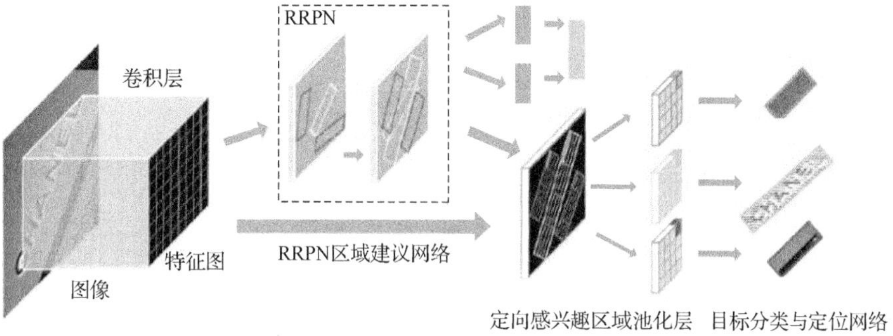

图 6.1.5　RRPN 算法整体结构图(Ma et al., 2018)

1. 定向区域建议网络

在基于区域建议网络的目标检测算法框架中，一个十分重要的组成部分就是目标建议区域的生成，候选区域的质量直接关系到后续坐标回归和分类的准确度。在 RPN 提出之前，被广泛使用的候选区域生成方法包括滑窗和选择性搜索(selective search)算法，由于这些算法巨大的计算量和冗余性，目标检测算法出现瓶颈。RPN 使用了新的思路来解决候选区域生成的问题，通过在卷积特征层上进行候选区域的置信度预测和坐标回归，筛选出一定数量的感兴趣区域用于后续的目标检测。以往的 RPN 只能通过设置轴对齐锚框来生成水平矩形目标建议框，对于一般检测任务来说，水平矩形框在一定程度上满足了实用需求，但是在航拍图像的目标检测任务中，存在着大量密集分布的目标，使用水平矩形框，会导致目标框之间高度重叠，单个目标框内会包含其他目标特征。同时，航拍图像的目标检测中还包括了港口这样的长宽比特别大的目标，使用矩形框会造成混入大量的背景信息，导致检测结果误差较大。RRPN 对 RPN 结构进行了改进，在生成先验锚框时，不仅具有多个尺度和多个长宽比，还具有多个角度，并在坐标回归时，同时对坐标和角度进行了回归。定向区域建议网络的结构如图 6.1.6 所示。

在传统的锚框生成过程中，特征提取网络的输出特征经过一个 3×3 的卷积，并在每次 3×3 卷积滑窗的中心上设置若干个固定的锚框来产生初始的候选区域，为了匹配目标包围框的实际尺寸和长宽比，通常锚框设置为多个尺寸和长宽比。在 RRPN 中，锚框的生成中还加入了角度参数，由 (x,y,h,w,q) 五个参数表示，其中 x 、 y 表示锚框的几何中心坐标，h 、 w 表示锚框的高和宽，q 表示由水平轴正方向与定向锚框长边平行方向之间的夹角，其角度范围为 $[-45°,135°)$ ，因此 RRPN 区域建议网络能够从锚框中生成定向的区域建议。如图 6.1.7 所示，在针对文本检测任务时，RRPN 中锚框包括三个尺寸 $\{8^2,16^2,32^2\}$ ，三种长宽比 $\{2,5,8\}$ ，以及 $\{-30°, 0°, 30°, 60°, 90°, 120°\}$ 共 6 个角度。在目标检测的实际应用中，对目标的头尾主方向没有要求，因此 6 个角度的选取是在算法计算量和覆盖所有角度的要求之间平衡的结果，并且对于在 $[-45°,135°)$ 的定向锚框，每种

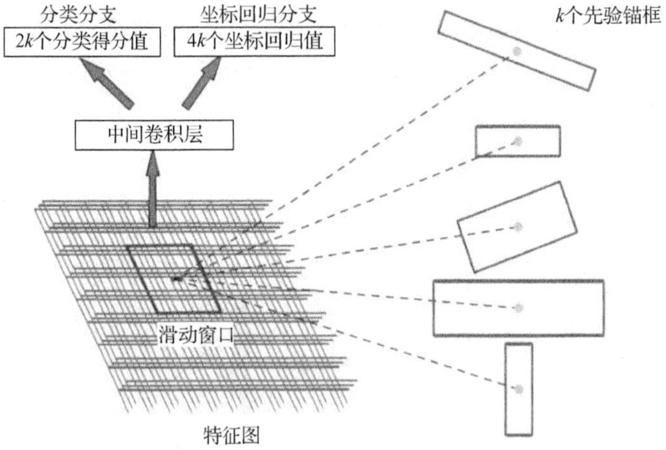

图 6.1.6 定向区域建议网络结构示意图(王芋人等，2021)

方向都可以拟合相交角小于15°的真值标注框。因此，每个定向锚框都有其拟合范围，称为拟合域。当真值标注框的方向处于定向锚的拟合域时，这个定向锚框最有可能是真值标注框的一个正样本。6 种取向的拟合域将角度范围[−45°,135°)划分为 6 个相等的部分，因此在任何方向的地面真值框都可以找到与之对应的拟合域内的定向锚框。另外，在应用中，可以根据数据中的目标实际尺寸和分布来对锚框的尺寸、长宽比和角度进行对应调整。最终，对于特征图上的每个点，在每个滑动位置生成 54 个定向锚框(6 个角度、3 个长宽比和 3 个尺寸)，并为坐标回归分支生成 270 个输出(5×54 个)，为分类分支生成 108 个输出(2×54 个)。锚框的尺度多样性和角度多样性使得 RRPN 算法在定向目标的检测任务中具有较强的鲁棒性。

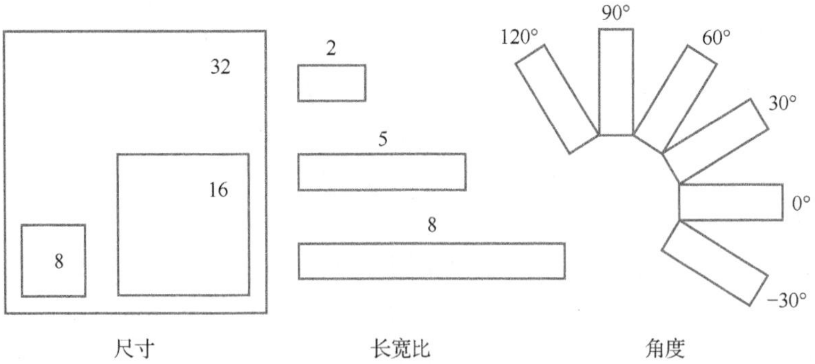

图 6.1.7 先验锚框

RRPN 中包括了锚框分类和边框回归两个部分，其中锚框分类部分用于判断锚框内是否为目标，边框回归部分通过学习平移、缩放和旋转变换，使判断为前景的锚框的坐标更贴合目标标注框。在训练过程中，将与目标标注框交并比(intersection over union，IoU)大于 0.7 或具有最大交并比，并且与真值框角度差小于15°的锚框作为正样本，而将交并比小于 0.3 的锚框或者与真正框的交并比大于 0.7，但是角度差大于15°的锚框作为负样本，并使正负样本的比例为 1∶1，其他的锚框全部忽略，不用于训练，RRPN 训练的批大小本小节里设为 512。RRPN 区域建议网络的损失函数相应地也包含了分类损失和坐标回归损失两个部分，其中分类损失采用对数损失，由于 RRPN 区域建议网络只是用于产生目标区域建议，仅对锚框目标进行二分类，即只进行前景或者背景的两类别分类，分类损失可表示为

$$L_{\text{cls}}^{\text{RRPN}}(p,p^*) = -\ln[pp^* + (1-p^*)(1-p)] \tag{6.1.3}$$

其中，p^* 表示锚框的真值标注，若为前景，$p^*=1$，反之 $p^*=0$；p 表示锚框类别的预测值，是由归一化指数函数计算得到的类别概率。坐标回归损失采用损失函数进行计算，其并不直接对锚框和真值框的坐标进行建模，而是对锚框和真值框间需要进行的平移、缩放和旋转量进行度量。

假设锚框的中心坐标和长、宽分别为 P_x、P_y、P_w、P_h，预测框的中心坐标和长、宽分别为 G_x、G_y、G_w、G_h，真值框的中心坐标和长、宽分别为 G_x、G_y、G_w、G_h，则通过简单计算可以得到预测框相对于锚框的偏移量和缩放量 $\hat{\boldsymbol{t}}$：

$$\begin{cases} \hat{t}_x = \dfrac{G_x - P_x}{P_w} \\ \hat{t}_y = \dfrac{G_y - P_y}{P_h} \\ \hat{t}_w = \ln\dfrac{G_w}{P_w} \\ \hat{t}_h = \ln\dfrac{G_h}{P_h} \end{cases} \tag{6.1.4}$$

以及真值框相对于锚框的偏移量和缩放量 $\boldsymbol{t}$：

$$\begin{cases} t_x = \dfrac{G_x - P_x}{P_w} \\ t_y = \dfrac{G_y - P_y}{P_h} \\ t_w = \ln\dfrac{G_w}{P_w} \\ t_h = \ln\dfrac{G_h}{P_h} \end{cases} \tag{6.1.5}$$

由式(6.1.4)和式(6.1.5)可得预测框相对于锚框的偏移量和缩放量 $\{\hat{t}_x,\hat{t}_y,\hat{t}_w,\hat{t}_h\}$ 以及真值框相对于锚框的偏移量和缩放量 $\{t_x,t_y,t_w,t_h\}$。假设锚框的角度为 P_q，预测框的角度为 G_q，真值框的角度为 G_q，另外由式(6.1.6)和式(6.1.7)可以得到预测框相对于锚框的旋转量 $\hat{t}_q$ 以及真值框相对于锚框旋转量 t_q：

$$\hat{t}_q = G_q - P_q + k\pi \tag{6.1.6}$$

$$t_q = G_q - P_q + k\pi \tag{6.1.7}$$

其中，$k \in Z$，确保 $t_q = -\pi/4, \hat{t}_q = 3\pi/4$。令 $\boldsymbol{t} = [t_x, t_y, t_w, t_h, t_q]$，$\hat{\boldsymbol{t}} = [\hat{t}_x, \hat{t}_y, \hat{t}_w, \hat{t}_h, \hat{t}_q]$，理想情况下，预测框相对于锚框的偏移量和缩放量 $\hat{\boldsymbol{t}}$ 应当与真值框相对于锚框的偏移量和缩放量 $\boldsymbol{t}$ 相等，这样 RRPN 区域建议网络产生的目标建议框和真值框就完全一致。然而实际情况下，只能尽量使得 $\boldsymbol{t}$ 与 $\hat{\boldsymbol{t}}$ 接近。坐标回归分支损失可表示为

$$L_{\text{reg}}^{\text{RRPN}}(\boldsymbol{t}, \hat{\boldsymbol{t}}) = \sum_{i \in \{x,y,h,w\}} \text{smooth}_{L1}(\boldsymbol{t}_i - \hat{\boldsymbol{t}}_i) \tag{6.1.8}$$

综合分类损失和坐标回归损失，RRPN 的损失函数可表示为

$$L_{\text{RRPN}} = \frac{1}{N_{\text{cls}}} \sum_j L_{\text{cls}}^{\text{RRPN}}\left(p_j, p_j^*\right) + f \cdot l \frac{1}{N_{\text{reg}}} \sum_j p_j^* L_{\text{reg}}^{\text{RRPN}}\left(\boldsymbol{t}_j, \boldsymbol{t}_j^*\right) \tag{6.1.9}$$

其中，f 为分类损失与回归损失间的平衡参数；l 用来表征感兴趣区域是背景还是前景，若感兴趣区域为前景，则 l 为1，否则 l 为0；N_{cls} 和 N_{reg} 用于归一化，分别为RRPN中训练时用于训练的锚框数量和特征图上锚点数量。通过 RRPN 会产生若干个定向感兴趣区域，将这些定向感兴趣区域按照置信度进行排序后，选择置信度较高的一部分定向感兴趣区域，再利用非极大值抑制算法来合并冗余感兴趣区域，剔除偏差较大的感兴趣区域，从而得到若干更加准确的定向感兴趣区域供后续目标分类和坐标回归。

2. 倾斜交并比与倾斜非极大值抑制

在判断定向锚框是否为正反例、定向锚框的非极大值抑制和旋转感兴趣区域的非极大值抑制过程中都需要使用交并比来进行度量，交并比度量的准确性直接影响到算法整体的精度，交并比的计算可表示为

$$\text{IoU} = \frac{\text{area}(B_1 \cap B_2)}{\text{area}(B_1 \cup B_2)} \tag{6.1.10}$$

其中，B_1 和 B_2 表示两个相交的矩形。但是，定向锚框和旋转感兴趣区域的方向是任意的，产生的交并区域会比较复杂，传统的轴对齐的交并比计算方法会产生不准确的结果，影响旋转感兴趣区域的学习。针对这一问题，RRPN 中使用了基于三角剖分思想来计算倾斜交并比，如图 6.1.8 所示。在计算倾斜交并比的时候，首先计算得到两个矩形的交点，根据交点数量，将相交区域划分为多个三角形，其次分别计算各个三角形的面积得到相交面积，最后计算交并比的值。

三角剖分的方法解决了倾斜交并比计算的问题，但是在非极大值抑制过程中，传统的非极大抑制算法仅考虑交并比指标，对于定向矩形，特别是长宽比较大的矩形框，两个相交矩形间微小的角度变化可能会导致交并比的较大变化。例如，在锚框的非极大值抑制过程中，设定锚框的非极大值抑制的交并比阈值为 0.7，如果锚框与真值框的角度差在 $\pi/12$ 内，但是其交并比不足 0.7，这个锚框依然有可能作为正样本参与训练。因此，在 RRPN 算法中，倾斜非极大值抑制算法同时考虑了交并比和角度差两个因素，保

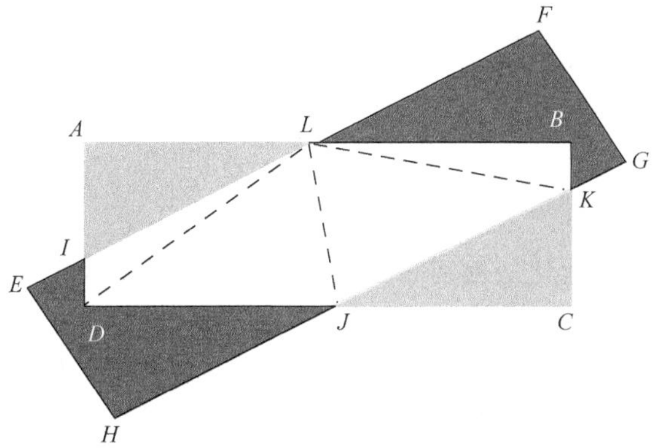

图 6.1.8　基于三角剖分的倾斜 IoU 计算示意图

留交并比满足非极大值抑制阈值的最大交并比锚框，若所有候选框均不满足交并比阈值，则保留其与真值标注框的最小角度差的旋转感兴趣区域。

3. 定向感兴趣区域池化

在非全卷积网络中，由于全连接层的存在，对输入的大小有严格限制。在 RCNN 和 Fast-RCNN 中，输入建议区域图像被缩放或者填充到固定大小，从而产生固定大小的特征输出，以适应网络输出层的全连接网络结构。在 Faster-RCNN 中加入了感兴趣区域池化层，对 RPN 输出的不定尺寸的感兴趣区域进行池化操作，从而得到固定大小的特征图。感兴趣区域池化层的引入，使得目标检测网络能够端到端地训练，并且能够适应任意尺寸的感兴趣区域输入，因此感兴趣区域池化层操作的准确性对于 RCNN 分支分类和坐标回归的精度有着直接的影响。但是，传统的感兴趣区域池化层只能处理轴对齐建议框，通过将轴对齐建议框平均划分为若干个子区域，并对子区域进行池化，得到固定大小的特征输出。对于定向矩形建议框，如果使用传统的感兴趣区域池化层进行特征提取，无法拟合感兴趣区域的特征区域，并且如果采用最小包围水平矩形框进行感兴趣区域池化操作，会引入大量的背景特征，提取到特征中可能仅有少量来自目标，这对算法稳定准确性和鲁棒性影响有较大的影响。感兴趣区域池化层针对定向感兴趣区域的方向性，在感兴趣区域方向上进行分组池化，有效地解决了传统感兴趣区域池化层在处理定向感兴趣区域的不足，其能够处理任意尺度、任意长宽比和任意角度的感兴趣区域。

设旋转感兴趣区域层的输出特征尺寸为 H_r 、 W_r ，输入旋转感兴趣区域的特征尺寸为 h 、 w 。与感兴趣区域池化层类似，旋转感兴趣区域池化层在旋转感兴趣区域方向上将旋转感兴趣区域划分为 $H_r \times W_r$ 个子区域，每个子区域的大小为 h/H_r 、 w/W_r ，且每个子区域的方向和旋转感兴趣区域的方向一致。对于特征图上的每个子区域的每个点，以旋转感兴趣区域几何中心点 (x, y) 为中心，进行仿射变换得到坐标轴对齐的矩形特征图，仿射变矩阵如式(6.1.11)所示：

$$\begin{bmatrix} \cos q & -\sin q & -x\cos q + y\sin q + x \\ \sin q & \cos q & -x\sin q - y\cos q + y \\ 0 & 0 & 1 \end{bmatrix} \tag{6.1.11}$$

将旋转感兴趣区域映射到特征图上，通过坐标向下取整得到子区域内的最大池化值，并将最大池化值保存在每个旋转感兴趣区域的输出矩阵中。旋转感兴趣区域池化层提取到的特征将被用于后续的目标分类和坐标回归分支。

4. RCNN 目标分类与坐标回归

经过旋转感兴趣区域池化层得到的固定尺寸的特征量，被送到了RCNN目标检测单元的目标分类和回归两个分支，RRPN 区域建议网络只对目标进行了前景和背景的二分类，并没有预测目标的具体类别，而且 RRPN 区域建议网络产生的候选旋转感兴趣区域仍然是不准确的，存在一定的坐标误差和大量冗余。通过目标检测单元，将进一步对旋转感兴趣区域进行再分类和坐标回归，提取出更加准确的目标包围框。在 RRPN 的自然场景目标检测任务中，往往存在多个目标类别，因此目标检测单元分类分支损失函数需要适应多目标分类。在目标分类分支，将对旋转感兴趣区域进行包括背景在内的多类别分类，使用归一化指数(softmax)函数计算属于各类别的概率，多类别损失函数可以表示为

$$L_{\text{cls}}^{\text{RRPN}} = -\sum_{j=1}^{C} p_j^* \ln p_j \tag{6.1.12}$$

其中，C 表示总类别数；p_j^* 表示对应类别的真值，旋转感兴趣区域属于当前类别，则 $p_j^*=1$，否则 $p_j^*=0$；p_j 表示网络预测的旋转感兴趣区域对应某类别的得分。对于目标定位分支，训练过程中仅对标签为前景的旋转感兴趣区域进行坐标再回归，即仅对与真值框交并比大于 0.5 的感兴趣区域计算损失，进行回归；为了平衡正负样本的损失，在训练时保证正负样本的比例为 1∶3，其损失函数与 RRPN 区域建议网络的坐标回归一致，RCNN 总损失函数与 RRPN 区域建议网络总损失函数形式相似。

6.2 变化检测方法

变化检测是通过定量分析同一地表场景在不同时间拍摄的双时相或多时相图像来确定其变化情况的过程，主要目的是根据参考图像确定其他时相图像中的变化和未变化像素区域，从而获得变化图。通常，变化图采用二值图的形式来表示，二值图中的每个像素都会被分配一个二进制标签，用于对应变化和未变化状态，变化检测示意如图6.2.1所示。假设 $I_1=\{I_1(i,j)\,|\,1\leqslant i\leqslant H, 1\leqslant j\leqslant W\}$ 和 $I_2=\{I_2(i,j)\,|\,1\leqslant i\leqslant H, 1\leqslant j\leqslant W\}$ 是在同一地点不同时间拍摄的两幅遥感图像，其中 H 和 W 分别表示遥感图像的长和宽。变化检测的目的就是生成一个二进制变化图 $\text{CM}=\{\text{CM}(i,j)\in(0,1)\,|\,1\leqslant i\leqslant H, 1\leqslant j\leqslant W\}$，其中 $\text{CM}(i,j)=0$ 表示 (i,j) 处的像素点发生了变化，而 $\text{CM}(i,j)=1$ 则表示 (i,j) 处的像素点没有发生变化。

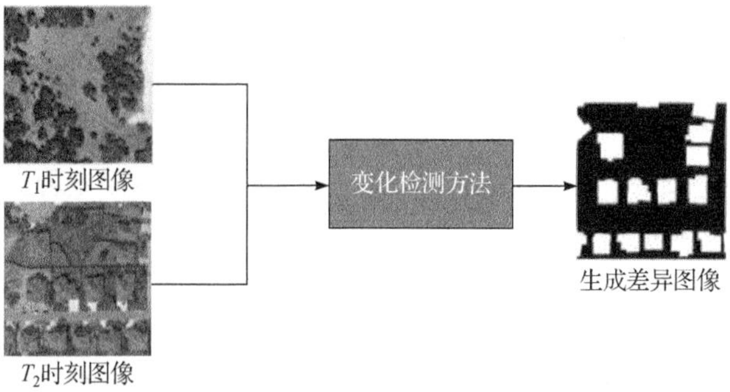

图 6.2.1　变化检测示意图

6.2.1　变化检测基本流程

变化检测的基本流程主要包括：数据选择，即根据研究目的选择合适的遥感影像；影像预处理，主要涉及几何配准、辐射校正等；目标特征提取，即提取目标的特征以比较目标在不同时相间的差异；变化检测，即检测合适的特征对象在多时相影像中是否发生了变化；精度评价，即利用精度指标等手段对检测结果进行评价。变化检测的基本流程如图 6.2.2 所示。

图 6.2.2　变化检测的基本流程图

1. 数据选择

根据研究目的选择合适的多时相遥感影像是开展变化检测的基础和前提。高光谱遥感影像带来了更加丰富的空间信息，相较于多光谱遥感影像，其能够更好地反映地物的光谱、纹理、形状等细节特征，同时具有定位精度高、实时性强、对比度高等诸多优点。近年来，国际上出现了以高光谱遥感数据为背景的地理空间信息服务软件和网站，使高光谱影像成为社会公众所熟悉和接受的主流空间信息。

2. 影像预处理

遥感系统的信息获取会受到太阳高度角、光照差异、云层遮盖、大气的吸收与散射、传感器高度与姿态角等因素的影响，因此在变化检测之前需要经过合理有效的影像预处理过程，主要包括辐射校正、几何配准、影像镶嵌、影像增强、影像裁剪等。其中，辐射校正与几何配准对变化检测精度影响最大。

1) 辐射校正

辐射校正是对遥感影像成像过程中因辐射差异造成的影像畸变进行校正或消除的过程。造成辐射差异的主要原因包括传感器系统的非正常工作、大气衰减引起的吸收及散射率变化等。辐射校正又分为相对辐射校正和绝对辐射校正。相对辐射校正是指通过计算多时相影像间的灰度线性变换关系，并以参考影像修改待配准影像的灰度统计特征，使多时相影像具有趋于一致的光谱特征。绝对辐射校正是针对单一时相影像，使校正后的灰度统计特征能够真实反映地物的光谱特征。很多学者已经针对变化检测中的辐射校正取得了一定的研究成果，且已经证明，绝对辐射校正并不会显著提高变化检测精度，而相对辐射校正可以满足大多数变化检测应用的要求。

2) 几何配准

作为变化检测中重要的预处理过程，几何配准就是通过选择合适的相似性度量，对同一场景中两幅或多幅不同时相、不同视角的影像进行对应和匹配的过程。实质上，配准就是将两幅或多幅多时相影像变换到相同的坐标系下，然后使用一种像素间坐标转换的映射函数，来纠正待配准影像相较于参考影像的位移或几何形变等。通常情况下，多时相影像几何配准由四个要素组成，即特征空间、相似性度量、搜索空间及搜索策略。

(1) 特征空间。特征空间用于描述待配准像素所具有的特性，以达到匹配像素间具有高度相似性而非匹配像素间具有较大差异性的目的。特征空间可以是由灰度值构成的一维特征空间；也可以是由光谱、纹理、结构特征等构成的多维特征空间，如灰度共生矩阵(gray-level co-occurrence matrix，GLCM)、分形属性(fractal property，FP)等；还可以是统计特征，如中心点、矩形不变量等。

(2) 相似性度量。相似性度量就是基于构建的特征空间，评价某个待配准像素与参考影像像素间匹配程度的一种度量标准。所构建的特征空间与相似性度量应能够反映影像的本质结构，从而在一系列的处理中具有不变性。常见的相似性度量包括相关系数、各种距离(如欧氏距离、马氏距离等)、相位相关、结构自相似性(structure similarity，SSIM)等。

(3) 搜索空间。搜索空间是待配准特征与参考特征之间建立对应关系的候选变换集合，即某个待配准像素在参考影像中寻找匹配像素时所对应的搜索范围。搜索空间的构建应当依据待配准影像相对于参考影像间的成像畸变类型与强度。例如，若影像间只存在线性变换关系，则采用二维搜索空间(水平、垂直方向)即可；若存在旋转，则需要考虑加入旋转因子；若存在缩放，则必须加上比例因子。

(4) 搜索策略。搜索策略依据特征空间及相似性度量来确定匹配点对的计算方式，一般还会指出搜索的范围及路径。常用的搜索方法有穷尽搜索、线性规划、启发式搜索等。低精度的几何配准往往会造成变化检测结果中存在大量无意义的“伪变化”信息。几何配准的效果通常与两个因素有关，即待配准影像的空间分辨率和感兴趣目标的结构特征。尤其在高分辨率遥感影像配准中，空间分辨率越高，配准误差对变化检测精度的影响越大。

3. 目标特征提取

在进行目标特征提取时，应选择某种区别于其他地物的独有地物特征，这些特征包括目标的灰度特征、纹理特征、形状特征、语义信息等。在具体应用中，为提高检测精度，通常应选择多种特征组成的特征向量，并且使变化区域的特征向量在长度或方向上有足够大的差异，而未变化区域则具有一致的方向或长度的特征向量。像素级变化检测方法以像素作为特征提取的基本单位；对象级变化检测方法主要是利用属于特定对象的独有特征来描述复杂的地理空间信息，机纹理特征等。本书主要介绍像素级变化检测方法。

4. 变化检测

变化检测是通过选择合适的方法，利用提取的特征检测多时相影像间的变化信息。变化检测过程包括特征分析、变化检测方法确定、阈值选择等，以下介绍后两项。

1) 变化检测方法确定

在遥感影像变化检测的方法选择上，众多学者针对不同的数据集及应用需要，提出了各具特色的遥感影像变化检测方法。根据变化信息粒度的不同，可将现有提出的变化检测方法分为像素级遥感影像变化检测方法和对象级遥感影像变化检测方法。遥感数据使用以来，像素一直是遥感影像变化检测分析的最常见粒度。像素级遥感影像变化检测方法主要使用两个时相的遥感影像之间的地物目标数值差异来识别地物变化，通常需要生成差异图像，以及借助阈值分割等方法分析差异图像，最终获得遥感影像变化图，常见方法包括图像差分法、图像回归法、变化矢量分析法。像素级变化检测方法简单易行、易于操作、计算效率高。本章将介绍三种经典的像素级遥感影像变化检测方法。

2) 阈值选择

传统的阈值选择方式是通过对灰度影像在不同灰度级上的累积直方图进行分析，从而确定二值分割灰度阈值。例如，假设基于像元的图像差分法所得差分影像在各灰度级上满足高斯分布，且灰度范围为[0,512]，如图 6.2.3(a)所示，则可根据直方图分布选择离均值距离相等的两个阈值，将远离均值的部分判定为变化像元。图 6.2.3(b)为影像比值法所得比值影像的理想灰度直方图分布。当进行阈值选择时，需要在理想不变值 1 的两侧分别选择，并将远离均值的部分判定为变化像元。

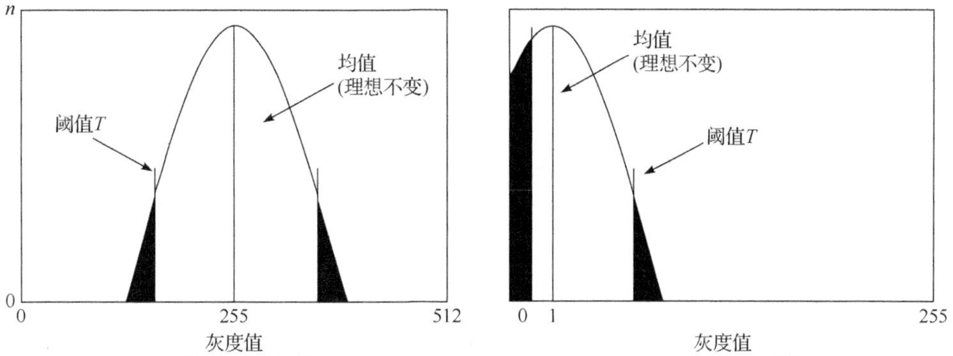

(a) 差分法灰度图像　　(b) 比值法灰度图像

图 6.2.3　基于影像灰度直方图的阈值选择

然而，在实际应用中，为了满足特定应用的需要，阈值选择的过程常常是通过对已有实验结果的经验分析人为完成。为了提高变化检测算法的自动性，尽量减少类似的人为参与。一些学者提出了自动阈值选择的方法，本节介绍一种经典的大津法，即大津阈值选择方法(Otsu，1979)。大津阈值选择方法是一种基于影像总体灰度直方图的非参数阈值选择方法，通过定义一个判别函数搜索，使该函数实现最大化时所对应的最优灰度级阈值，以达到各类别间最大程度的分离。

若将影像灰度直方图表示为以下概率分布形式：

$$p_i = n_i / N, \quad p_i \geqslant 0, \sum_{i=1}^{L} p_i = 1 \tag{6.2.1}$$

其中，n_i 为灰度级 i 上的像元个数；N 为影像像元总个数；p_i 为该灰度级上的像元在影像中的占比；假设影像灰度级数为 L，则各灰度级的像元所占影像比不小于 0，且所有灰度级上的占比之和为 1。

定义灰度影像的大津辨别函数：

$$C = \frac{\left[m_T \cdot w(k) - m(k)\right]^2}{w(k) \cdot \left[1 - w(k)\right]} \tag{6.2.2}$$

其中，C 为该影像的辨别函数值；k 为某灰度级；$w(k)$ 与 $m(k)$ 则分别为该灰度级上的 0 级、1 级累积平均值；m_T 为该影像所有灰度级上的平均灰度值。分别定义如下：

$$w(k) = \sum_{i=1}^{k} p_i \tag{6.2.3}$$

$$m(k) = \sum_{i=1}^{k} i \cdot p_i \tag{6.2.4}$$

$$m_T = m(L) = \sum_{i=1}^{L} i \cdot p_i \tag{6.2.5}$$

通过对各影像灰度级进行逐一考察，计算不同灰度级下的大津判别函数值，选择使判别函数最大的影像灰度级，并将其作为对象相似性特征的二值分割阈值。由此获取的变化检测结果中，变化与未变化区域的分离度最大。

5. 精度评价

像素级变化检测中常用的精度指标可以通过计算灰度误差矩阵获得，主要包括总体精度(overall accuracy)、误检率(miss detection rate)、漏检率(false alarm rate)、卡帕(Kappa)系数等。其中，总体精度是指正确的样本在总体样本中所占的比例，卡帕系数则能够综合反映变化检测方法的精度。基于像素的精度评估往往低于基于对象的精度评估，但计算复杂度更高。另外，对象级变化检测方法为评估对象的大小、形状及边界范围等特征的不同变化等级提供了可能。

6.2.2 图像差分法

代码

图像差分法是变化检测技术中比较简单、易于实现和解译的检测方法。在实现原理上，这种方法将两时相影像的对应像元的灰度值逐个做差值进行比较，得到一幅代表了两时相影像的变化的差分图像，随后选取适当的变化阈值(固定常数)对差分图像进行划分，最终提取出两时相遥感影像的变化信息。

假设 T_1 和 T_2 是经过图像数据预处理后的针对同一区域的两时相遥感影像，其波段数

为 K ，影像大小均为 $I \times J$ ，那么这两幅遥感影像经差分运算后得到的差分图像的计算公式为

$$Dx_{ij}^{k} = x_{ij}^{k}(T_2) - x_{ij}^{k}(T_1) \tag{6.2.6}$$

其中，i、j 分别表示该像元的横坐标与纵坐标，$1 \leqslant i \leqslant I, 1 \leqslant j \leqslant J$ ；k 表示影像第 k 波段，$1 \leqslant k \leqslant K$ ；i, j, k 均为整数。

在图像差分法中，看重的是得到图像变化信息的结果，对变化方向的要求并不强烈，因此可以将图像差分法的差分图像计算公式改进为

$$Dx_{ij}^{k} = \left| x_{ij}^{k}(T_2) - x_{ij}^{k}(T_1) \right| \tag{6.2.7}$$

在得到灰度差分图像后，将差分图像像元的灰度值 Dx_{ij}^{k} 是否超过阈值作为该像元是否发生变化的判断标准：超过变化阈值的像元为变化像元，反之为非变化像元。因此，灰度值差越大的像元越有可能是变化信息，灰度值差很小甚至接近于零的像元多为非变化信息。

在图像差分法的基础上进行部分拓展和改进，可以得到基于差分法的增强影像变化检测方法，如纹理特征差分法、矩特征差分法、反射率差分法、图像回归法、归一化图像差分法、植被指数差分法等。无论在实现思想上还是变化信息的判断上，图像比值法都与差分法类似，若两时相影像对应像元灰度值相除后得到的比值图像的像元灰度值接近 1，则认为该处像元为非变化像元；若比值图像的像元灰度值远大于 1 或远小于 1，则认为该处像元发生了剧烈显著的变化。同理，两幅遥感影像经相除运算后得到的比值图像 Rx 的计算公式如式(6.2.8)所示：

$$Rx_{ij}^{k} = \frac{x_{ij}^{k}(T_2)}{x_{ij}^{k}(T_1)} \tag{6.2.8}$$

在一些影像变化检测中，为了提高检测精度，常会将比值图像的计算公式稍作改动，将简单的除法运算的结果取对数，这种方法被称为对数比值法，如式(6.2.9)所示：

$$Rx_{ij}^{k} = \ln \frac{x_{ij}^{k}(T_2)}{x_{ij}^{k}(T_1)} = \ln x_{ij}^{k}(T_2) - \ln x_{ij}^{k}(T_1) \tag{6.2.9}$$

基于以上理论分析，可以将遥感影像差分法变化检测过程用图 6.2.4 表示。

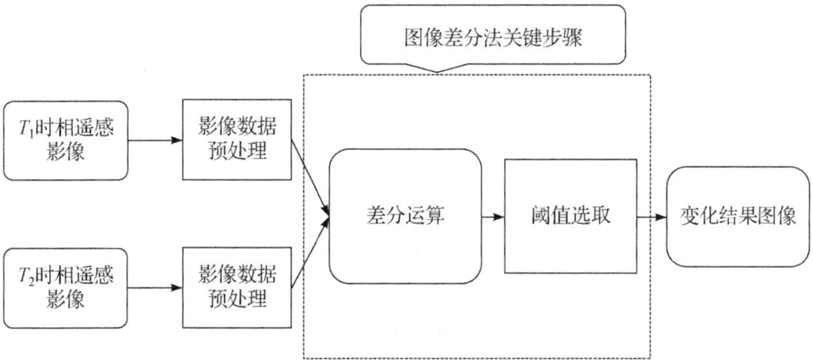

图 6.2.4　遥感影像差分法变化检测过程示意图

6.2.3 图像回归法

虽然不同时相的两幅图像之间存在差异，但是在实际情况下，差异是小部分的，两个图像之间存在某种线性关系。这里考虑使用回归法对这两幅图像进行统计，获取新图像，得到一个理想的后期图像，从而获取变化区间。回归法是考察两个变量之间统计联系的一种重要方法，也是研究变量 x 与 Y 之间相关关系的数量表示的一种重要方法。当自变量 x 确定之后，因变量 Y 并不随着确定，而是按一定的统计规律取值(即随机变量的分布取值)。x 与给定时 Y 的均值之间存在一种函数关系，即 $Y = f(x)$，这就是回归函数。回归函数 f 是未知的，为了数学上方便处理，假定回归函数是线性的，即

$$Y = ax + b \tag{6.2.10}$$

其中，a、b 待定，为这个一元线性回归函数的回归系数。a 和 b 可以通过最小二乘法估计(根据两个图像之间的像素值来求解)：

$$\hat{a} = \overline{Y} - \hat{b}\overline{x} \tag{6.2.11}$$

$$\hat{b} = \frac{\sum_{i=1}^{n}(x_i - \overline{x})Y_i}{\sum_{i=1}^{n}(x_i - \overline{x})^2} \tag{6.2.12}$$

其中，相对于图像来说，x_i 是图像中的某点像素值；$\overline{x}$ 是这个窗口图像的平均值；Y_i 是另外一幅窗口图像某点的像素值；$\overline{Y}$ 是另外一幅窗口图像的平均值；n 是窗口图像的大小。

基于以上理论分析，可以将遥感影像回归法变化检测过程用图 6.2.5 表示。

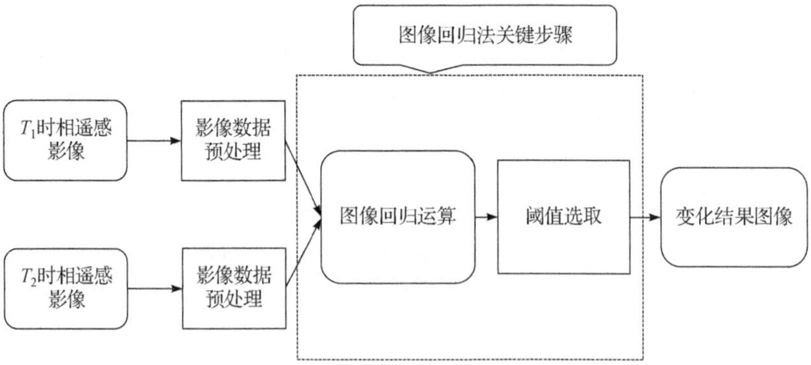

图 6.2.5 遥感影像回归法变化检测过程示意图

6.2.4 变化向量分析法

一般来说，多光谱遥感影像数据与多维度向量空间有一定相似性，因此如果向量空间的维数与影像的波段数相同，那么该影像数据往往可以转化为类似的向量空间来表示，并且此影像中的任何一个波段像元都能够在这个向量空间中找到一个与之形成一一对应关系的点，而该点在此向量空间中的坐标位置又与其对应像元的在该波段的光谱信

息有密不可分的关系。因此，可以在向量空间中找到某一像元不同波段的光谱值对应的多个点，这些点就构成了一个向量。对于多时相遥感影像数据，如果一个像元在时相 T_1 到时相 T_2 期间发生了改变，则该像元所发生的变化可以用多维空间中对应向量的位置的变化来描述，即向量的差。把进行向量相减所得到的差向量称为变化向量，利用变化向量对双时相遥感影像的变化进行检测和分析的方法称为变化向量分析法。变化向量分析法是一种基于多元向量分析的变化检测技术，它可以同时将影像的不同频谱波段(包括光谱波段信息)作为输入，并转换成空间向量进行分析，然后通过输出变化向量的大小和方向来描述影像变化区域对应像元改变的强度和类型。假设 T_1 和 T_2 两时相遥感影像单个像元 k 个波段光谱信息在 k 维空间中转换成的向量分别是 $\boldsymbol{M}$ 和 $\boldsymbol{N}$，那么有

$$\boldsymbol{M}=\begin{bmatrix} m_1 \\ m_2 \\ \vdots \\ m_k \end{bmatrix}=(m_1,m_2,\cdots,m_k)^{\mathrm{T}} \tag{6.2.13}$$

$$\boldsymbol{N}=\begin{bmatrix} n_1 \\ n_2 \\ \vdots \\ n_k \end{bmatrix}=(n_1,n_2,\cdots,n_k)^{\mathrm{T}} \tag{6.2.14}$$

式(6.2.13)、式(6.2.14)两式相减，可得该像元变化向量 $\Delta\boldsymbol{V}$：

$$\Delta\boldsymbol{V}=\boldsymbol{M}-\boldsymbol{N}=\begin{bmatrix} m_1-n_1 \\ m_2-n_2 \\ \vdots \\ m_k-n_k \end{bmatrix}=(m_1-n_1,m_2-n_2,\cdots,m_k-n_k)^{\mathrm{T}} \tag{6.2.15}$$

由此可知，$\Delta\boldsymbol{V}$ 包含了两时相影像该像元处所有的变化信息：其方向代表该处像元变化的类型，其大小反映该处像元变化的强度，数值越大表明该像元处发生的变化越剧烈；反之则未发生变化。由欧几里得距离公式可计算出变化向量 $\Delta\boldsymbol{V}$ 的大小，即

$$\left(\|\Delta\boldsymbol{V}\|\right)^2=\sum_{i=1}^{k}(m_i-n_i)^2 \tag{6.2.16}$$

其中，m_i 和 n_i 分别为 T_1 和 T_2 时相像元的第 i 波段灰度值；整数 i 的取值范围为 $1\leqslant i\leqslant k$。

相较于图像差分法，变化向量分析法充分利用了多光谱遥感影像全部的波段信息，因此这种检测方法更先进。图 6.2.6 描述了变化向量分析法对多时相遥感影像进行变化检测的过程。在使用向量分析法时，首先要消除冗余信息，从而确保焦点集中在对感兴趣特征的变化分析上；其次，计算两时相影像像元光谱变化所对应的变化向量的大小，一般是根据欧几里得距离公式计算得出，用来衡量对应影像像元变化的强度；最后，确定变化向量的方向，变化向量的方向指的是向量变化的角度，反映了影像发生的变化类

型。换句话说，每一个向量可以被看成一个具有丰富内涵的特殊的函数，这个函数则包含了频谱波段和光谱波段各种积极的或是消极的变化。

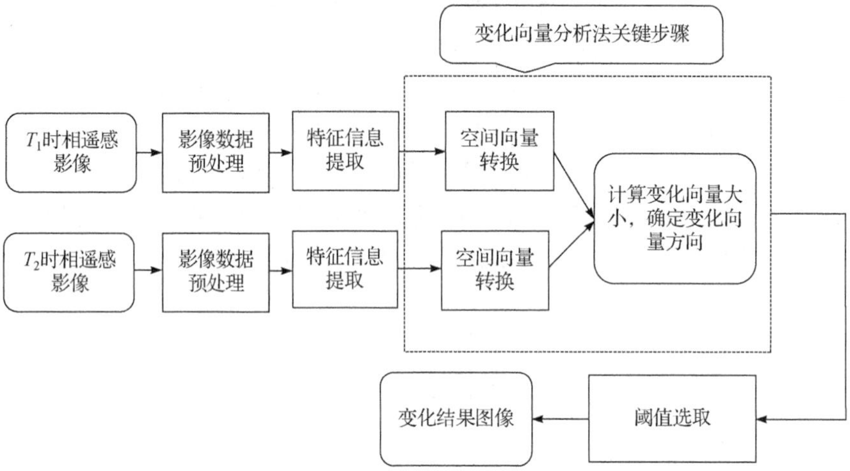

图 6.2.6　变化向量分析法对多时相遥感影像进行变化检测过程示意图

6.3　异常检测方法

高光谱影像是由一系列二维遥感图像构成的数据立方体，其中每张二维图像能够反映该区域内的不同地物对不同波长电磁波的反射/辐射强度，而高光谱数据的每个像素对应光谱曲线则反映了该像素在不同波段上的光谱信息。高光谱异常目标检测指在没有借助任何目标先验知识的条件下，通过算法检测出场景中与周围像素特征不同的像素，并将其判定为异常目标。高光谱异常目标检测的关键是通过分析与背景像素具有不同特征的像素，并将其判定为异常目标，其检测原理如图 6.3.1 所示。

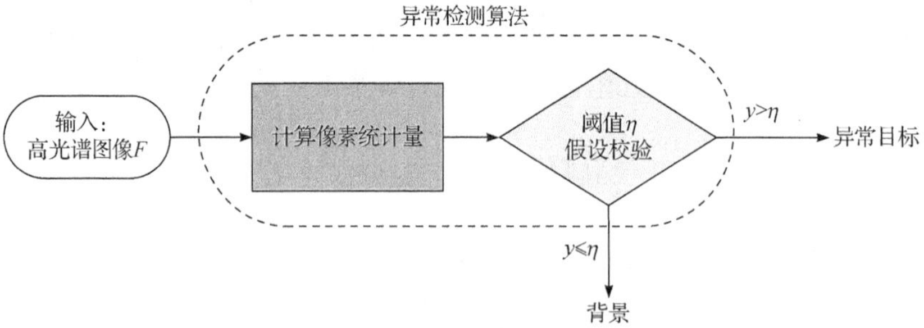

图 6.3.1　背景异常检测目标原理

根据检测方法的不同，高光谱异常检测方法主要分为基于统计学的方法、基于数据表达的方法、基于数据分解的方法、基于深度学习的方法和其他方法 5 个大类。表 6.3.1 展示了异常检测方法分类及其代表算法。

表 6.3.1　异常检测方法分类及其代表算法(屈博等，2024)

方法类别	基本原理	代表算法
基于统计学的方法	先估计高光谱数据的统计学模型，然后通过计算待测像素与该模型之间的距离实现对异常目标的检测	RX(Reed-Xiaoli)算法； 核 RX(kernel RX, KRX)算法； 聚类核 RX(cluster kernel RX, CKRX)算法； 局部 RX(local RX, LRX)算法； 权重 RX(weighted-RX, WRX)算法； 线性滤波(linear filter-based RX, LF-RX)算法
基于数据表达的方法	通过构建背景字典，将异常目标检测转化成某种约束下的最小化近似误差问题	稀疏表示异常检测(sparse representation anomaly detection, SRAD)算法； 协同表示异常检测(collaborative representation anomaly detection, CRAD)算法
基于数据分解的方法	通过将高光谱数据分解成秩背景矩阵、稀疏异常矩阵、噪声矩阵等，实现异常目标的检测	低秩表示(low-rank representation, LRR)算法； 鲁棒主成分分析(robust principal component analysis, RPCA)算法； 全局最优分解(globally optimal decomposition, Go-Dec)算法； 张量分解
基于深度学习的方法	通过深度学习算法提取更加具有代表性的高光谱数据特征，学习更加真实的异常与背景的分布情况，实现异常目标检测	卷积神经网络(CNN)； 生成式对抗网络(generative adversarial network, GAN)
其他方法	通过分析高光谱数据中异常与背景像素在空间与光谱维的区别，完成异常目标的检测	基于空谱-信息结合的算法

本书侧重于介绍传统的异常检测方法，包括基于 RX 算法的异常检测方法、基于协同表示的异常检测方法及基于低秩性和稀疏性的异常检测方法。

6.3.1　基于 RX 算法的异常检测方法

1. 似然比检测理论

(1) 分别求原假设 H_1 和对立假设 H_0 下统计模型的似然函数：

$$\begin{cases} L_0(\boldsymbol{X};\theta_0)=\prod_{i=1}^{n} p_0(x_i;\theta_0) \\ L_1(\boldsymbol{X};\theta_1)=\prod_{i=1}^{n} p_1(x_i;\theta_1) \end{cases} \tag{6.3.1}$$

(2) 确定似然比$\Lambda(\boldsymbol{X})$：

$$\Lambda(\boldsymbol{X})=\frac{L_1(\boldsymbol{X};\theta_1)}{L_0(\boldsymbol{X};\theta_0)} \tag{6.3.2}$$

(3) 确定拒绝域η：

$$\{\boldsymbol{X}:\Lambda(\boldsymbol{X})>\eta\} \tag{6.3.3}$$

(4) 计算检验水准α：

$$\alpha=P(\Lambda(\boldsymbol{X})>\eta) \tag{6.3.4}$$

高光谱图像异常检测实质上是一个二值假设检验问题，通过衡量被检测点与所选择的背景光谱样本间的差异情况判决其属于目标像元还是背景像元。似然比检测(likelihood ratio，LR)的构造是检测过程最主要的环节。似然比检测是异常目标检测的理论基础，给定一个观测光谱，二值的似然比检测利用条件概率密度函数可以构造为

$$\hat{H}(\boldsymbol{x})=\begin{cases}H_0\text{: } \boldsymbol{x}\text{为背景像元}\\ H_1\text{: } \boldsymbol{x}\text{为目标像元}\end{cases} \tag{6.3.5}$$

$$\Lambda(\boldsymbol{x})=\frac{f_{X|H_1}(\boldsymbol{x})}{f_{X|H_0}(\boldsymbol{x})},\quad \begin{cases}H_0\text{: } \Lambda(\boldsymbol{x})\leqslant\eta\\ H_1\text{: } \Lambda(\boldsymbol{x})>\eta\end{cases} \tag{6.3.6}$$

其中，η是检测阈值。如果给定的似然比$\Lambda(\boldsymbol{x})>\eta$，则假设$H_1$成立，目标存在；反之，若$\Lambda(\boldsymbol{x})\leqslant\eta$，则假设$H_0$成立，目标不存在。

在实际的情况中，条件概率密度依赖于未知目标和背景参数很难得到。因此，一般用最大似然估计来代替检测似然比中的未知参数，即广义似然比检测(generalized likelihood ratio test，GLRT)：

$$\Lambda_G(\boldsymbol{x})=\frac{\sup\limits_{\theta_1\in\Theta_1}L_1(\boldsymbol{x};\theta_1)}{\sup\limits_{\theta_0\in\Theta_0}L_0(\boldsymbol{x};\theta_0)} \tag{6.3.7}$$

其中，sup 表示上界；$L(\cdot)$表示似然函数。这样就可以利用式(6.3.7)对预识别像元进行处理，设置一定的阈值，得到异常检测结果。

2. 经典 RX 算法描述

RX 算法是一种利用广义似然比检测(GLRT)得到的恒虚警异常检测算法，由 Reed 等在 1990 年提出。在一定的假设条件下，RX 算法可以用于解决背景分布比较简单情形下的目标检测问题。高斯分布在视觉图像中存在较多且便于处理，尽管由于高光谱图像背景分布的复杂性，在有些实际情况中背景并不符合高斯分布，但是一般情况下也都假设高光谱图像的局部背景的统计模型为高斯分布，且假定高光谱图像数据分析用到的多维高斯随机过程服从空间均值快变、方差慢变的分布状态。在分析处理过程中，认为高光谱图像的背景数据是统计均匀一致的图像子块，检测处理在每一个这样的子块上进行。RX 算法的参数通过统计处理检测窗口内部的均值和方差来获取，检测窗口中心点是否为目标依据得到的检测结果来判断。利用检测窗口遍历整幅图像，就可得到全部的检测

结果。

基于局部正态模型，RX 算法异常检测算子从检测像元的局部近邻中估计协方差和均值等参数，其使用双窗口检测模式，包括同心嵌套的背景窗和目标窗两个检测窗。其中，背景窗是外窗，目标窗是内窗；外窗要比内窗大很多，可以包含更多的背景信息样本；根据实验中的检测窗大小，在实际应用中都取为奇数大小。在 RX 算法中，首先假设图像背景部分满足多元高斯分布，其次计算背景像素的均值与方差，最后通过计算待测像素与背景像素之间的马氏距离来判断该像素是否为异常像素。具体而言，依据广义似然比检测(GLRT)，建立二值假设，目标不存在用 H_0 表示，目标存在用 H_1 表示。将具有 L 个波段的高光谱图像数据表示为一个 L 维列向量 $\boldsymbol{x}(n)=[x_1(n), x_2(n),\cdots, x_L(n)]^{\mathrm{T}}$，定义 $\boldsymbol{X}_B$ 为包含 M 个像元的 $L\times M$ 背景矩阵，每一个被观测的光谱像元都可以表示为 $\boldsymbol{X}_B$ 的一个列向量，即

$$\boldsymbol{X}_B=[\boldsymbol{x}_1,\boldsymbol{x}_2,\cdots,\boldsymbol{x}_M] \tag{6.3.8}$$

RX 算法区分目标的二值假设定义如下：

$$\begin{cases} H_0\text{:}\ \boldsymbol{x}=\boldsymbol{n}, & \text{目标不存在} \\ H_1\text{:}\ \boldsymbol{x}=\alpha\boldsymbol{s}+\boldsymbol{n}, & \text{目标存在} \end{cases} \tag{6.3.9}$$

其中，$\alpha=0$ 时 H_0 成立，$\alpha>0$ 时 H_1 成立；$\boldsymbol{n}$ 为背景噪声向量；$\boldsymbol{s}=[s_1,s_2,\cdots,s_l]^{\mathrm{T}}$，为目标光谱向量。目标光谱向量 $\boldsymbol{s}$ 和背景协方差 $\boldsymbol{C}_b$ 都是未知的。依据局部正态模型，对于实际的高光谱图像，异常目标和背景的协方差不同，但由于异常目标的协方差不可估计，假定满足正态概率密度函数的两种数据分布(异常和背景)具有相同协方差和不同均值。H_0 成立时，服从多维高斯分布 $N(\boldsymbol{\mu}_b,\boldsymbol{C}_b)$；$H_1$ 成立时，服从多维高斯分布 $N(\boldsymbol{\mu}_s,\boldsymbol{C}_b)$。其中，$\boldsymbol{\mu}_b$ 为局部检测窗口内的背景均值，$\boldsymbol{\mu}_s$ 为异常目标均值。

设 $\boldsymbol{r}$ 为观测数据，RX 算子的判决表达式为

$$\mathrm{RX}(\boldsymbol{r})=(\boldsymbol{r}-\hat{\boldsymbol{\mu}}_b)^{\mathrm{T}}\left[\frac{M}{M+1}\hat{\boldsymbol{C}}_b+\frac{1}{M+1}(\boldsymbol{r}-\hat{\boldsymbol{\mu}}_b)(\boldsymbol{r}-\hat{\boldsymbol{\mu}}_b)^{\mathrm{T}}\right]^{-1}(\boldsymbol{r}-\hat{\boldsymbol{\mu}}_b),\begin{cases} H_0\text{:}\ \mathrm{RX}(\boldsymbol{r})\leqslant\eta \\ H_1\text{:}\ \mathrm{RX}(\boldsymbol{r})>\eta \end{cases} \tag{6.3.10}$$

在真实数据中，由于 M 取值非常大，可以近似认为 $M\to\infty$，RX 算子简化为

$$\mathrm{RX}(\boldsymbol{r})=(\boldsymbol{r}-\hat{\boldsymbol{\mu}}_b)^{\mathrm{T}}\hat{\boldsymbol{C}}_b^{-1}(\boldsymbol{r}-\hat{\boldsymbol{\mu}}_b),\quad \begin{cases} H_0\text{:}\ \mathrm{RX}(\boldsymbol{r})\leqslant\eta \\ H_1\text{:}\ \mathrm{RX}(\boldsymbol{r})>\eta \end{cases} \tag{6.3.11}$$

其中，η 的大小与信噪比和虚警概率有关；$\hat{\boldsymbol{\mu}}_b$ 与 $\hat{\boldsymbol{C}}_b$ 分别为背景均值和协方差矩阵的估计值。式(6.3.11)为 RX 算子的一般形式。$\hat{\boldsymbol{\mu}}_b$ 和 $\hat{\boldsymbol{C}}_b$ 的表达式如下：

$$\hat{\boldsymbol{\mu}}_b=\frac{1}{M}\sum_{i=1}^{M}\boldsymbol{x}_i \tag{6.3.12}$$

$$\hat{\boldsymbol{C}}_b=\frac{1}{M}\sum_{i=1}^{M}(\boldsymbol{x}_i-\hat{\boldsymbol{\mu}}_b)(\boldsymbol{x}_i-\hat{\boldsymbol{\mu}}_b)^{\mathrm{T}} \tag{6.3.13}$$

$\mathrm{RX}(\boldsymbol{r})$ 实际上是计算图像波谱的马氏距离，即为主成分分析(PCA)变换的逆过程。

利用PCA变换，前面少量的主成分含有高光谱数据的大部分信息量，而余下的只含有少部分信息。也就是说，在原特征空间中原始图像含有的大部分能量信息通过PCA变换被压缩至以少数几个互不相关的主成分分量为基底的空间。通过PCA变换，突出了含有信息能量大的目标；对于图像中含有的低概率目标，由于其信息量小，并不会包含在 PCA 变换后的前面几个主成分中，而存在于协方差矩阵 $\hat{\boldsymbol{C}}_b$ 小特征值对应的特征向量方向上。RX 算法通过计算 RX 算子确定异常目标，假如图像中包含异常目标，则这个异常目标可能正好对应协方差矩阵计算得到的小特征值。得到的特征值越小，RX 算子计算得到的值越大，这样通过该算子就能检测到概率小的异常目标信息，这正是 RX 算法能用来进行高光谱图像异常目标检测的原因。

假设 $\lambda_1 \geqslant \lambda_2 \geqslant \cdots \geqslant \lambda_L$，为协方差矩阵 $\hat{\boldsymbol{C}}_b$ 的 L 个特征值，并认为此时样本均值向量 $\hat{\boldsymbol{\mu}}_b = 0$。特征向量 $\{\boldsymbol{v}_1, \boldsymbol{v}_2, \cdots, \boldsymbol{v}_L\}$ 与 λ_L 个特征值相对应，且假设他们均为单位向量，令 $\boldsymbol{Q} = [\boldsymbol{v}_1, \boldsymbol{v}_2, \cdots, \boldsymbol{v}_L]$，$\boldsymbol{\Lambda} = \mathrm{diag}(\lambda_1, \lambda_2, \cdots, \lambda_L)$，于是有 $\boldsymbol{Q}^{\mathrm{T}} \hat{\boldsymbol{C}}_b \boldsymbol{Q} = \boldsymbol{\Lambda}$。再令 $\boldsymbol{y} = \boldsymbol{Q}^{\mathrm{T}} \boldsymbol{r}$，则有

$$\boldsymbol{r}^{\mathrm{T}} \hat{\boldsymbol{C}}_b \boldsymbol{r} = \boldsymbol{y}^{\mathrm{T}} (\boldsymbol{Q}^{\mathrm{T}} \hat{\boldsymbol{C}}_b \boldsymbol{Q}) \boldsymbol{y} = \boldsymbol{y}^{\mathrm{T}} \boldsymbol{\Lambda} \boldsymbol{y} = \sum_{i=1}^{L} \lambda_i y_i^2 \tag{6.3.14}$$

同理，式(6.3.15)成立：

$$\boldsymbol{r}^{\mathrm{T}} \hat{\boldsymbol{C}}_b^{-1} \boldsymbol{r} = \sum_{i=1}^{L} \lambda_i^{-1} y_i^2 \tag{6.3.15}$$

不难得到，特征值 λ_i 越大，$\boldsymbol{r}^{\mathrm{T}} \hat{\boldsymbol{C}}_b^{-1} \boldsymbol{r}$ 的值越小；相反，λ_i 越小，$\boldsymbol{r}^{\mathrm{T}} \hat{\boldsymbol{C}}_b^{-1} \boldsymbol{r}$ 的值越大。

3. RX 算法改进与拓展

RX 算法的计算量小，针对简单场景也能够取得较好的效果，因此被普遍认为是高光谱异常检测的基准方法。研究人员在此基础上，围绕提升检测精度等问题对 RX 算法进行了拓展与改进，改进算法及其特点如表 6.3.2 所示。

表 6.3.2 基于 RX 算法的改进算法及其特点(屈博等，2024)

改进算法	算法特点
KRX	通过引入核函数，将高光谱数据映射到高维特征空间，使得异常目标与背景像素在高维空间中具有更好的区分度，进而提高算法的检测精度
CKRX	首先对数据中的背景像素进行聚类操作，用每个聚类中心去替代该类中的所有像素，这样可以大大降低算法计算量，然后通过一个快速特征分解算法进行异常目标检测
LRX	通过局部自适应核密度估计方法，对背景数据进行有效建模，降低了背景中噪声信息的干扰，从而提升了异常检测的精度
WRX	通过降低异常/噪声像素权重，提升背景像素权重，来更好地对背景信息进行评估，进而提升异常检测精度
LF-RX	通过对异常/噪声像素进行滤波，获得一个更精确定背景协方差矩阵估计，进而获得更加真实的异常检测结果

6.3.2　基于协同表示的异常检测方法

1. 基于协同表示的目标检测原理

基于协同表示的目标检测(collaborative representation anomaly detection，CRAD)算法是一种建立在线性光谱混合模型的基础上的检测算法。该算法的基本思想是根据高光谱图像背景的连续性，在线性光谱混合模型的条件下，任一背景像元均能够被它空间邻域中的像元光谱向量线性表示，而异常目标光谱则不能。线性拟合残差是衡量像元能否被空间邻域像元表示的度量。

CRAD 算法充分利用了线性混合模型的特性，能够在不假设光谱向量概率密度的条件下检测目标，无须估计图像中背景端元数目和提取背景端元光谱，具有较强的适用性和鲁棒性。然而，CRAD 算法仍然存在一定不足。当中心像元是异常目标，且邻域中含有与目标光谱相似的像元时，检测统计量并不能准确表现出中心像元的奇异性，漏检概率较大，且该算法求解权值系数时只考虑了归一化约束，缺少非负约束。

2. CRAD 算法描述

在一幅高光谱图像 X 中，$\boldsymbol{X}=\{\boldsymbol{x}_i\}_{i=1}^{n}$，待测像元 $\boldsymbol{y}\in\mathbb{R}^d$，$d$ 为波段数目，以待测像元为中心设定外窗(大小为 $\omega_{\text{out}}\times\omega_{\text{out}}$)和内窗(大小为 $\omega_{\text{in}}\times\omega_{\text{in}}$)，选取外窗和内窗之间的训练样本组成背景字典 $\boldsymbol{X}_S,\boldsymbol{X}_S\in\mathbb{R}^{d\times s}$，$s=\omega_{\text{out}}\times\omega_{\text{out}}-\omega_{\text{in}}\times\omega_{\text{in}}$，为背景字典原子个数，在高光谱图像上滑动双窗便可以自适应地得到与每一待测像元对应的背景字典。此时，基于协同表示的高光谱异常检测模型为如式(6.3.16)所示。当协同表示重构误差大于某一阈值时，H_0 假设成立，即待测像元为目标；反之则 H_1 假设成立，待测像元不是目标。

$$\begin{cases} H_0\text{:}\ \ \|\boldsymbol{X}_S\hat{\boldsymbol{\alpha}}-\boldsymbol{y}\|_2^2\leqslant\delta,\text{目标不存在} \\ H_1\text{:}\ \ \|\boldsymbol{X}_S\hat{\boldsymbol{\alpha}}-\boldsymbol{y}\|_2^2>\delta,\text{目标存在} \end{cases} \tag{6.3.16}$$

其中，$\hat{\boldsymbol{\alpha}}$ 为协同表示系数向量，表示背景字典中各原子在近似线性表示时占的权重；δ 为检测阈值。$\hat{\boldsymbol{\alpha}}$ 的求解可以等效为以下 ℓ_2 范数最小化问题：

$$\hat{\boldsymbol{\alpha}}=\min_{\boldsymbol{\alpha}}\|\boldsymbol{\alpha}\|_2^2,\ \ \text{s.t.}\ \|\boldsymbol{y}-\boldsymbol{X}_S\boldsymbol{\alpha}\|_2^2\leqslant\varepsilon \tag{6.3.17}$$

其中，ε 为重构误差。引入拉格朗日乘子 λ 后，最优化问题的目标函数即为

$$\min_{\boldsymbol{\alpha}}\|\boldsymbol{y}-\boldsymbol{X}_S\boldsymbol{\alpha}\|_2^2+\lambda\|\boldsymbol{\alpha}\|_2^2 \tag{6.3.18}$$

协同表示系数的求解为一个最小二乘问题，对 $\boldsymbol{\alpha}$ 求导并令导数为零，可得

$$\hat{\boldsymbol{\alpha}}=\left(\boldsymbol{X}_S^{\mathrm{T}}\boldsymbol{X}_S+\lambda\boldsymbol{I}\right)^{-1}\boldsymbol{X}_S^{\mathrm{T}}\boldsymbol{y} \tag{6.3.19}$$

其中，λ为惩罚函数的约束控制因子。在背景字典中，若某一原子与中心像元十分相似，则允许其对应的系数较大；若原子与中心像元差别较大时，则希望其系数较小。

为满足这一要求，采用式(6.3.20)中经距离加权的正则化对角矩阵 $\boldsymbol{\Gamma}$ 对权重系数进行约束：

$$\boldsymbol{\Gamma}=\begin{bmatrix}\left\|\boldsymbol{y}-\boldsymbol{x}_1\right\|_2 & \cdots & 0\\ \vdots & & \vdots\\ 0 & \cdots & \left\|\boldsymbol{y}-\boldsymbol{x}_s\right\|_2\end{bmatrix} \tag{6.3.20}$$

其中，$\boldsymbol{x}_1,\boldsymbol{x}_2,\cdots,\boldsymbol{x}_s$ 为背景字典 $\boldsymbol{X}_S$ 中的原子。加入约束后的最优化问题目标函数变为

$$\min_{\boldsymbol{\alpha}}\left\|\boldsymbol{y}-\boldsymbol{X}_S\boldsymbol{\alpha}\right\|_2^2+\lambda\left\|\boldsymbol{\Gamma}\boldsymbol{\alpha}\right\|_2^2 \tag{6.3.21}$$

对 $\boldsymbol{\alpha}$ 求导并令导数为零，可得

$$\hat{\boldsymbol{\alpha}}=\left(\boldsymbol{X}_S^{\mathrm{T}}\boldsymbol{X}_S+\lambda\boldsymbol{\Gamma}^{\mathrm{T}}\boldsymbol{\Gamma}\right)^{-1}\boldsymbol{X}_S^{\mathrm{T}}\boldsymbol{y} \tag{6.3.22}$$

为满足协同表示系数和为 1 的限制，进一步将目标函数转化为如下表达式：

$$\min_{\hat{\boldsymbol{\alpha}}}\left\|\tilde{\boldsymbol{y}}-\tilde{\boldsymbol{X}}_S\hat{\boldsymbol{\alpha}}\right\|_2^2+\lambda\left\|\boldsymbol{\Gamma}\hat{\boldsymbol{\alpha}}\right\|_2^2 \tag{6.3.23}$$

其中，$\tilde{\boldsymbol{y}}=[\boldsymbol{y};\boldsymbol{I}]$，$\tilde{\boldsymbol{X}}_S=[\boldsymbol{X}_S;\boldsymbol{I}]$，$\boldsymbol{I}\in\mathbb{R}^{1\times s}$ 为元素全为 1 的行向量。式(6.3.23)的最优 $\boldsymbol{\alpha}$ 为

$$\hat{\boldsymbol{\alpha}}=\left(\tilde{\boldsymbol{X}}_S^{\mathrm{T}}\tilde{\boldsymbol{X}}_S+\lambda\boldsymbol{\Gamma}^{\mathrm{T}}\boldsymbol{\Gamma}\right)^{-1}\tilde{\boldsymbol{X}}_S^{\mathrm{T}}\tilde{\boldsymbol{y}} \tag{6.3.24}$$

解得协同表示系数后，可以直接利用重构误差 r_1 作为检测器的输出，$r_1=\left\|\boldsymbol{y}-\hat{\boldsymbol{y}}\right\|_2=\left\|\boldsymbol{y}-\boldsymbol{X}_S\hat{\boldsymbol{\alpha}}\right\|_2$，并通过比较其与设定阈值的大小来判断待测像元是目标还是背景。如果大于阈值则为目标像元，小于阈值则为背景像元。

6.3.3 基于低秩性与稀疏性的异常检测方法

1. 低秩性和稀疏性概念

1) 低秩性

在真实图像中，存在图片中大部分成分相似度较高的情况，即低秩图像，如图 6.3.3(a)所示。相应地，图片中和背景区分开来的、比较突兀的部分则会增加图像的秩，即高秩图像，如图 6.3.3(b)所示。

(a) 低秩图像　　(b) 高秩图像

图 6.3.3　低秩图像与高秩图像

表示低秩性的数学模型描述如下：

$$\min_{X} \operatorname{rank}(\boldsymbol{X}),\ \text{s.t. } \Gamma(\boldsymbol{X})=\boldsymbol{b} \tag{6.3.25}$$

其中，$\Gamma: \mathbb{R}^{M\times N} \to \mathbb{R}^{k}$ 为线性映射。

实际上，当一张图像的秩比较高时，往往是因为存在两种情况：一种是图像中的噪声比较严重，另一种是在空天背景下目标较为突出。根据这一特点，在图像处理中，低秩性可以用于去除图像中的噪点，也能够用于提取和保留图像中的小目标。

2) 稀疏性

图像具有一些公共的模式，称为基底，也可以称作字典，图像是由这些模式所组成的。当一幅图像的字典是过完备的，那么用字典中的基向量表达出这幅图像就有很多不同的方法。不难想到，其中所包含的基底数量最少的表达方法是最简单的，也是最优选择。

表示稀疏性的数学模型描述如下：

$$\min\|\boldsymbol{x}\|_0,\ \text{s.t. } \boldsymbol{Ax}=\boldsymbol{y} \tag{6.3.26}$$

其中，$\|\boldsymbol{x}\|_0$ 表示向量中非零的个数，表征了向量的稀疏性；$\boldsymbol{A}\in\mathbb{R}^{M\times N}$，表示观测矩阵；$\boldsymbol{x}\in\mathbb{R}^{N\times 1}$，表示原始信号的表示系数；$\boldsymbol{y}\in\mathbb{R}^{M\times 1}$，表示测量信号。

3) 稀疏性与低秩性之间的关联

当从图像或语义中提取出高维异构特征后，一方面，这些特征可以挖掘出更丰富的信息来利用；另一方面，巨大的数据量将会导致进行数据分析和处理时困难陡增，从而发生所谓的“维度灾难”。因此，对于实际而言，如果能通过某种策略或者方法来选择出最具有代表性的稀疏特征来对特定对象进行表达，将会是更有意义的(王杰超，2019)。

经典的奈奎斯特–香农(Nyquist-Shannon)采样定理揭示了信号采样同信号带宽的联系，当需要无失真的完整重构信号，则不得不使用至少是信号最高带宽频率两倍的速率对信号进行采样。Candès 等(2006)观察到现实生活中的信号具有稀疏性后，提出了压缩感知的概念，在降低采样所需要的采样率后，仍然能准确地重构出原信号。这一新颖的方法迅速成为图像和信号处理等相关领域的热点。稀疏性将会令特征向量中的大部分特征的系数趋向于零或者为零，而低秩性则是让表示系数矩阵的秩远小于表示系数矩阵的行数和列数。它们研究侧重不一样，但是本质是一样的，稀疏性特殊的形式就是低秩性。

在异常检测阶段，大多数样本是背景像素且在背景字典方面具有稀疏表示，因此利用矩阵的稀疏性可以描述局部结构。局部结构的描述越准确，观测数据的表示就越准确，通过低秩性引入全局结构，通过稀疏性引入局部结构。因此，稀疏信号表示已被证明在许多地方是一个强有力的工具。

2. 基于低秩性和稀疏性的异常图像检测原理

利用低秩性和稀疏性的异常图像检测算法是基于图像分解的异常检测方法。该方法大多针对周期性纹理表面小面积异常区域的检测任务。由于异常区域一般是随机出现的，其周期性较弱，这一特点使其可以与周期性的背景纹理进行区分(刘泽栋，2023)。

较为常用的方法主要利用了周期性背景纹理低秩性的这一先验，采用低秩分解将原始待检测图形分解成为代表背景的低秩矩阵和异常区域的稀疏矩阵：

$$\boldsymbol{F} = \boldsymbol{DL} + \boldsymbol{S} \tag{6.3.27}$$

其中，$\boldsymbol{D}$ 表示背景字典；$\boldsymbol{L}$ 表示系数；$\boldsymbol{S}$ 表示图像中剩余的对应异常的部分。

由于只有很小一部分像素属于异常，这意味着矩阵 $\boldsymbol{S}$ 是稀疏的，可以通过解决式(6.3.28)所描述的低秩表示(LRR)问题来推断异常：

$$\min_{L,S} \|\boldsymbol{L}\|_* + \lambda \|\boldsymbol{S}\|_1, \text{ s.t. } \boldsymbol{F} = \boldsymbol{DL} + \boldsymbol{S} \tag{6.3.28}$$

其中，$\|\cdot\|_*$ 表示矩阵的核范数；$\|\cdot\|_1$ 表示矩阵的 ℓ_1 范数；$\lambda > 0$。

对每个像元进行异常值检测，异常值 $T(\boldsymbol{x}_i)$ 的表达式为

$$T(\boldsymbol{x}_i) = \left\|[\boldsymbol{S}]_{(:,i)}\right\|_2 = \sqrt{\sum_j [\boldsymbol{S}]_{(j,i)}} \tag{6.3.29}$$

其中，$\left\|[\boldsymbol{S}]_{(:,i)}\right\|_2$ 表示矩阵 $\boldsymbol{S}$ 第 i 列的 ℓ_2 范数。将 $T(\boldsymbol{x}_i)$ 和预设的检测阈值进行比较，若大于阈值，则 $\boldsymbol{x}_i$ 像元为异常像元。

图像低秩分解检测方法示意图如图 6.3.4 所示，图中分解得到的稀疏矩阵 $\boldsymbol{S}_i$ 就对应着可能存在异常的区域。

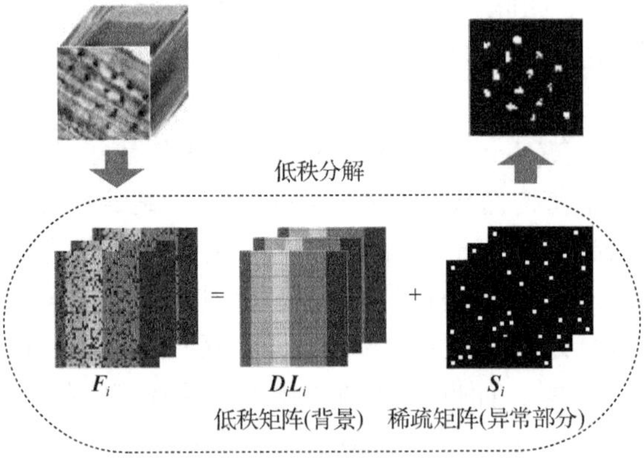

图 6.3.4 图像低秩分解检测方法示意图

3. LRASR 算法

低秩和稀疏表示(low-rank and sparse representation，LRASR)算法是利用背景低秩与异常稀疏的特点提出的异常检测算法，通过构建背景字典，对待检测像元进行低秩表示和稀疏项的约束。在 LRASR 算法中，背景字典 $\boldsymbol{D}$ 在检测异常中起着重要作用。在目标检测的情况下，字典由背景字典和目标字典组成，它们是已知的。在异常检测的情况下，字典不是预先知道的，它应该尽可能多地表示背景信息。LRASR 算法采用的字典构建策略为首先使用 K 均值聚类将所有像元分成 M 个类别，采用预先预测的策略在每

一个聚类中选择背景像元，计算预测值的公式如下：

$$PD(\boldsymbol{x}_j)=(\boldsymbol{x}_j-\boldsymbol{\mu})^{\mathrm{T}}\boldsymbol{\Sigma}^{-1}(\boldsymbol{x}_j-\boldsymbol{\mu}),\quad j=1,2,\cdots,N_i \tag{6.3.30}$$

其中，对每个聚类，$\boldsymbol{x}_j$ 为其第 j 个像素；N_i 为像元个数；$\boldsymbol{\mu}$ 和 $\boldsymbol{\Sigma}$ 分别为均值和协方差。

对于具备稀疏正则化特性的模型，张量的低秩表达可以转化为如下的约束优化问题：

$$\min_{\boldsymbol{S},\boldsymbol{E}}\|\boldsymbol{L}\|_*+\beta\|\boldsymbol{L}\|_1+\lambda\|\boldsymbol{S}\|_{1,2}\,(\beta>0),\quad \text{s.t. } \boldsymbol{F}=\boldsymbol{DL}+\boldsymbol{S} \tag{6.3.31}$$

上述模型通过低秩性引入了全局结构，通过稀疏性引入了局部结构。求解式(6.3.31)需要使用线性化自适应惩罚的交替方向乘子法(linearized alternating direction method with adaptive penalty，LADMAP)，此处不对该方法展开描述，读者可以自行查阅相关资料。

在异常检测阶段，LRASR 算法对异常的检测是在得到残差矩阵 $\boldsymbol{E}$ 后，通过把第 i 列的 ℓ_2 范数同阈值相比，如果它大于阈值，则被认为是异常像素，其表达式如下：

$$\mathrm{LRASR}(\boldsymbol{x}_i)=\left\|[\boldsymbol{E}]_{:,i}\right\|_2,\ \begin{cases}\mathrm{LRASR}(\boldsymbol{x}_i)>\eta\text{: 判断为异常像素}\\ \mathrm{LRASR}(\boldsymbol{x}_i)\leqslant\eta\text{: 判断为非异常像素}\end{cases} \tag{6.3.32}$$

6.4　星载多源图像目标识别

6.4.1　星载多源图像目标特征表征

星载任务中有多种对地观测的手段，如可见光、多/高光谱、红外光、合成孔径雷达(synthetic aperture radar，SAR)传感器等。深度神经网络能够学习得到数据较抽象的高层表达，这种深度特征往往比传统特征更具有表达能力。使用深度网络进行特征提取过程中，一个图像矩阵经过一个卷积层多个卷积核的卷积操作，得到一个特征映射(feature map)。每一个卷积核可以提取特定的特征，不同的卷积核提取不同的特征。卷积核在图像上不断滑动运算的同时，在内积结果上进行最大池化层的操作。CNN 用卷积层和池化层实现了图片特征提取。本节采用 AlexNet、残差网络(residual network，ResNet) (He et al., 2016)、VGGNet 和压缩网络(SqueezeNet) (Iandola et al., 2016)等网络结构对多源图像进行深度特征提取。

1. 多源图像深度特征提取

1) ResNet 结构

ResNet 主要特点是增加了直连通道，允许原始输入信息直接传到后面的层中。网络结构中用到两种残差模块，一种是以两个 3×3 的卷积网络串接作为一个残差模块，另外一种是 1×1、3×3、1×1 的 3 个卷积网络串接作为一个残差模块。通过不同残差模块的堆叠，可以有效地提升网络的深度，解决梯度消失问题。图 6.4.1 是 ResNet 的结构图。

ResNet 深度较大，时间复杂度较高，故采用瓶颈设计降低其复杂度，如图 6.4.2 所示。

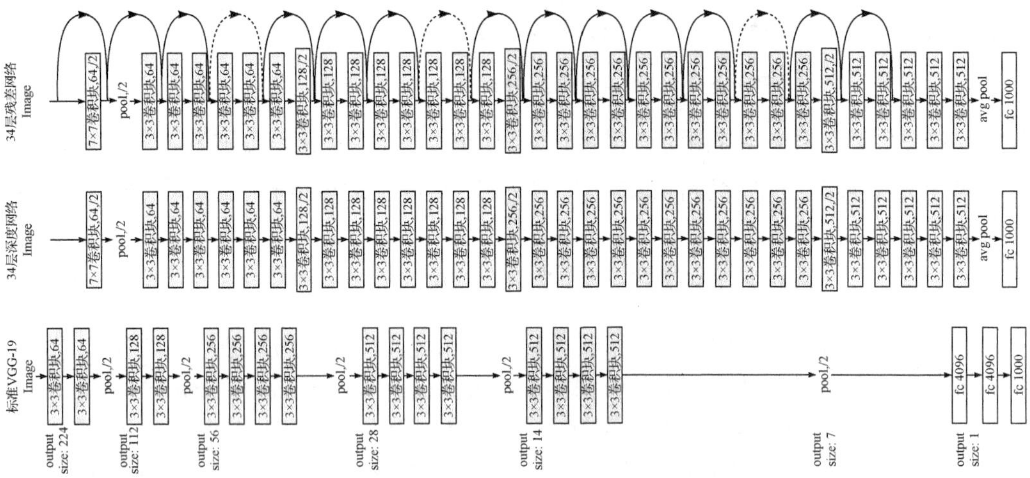

图 6.4.1 ResNet 的结构图

avg pool-平均池化；output-输出

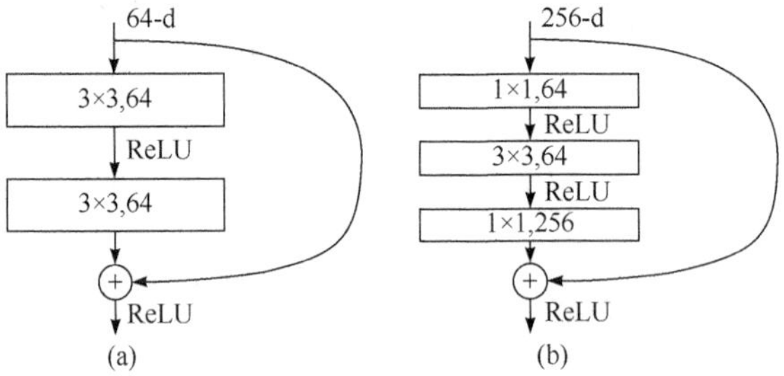

图 6.4.2 标准模块(a)与瓶颈设计(b)

如图 6.4.2(b)所示，网络中的网络(network in network, NiN) (Lin et al., 2013)和谷歌网络(GoogleNet) (Szegedy et al., 2015)提出将 1×1 卷积层添加到网络的起点和终点，可在不降低网络性能的前提下减少网络连接数(参数)。通过瓶颈设计，ResNet 由 34 层扩为 50 层。更深层次网络 ResNet-101 和 ResNet-152 的整体架构如表 6.4.1 所示。

表 6.4.1 网络的整体架构

层名	输出尺寸	18 层	34 层	50 层	101 层	152 层
conv1	112×112	7×7，64，步长为 2				
		3×3 最大池化层，步长为 2				
conv2_x	56×56	$\begin{bmatrix}3\times3, & 64\\3\times3, & 64\end{bmatrix}$	$\begin{bmatrix}3\times3, & 64\\3\times3, & 64\end{bmatrix}\times3$	$\begin{bmatrix}1\times1, & 64\\3\times3, & 64\\1\times1, & 256\end{bmatrix}\times3$	$\begin{bmatrix}1\times1, & 64\\3\times3, & 64\\1\times1, & 256\end{bmatrix}\times3$	$\begin{bmatrix}1\times1, & 64\\3\times3, & 64\\1\times1, & 256\end{bmatrix}\times3$
conv3_x	28×28	$\begin{bmatrix}3\times3, & 128\\3\times3, & 128\end{bmatrix}\times2$	$\begin{bmatrix}3\times3, & 128\\3\times3, & 128\end{bmatrix}\times4$	$\begin{bmatrix}1\times1, & 128\\3\times3, & 128\\1\times1, & 512\end{bmatrix}\times4$	$\begin{bmatrix}1\times1, & 128\\3\times3, & 128\\1\times1, & 512\end{bmatrix}\times4$	$\begin{bmatrix}1\times1, & 128\\3\times3, & 128\\1\times1, & 512\end{bmatrix}\times8$

续表

层名	输出尺寸	18 层	34 层	50 层	101 层	152 层
conv4_x	14×14	$\begin{bmatrix}3\times3, & 256\\ 3\times3, & 256\end{bmatrix}\times2$	$\begin{bmatrix}3\times3, & 256\\ 3\times3, & 256\end{bmatrix}\times6$	$\begin{bmatrix}1\times1, & 256\\ 3\times3, & 256\\ 1\times1, & 1024\end{bmatrix}\times6$	$\begin{bmatrix}1\times1, & 256\\ 3\times3, & 256\\ 1\times1, & 1024\end{bmatrix}\times23$	$\begin{bmatrix}1\times1, & 256\\ 3\times3, & 256\\ 1\times1, & 1024\end{bmatrix}\times36$
conv5_x	7×7	$\begin{bmatrix}3\times3, & 512\\ 3\times3, & 512\end{bmatrix}\times2$	$\begin{bmatrix}3\times3, & 512\\ 3\times3, & 512\end{bmatrix}\times3$	$\begin{bmatrix}1\times1, & 512\\ 3\times3, & 512\\ 1\times1, & 2048\end{bmatrix}\times3$	$\begin{bmatrix}1\times1, & 512\\ 3\times3, & 512\\ 1\times1, & 2048\end{bmatrix}\times3$	$\begin{bmatrix}1\times1, & 512\\ 3\times3, & 512\\ 1\times1, & 2048\end{bmatrix}\times3$
	1×1	平均池化层，1000 维全连接层，softmax 层				
浮点运算次数/10^9		1.8	3.6	3.8	7.6	11.3

2) SqueezeNet

SqueezeNet 设计目标不是为了得到最佳的 CNN 识别精度，而是希望简化网络复杂度，同时达到公共(public)网络的精度水平。SqueezeNet 主要是为了降低 CNN 模型参数数量而设计的。SqueezeNet 总共有 9 层关键网络模块(即 fire 模块)，中间包含一些最大池化模块，最后是全局平均池化层代替了全连接层(大大降低参数量)。在开始和最后还有两层最简单的单层 conv 层，保证输入输出大小可掌握。网络架构如图 6.4.3 所示。

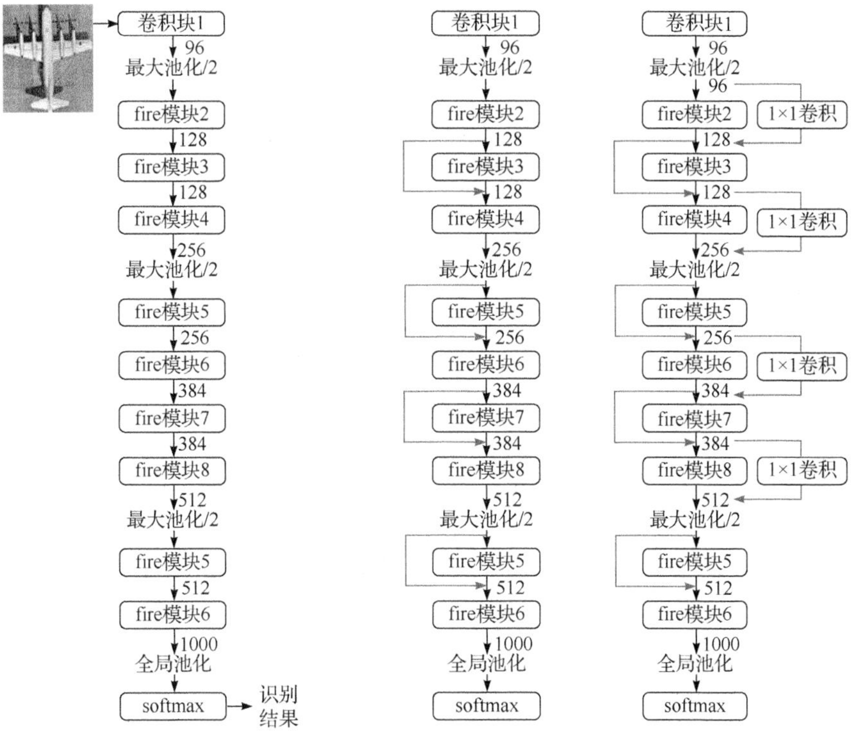

图 6.4.3 SqueezeNet 的结构

压缩(Squeeze)模块只包含 1×1 滤波器，这意味着它的工作方式在相同位置的特征点上和全连接层相似，换句话说，它没有空间抽象的能力。正如它的名字，优点之一是减少了特征图的深度，减小深度意味着扩展层中以下 3×3 过滤器的计算量更少。它提高速度是因为 3×3 滤波器需要 9 倍于 1×1 滤波器的计算。其设计策略如下：

(1) 使用 1×1 卷积代替 3×3 卷积。给定一定数量的卷积滤波器，可以选择使这些滤波器的大部分为 1×1，这是因为 1×1 滤波器的参数是 3×3 滤波器的 1/9。

(2) 将输入通道数减少到 3×3 滤波器。给定一个卷积层，它完全由 3×3 滤波器组成，该层参数总数为(输入通道数)×(滤波器数)×(3×3)。可以使用压缩层将输入通道的数量减少到 3×3 过滤器。

(3) 在网络的后期进行下采样，使得卷积层具有较大的激活映射。直觉上认为，较大的激活映射(由于延迟下采样)可以产生更高的分类精度。

fire 模块是 SqueezeNet 的核心构建块，其思想非常简单。将原来简单的一层卷积层拆分为两层：压缩(Squeeze)层+扩展(Expand)层，且各自带上 ReLU 激活层。在压缩层里面全是 1×1 的卷积核，数量记为 S11。在扩展层里面有 1×1 和 3×3 的卷积核，数量分别记为 E11 和 E33。Expand 层之后将 1×1 和 3×3 的卷积输出特征映拼接起来。如图 6.4.4 所示。

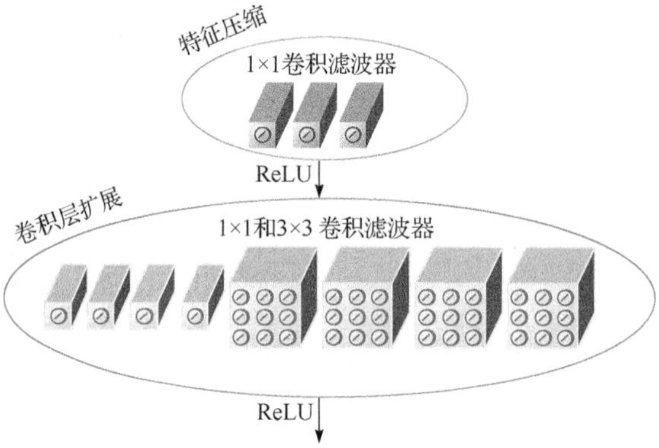

图 6.4.4 fire 模块示意图

2. 多源图像深度特征提取实验结果与分析

针对以上深度网络，在数据集 NWPU-45[①]和 UCML-21[②]上进行特征提取及识别实验。

本次实验使用两种方式，一种方式是直接使用现有的数据集 UC Merced Land Use(来源同 UCML-21)和 NWPU-RESISC45(来源同 NWPU-45)用于训练及测试；另一种方式，首先加载在 ImageNet 上训练过的深度表征网络权重数据，其次对现有数据集进行训练，最后测试识别准确率。实验中每个深度表征网络进行 300 轮(epoch)的训练，识别准确率结果如表 6.4.2 所示。

① 数据集名称，见 https://faculty.ucmerced.edu/snewsam/papers/Yang_ACMGIS10_BagOfVisualWords.pdf。

② 数据集名称，见 https://arxiv.org/pdf/1703.00121。

表 6.4.2　各深度表征网络实验结果(识别准确率)

数据集	深度表征网络			
	AlexNet	ResNet	SqueezeNet	VGGNet
UCML-21	0.866667	0.915873	0.871429	0.888889
NWPU-45	0.912889	0.959889	0.932222	0.932444
UCML-21*	0.557143	0.480952	—	—
NWPU-45*	0.777111	0.805556	—	—

表 6.4.2 中，未标星号的数据集代表加载了预训练权重数据，再使用该数据集进行训练和测试。标记星号的数据集代表直接使用该数据集进行训练，并用于测试。选取前 80 次训练的结果对训练损失、测试准确率进行分析。训练损失变化曲线和测试准确率变化曲线如图 6.4.5 和图 6.4.6 所示。

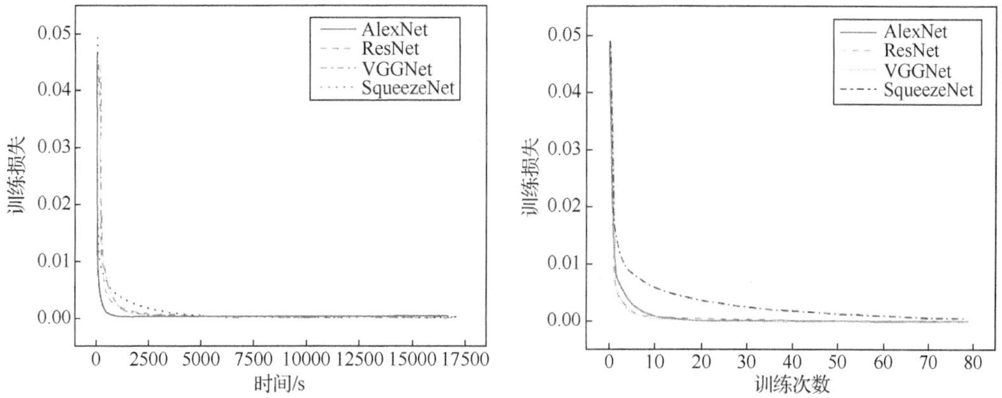

(a) 训练损失随时间变化曲线　　(b) 训练损失随训练次数变化曲线

图 6.4.5　训练损失变化曲线

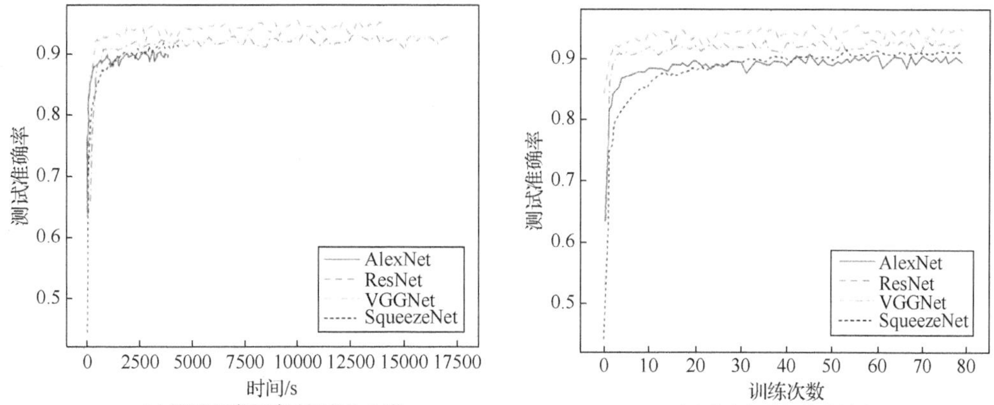

(a) 测试准确率随时间变化曲线　　(b) 测试准确率随训练次数变化曲线

图 6.4.6　测试准确率变化曲线

由图 6.4.5 可知，随着时间延长或训练批次的增长，训练损失逐渐下降，并呈现收敛趋势。其中在训练 10 次后，ResNet、VGGNet、AlexNet 均逐渐收敛，SqueezeNet 还没有完全收敛。在时间方面，AlexNet 收敛最快，VGGNet、ResNet 收敛情况类似。SqueezeNet 收敛最慢。由图 6.4.6 可知，ResNet 测试准确率最高，且最快达到收敛。VGGNet 测试准确率比 ResNet 略低。SqueezeNet 和 AlexNet 测试准确率较低，SqueezeNet 收敛速度慢于其他三种网络。

6.4.2 复杂环境条件下星载多源图像目标识别

1. 基于交叉熵损失的星载图像目标识别

星载图像目标识别中存在的难点是大尺度图像中目标极小的问题。待识别图像像素高且每幅图像都覆盖很大的地理范围，而待识别物体往往是极小的。在深度网络架构提取特征基础上，更关注于细小特征、通过上采样方法识别小而密集的物体及智能分割并重组大尺度图片。基于深度神经网络的目标识别框架如图 6.4.7 所示。

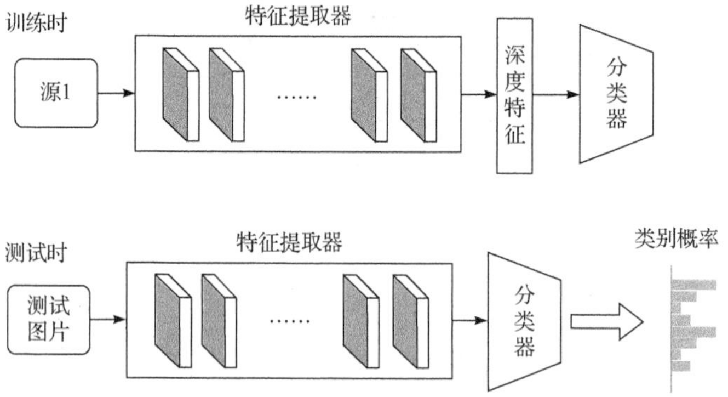

图 6.4.7 基于深度神经网络的目标识别框架

图像输入经过特征提取网络以及分类决策后，得到对应类别数维度的向量，选取最大概率为最终识别结果。特征提取网络可选用深度卷积神经网络(AlexNet、ResNet、VGGNet、SqueezeNet 等)，这些方法在 6.4.1 小节特征提取中均已详细说明。使用深度卷积神经网络的特征表征可以进行端到端的训练，因此所提取的特征得到的识别精度要远远高于传统特征识别精度。在提取到深度特征后，为了得到每个样例特征到类别概率的映射，将特征送入全连接层，获得与总类别个数相对应维度的向量。为了得到最终的分类概率，向量中每个元素均应该在 0 到 1 之间。这就需要对该向量进行归一化指数函数操作。归一化指数函数用于多分类过程中，它将多个神经元的输出映射到 $(0,1)$，可以理解为概率，从而进行多分类。

假设全连接层特征为向量 $\boldsymbol{V}$，$\boldsymbol{V}_i$ 表示 $\boldsymbol{V}$ 中的第 i 个元素，其归一化指数函数值为

$$S_i = \frac{e^i}{\sum_j e_j} \tag{6.4.1}$$

归一化指数函数实际上是有限项离散概率分布的梯度对数归一化。通过归一化指数

函数操作，原始的向量映射到 (0,1) 。寻找数值最接近 1 的元素，它对应的索引即为最终的类别标签。

1) 交叉熵损失

在训练过程中，得到每个样例的预测标签后，通过交叉熵损失训练。交叉熵(cross entropy)是香农(Shannon)信息论中一个重要概念，主要用于度量两个概率分布间的差异信息，最初用于估算平均编码长度。给定两个概率分布 p 和 q ，通过 q 来表示 p 的交叉熵为

$$H(p,q) = -\sum_{x} p(x)\ln q(x) \tag{6.4.2}$$

交叉熵刻划的是两个概率分布之间的距离，或可以说它刻画的是通过概率分布 q 来表达概率分布 p 的困难程度， p 为真值， q 为预测值，交叉熵越小，其概率分布越接近。

交叉熵损失函数通常和归一化指数函数一起使用，因为通过归一化指数函数的输出变为一个概率分布，所以可以通过交叉熵损失来衡量分布间的差异。交叉熵损失网络使用流程如图 6.4.8 所示。

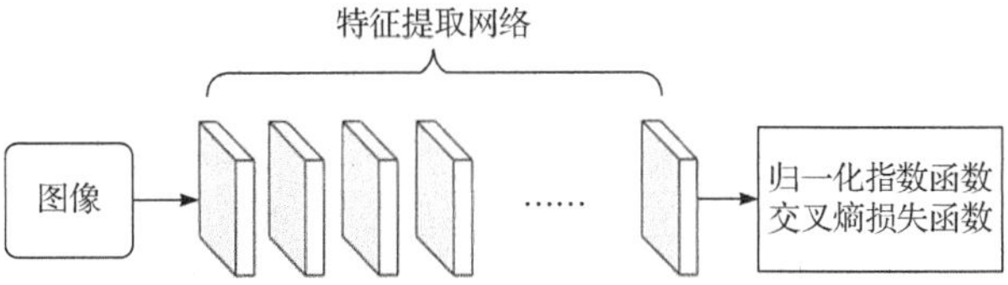

图 6.4.8　交叉熵损失网络使用流程

2) 实验结果

基于 AlexNet、ResNet、VGGNet、SqueezeNet 深度神经网络，采用交叉熵损失训练获得的分类器，在 NWPU-45 和 UCML-21 数据集上结果如表 6.4.2 所示。

特别的，针对 NWPU-45 数据集上的识别任务，其中包含 45 个类别，有一些类别是关注的重点，如飞机、机场、桥梁、港口、工业区、十字路口、铁路、火车站、飞机跑道、船舶。在这些感兴趣的类别上，基于 ResNet，采用归一化指数函数和交叉熵损失函数所获得的目标识别精度如表 6.4.3 所示。

表 6.4.3　采用归一化指数函数和交叉熵损失函数的目标识别精度

类别	归一化指数函数+交叉熵损失函数
飞机	0.970
机场	0.945
桥梁	0.960
工业区	0.955
十字路口	0.960
铁路	0.880

续表

类别	归一化指数函数+交叉熵损失函数
火车站	0.890
船舶	0.950
飞机跑道	0.940
港口	0.985
平均	0.944

在飞机、桥梁、十字路口、港口这些重要目标类别，识别精度均高于 0.95。

2. 基于三元组损失的改进星载图像目标识别算法

对于星载目标识别任务，由于场景较大，单张图片可能包含多个目标，不同类别的图像之间可能包含相同物体，给识别任务带来了很大的挑战。很多的目标识别网络可以通过归一化指数函数和交叉熵损失训练得到。但是，当类别数较多、类别间相似度很高、数据量很大时，仅简单地利用归一化指数函数和交叉熵损失很难训练出令人满意的识别网络。因此，对于类别间相似度很高的识别任务，提出基于三元组损失(triplet loss)的改进星载图像目标识别算法。

1) 三元组损失

三元组损失是一种距离度量学习方法，可以学习特征空间到表征空间的变换，其中距离与相似性概念相对应，因此可以保持类内、类间的分布差异，在得到分类所需的特征表征的同时，保持细粒度的类别信息。三元组损失网络使用流程如图 6.4.9 所示。

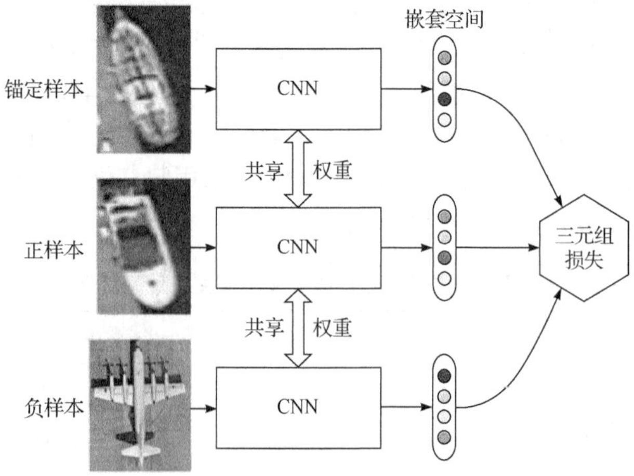

图 6.4.9 三元组损失网络使用流程

三元组损失函数，选取锚(anchor)定样本图片，与锚定样本同类别的正样本以及与锚定样本不同类别的负样本。具体地，通过同一个特征提取网络分别得到锚定样本、正样本和负样本的特征，通过三元组损失使得锚定样本与正样本间的特征尽可能相似，而与负样本之间特征尽可能不同，从而达到细粒度分类的效果。三元组损失的主要思想如图 6.4.10 所示。

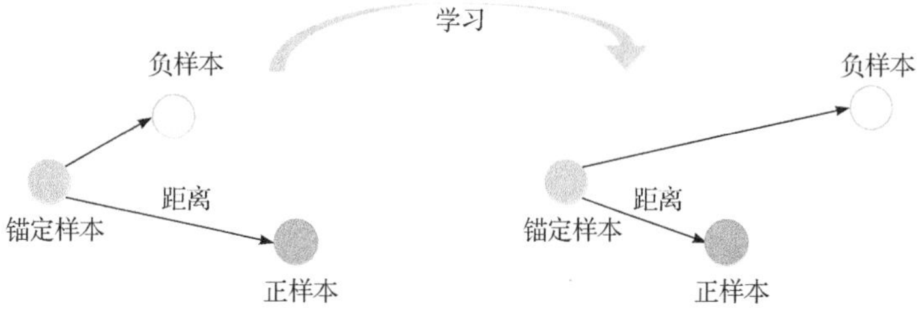

图 6.4.10　三元组损失的主要思想

由此，可以很容易地学习到不同类别之间的边界，使得特征具有很好的判别性。三元组损失的数学形式：

$$\sum_{i}^{n}\left[\left\|f\left(x_i^a\right)-f\left(x_i^p\right)\right\|_2^2-\left\|f\left(x_i^a\right)-f\left(x_i^n\right)\right\|_2^2+a\right]_+ \tag{6.4.3}$$

三元组损失可以很好地帮助网络学习到具有判别性的特征，但是其训练是基于单个样例的，训练起来需要较大计算资源。

2) 网络训练策略

引入如下三元组损失进行训练策略：在训练中，三元组损失中不同样例特征之间的距离采用欧氏距离的 ℓ_2 范数平方。这个距离代表两个特征之间的相似度。

有了衡量相似度的方法之后，继续制定三元组的选取策略。由于最终损失由锚定样本、正样本和负样本三元组之间距离构成，所以希望找到与锚定样本距离较大的正样本，以及与锚定样本距离较小的负样本，这个三元组也被称为难三元组(hard triplet)。通过难三元组对网络进行训练可以使模型有着更好的表征能力。

对于每一个锚定样本，都想选择一个难三元组是有困难的。这是因为在所有的训练集合内选择最近的正样本与负样本是不现实的，需要耗费大量的时间与计算量，而且这样选出来的很可能是错误标记或者是不良成像的图像特征，反而会导致训练的过程并不好。在训练过程中，采用每 n 步线下生成和线上生成两种三元组选取策略。每 n 步线下生成，用最近一次训练好的网络在训练集选择距离最大的正样本及距离最小的负样本。线上生成则是在小批量(minibatch)训练数据中选择难三元组。

3) 实验结果

在 NWPU-45 数据集感兴趣的类别上，如飞机、机场、桥梁、港口、工业区、十字路口、铁路、火车站、飞机跑道、船舶，基于ResNet深度神经网络，采用三元组损失函数所获得的目标识别精度如表 6.4.4 所示。

表 6.4.4　采用三元组损失函数的目标识别精度

类别	三元组损失函数
飞机	0.955
机场	0.900

续表

类别	三元组损失函数
桥梁	0.955
工业区	0.950
十字路口	0.960
铁路	0.940
火车站	0.845
船舶	0.915
飞机跑道	0.915
港口	0.985
平均	0.932

在 NWPU-45 数据集，以上 10 类的平均识别精度为 0.932。该结果从精度上比交叉熵损失函数要低，且计算量要求较高。分析原因，三元组损失函数对于较难区分的特征识别比较有帮助；在 NWPU-45 数据集中，不同类别之间差异较为明显，使用三元组损失意义不明显。

3. 基于磁性损失的改进星载图像目标识别算法

由于三元组损失要计算每一个三元组样例，训练计算量很大，提出基于磁性损失(magnet loss)的改进星载图像目标识别算法。磁性损失在三元组损失的基础上同时考虑多个样例簇，而不是仅使用样例对或三元组样例进行训练，从而在保证了表征质量的同时有效地提升了学习效率，并在细粒度分类任务上取得了良好的效果。

图 6.4.11 为磁性损失的主要思想，其通过相似或不相似表示样例间的成对信息，利用聚类方法获得特征空间中的类别分布。针对每个类，获得一个聚类簇，在训练过程中，持续地更新簇。因此，可以对全体样本进行操控，而不是针对单独的样本，从而获得判别力更强的特征。

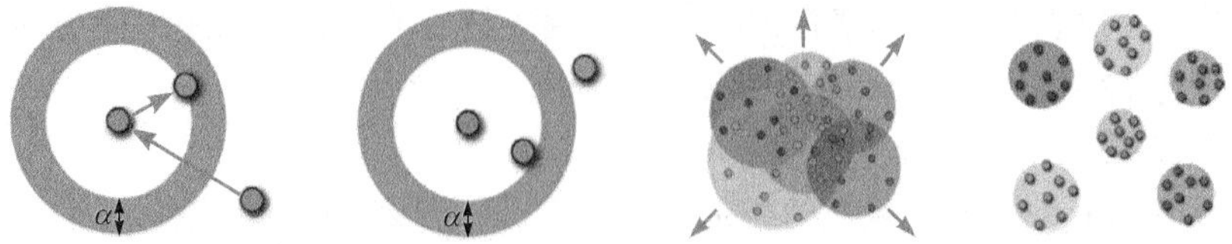

(a) 三元组损失：训练前　(b) 三元组损失：训练后　(c) 磁性损失：训练前　(d) 磁性损失：训练后

图 6.4.11　磁性损失的主要思想

6.5　SAR 图像目标检测

空天飞行器(如无人机、卫星等)平台在地球大气层内或太空中飞行，其搭载的雷达系统对地表进行探测和监测，在地物目标识别方面发挥着重要作用。雷达目标识别技术是指利用雷达对单个目标或目标群进行探测，对所获取的信息进行分析，从而确定目标的种类、属性等参数的技术。它根据目标的后向电磁散射来鉴别目标，是电磁散射的逆问题。人造目标特征提取与检测在军事领域和民用领域都具有广泛应用。SAR 是一种可以搭载在飞行器(如卫星、飞机、无人机等)上的主动式微波对地观测系统，也可被应用于目标检测识别，通过发射电磁波对目标实现探测。与传统的光学遥感成像相比，SAR 不受光线、天气等因素影响，可以提供目标场景的全天时、全天候高分辨二维图像。此外，SAR 也可以利用不同极化通道的 SAR 复图像区分物体的细致结构、目标指向、几何形状及物质组成等参数，在遥感目标检测和分类领域具有广阔的应用前景。目标检测作为 SAR 主要的研究领域之一，得到了广泛的应用与研究，国内外针对 SAR 图像目标检测的研究主要集中在船舶及军事目标的识别与监视等情景，利用极化信息提取技术对 SAR 图像中的典型目标进行特征提取和检测也是 SAR 图像解译和应用的热点课题，具有重要的理论意义和实用价值。

基于SAR图像的目标检测算法主要可以分为四类：第一类是基于统计模型的检测方法；第二类是基于极化特征的检测方法；第三类是基于干涉相干性的检测方法；第四类是基于深度学习的检测方法。本节首先分别对这四类算法进行介绍，并在后面给出基于 SAR 图像目标检测的算例。

6.5.1　基于统计模型的检测方法

基于统计模型的检测方法涉及模型的建立和决策规则的制定。首先，根据目标和背景的先验知识，选择适当的统计分布来构建模型，模型可以是参数化或非参数化的。其次，基于建立的模型定义决策规则，以判断给定像素或像素块是否包含目标。

1. 恒虚警率算法

恒虚警率(constant false alarm rate，CFAR)算法是 SAR 图像目标检测中广泛应用的一种算法，旨在保持一定的虚警率，通过自适应阈值检测准确识别目标。虚警是雷达检测中将噪声或非目标信号错误识别为目标的现象。恒虚警率确保雷达系统在各种背景噪声条件下维持一定的虚警率。

CFAR 算法通过估计背景噪声的统计特性并自适应地设置检测阈值，提高目标检测的准确性，同时保持恒定的虚警率。基于 CFAR 算法的目标检测方法主要有以下几种。

(1) 单元平均恒虚警率(cell averaging CFAR，CA-CFAR)检测。通过对待检测单元周围的参考单元进行功率平均，估计背景噪声，基于此估计和预设的恒虚警率计算检测阈值(Finn，1968)。

(2) 最大恒虚警率(greatest of CFAR，GO-CFAR)检测。在 CA-CFAR 检测基础上，选择参考单元中最大功率作为背景噪声的估计，适应背景噪声的不均匀性(Trunk，1978)。

(3) 最小恒虚警率(smallest of CFAR，SO-CFAR)检测。选择参考单元中最小功率作为背景噪声的估计，适用于背景噪声较低的环(Pace et al., 1994)。

(4) 有序统计恒虚警率(ordered statistic CFAR，OS-CFAR)检测。对参考单元的功率

进行排序，取中值作为背景噪声的估计，有效减少杂波干扰，提高检测性能(Rohling, 1983)。

CA-CFAR 算法在 SAR 和雷达系统中广泛应用，通过估计背景噪声的功率水平并设置自适应检测阈值，在保持恒虚警率的条件下进行目标检测。图 6.5.1 给出了 CA-CFAR 检测流程。

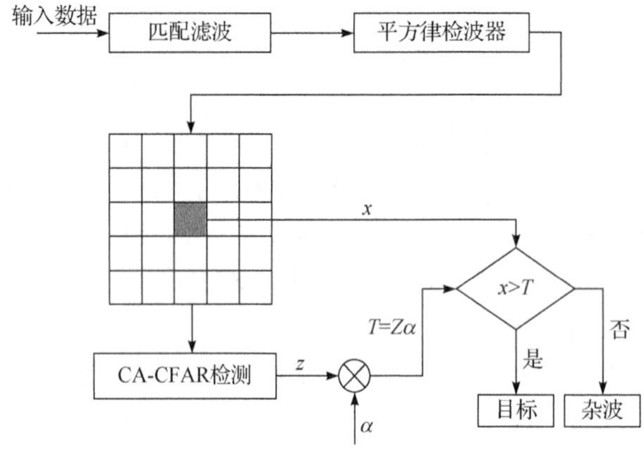

图 6.5.1 CA-CFAR 检测流程图

(1) 选择保护单元和参考单元。保护单元通常位于待检单元(测试单元)的两侧，以避免目标信号泄漏到噪声估计中；参考单元位于保护单元之外，用于估计背景噪声的功率水平。参考单元的数量通常是固定的，记为 N 。图 6.5.2 为保护单元与参考单元的示例图。

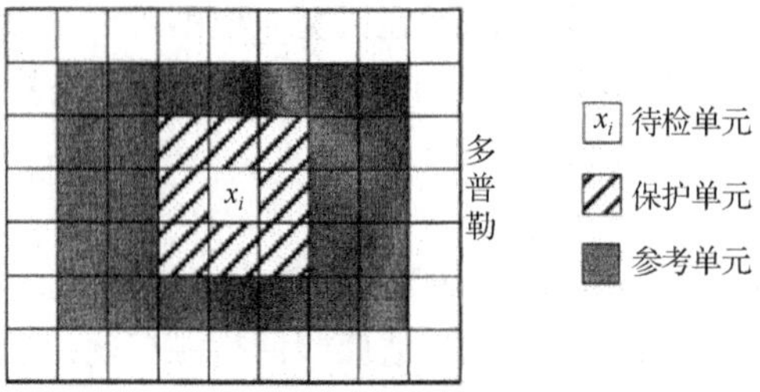

图 6.5.2 保护单元与参考单元的示例图

(2) 计算背景噪声功率。水平计算所有参考单元的平均功率。这里，Z 是参考单元的平均功率，X_i 是待检单元，用作背景噪声功率的估计：

$$Z = \frac{1}{N}\sum_{i=1}^{N} X_i \tag{6.5.1}$$

(3) 设置检测阈值(Richards et al., 2010)。检测阈值 T 通常是根据背景噪声的平均功率水平和预定的虚警率 P_{fa} 来计算的，检测阈值的计算公式为 $T = \alpha Z$ 。缩放因子 α 与 P_{fa} 和 N 有关，可以通过查表或计算得到，计算公式如下：

$$\alpha = N\left(P_{\text{fa}}^{-1/N} - 1\right) \tag{6.5.2}$$

(4) 比较和判决。将待检测单元的功率 X_0 与检测阈值 T 进行比较：如果 $X_0 > T$ ，则判决为目标存在；如果 $X_0 < T$，则判决为目标不存在。

(5) 自适应调整。为了减少异常值的影响，可以采用排除一定比例的最高和最低功率参考单元的方法，然后重新计算平均功率。

(6) 实现恒虚警率。通过选择合适的缩放因子 α，CA-CFAR 算法可以在不同的背景噪声水平下保持恒虚警率。

CA-CFAR 算法通过估计背景噪声的功率水平并设置自适应的检测阈值，实现了一种简单而有效的目标检测方法。通过选择合适的参数和自适应调整，CA-CFAR 算法可以在 SAR 图像中实现准确的目标检测，并保持恒虚警率。

2. 似然比检验

似然比检验是统计学中的一项重要技术，用于比较在原假设 H_0 和备择假设 H_1 下数据的似然度(Fisher, 1922)，具体理论参考 6.3.1 小节。在 SAR 图像目标检测中，此方法可以有效地评估某个像素或像素块是否包含目标。

在 SAR 图像目标检测中，似然比检验可以与 CFAR 检测器结合使用。首先使用 CFAR 检测器估计背景杂波的分布，然后基于此分布构建原假设下的概率密度函数。对于目标回波，假设它们遵循一个不同的分布(如高斯分布或韦布尔分布)，以此构建备择假设下的概率密度函数。通过计算每个像素或像素块的似然比，并与预设阈值比较，判断该像素或像素块是否标记为目标。

6.5.2　基于极化特征的检测方法

1. 极化目标分解理论

极化特征的检测方法便是在散射矩阵的基础上，通过对矩阵进行分解操作来得到更符合观察对象的特征分量。Cameron 等(2006)提出相干目标分解将散射矩阵分解成正交分量，并将通过分析这些分量将散射矩阵归到不同物理散射类型中。Ringrose 等(2000) 首先利用相干目标分解方法对 SIR-C 卫星极化数据进行舰船检测，逐点将图像对应到不同散射类型中。由于构成舰船和海洋的散射类型大不相同，可以很好地从海洋杂波中区分出舰船。不同图像散射类型判断很难一致，在粗分辨率下判断主导散射机理也存在问题，所以这种方法具有局限性，Touzi 等(2001)利用极化熵方法对 RADARSAT-2 卫星采集的非公开收费极化数据 Convair-580 进行了不同入射角下舰船检测的研究，说明极化焰可以大大增强目标和背景的对比度。

“目标分解理论”的目的是基于切合实际的物理约束(如平均极化信息对极化基变换的不变性)解译目标的散射机制。受到各向异性微粒的光散射研究成果(Chandrasekhar, 1960)启发，Huynen(1970)首次明确阐述了目标分解理论。这一独创性工作开展以来，研究成员相继提出了多个分解方式，主要分为如下四类(Lee et al., 2017)：

(1) 基于 Kennaugh 矩阵 $\boldsymbol{K}$ (Foo et al., 1984)的二分量分解方法(Yang et al., 2006; Huynen, 1990; Barnes, 1988)。

(2) 基于散射模型分解协方差矩阵 $\boldsymbol{C}_3$ 或相干矩阵 $\boldsymbol{T}_3$ 的方法(Yamaguchi et al., 2005;

Freeman et al., 1998)。

(3) 基于协方差矩阵 $\boldsymbol{C}_3$ 或相干矩阵 $\boldsymbol{T}_3$ 特征矢量或特征值分析的方法(Cloude et al., 1994; Holm et al., 1988)。

(4) 基于散射矩阵 $\boldsymbol{S}$ 相干分解的方法(Touzi et al., 2002; Krogager, 1990; Cameron et al., 1990)。

不同的极化分解方式都有其各自的应用场景。为了便于读者理解极化目标分解理论，下面将介绍散射矩阵、极化相干矩阵和极化协方差矩阵的基本定义，并在给出Freeman-Durden 三分量分解算法(Freeman et al., 1998)的基本原理与运用案例。

2. 散射矩阵 $\boldsymbol{S}$ 、极化相干矩阵 $\boldsymbol{T}$ 与极化协方差矩阵 $\boldsymbol{C}$

将电磁波用琼斯矢量进行表示后便可以描述电磁波从发射到接收过程的变化：

$$\underline{\boldsymbol{E}}_S = \frac{\mathrm{e}^{-\mathrm{j}kr}}{r}\boldsymbol{S}\underline{\boldsymbol{E}}_I\begin{bmatrix} S_{11} & S_{12} \\ S_{21} & S_{22} \end{bmatrix}\underline{\boldsymbol{E}}_I \tag{6.5.3}$$

其中，矩阵 $\underline{\boldsymbol{E}}_I$ 和 $\underline{\boldsymbol{E}}_S$ 分别为发射波和接收波的琼斯矢量；矩阵 $\boldsymbol{S}$ 为散射矩阵(Boerner et al., 2013)；S_{ij} 为复散射系数；$\mathrm{e}^{-\mathrm{j}kr}/r$ 为电磁波传播本身引起的幅度和相位变化；r 为幅度衰减因子；k 为相位衰减因子。散射矩阵的对角元素代表同极化项，非对角元素代表交叉极化项。根据复泡利旋转矩阵基群集合：

$$\{\boldsymbol{\Psi}_{\mathrm{P}}\} = \left\{\sqrt{2}\begin{bmatrix} 1 & 0 \\ 0 & 1 \end{bmatrix}, \sqrt{2}\begin{bmatrix} 1 & 0 \\ 0 & -1 \end{bmatrix}, \sqrt{2}\begin{bmatrix} 0 & 1 \\ 1 & 0 \end{bmatrix}\right\} \tag{6.5.4}$$

可以将散射矩阵利用基群表示，并由此得到“三维泡利特征矢量” $\underline{\boldsymbol{k}}$ 为

$$\underline{\boldsymbol{k}} = \frac{1}{\sqrt{2}}[S_{\mathrm{XX}} + S_{\mathrm{YY}}, S_{\mathrm{XX}} - S_{\mathrm{YY}}, 2S_{\mathrm{XY}}]^{\mathrm{T}} \tag{6.5.5}$$

对其进行外积后可以得到极化相干矩阵(Ziegler et al., 1992; Cloude, 1986)：

$$\boldsymbol{T}_3 = \left\langle \underline{\boldsymbol{k}} \cdot \underline{\boldsymbol{k}}^{*\mathrm{T}} \right\rangle \tag{6.5.6}$$

同理，根据字典矩阵基集合：

$$\{\boldsymbol{\Psi}_{\mathrm{L}}\} = \left\{2\begin{bmatrix} 1 & 0 \\ 0 & 0 \end{bmatrix}, 2\sqrt{2}\begin{bmatrix} 0 & 1 \\ 0 & 0 \end{bmatrix}, 2\begin{bmatrix} 0 & 0 \\ 0 & 1 \end{bmatrix}\right\} \tag{6.5.7}$$

在同样的操作之后，可以得到“三维字典特征矢量” $\underline{\boldsymbol{\Omega}}$ 为

$$\underline{\boldsymbol{\Omega}} = \left[S_{\mathrm{XX}}, \sqrt{2}S_{\mathrm{XY}}, S_{\mathrm{YY}}\right]^{\mathrm{T}} \tag{6.5.8}$$

外积处理后可以得到极化协方差矩阵(Lüneburg, 1995; Ziegler et al., 1992)：

$$\boldsymbol{C}_3 = \left\langle \underline{\boldsymbol{\Omega}} \cdot \underline{\boldsymbol{\Omega}}^{*\mathrm{T}} \right\rangle \tag{6.5.9}$$

3. Freeman-Durden 三分量分解算法

Freeman-Durden 三分量分解算法对散射体作出了一种假设，即散射体满足散射对称

性的要求，此时散射矩阵就进行了第一步化简，对应相干矩阵 $\boldsymbol{T}_3$ 为

$$\boldsymbol{T}_3 = \begin{bmatrix} a & b & 0 \\ b^* & c & 0 \\ 0 & 0 & d \end{bmatrix} \tag{6.5.10}$$

在此基础上将其分为三种基本散射机制进行建模，分别为布拉格表面散射模型(模拟粗糙地面)、二次散射模型及体散射模型，分别求出它们的协方差矩阵 $\boldsymbol{C}_{3\mathrm{S}}$、$\boldsymbol{C}_{3\mathrm{D}}$、$\langle \boldsymbol{C}_{3\mathrm{V}} \rangle_\theta$，最终三种模型的联合协方差矩阵为

$$\boldsymbol{C}_{3\mathrm{V}} = \boldsymbol{C}_{3\mathrm{S}} + \boldsymbol{C}_{3\mathrm{D}} + \langle \boldsymbol{C}_{3\mathrm{V}} \rangle_\theta \tag{6.5.11}$$

由此分解算法可以得到方程组，通过求解方程组可以得到三种模型对应的功率散射分量，之后便可以对功率散射分量进行绘图及 RGB 伪彩色图像合成。

该算法可以很好地识别出人造房屋建筑、粗糙地面与森林区域，在大多数情况下能适用，但是方法中采用的两个重要假设限制了它的使用范围。第一，该算法基于三分量散射模型假设，但这不适用于所有情况；第二，该算法假设发射对称性条件成立。下面将对旧金山地区采用了该分解方法，并在图 6.5.3 中给出各分量功率的散射图。从图 6.5.3 中可见，由于粗糙地面和波动水体中单次散射占主要地位，在单次散射图中亮度最高；建筑物群中双散射占主要地位，因此在双散射图中亮度最高；森林地区中体散射占主要地位，因此在体散射图中亮度最高。同时，可以利用 Freeman-Durden 三分量分解算法结果通过伪彩色进行一个简单的地物分类。在此基础上，Yamaguchi 等(2005)引入螺旋散射分量来进行四分量分解，此处不再赘述，若读者对此感兴趣可参考相关文献。

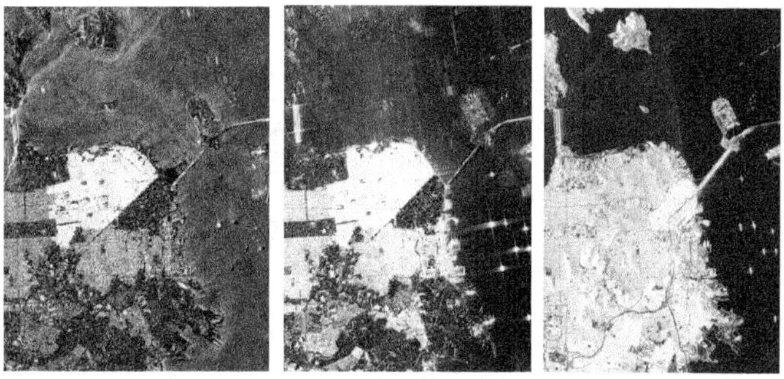

(a) 单次散射 P_S　(b) 双散射 P_D　(c) 体散射 P_V

图 6.5.3　Freeman-Durden 三分量分解算法各散射机制成分的功率

6.5.3　基于干涉相干性的检测方法

1. 干涉测量法与相干图生成

干涉测量法(Zebker et al., 1994)是一种基于 SAR 的技术，引起了遥感科学家和用户的极大兴趣。这种技术包括使用一对复杂的 SAR 图像，其中包含振幅和相位信息。正是图像的这种复合质量使得干涉测量成为可能，其主要产品是干涉图，也是一种复合图像。SAR 干涉测量法是利用从两个接近(几乎重复)的轨道上获取的一对复合图像(包含振

幅和相位信息)来生成干涉图。干涉图的质量在很大程度上取决于用于生成干涉图的两幅复合图像之间的相关程度。可以说，干涉测量相干性(相关性)是衡量干涉测量相位确定精度的指标。干涉相位图是由两幅图像共轭相乘所得，即

$$S(x,y)=S_1(x,y)S_2^*(x,y) \tag{6.5.12}$$

对于 SAR 信号 s_1 和 s_2，相干系数 γ 可表示为(Hanssen, 2001)

$$\gamma=\frac{E\left(s_1s_2^*\right)}{\sqrt{E\left(|s_1|^2\right)E\left(|s_2|^2\right)}}=|\gamma|\exp(\mathrm{j}\phi_0) \tag{6.5.13}$$

其中，E 表示数学期望；$*$ 表示共轭运算。根据 γ 的定义，相干系数是标准化的协方差函数，因此能够反映两个信号之间的线性相关程度，常作为干涉相位精确性的度量。相干性较高的区域，两次回波的相似程度也较高，则干涉相位差能够精确反映回波间的距离差；相干性较低的区域，两次回波之间的相似程度较低。相干系数的定义既包含相位的相似性信息，也包含幅度的相似性信息，是干涉相位图质量最基本的衡量标准。

在实际应用中，通常采用适当的 $m\times n$ 大小的窗口，用下列计算的相干系数近似估计值 $\hat{\gamma}$ 作为窗口中心点像素的相干系数，用以生成相干图(Ichoku et al., 1998)：

$$\hat{\gamma}=\frac{\left|\sum_{i=1}^{m}\sum_{j=1}^{n}S_1(i,j)S_2^*(i,j)\right|}{\sqrt{\sum_{i=1}^{m}\sum_{j=1}^{n}\left|S_1(i,j)\right|^2\sum_{i=1}^{m}\sum_{j=1}^{n}\left|S_2^*(i,j)\right|^2}} \tag{6.5.14}$$

2. 干涉相干性检测分析

相干性是在补偿了所有确定性相位成分(主要是地形高程造成的)之后，通过估算在一个小窗口(范围和方位角的几个像素)内的 SAR 图像对的交叉相关系数得出的。相干系数 γ 是相干性的测度，取值为 0～1。当 $\gamma=1$ 时，认为 s_1 和 s_2 信号完全相干；当 $\gamma=0$ 时，认为 s_1 和 s_2 信号失相干，此时就无法通过干涉处理来获得干涉条纹。

在 SAR 图像中获取的是某一时刻的回波信号值，即对于图像的一个像元，其值是单一不连续的，无法用上面的定义式计算相干系数。考虑到在较小范围内，回波信号反射来自具有相同或近乎相同后向散射特性的物体，因此这些回波信号的相位值也应该是光滑连续的。可对较小影像范围内 N 个像元值进行综合相干分析，以 SAR 影像的空间平均来近似地估计中心像元的相干值。此时，可以用基于空间关系的相干系数的估计值表示。

这种相干系数估计的方法常用来衡量地表物体的散射特性的变化程度。例如，水体通常表现出很低的相干性；分布式目标(如农田、裸地等)一天的时间间隔下表现出中等的相干性，而在一个月后几乎完全失相干；岩石和城区的人工建筑等在若干年的时间间隔下还能保持较高的相干性(Werner et al., 1996)。因此，相干性在基于 SAR 图像的某些应用(如地物分类、变化检测)中都起到十分重要的作用。

但是，这种基于空间平均的相干系数估计同时存在着高估和低估现象(Zebker et al., 2005)。产生高估现象的主要原因：进行相干估计的样本数量通常难以满足统计意义上

足够多的要求(Touzi et al., 1999)。因此，在进行相干系数计算前要选择合适的样本容量。产生低估现象的主要原因：如果在样本的采样区域内，存在剧烈的地形变化，受图像分辨率的限制，相邻像元的相位相似性降低，造成相干系数估计中估值降低。因此，在实际计算中，应当考虑地形对相干性的影响，可以使用外部数字高程模型(digital elevation model，DEM)对相干系数计算进行改正。

除此之外，影响雷达回波强度的地形因素包括表面粗糙度、方向和介电常数(介电常数本身随材料含水量的增加而增大)。这些特性涉及地表形态(包括微地形)、土地覆盖类型和几何特性。以植被为例，其高度、类型(分枝结构)和状态(活跃或干燥)都会影响图像强度。影响相干图像强度的地形因素主要包括构成干涉测量对的两幅图像采集时间间隔内地表的变化。

3. 基于干涉相干性的目标检测

干涉相干性在目标检测上具有巨大潜力。合成孔径雷达及其两个主要干涉测量产品(干涉图和相干图)可以发挥重要作用。众所周知，振幅合成孔径雷达图像可提供与地表特征有关的各种信息，干涉图可提供高程和地面位移信息，相干图像则包含地表变化信息。对于那些难以获取可见光/红外光图像的地区，如云层覆盖的热带地区，现在可以利用合成孔径雷达图像和有限的补充数据绘制地形图和地质图。

近年来，干涉相干性在地物分类上起着极大的作用，众多学者利用干涉相干性进行地物检测。2019 年，Sica 等对时间失相干与相干系数的关系进行了估计，将相干系数和后向散射系数用作输入特征，测试了其在地物分类中的精度表现。以常见的相干性检测雪地为例，有学者利用干涉相干性两种不同的方法对其进行检测，2011 年，Kumar 等根据干涉测量合成孔径雷达(interferometric SAR，InSAR)技术，将像素的相干值进行雪地绘图。使用冬季和无雪月份的 InSAR 对生成干涉图。InSAR 相干值越低，同一地点的积雪量就越大，而相干性高的点可被视为该地区的无雪区。2002 年，李震等以昆仑山脉中段北坡为实验区，利用重复轨道雷达信号的相干性探测地标覆盖类型的变化。通过分析比较 SAR 图像发现，灌丛、裸岩、裸地等受扰动较小的地表相干性高，雪盖、湖面等前后变化较大的地表相干性低。短时间间隔内 SAR 相干度图像中，积雪覆盖区和湖泊区域的相干度急剧下降，再根据积雪和湖泊的散射强度具有很大差异，可以在散射强度图上将二者加以区分，因此利用较为简单的阈值分割法就可以达到很好的积雪划分效果。

干涉相干性也逐渐应用于地表、建筑物形变检测领域，可以实现山体滑坡形变检测、地震监测预警等。基于 ENVISAT 卫星的先进合成孔径雷达(advanced SAR，ASAR)影像，应用增强型 InSAR 时间序列分析方法，成功探测出三峡库区巴东县的两个滑坡体，其形变速率达到 10～15mm/a。基于分布式散射目标干涉测量的汶川震区文家沟巨型滑坡形变监测应用与分析表明，该滑坡区的大部分区域保持相对稳定，其平均形变速率小于 5mm/a，文家沟泥石流治理工程效果显著。利用 InSAR 通用大气校正在线服务(generic atmospheric correction online service for InSAR，GACOS)辅助的 InSAR 时间序列分析方法可广泛用于滑坡形变长期监测及缓慢速率反演中(李振洪等，2019)。此外，Yu 等(2022)对相干系数进行新的应用尝试，利用哨兵 1 号相干系数来表征美国得克萨斯州的暴风雪引起的地表扰动，并将此地表扰动综合其他诸多因素来量化得克萨斯州的积雪深度。

除此之外，干涉相干性还可以用来判断永久散射点。永久散射点是雷达散射特性稳定的目标，对应着在时间序列中，后向散射特征保持高的稳定性，即在各个干涉相对都具有较高的相干性。基于这样的思想，可以依据时间序列相干系数阈值选择永久散射点。

6.5.4 基于深度学习的检测方法

目标检测与识别是 SAR 图像解译的关键处理步骤。在 SAR 目标探测方面，常见的应用包括探测石油泄漏、探测非法船舶运输、探测地面杂波存在下的目标等。然而，由于 SAR 图像中存在斑点，目标检测成为一项具有挑战性的任务(Baltierra et al., 2022)。传统的SAR图像目标检测方法一般由滤波、分割、特征提取等多个相互独立的部分组成，复杂的流程限制了检测的速度，同时多个独立步骤很难整体优化，提升检测精度。

基于深度学习的目标检测算法(He et al., 2017)相比于传统方法显现出了巨大的优越性。深度学习方法的突出优势在于可以实现对高层特征的主动提取，避免了人工选取特征的复杂工作；利用深层的网络结构逐层进行非线性变换，对复杂函数有良好的逼近效果，具有较高的分类准确度；在训练数据集较为完善的情况下，深度学习方法具有较强的鲁棒性和泛化性，能够适应复杂多变的应用环境。

卷积神经网络(CNN)是一种针对二维图像数据特征提取而设计的深度学习模型，通过多个卷积层拟合复杂函数，每个卷积层的特征都由前一层的局部特征通过共享的权重得到，有效地减少了网络的参数个数，缓解了模型的过拟合问题，是目标检测、识别等图像处理领域广泛采用的深度学习模型。

1. 基于 CNN 的目标检测框架

基于 CNN 的图像目标检测框架主要有两类，分别是基于候选区域的目标检测框架和基于回归的目标检测框架。

1) 基于候选区域的目标检测框架

基于候选区域的目标检测框架先通过算法产生目标候选框，再对候选框内的区域做目标分类与边框回归，由于需要分为两阶段进行检测，因此也称为双阶段(two-stage)检测算法。此类算法的特点是检测精度高，但速度较慢，代表性算法有 RCNN 算法(Girshick et al., 2014)、SPP 算法(He et al., 2015)、Fast RCNN 算法(Girshick, 2015)、Faster-RCNN 算法(Ren et al., 2015)、基于区域的全卷积网络(region-based fully convolutional networks，R-FCN)算法(Dai et al., 2016)。图 6.5.4 描述了双阶段目标检测算法流程。

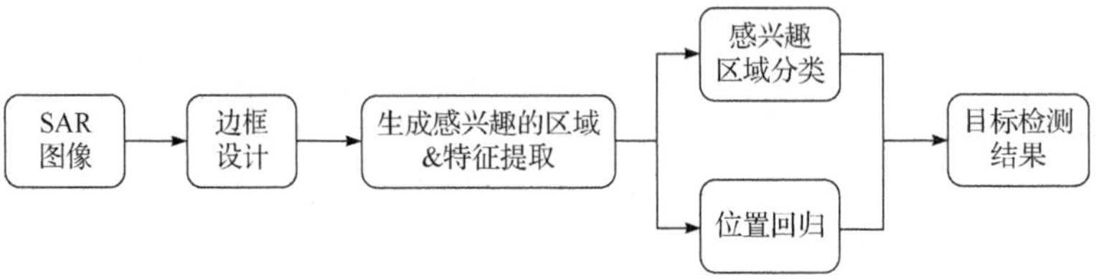

图 6.5.4 双阶段目标检测算法流程图

RCNN 算法通过选择性搜索从输入图像中提取约 2000 个候选区域，并将每个候选区域缩放为固定大小送入 CNN 进行特征提取，然后将得到的特征向量用线性 SVM 分类器预测出候选区域中所含每个类别的概率值。最后，为了提升定位的准确性，采用边界框回归(bounding box regression)对预测边框进行调整。

空间金字塔池化(SPP)网络在产生候选区域之后将整张图片送入 CNN，再将候选区域映射到特征图得到对应的特征区域，从而避免了 RCNN 中对每个候选区域单独提取特征。在卷积层和全连接层之间加入 SPP 结构用于将不同大小的特征区域转换为固定维度的特征向量，代替 RCNN 算法在输入卷积神经网络前对各个候选区域进行剪裁、缩放操作，使其图像子块尺寸一致的做法，避免了因此产生的目标变形。

Fast RCNN 算法借鉴了 SPP 网络的思想，对于每个候选区域，使用感兴趣区域池化层来从 CNN 特征图中提取固定长度的特征向量，通过全连接层之后，特征向量进入 2 个输出层，分别进行分类和边界框回归。Faster-RCNN 采用 RPN 直接产生候选区域，取代了 RCNN 及 Fast RCNN 中选择性搜索过程，提高了检测速度。产生的候选区域送入 Fast RCNN 网络进行分类以及边界框回归。

R-FCN 算法将 Faster-RCNN 算法最后的全连接层换成位置敏感的卷积网络，让所有计算共享。

2) 基于回归的目标检测框架

基于回归的目标检测框架将检测任务作为回归问题，无须产生先验框，直接利用神经网络进行端到端的检测，因此是单阶段检测算法。此类算法的特点是速度很快，同时具有较高的检测精度。其代表算法有 YOLO 系列算法(Redmon et al., 2016)、SSD 算法(Liu et al., 2016b)、RetinaNet 算法(Lin et al., 2017)等。图 6.5.5 描述了单阶段目标检测算法流程。

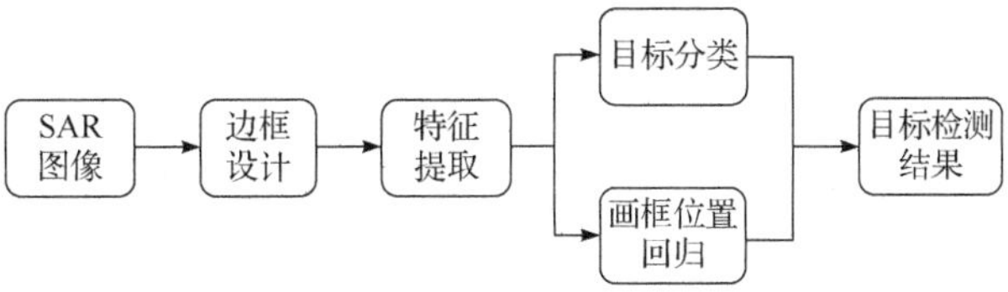

图 6.5.5　单阶段目标检测算法流程图

YOLO 系列算法将图像缩放为固定大小并划分为 $S \times S$ 的网格，每个网格预测 B 个边界框以及边界框置信度 Yolo-v3(Redmon et al., 2018)，通过引入特征金字塔网络(FPN)，融合不同分辨率和不同语义强度的特征，解决了多尺度目标检测的问题。

SSD 算法结合 Faster-RCNN 算法的锚框机制和 YOLO 系列算法的回归思想进行目标检测，相比于早期版本的 YOLO 系列算法，提高了定位精度与分类精度。

RetinaNet 算法提出了聚焦损失(focal loss)函数，解决了训练过程中正负样本类别不平衡的问题，这也是制约单阶段算法检测效果的核心问题。

2. CNN 在 SAR 图像目标检测中的应用

1) 复杂场景下的目标检测

在复杂背景环境下，由于训练数据不足或网络特征提取性能不高，背景杂波可能存在与目标相似的特征，导致网络误检。目标周围的背景通常可以提供有用的上下文信息，如若海面航行的舰船周围背景为海杂波，则目标为舰船的可能性较大；若周围背景为陆地，则可将待检测目标排除。

2) 多尺度条件下小目标的检测

目前研究大多采取多尺度特征融合解决小目标在高层特征中信息丢失的问题。由于底层特征具有较多位置信息，适合小目标检测，因此将底层特征与高层特征融合，能充分利用高层特征的语义信息和低层特征的位置信息，使得检测网络具有多尺度检测能力。

3) 小样本学习方法

深度学习方法需要大量训练数据作为驱动，训练数据集是否完备直接影响模型的泛化能力，而收集数据、制作标签需要消耗大量的人力物力。因此，如何充分利用有限样本训练出较好的模型是关键问题。生成式对抗网络(GAN)是一种扩充数据集的有效手段，在训练过程中，其目标是尽量生成真实的图像去欺骗判别网络，而判别网络的目标就是尽量把生成的图像与真实图像区分开来，这样就构成了一个动态的博弈过程。相比传统方法，利用 GAN 扩充数据能够更好地模拟真实数据的分布特征。

6.6 算例方法

6.6.1 水平边界框目标检测算例

下面通过 Python 代码介绍 SSD 算法对水平边界框目标检测的训练与检测过程。算例采用经典的遥感图像数据 VisDrone①，其原始输入图像如图 6.6.1(a)所示。

(a) 原始输入图像

(b) SSD算法目标检测结果

图 6.6.1 原始输入图像与 SSD 算法目标检测结果

1. 实现过程

使用 https://kkgithub.com/open-mmlab/mmdetection 提供的 MMOpenLab 开源算法框架 MMDetection 进行编写，train_test 函数文件 train_test.py 如下，并放于 mmdetection-main 文件夹中。

```
from mmdet.utils import setup_cache_size_limit_of_dynamo
from mmengine.config import Config, DictAction
from mmengine.runner import Runner
from mmdet.utils import is_metainfo_lower
class cfg_train(object):
```

① 数据集名称，见 http://aiskyeye.com/home/。

```
    def __init__(self):
        self.config = './configs/ssd/ssd300_coco.py'
        self.work_dir = './out_dir'  #训练工作文件夹
class cfg_test(object):
    def __init__(self):
        self.config = './configs/yolov5/yolov5_s-v61_syncbn_8xb16-300e_coco.py'
        self.checkpoint = './out_dir/epoch_best.pth'  #权重文件
        self.work_dir = './out_dir/test'  #测试工作文件夹
        self.show_dir = self.work_dir + '/image'  #测试图片输出
if __name__ == '__main__':
    args = cfg_train()  #导入参数
    setup_cache_size_limit_of_dynamo()
    cfg = Config.fromfile(args.config)
    cfg.launcher = args.launcher
    cfg.work_dir = args.work_dir
    is_metainfo_lower(cfg)
    runner = Runner.from_cfg(cfg)
    runner.train()  #开始训练
    args = cfg_test()  #导入参数
    setup_cache_size_limit_of_dynamo()
    cfg = Config.fromfile(args.config)
    cfg.work_dir = args.work_dir
    cfg.load_from = args.checkpoint
    cfg = trigger_visualization_hook(cfg, args)
    is_metainfo_lower(cfg)
    runner = Runner.from_cfg(cfg)
    runner.test()  #开始测试
```

2. 检测结果

修改对应路径，并运行文件，输出测试图像的检测结果如图 6.6.1(b)所示。

6.6.2 RX 算法异常检测算例

下面通过 Matlab 代码介绍 RX 算法对高光谱图像 HIM 进行异常检测的实现过程。算例检测对象采用经典的原始高光谱图像数据 Indian，如图 6.6.2(a)所示。

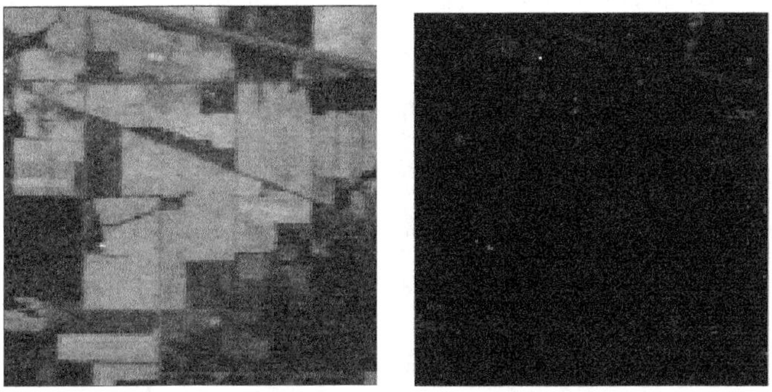

(a) 原始高光谱图像　　(b) RX算法异常检测结果

图 6.6.2　原始高光谱图像与 RX 算法异常检测结果

1. 实现过程

编写 Matlab 函数 RX.m 如下所示。

```
function outputimage=RX(A)
[m,n,q]=size(A);
newimage= reshape( A,m*n,q);
lastimage=newimage';
meanRow=mean(lastimage,2);%求每一行的均值
for i=1:m*n
        lastimage(:,i)= lastimage(:,i)-meanRow;
end
Wcov=cov(lastimage');
invWcov=inv(Wcov)/(m*n-1);
rx=zeros(1,m*n);
for i=1:m*n
       rx(i)=lastimage(:,i)'* invWcov *lastimage(:,i);
end
outputimage=reshape(rx,m,n);
outputimage=mat2gray(outputimage);
```

2. 检测结果

首先，通过 load 函数加载原始高光谱图像数据 Indian_pines_gt.mat，在命令行窗口输入：

```
load('Indian_pines_corrected.mat')
```

然后，通过 RX.m 函数对原始高光谱图像进行异常检测，在命令行窗口中输入：

```
Outputimg = RX(indian_pines_corrected)
figure
Imshow(Outputimg)
```

得到 RX 算法异常检测后的输出图像如 6.6.2(b)所示。

6.6.3 基于 CFAR 算法的 SAR 图像目标检测算例

下面通过 Python 代码实现基于 CFAR 算法的 SAR 图像目标检测。算例检测对象是 Sentinel-1 得到的海上舰船目标 SAR 数据，其输入图像如图 6.6.3(a)所示。

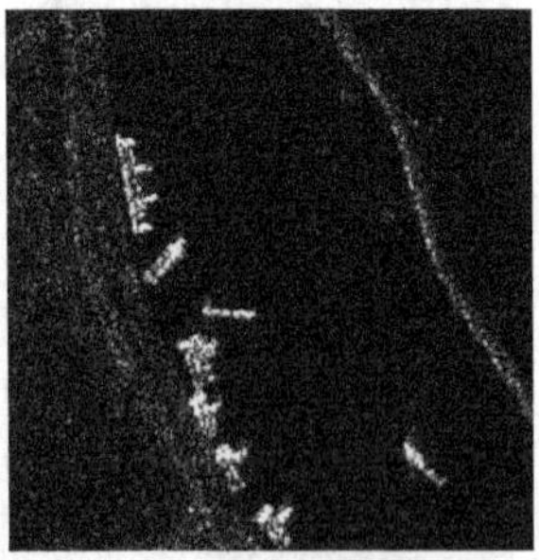

(a) 原始SAR图像

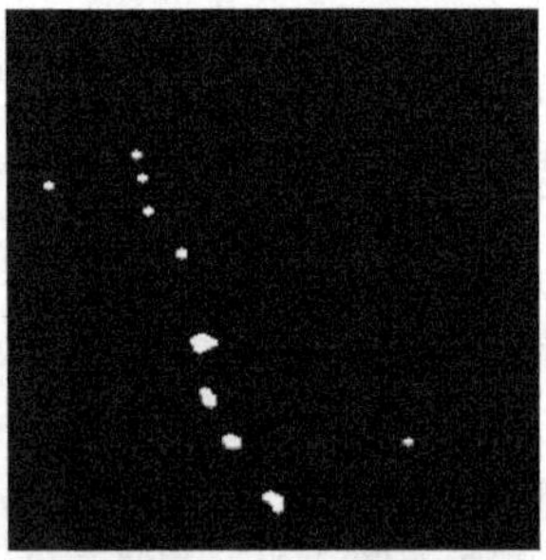

(b) 基于CFAR算法检测结果

图 6.6.3 原始 SAR 图像与基于 CFAR 算法的目标检测结果

1. 实现过程

编写基于 CFAR 的 SAR 图像目标检测函数主代码如下：

```
f = cv2.imread(f_path, cv2.IMREAD_GRAYSCALE)  #读入目标 SAR 图像
Pfa = 0.02  #恒虚警率
f = f.astype(float)  #转化为 Python 常处理的数据类型
f_size = f.shape
global g
g = np.pad(f, ((padLength, padLength), (padLength, padLength)), mode='symmetric')  #原始图像填充，消除边界影响
th = (2 * np.sqrt(-np.log(Pfa)) - np.sqrt(np.pi)) / (np.sqrt(4 - np.pi))  #计算 CFAR 阈值
resultArray = np.zeros_like(g)
for i in range(1 + padLength, f_size[0] + 1 + padLength):  #CFAR 检测
    for j in range(1 + padLength, f_size[1] + 1 + padLength):
        csIndex1, csIndex2, csIndex3, csIndex4 = getEstSec(i, j, 1)
        u, delta = cfarEstPra(csIndex1, csIndex2, csIndex3, csIndex4)
        temp = (g[i, j] - u) / delta
        if temp > th:
            resultArray[i, j] = 255
        else:
            resultArray[i, j] = 0
se = cv2.getStructuringElement(cv2.MORPH_ELLIPSE, (5, 5))  #形态学滤波
resultArray2 = cv2.morphologyEx(resultArray, cv2.MORPH_CLOSE, se)
se = cv2.getStructuringElement(cv2.MORPH_ELLIPSE, (3, 3))
resultArray3 = cv2.erode(resultArray2, se)  #erosion
se = cv2.getStructuringElement(cv2.MORPH_ELLIPSE, (5, 5))
resultArray4 = cv2.morphologyEx(resultArray3, cv2.MORPH_OPEN, se)
```

2. 检测结果

首先，通过 cv2.imread()函数加载原始 SAR 图像数据，输入以下函数代码：

```
f = cv2.imread(f_path, cv2.IMREAD_GRAYSCALE)
```

然后，通过以上检测函数对原始 SAR 图像进行目标检测，之后通过以下代码：

```
plt.figure()
plt.imshow(resultArray4, cmap='gray')
plt.axis('off')
plt.show()
```

得到经过基于 CFAR 算法的 SAR 图像目标检测后的输出图像如图 6.6.3(b)所示。

思 考 题

6.1 当前针对地物目标的检测方法可以分为哪几类？它们分别具有哪些特点？

6.2 请画出 SSD 算法和 RRPN 算法的网络整体结构图。

6.3 地物目标变化检测的一般流程是什么？

6.4 基于像素的变化检测方法主要有哪些？请分别写出各方法的原理。

6.5 高光谱异常目标检测的含义是什么？请根据检测方法的不同写出高光谱目标异常检测的主要分类及其检测原理。

6.6 RX 算法的基本假设和检测步骤分别是什么？请写出简化后的 RX 算子判决表达式。

第 7 章

空天飞行器智能制导与控制

空天飞行器是一种能够在大气层内外自由飞行的航天器，结合了航空和航天技术的优点。空天飞行器智能制导与控制技术的发展，是航天技术领域的一个重要方向，它结合了先进的制导技术、控制理论和空天飞行器的特性，为实现更高效、更灵活的太空任务提供了强有力的支持。随着相关技术的不断进步和完善，空天飞行器智能制导与控制将在未来航天领域发挥更加重要的作用。

7.1 经典制导与控制理论

7.1.1 飞行器制导与控制模型

1. 飞行器制导控制系统

飞行器之所以能够按照合适的路径飞向目标，准确地执行打击任务，其核心在于其随身携带的制导控制系统。以导弹为例，其制导控制系统的基本功能在于，探测或测定导弹相对于目标的飞行情况，计算导弹实际位置与预定位置的飞行偏差，形成导引指令，并操纵导弹改变飞行方向，使其沿预定的弹道飞向目标。制导控制系统由导引和控制两个子系统组成，如图 7.1.1 所示。

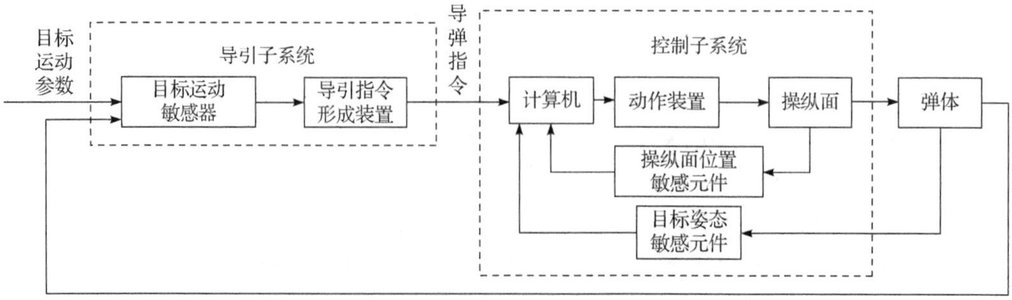

图 7.1.1　制导控制系统(李元凯等，2017)

导引子系统用来探测或测定导弹相对于目标或者发射点的位置，按照要求规划弹道、形成导引指令并传送给控制子系统。导引子系统通常由目标运动敏感器和导引指令形成装置组成。控制子系统响应导引子系统传来的导弹指令信号，产生作用力迫使飞行器改变航向，使飞行器能够沿着所要求的弹道飞行。

2. 飞行器坐标系及转换

1) 飞行器坐标系

(1) 速度坐标系。速度坐标系与导弹速度矢量固连，记为 $Ox_3y_3z_3$。坐标原点 O 位于导弹质心，Ox_3 轴与导弹质心的速度矢量 $\boldsymbol{V}$ 重合，Oy_3 轴位于弹体纵向对称面内，与 Ox_3 轴垂直，指向上为正，Oz_3 轴垂直于 Ox_3y_3 平面，其方向按右手垂直坐标系确定，如图 7.1.2(a)所示。

(2) 弹体坐标系。弹体坐标系与弹体固连，记为 $Ox_1y_1z_1$。坐标原点 O 位于导弹质心，把质心当作惯性中心，Ox_1 轴与弹体纵轴重合，指向头部为正，Oy_1 轴位于弹体纵向对称面内，与 Ox_1 轴垂直，指向上为正，Oz_1 垂直于 Ox_1y_1 平面，方向按右手直角坐标系确定，如图 7.1.2(a)所示。

(3) 地面坐标系。地面坐标系是与地球表面固连的坐标系，记为 $Axyz$。坐标系原点 A 通常选取在导弹发射位置，Ax 轴指向弹道面与水平面交线，指向目标为正；Ay 轴沿垂线向上，Az 轴与 Ax 轴和 Ay 轴垂直并构成右手坐标系，如图 7.1.2(b)所示。对于中近程导弹运动时，往往把地球视为静止不动，即地面坐标系可视为惯性坐标系。

(4) 弹道坐标系。弹道坐标系记为 $Ox_2y_2z_2$，其原点 O 取在导弹的瞬时质心上；Ox_2 轴与导弹速度矢量 $\boldsymbol{V}$ 重合；Oy_2 轴位于包含速度矢量 $\boldsymbol{V}$ 的铅垂面内垂直于 Ox_2 轴，指向上为正；Oz_2 轴垂直于 Oy_2 轴和 Ox_2 轴并构成右手坐标系，如图 7.1.2(c)所示。弹道坐标系与导弹速度矢量 $\boldsymbol{V}$ 固连，它是动坐标系。弹道坐标系和速度坐标系的不同之处在于，轴位于包含速度矢量的铅垂面内，而 Oy_3 轴在导弹的纵向对称面内。若导弹在运动中，导弹的纵向对称面不在沿铅垂面内时，这两个坐标系就不重合。

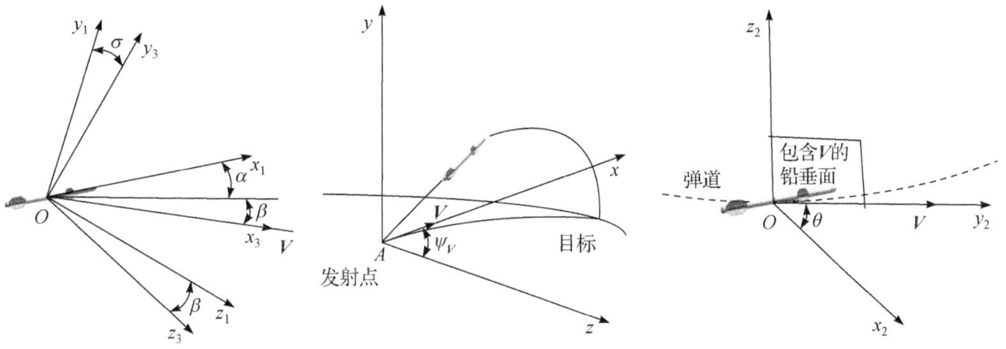

(a) 速度坐标系和弹体坐标系　(b) 地面坐标系　(c) 弹道坐标系

图 7.1.2 飞行器坐标系

2) 地面坐标系与弹道坐标系

由地面坐标系和弹道坐标系的定义可知，因为地面坐标系 Az 轴和弹道坐标系的 Oz_2 轴均在水平面内，所以地面坐标系与导弹坐标系之间的关系通常由两个角度来确定。

导弹倾角 θ：导弹的速度矢量 $\boldsymbol{V}$ (即 Ox_2 轴)与水平间的夹角。速度矢量指向水平面上方 θ 角为正；否则为负。

弹道偏角 ψ_V：导弹的速度矢量 $\boldsymbol{V}$ 在水平面内投影与地面坐标系的 Ax 轴间的夹角。迎 ψ_V 角平面(即迎 Ay 轴俯视)观测，若 Ax 轴逆时针旋转，则 ψ_V 角为正，反之为负。

$$
\begin{bmatrix} x_2 \\ y_2 \\ z_2 \end{bmatrix} = \boldsymbol{L}(\theta,\psi_V)\begin{bmatrix} x \\ y \\ z \end{bmatrix} = \begin{bmatrix} \cos\theta & \sin\theta & 0 \\ -\sin\theta & \cos\theta & 0 \\ 0 & 0 & 1 \end{bmatrix}\begin{bmatrix} \cos\psi_V & 0 & -\sin\psi_V \\ 0 & 1 & 0 \\ \sin\psi_V & 0 & \cos\psi_V \end{bmatrix}\begin{bmatrix} x \\ y \\ z \end{bmatrix}
$$

$$
= \begin{bmatrix} \cos\theta\cos\psi_V & \sin\theta & -\cos\theta\sin\psi_V \\ -\sin\theta\cos\psi_V & \cos\theta & \sin\theta\sin\psi_V \\ \sin\psi_V & 0 & \cos\psi_V \end{bmatrix}\begin{bmatrix} x \\ y \\ z \end{bmatrix} \tag{7.1.1}
$$

式中，$\boldsymbol{L}(\theta,\psi_V)=\boldsymbol{L}(\theta)\boldsymbol{L}(\psi_V)$，$\boldsymbol{L}(\theta)$ 为地面坐标系与弹道坐标系第一次旋转参数，$\boldsymbol{L}(\psi_V)$ 为地面坐标系与弹道坐标系第二次旋转参数。

3. 飞行器飞行动力学模型

1) 作用在飞行器上的力和力矩

飞行器在空中所受力为发动机推力 $\boldsymbol{P}$、空气动力 $\boldsymbol{R}$ 和重力 $\boldsymbol{G}$。其中，$\boldsymbol{R}$ 所分解的三方向力 $[-\boldsymbol{Q},\boldsymbol{Y},\boldsymbol{Z}]^{\mathrm{T}}$，分别为阻力、升力和侧力；在弹体坐标系下分解的三个方向的力矩 $[\boldsymbol{M}_x,\boldsymbol{M}_y,\boldsymbol{M}_z]^{\mathrm{T}}$，一般情况下发动机推力位于对称平面内，设其与 Ox_1 夹角为 φ_P，与质心的偏心距为 e_P。飞行器所受合力在弹体坐标系下可表示为

$$
\begin{bmatrix} \boldsymbol{F}_x \\ \boldsymbol{F}_y \\ \boldsymbol{F}_z \end{bmatrix} = \begin{bmatrix} \boldsymbol{P}\cos\varphi_P \\ \boldsymbol{P}\sin\varphi_P \\ 0 \end{bmatrix} + \boldsymbol{L}(\alpha,\beta)\begin{bmatrix} -\boldsymbol{Q} \\ \boldsymbol{Y} \\ \boldsymbol{Z} \end{bmatrix} + \boldsymbol{L}(\gamma,\vartheta,\psi)\begin{bmatrix} -0 \\ -mg \\ 0 \end{bmatrix} \tag{7.1.2}
$$

重力可以通过飞行器的质量和目前所处位置的重力加速度得到。质量主要与飞行器的自重、挂载和燃油相关，可通过实验测量得出。重力加速度主要与所处经纬度和高度相关，现在已经可以通过模型计算得出。

推力大小与飞行高度 h、空速大小 u、油门开度 δ_P 相关：

$$
\boldsymbol{P} = \boldsymbol{P}(u,h,\delta_P) \tag{7.1.3}
$$

空气动力和动力矩分量可通过下式计算：

$$
\begin{cases} \boldsymbol{Q} = c_x \dfrac{1}{2}\rho u^2 S, \ \ \boldsymbol{Y} = c_y \dfrac{1}{2}\rho u^2 S, \ \ \boldsymbol{Z} = c_z \dfrac{1}{2}\rho u^2 S \\ \boldsymbol{M}_x = m_x \dfrac{1}{2}\rho u^2 SL, \ \ \boldsymbol{M}_y = m_y \dfrac{1}{2}\rho u^2 SL, \ \ \boldsymbol{M}_z = m_z \dfrac{1}{2}\rho u^2 SL \end{cases} \tag{7.1.4}
$$

其中，S 为飞行器参考面积，一般由结构设计相关负责人员给出；ρ 为当前高度上的大气密度；u 为导弹飞行速度；c_x、c_y、c_z 分别为阻力系数、升力系数和侧力系数；m_x、m_y、m_z 分别为滚转力矩系数、偏航力矩系数、俯仰力矩系数；L 为特征长度。

这些系数合称为气动参数，由空气动力学实验得出。

2) 飞行器运动方程组

(1) 飞行器质心的运动学方程：

$$\begin{bmatrix} \dfrac{\mathrm{d}x}{\mathrm{d}t} \\ \dfrac{\mathrm{d}y}{\mathrm{d}t} \\ \dfrac{\mathrm{d}z}{\mathrm{d}t} \end{bmatrix} = \begin{bmatrix} V\cos\theta\cos\psi_V \\ V\sin\theta \\ -V\cos\theta\sin\psi_V \end{bmatrix} \tag{7.1.5}$$

通过积分，可以求得导弹质心相对于地面坐标系 $Axyz$ 的位置坐标(x,y,z)。

(2) 导弹绕质心转动的运动学方程：

$$\begin{bmatrix} \dfrac{\mathrm{d}\vartheta}{\mathrm{d}t} \\ \dfrac{\mathrm{d}\psi}{\mathrm{d}t} \\ \dfrac{\mathrm{d}\gamma}{\mathrm{d}t} \end{bmatrix} = \begin{bmatrix} \boldsymbol{\omega}_y\sin\gamma + \boldsymbol{\omega}_z\cos\gamma \\ \dfrac{1}{\cos\vartheta}(\boldsymbol{\omega}_y\cos\gamma - \boldsymbol{\omega}_z\sin\gamma) \\ \boldsymbol{\omega}_x - \tan\vartheta(\boldsymbol{\omega}_y\cos\gamma - \boldsymbol{\omega}_z\sin\gamma) \end{bmatrix} \tag{7.1.6}$$

设弹体坐标系相对地面坐标系的转动角速度为 $\boldsymbol{\omega}$，$\boldsymbol{\omega}_x$、$\boldsymbol{\omega}_y$、$\boldsymbol{\omega}_z$ 为沿 $\boldsymbol{\omega}$ 弹体坐标系各轴的分量。

注意：上述方程在某些情况下是不能应用的。例如，当 $\theta = 90°$ 时，方程是奇异的，偏航角是不确定的，此时可采用四元数来表示导弹的姿态，并用四元数建立导弹绕质心转动的运动学方程，也可用双欧法克服运动学方程的奇异性，但较复杂。四元数法经常被用来研究导弹或航天器的大角度姿态运动。

7.1.2　PID 控制

经典 PID 控制可表述为

$$u(t) = -K_{\mathrm{P}}y(t) - K_{\mathrm{I}}\int y(t)\mathrm{d}t - K_{\mathrm{D}}\dot{y}(t) \tag{7.1.7}$$

或

$$u(s) = -\left(K_{\mathrm{P}} + \frac{K_{\mathrm{I}}}{s} + K_{\mathrm{D}}s\right)y(s) \tag{7.1.8}$$

在实际的 PID 控制器实现时，当 $\dot{y}$ 不能直接测量时，常通过低通滤波器增加微分来减少噪声影响。可以看出，对于常值扰动，带有 PID 控制器的闭环系统稳态输出为零，即 $y(\infty) = 0$。带有 PID 控制器的闭环特征方程：

$$ms^3 + K_{\mathrm{D}}s^2 + K_{\mathrm{P}}s + K_{\mathrm{I}} = 0 \tag{7.1.9}$$

将期望的闭环特征方程表示为

$$\left(s^2 + 2\zeta\omega_n s + \omega_n^2\right)(s + 1/T) = 0 \tag{7.1.10}$$

其中，ω_n 和 ζ 分别为刚体系统期望的自然频率和复数极点的阻尼比；T 为与积分控制相关的实极点的时间常数。

PID 控制器增益可确定为

$$K_{\mathrm{P}} = m\left(\omega_n^2 + 2\zeta\omega_n / T\right) \tag{7.1.11}$$

$$K_{\mathrm{I}} = m\left(\omega_n^2 / T\right) \tag{7.1.12}$$

$$K_{\mathrm{D}} = m(2\zeta\omega_n + 1/T) \tag{7.1.13}$$

积分控制的时间常数 T 通常为

$$T \approx 10/(\zeta\omega_n) \tag{7.1.14}$$

7.1.3 比例导引

比例导引法是飞行器在攻击目标的导引过程中，其速度矢量的旋转角速度与视线的旋转角速度成比例的一种导引方法。下面以导弹为例进行分析。

导弹导引关系方程为

$$\frac{\mathrm{d}\sigma}{\mathrm{d}t} - K\frac{\mathrm{d}q}{\mathrm{d}t} = 0 \tag{7.1.15}$$

式中，K 为比例系数。比例导引的相对运动参数关系如图 7.1.3(a)所示。

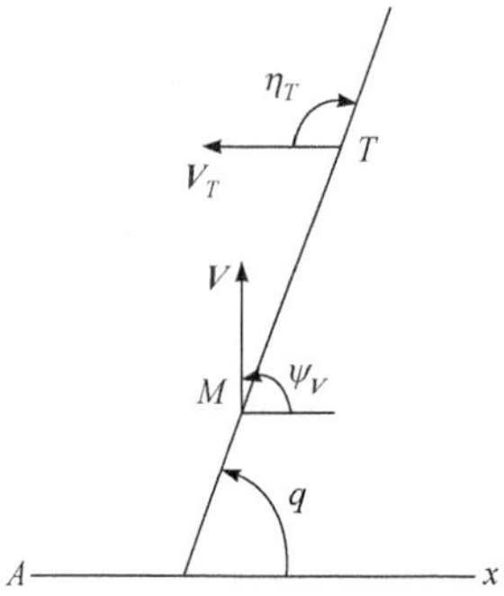

(a) 比例导引的相对运动参数关系

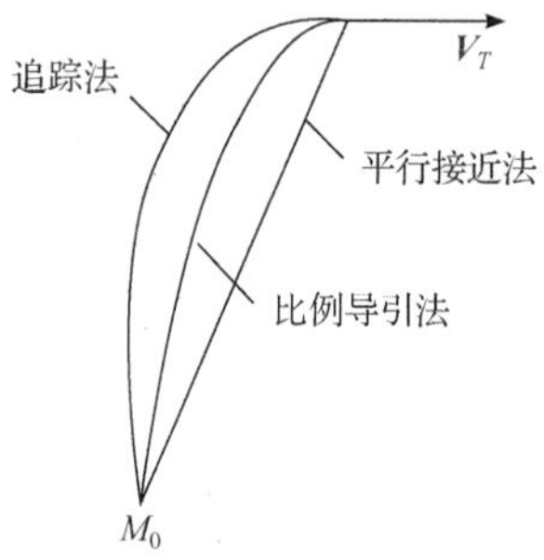

(b) 比例导引的弹道比较

图 7.1.3 比例导引(李元凯等，2017)

假定 K 为常数，对式(7.1.15)进行积分，可将比例导引关系方程转换为

$$\varepsilon_1 = (\sigma - \sigma_0) - K(q - q_0) = 0 \tag{7.1.16}$$

将集合关系式 $q = \sigma + \eta$ 对时间 t 求导并代入式(7.1.15)中，可得比例导引关系方程另一种表达形式为

$$\frac{\mathrm{d}\eta}{\mathrm{d}t} = (1-K)\frac{\mathrm{d}q}{\mathrm{d}t} \tag{7.1.17}$$

由式(7.1.17)可以看出，如果 $K=1$，则 $\mathrm{d}\eta/\mathrm{d}t = 0$，即 $\eta = \eta_0 =$ 常数，这就是常值前置角导引法；在追踪法中 $\eta = 0$，所以追踪法是常值前置角法的一个特例。如果

$K \to \infty$，则 $\mathrm{d}\eta/\mathrm{d}t \to 0$，即 $q = q_0 =$ 常数，这就是平行接近法。

因此，追踪法和平行接近法是比例导引法的特殊情况。比例导引法是介于追踪法和平行接近法之间的一种导引法，比例系数 K 应在范围 $1 < K < \infty$，通常可取 2～6。同样，比例导引法的弹道特性也是介于追踪法和平行接近法之间的，如图 7.1.3(b)所示。随着 K 的增大，导引弹道逐渐平直，需用法相过载也逐渐减少。

比例导引法的弹目相对运动方程组建立为

$$\begin{cases} \dfrac{\mathrm{d}r}{\mathrm{d}t} = \boldsymbol{V}_r \cos\eta_t - \boldsymbol{V}\cos\eta \\ r\dfrac{\mathrm{d}q}{\mathrm{d}t} = \boldsymbol{V}\sin\eta - \boldsymbol{V}_T \cos\eta_T \\ q = \sigma + \eta, q = \sigma_T + \eta_T \\ \dfrac{\mathrm{d}\sigma}{\mathrm{d}t} = K\dfrac{\mathrm{d}q}{\mathrm{d}t} \end{cases} \tag{7.1.18}$$

当 $\boldsymbol{V}$、$\boldsymbol{V}_r$、σ_T 的变化规律和初始条件 r_0、q_0、σ_0、η_0 给定，则方程组(7.1.18)可求解。在特殊条件下，如比例系数 $K = 2$，目标等速直行飞行时，该方程组可得解析解。

1. 弹道特性

首先考虑直线弹道问题。直线弹道需要满足 $\dot{\sigma} = 0$，因而 $\dot{q} = 0$，$\dot{\eta} = 0$，即 $\eta = \eta_0 =$ 常数。于是有

$$\boldsymbol{V}\sin\eta \ - \ \boldsymbol{V}_T\sin\eta_T = 0 \tag{7.1.19}$$

该式表明，导弹和目标的速度矢量在视线的法向分量相等，即导弹的相对速度始终指向目标。所以要获得直线弹道，从导引初始时刻，导弹速度矢量的前置角要严格满足：

$$\eta_0 = \arcsin\left(\frac{\boldsymbol{V}_T}{\boldsymbol{V}}\sin\eta_T\right)\bigg|_{t=t_0} \tag{7.1.20}$$

下面讨论弹道的需用法向过载。比例导引法要求导弹的转弯速度与视线旋转角速度 $\dot{\sigma}$ 成正比，因此导弹的需用法向过载也与 $\dot{q}$ 成正比。通过 $\ddot{q}$ 的变化规律来研究弹道各点的需用法向过载。

对式(7.1.18)第二个公式两边同时对时间求导，得

$$\dot{r}\dot{q} + r\ddot{q} = \boldsymbol{V}\sin\eta + \boldsymbol{V}\dot{\eta}\cos\eta - \boldsymbol{V}_T\sin\eta_T - \boldsymbol{V}_T\dot{\eta}_T\cos\eta_T \tag{7.1.21}$$

$$\dot{\eta} = (1-K)\dot{q} \tag{7.1.22}$$

$$\dot{\eta}_T = \dot{q} - \dot{\sigma}_T \tag{7.1.23}$$

$$\dot{r} = -\boldsymbol{V}\cos\eta + \boldsymbol{V}_T\cos\eta_T \tag{7.1.24}$$

将式(7.1.22)～式(7.1.24)代入式(7.1.21)，整理得

$$r\ddot{q} = -(K\boldsymbol{V}\cos\eta + 2\dot{r})(\dot{q} - \dot{q}^*) \tag{7.1.25}$$

$$\dot{q}^* = -\frac{\dot{V}\sin\eta - \dot{V}_T\sin\eta_T + \dot{V}_T\dot{\sigma}_T\cos\eta_T}{KV\cos\eta + 2\dot{r}} \tag{7.1.26}$$

当目标等速直线飞行，导弹等速飞行时，要使导弹平缓弯转，就必须使 $\dot{q}$ 收敛，故应满足条件：

$$K > \frac{2|\dot{r}|}{V\cos\eta} \tag{7.1.27}$$

当目标机动飞行，导弹变速飞行时，下面作详细介绍。由式(7.1.26)可知，$\dot{q}^*$ 是时变函数，它与目标的切向加速度 $\dot{V}_T$、法向加速度 $V_T\sigma_T$ 和导弹的切向加速度 $\dot{V}$ 均有关，因此 $\dot{q}^*$ 不再为零。当 $KV\cos\eta + 2\dot{r} \neq 0$，$\dot{q}^*$ 为有限值。如果 $KV\cos\eta + 2\dot{r} > 0$，且 $\dot{q} < \dot{q}^*$，则 $\ddot{q} > 0$，此时 $\dot{q}$ 将不断增大；当 $\dot{q} > \dot{q}^*$，则 $\ddot{q} < 0$，这时 $\dot{q}$ 将不断减小。总之，$KV\cos\eta + 2\dot{r} > 0$ 时，$\dot{q}$ 有逐渐接近 $\dot{q}^*$ 的趋势；反之，若 $KV\cos\eta + 2\dot{r} < 0$，则 $\dot{q}$ 有逐渐偏离 $\dot{q}^*$ 的趋势，弹道变得弯曲，在接近目标时，导弹要以极大的速率转弯。

下面讨论命中目标时的需用法向过载。如果 $KV\cos\eta + 2\dot{r} > 0$，$\ddot{q}$ 是有限值。由式(7.1.25)可以看出，在命中点 $r = 0$，公式等号左端为零，这就要求在命中点处 $\dot{q} > \dot{q}^*$。根据式(7.1.26)，导弹在命中目标时的需用法向过载为

$$n_k = \frac{V_K\dot{\sigma}_K}{g} = \frac{KV_K\dot{q}_k}{g} = \frac{1}{g}\left.\frac{\dot{V}\sin\eta - \dot{V}_T\sin\eta_T + V_T\dot{\sigma}_T\cos\eta_T}{\cos\eta - \dfrac{2|\dot{r}|}{KV}}\right|_{\dot{r}=r_k} \tag{7.1.28}$$

由式(7.1.28)可知，导弹命中目标时的需用法向过载与命中点的导弹速度和导弹对目标的接近速度 $|\dot{r}|$ 有直接关系。如果命中点导弹的速度小，需用法向过载将增大。导弹攻击方向不同，$|\dot{r}|$ 是不同的。迎面攻击时，$|\dot{r}| = V + V_T$；尾随攻击时，$|\dot{r}| = V - V_T$。由于前半球攻击时的 $|\dot{r}|$ 比后半球攻击的 $|\dot{r}|$ 大，前半球攻击的需用法向过载也比后半球的大，显然，后半球攻击比较有利。式(7.1.28)还表明，命中时刻需用法向过载还与导弹速度变化和目标的机动性有关。根据式(7.1.28)，当 $KV\cos\eta + 2\dot{r} < 0$ 时，可以看出 $\dot{q}_k$ 是发散的。这意味着 K 较小时，在命中目标时刻，导弹要以极大的速率转弯，命中点的需用法向过载也极大，这在实际中是难以实现的，所以 K 对于命中目标存在一个下限。

2. 比例系数的选择

从前面讨论可知，比例系数 K 的大小直接影响弹道特性，影响飞行器能否命中目标。选择合适的 K 除了考虑这些因素外，还要考虑结构强度所允许的承受过载的能力及制导系统能否稳定工作等因素。

(1) K 的下限应满足 $\dot{q}$ 收敛的条件。在导弹接近目标的过程中，视线角速度 $\dot{q}$ 收敛，使得 $|\dot{q}|$ 不断减小，这等价于需用法向过载也不断减小。前面讨论得知，$\dot{q}$ 的收敛条件为式(7.1.25)，这就给出了 K 的下限值。由式(7.1.25)可知，导弹从不同方向攻击目标 $|\dot{r}|$ 是不同的，K 的下限值也不相同，所以需要根据具体情况来选择适当的 K，使得

导弹从各个方向攻击的性能都能兼顾，充分发挥导弹在主攻方向上的性能。

(2) K 的上限受到可用法向过载的限制。式(7.1.25)限制了 K 的下限，但其上限值如果取得过大，由 $n=(KVq/g)$ 可知，即使 $\dot{q}$ 不大，需用法向过载也可能很大。考虑到导弹受到最大舵偏角的限制存在一个可用法向过载，若需用法向过载超过可用法向过载，导弹就不能沿比例导引弹道飞行。因此，可用法向过载给出了 K 的上限值。

(3) K 应满足制导系统稳定工作的要求。K 在制导反馈回路中起到放大器的作用，如果 K 选得过大，外界干扰对导弹飞行的影响就会明显增大，这是因为 $\dot{q}$ 的微小变化将引起 $\dot{\sigma}$ 的很大变化。因此，从制导系统稳定性出发，K 的上限要受到限制。

3. 广义比例导引法

比例导引法的优点为在满足 $K>2|\dot{r}|/(V\cos\eta)$ 的条件下，$|\dot{r}|$ 逐渐减小，弹道前段较弯曲，能充分利用导弹的机动性能，而弹道后段较为平直，使导弹具有较充裕的机动能力。只要 K、η_0、q_0、p_0 等参数组合得当，就可以使全弹道的需用法向过载均小于可用法向过载，实现全向攻击。另外，与平行接近法相比，对瞄准发射时的初始条件要求不严。在技术实施上只需测量 $\dot{q}$、$\dot{\sigma}$，容易实现。然而，比例导引法的缺点在于命中目标时的需用法向过载与命中点导弹速度以及攻击方向有关，攻击性能受到制约。为改善导引特性，提出了广义比例导引法。广义比例导引法的导引关系为需用法向过载与视线角速度成比例，即

$$n=K_1\dot{q} \tag{7.1.29}$$

或

$$n=K_2|\dot{r}|\dot{q} \tag{7.1.30}$$

其中，K_1、K_2 为比例系数。

下面讨论这两种广义比例导引法在命中点处的需用法向过载。

关系式 $n=K_1\dot{q}$ 与传统比例导引法的关系式 $n=(KV/g)\dot{q}$，即 $n=K\dot{q}$ 相比较，得 $K=K_1g/V$，代入式(7.1.28)，此时命中目标时导弹的需用法向过载为

$$n_k=\frac{1}{g}\left.\frac{\dot{V}\sin\eta-\dot{V}_T\sin\eta_T+V_T\dot{\sigma}_T\cos\eta_T}{\cos\eta-\dfrac{2|\dot{r}|}{K_1g}}\right|_{t=t_k} \tag{7.1.31}$$

由式(7.1.31)可见，按 $n=K_1\dot{q}$ 形式的比例导引规律导引，命中点处的需用法向过载与导弹的速度无关。同理，按 $n=K_2|\dot{r}|\dot{q}$ 规律导引时，比例参数存在关系 $K=K_2g|\dot{r}|/V$，代入式(7.1.28)，可得需用法向过载为

$$n_k=\frac{1}{g}\left.\frac{\dot{V}\sin\eta-\dot{V}_T\sin\eta_T+V_T\dot{\sigma}_T\cos\eta_T}{\cos\eta-\dfrac{2}{K_2g}}\right|_{t=t_k} \tag{7.1.32}$$

由此可知，按 $n = K_2 |\dot{r}| \dot{q}$ 规律导引，命中点处的需用法向过载不仅与导弹速度无关，而且与攻击方向也无关，有利于实现全向攻击。

7.2 智能飞行控制系统

7.2.1 强化学习智能控制方法

1. 智能控制的提出

传统控制方法包括经典控制方法和现代控制方法，是基于被控对象精确模型的控制方式，缺乏灵活性和应变能力，适于解决线性、时不变性等相对简单的控制问题。传统控制方法在实际应用中遇到很多难以解决的问题，主要表现在以下几点：①由于实际系统存在复杂性、非线性、时变性、不确定性和不完全性等，无法获得精确的数学模型；②某些复杂的和包含不确定性的控制过程无法用传统的数学模型来描述，即无法解决建模问题；③针对实际系统往往需要进行一些比较苛刻的线性化假设，而这些假设往往与实际系统不符合；④实际控制任务复杂，而传统的控制任务要求低，对复杂的控制任务如智能机器人控制、计算机集成制造系统(computer integrated manufacturing system，CIMS)、社会经济管理系统等无能为力。在生产实践中，复杂控制问题可通过熟练操作人员的经验和控制理论相结合去解决，由此产生了智能控制。智能控制将控制理论的方法和人工智能技术灵活地结合起来，其控制方法适应对象的复杂性和不确定性。

智能控制研究对象具备以下一些特点：①不确定性的模型。智能控制适合于不确定性对象的控制，其不确定性包括两层意思：一是模型未知或知之甚少；二是模型的结构和参数可能在很大范围内变化。②高度的非线性。采用智能控制方法可以较好地解决非线性系统的控制问题。③复杂的任务要求。例如，智能机器人要求控制系统对一个复杂的任务具有自行规划和决策的能力，有自动躲避障碍运动到期望目标位置的能力。又如，在复杂的工业过程控制系统中，除了要求对各被控物理量实现定值调节外，还要求能实现整个系统的自动启/停、故障的自动诊断及紧急情况下的自动处理等功能。

2. 智能控制的概念

智能控制是一门交叉学科，最早期的智能控制是人工智能与自动控制的交叉，即二元论。后来在此基础上引入运筹学，提出了三元论的智能控制概念，基于三元论的智能控制如图 7.2.1 所示。

人工智能是一个用来模拟人的思维的知识处理系统，具有记忆、学习、信息处理、形式语言、启发推理等功能。自动控制描述系统的动力学特性，是一种动态反馈。运筹学是一种定量优化方法，如线性规划网络规划、调度、管理、优化决策和多目标优化法等。三元论除了“智能”与“控制”外，还强调了更高层次控制中调度、规划和管理的作用，为递阶智能控制提供了理论依据。智能控制，即设计一个控制器(或系统)，使之具有学习、抽象、推理、决策等功能，并能根据环境(包括被控对象或被控过程)信息的

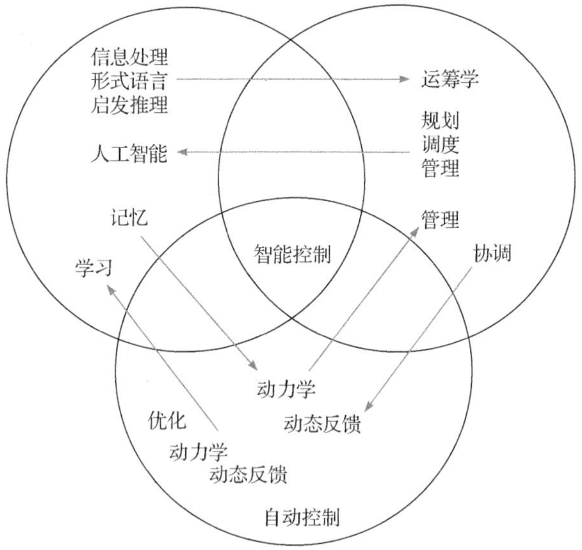

图 7.2.1　基于三元论的智能控制

变化做出适应性反应，从而实现由人来完成的任务。

3. 智能控制的发展

智能控制是自动控制发展的最新阶段，主要用于解决传统控制难以解决的复杂系统的自动控制问题。控制科学的发展过程如图 7.2.2 所示。

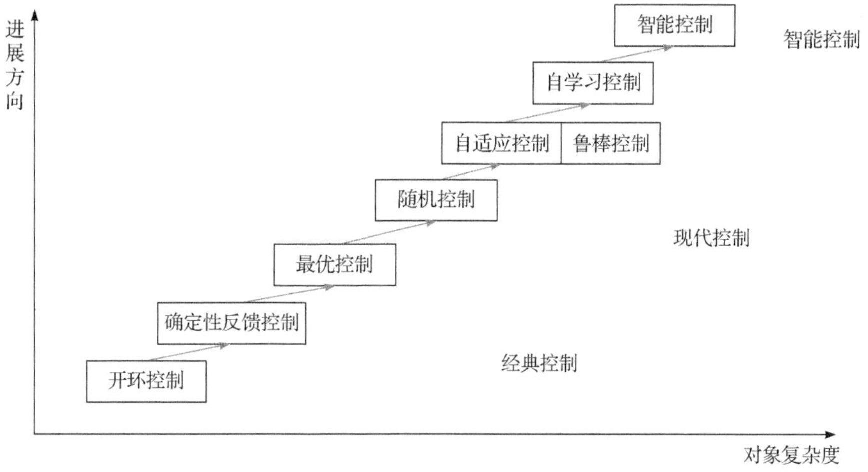

图 7.2.2　控制科学的发展过程

20 世纪 60 年代起，由于空间技术、计算机技术及人工智能技术的发展，控制界学者在研究自组织、自学习控制的基础上，为了提高控制系统的自学习能力，开始注意将人工智能技术与方法应用于控制中。

20 世纪 40 年代美国数学家维纳创立控制论以来，自动控制理论经历了经典控制理论和现代控制理论两个重要发展阶段。在处理复杂系统控制问题中，经典控制理论在面临复杂性所带来的问题时，力图突破旧的模式以适应社会对自动化学科提出的新要求，世界各国控制理论界都在探索建立新一代控制理论来解决复杂系统的控制问题。把传统控制理论与模糊逻辑、神经网络、遗传算法等人工智能技术相结合，充分利用人类的控制知识对复杂系统进行控制，逐渐形成智能控制理论的雏形。1985 年 8 月，IEEE 在美国纽约召开第一届智能控制学术讨论会，集中讨论智能控制的原理和系统结构等问题，标志着这一新体系的形成。虽然智能控制理论体系的提出只有几十年的历史，尚未形成完整的理论，但其已有的应用成果和理论发展说明了智能控制正成为自动控制的前沿学科之一。可以预计，第三代控制理论会把智能控制理论作为一个重要分支(李少远等，2011)。

7.2.2 模糊自适应智能控制方法

1. 模糊控制基本原理

模糊控制(fuzzy control)是以模糊集理论、模糊语言变量和模糊逻辑推理为基础的一种智能控制方法，它从行为上模仿人的模糊推理和决策过程。该方法首先将操作人员或专家经验编成模糊规则，然后将来自传感器的实时信号模糊化，将模糊化后的信号作为模糊规则的输入，完成模糊推理，将推理后得到的输出量加到执行器上：

$$u = e \circ R \tag{7.2.1}$$

其中，e 为输入误差；R 为模糊规则；u 为输出量；$\circ$ 为模糊合成运算。

由图 7.2.3 可知，模糊控制系统与通常的计算机数字控制系统的主要差别在于采用了模糊控制器。模糊控制器是模糊控制系统的核心，一个模糊控制系统的性能优劣，主要取决于模糊控制器的结构所采用的模糊规则、合成推理算法及模糊决策的方法等因素。

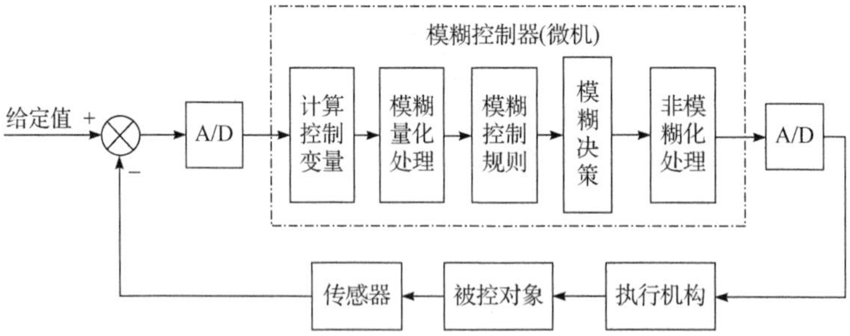

图 7.2.3 模糊控制原理框图

模糊控制器(fuzzy controller，FC)又称模糊逻辑控制器(fuzzy logic controller，FLC)，所采用的模糊控制规则是由模糊理论中模糊条件语句来描述的，模糊控制器是一种语言型控制器，故也称为模糊语言控制器(fuzzy language controller，FLC)。

2. 模糊控制器的组成

模糊控制器的组成如图 7.2.4 所示。

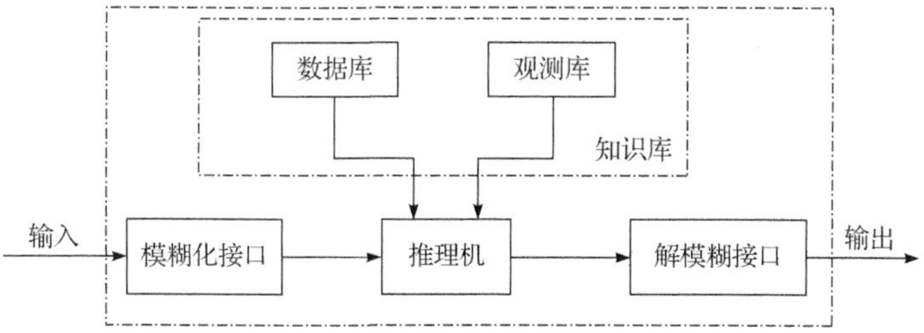

图 7.2.4　模糊控制器的组成框图

1) 模糊化接口

模糊控制器的输入必须通过模糊化才能用于控制输出，因此，它实际上是模制控制器的输入接口，称为模糊化接口(fuzzy interface)，其主要作用是将真实的确定量输入转换为一个模糊变量。对于一个模糊输入变量 e，其模糊子集通常可以按如下方式划分：

(1) e={负大,负小,零,正小,正大}={ NB, NS, ZO, PS, PB }；

(2) e={负大,负中,负小,零,正小,正中,正大}={ NB,NM,NS,ZO,PS,PM,PB }；

(3) e={负大,负中,负小,零负,零正,正小,正中,正大}={ NB,NM,NS,NZ, PZ,PS, PM, PB }。

将方式(3)用三角形隶属度函数表示，如图 7.2.5 所示。

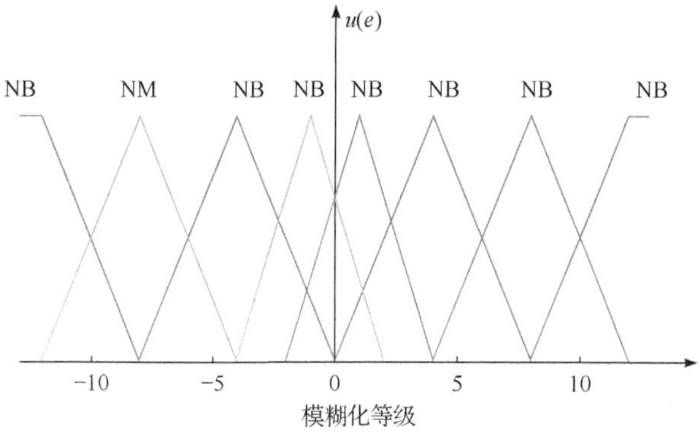

图 7.2.5　模糊子集和模糊化等级的三角形隶属度函数

2) 知识库

知识库(knowledge base，KB)由数据库和规则库两部分构成。数据库(data base，DB)所存放的是所有输入变量、输出变量的全部模糊子集的隶属度向量值(即经过论域等级离散化以后对应值的集合)。若论域为连续域，则为隶属度函数。在规则推理的模糊关系方程求解过程中，向推理机提供数据。规则库(rule base，RB)基于专家知识或手动操作人员长期积累的经验，它是按人的直觉推理的一种语言表示形式。模糊规则通常由一系列的关系词连接而成，如 if-then、else、or、end、also 等，关系词必须经过“翻译”才能将模糊规则数值化。最常用的关系词为 if-then 和 also，对于多变量模糊控制系统，还有 and 等。例如，某模糊控制系统输入变量为 e(误差)和 ec (误差变化)，它们对应的语言变量为 E 和 EC，可给出一组模糊规则为

R1:　if E is NB and EC is NB then U is PB

R2: if E is NB and EC is NS then U is PM

通常把 if 部分称为“前提部”，而 then 部分称为“结论部”，其基本结构可归纳为 if A and B then C 。其中，A 为论域 U 上的一个模糊子集，B 是论域 V 上的一个模糊子集。根据人工控制经验，可离线组织其控制决策表 R 。R 是笛卡儿乘积集 $U \times V$ 上的一个模糊子集，则某一时刻其控制量为

$$C = (A \times B) \circ R \tag{7.2.2}$$

其中，$\times$ 为模糊直积运算。

规则库是用来存放全部模糊控制规则的，在推理时为“推理机”提供控制规则。由上述可知，规则的条数与模糊变量的模糊子集划分有关，划分越细，规则条数越多，但并不代表规则库的准确度越高，规则库的“准确性”还与专家知识的准确度有关。

3) 推理机与解模糊接口

推理机是模糊控制器中，根据输入模糊量，由模糊控制规则完成模糊推理来求解模糊关系方程，并获得模糊控制量的功能部分。在模糊控制中，考虑到推理时间，通常采用运算较简单的推理方法。最基本的有基于模糊集的近似推理(程里春，1990)，它包含正向推理和逆向推理两类。正向推理常被用于模糊地制中，而逆向推理一般用于知识工程学领域的专家系统中。推理结果的获得表示模糊控制的规则推理功能已经完成，但是，至此所获得的结果仍是个模糊向量，不能直接用来作为控制量，还必须进行一次转换，求得清晰的控制量输出，即为解模糊。通常把输出端具有转换功能作用的部分称为解模糊接口(inference and defuzzy-interface)。

综上所述，模糊控制器实际上是依靠微机(或单片机)来构成的，它的绝大部分功能由计算机程序来完成。随着专用模糊芯片的研究和开发，可以由硬件逐步取代各组成单元的软件功能。

7.2.3 神经网络智能控制方法

1. 神经网络控制基本原理

神经网络控制是基于神经网络的控制方法，简称“神经控制”。随着被控对象越来越复杂，人们对控制系统的要求越来越高。传统的基于精确模型的控制方法，难以保证被控对象在模型不确定性、时变等因素下的控制性能。神经网络控制充分利用了神经网络的自适应性和学习能力、非线性映射能力、鲁棒性和容错能力。应用神经网络控制技术，可对难以精确建模的复杂非线性对象进行神经网络模型辨识、控制、优化计算、推理或故障诊断。由于具有上述优点，神经网络控制越来越受到学者重视，近年来得到迅速发展，是智能控制的一种重要形式。

1) 神经网络控制基本思想

神经网络控制是随着神经网络理论研究的不断深入而发展起来的。根据神经网络在控制器中作用的不同，神经网络控制器可分为两类：一类为神经网络控制，它是以神经网络为基础而形成的独立智能控制系统；另一类为混合神经网络控制，它是指利用神经网络学习和优化能力来改善传统控制的智能控制方法，如自适应神经网络控制等。

传统的基于模型的控制方法需要根据被控对象的数学模型以及控制的性能指标来设计控制器，控制律通过数学解析式加以描述，具有显式表达知识的特点。对于复杂的被控对象和环境，其数学解析式往往难以获得。因此，希望控制器能够根据被控对象行为的观测量，自适应地控制被控对象达到期望要求。神经网络控制能够通过被控对象的输入输出数据，利用神经网络学习算法，不断获取控制对象的知识，以实现对系统模型的预测和估计，从而产生控制信号，使输出尽可能地接近期望轨迹。神经网络控制不善于显式表达，但它利用了神经网络强大的非线性映射能力，可以达到优良的控制性能。

在工程中，通过控制适当的输入量，使系统获得期望的输出特性，而神经网络控制系统将传统的控制器替换为神经网络控制器，以满足特定的任务要求，其原理如图 7.2.6 所示。

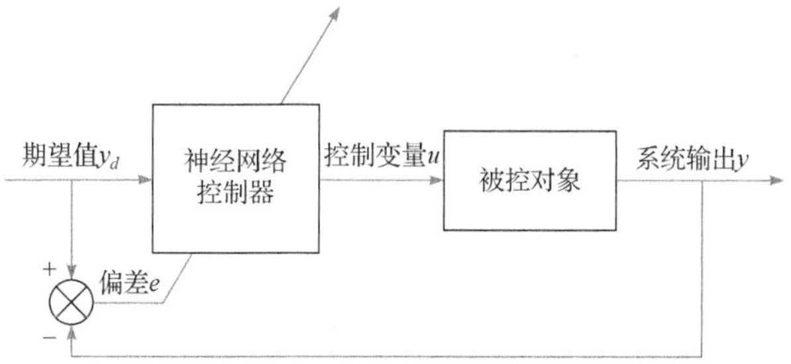

图 7.2.6　神经网络控制系统原理

2) 神经网络控制的特点

神经网络模型能够足够精确地描述系统动态，因此可用作基本模型以提升控制器的鲁棒性。神经网络具有出色的学习能力，能够通过自动调整和修正连接权重，使网络的输出达到期望的要求。与传统控制相比，神经网络控制具有以下重要特性：①非线性，神经网络在理论上可以充分逼近任意非线性函数；②并行分布处理，神经网络具有高度的并行结构和并行实现能力，使其具有更大程度的容错能力和较强的数据处理能力；③学习和自适应性，能对知识环境提供的信息进行学习和记忆；④多变量处理，神经网络可处理多输入信号，并具有多输出，它非常适合用于多变量系统。这些特性能够很好地适应控制器需要，因此神经网络也被广泛应用于控制系统，其作用通常有以下几种：①在传统的控制系统中用以动态系统建模，充当对象模型；②在反馈控制系统中直接充当控制器；③在传统控制系统中起优化计算作用；④与其他智能控制方法如模糊逻辑、遗传算法、专家控制等相融合。

根据结构和作用不同神经网络控制的分类有多种方式。1992 年，Hunt 等在其发表的综述文章中，基于模型的不同结构，将神经网络控制分类为神经网络系统辨识、神经网络内模控制、神经网络模型参考自适应控制、神经网络预测控制、神经网络监督控制、神经网络直接逆控制、神经网络最优决策控制和神经网络混合控制等。

2. 神经网络控制主要结构

1) 神经网络内模控制

内部模型控制简称内模控制(internal model control，IMC)，于 1982 年由 Garcia 等提

出，由于其在预测控制系统的有效参数易调等优点，很快在控制界引起极大重视。神经网络在非线性映射方面具有突出的逼近能力，可以用来构建控制系统中的内模控制器。

内模控制具有较强的鲁棒性，神经网络内模控制系统如图 7.2.7 所示。内模控制将被控系统的正向模型和逆模型直接加入反馈回路，神经网络内模控制系统的正向模型及控制器 C 均由神经网络实现。同直接逆控制不同，其中系统的正向模型作为被控对象的近似模型与实际对象 P 并联，两者输出之差 f 被用作反馈信号，该反馈信号 f 又经过前向通道的滤波器 F 及控制器 C 进行处理，构成了闭环控制系统。当内模控制系统的近似模型 M 能够准确表达对象的输入输出关系，在不考虑干扰的情况下，两者输出之差即反馈信号为 0，系统成为开环，系统可以看作直接逆控制。但是在实际情况下，模型具有不确定性，自身情况很复杂，同时，外界干扰 d 也会影响模型判断，两者输出之差 $f \neq 0$，但闭环负反馈控制系统仍然最终可以使系统输出 y 接近 r。可以看出，该系统具有很好的鲁棒性。

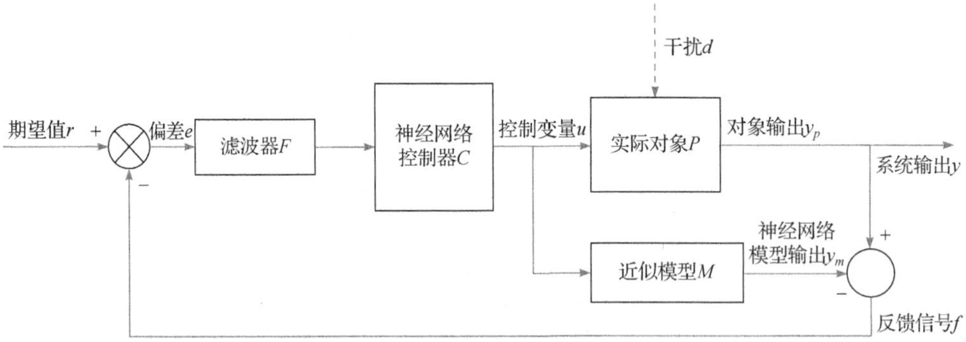

图 7.2.7 神经网络内模控制系统

滤波器 F 是惯性环节或积分环节，用来补偿控制器 C 的纯微分项，并对偏差 e 的变化进行平滑，使控制变量 u 不致进入饱和区。神经网络内模控制系统中，神经网络模型实现对象的逼近，神经网络控制器实现逆控制，最终实现对被控对象的自适应控制。

2) 神经网络预测控制

预测控制由 Rault 等于 1978 年提出，经过多年发展，逐渐形成控制方法的三个机理，即预测模型、滚动式优化和反馈校正。根据这三个机理，可以改善控制系统的控制效果与鲁棒性，适用于控制不易建立精确数学模型且比较复杂的工业生产过程，对化工、机械、计算机复杂工业控制发展产生了极其重要的影响。

预测模型是指预测控制系统可以对系统历史信息和任意选定输入与预测未来输出构建预测模型。相比传统控制，预测控制极大放宽了对模型参数的严苛要求，建立了一种全新的建模方式。神经网络具有很强的自学习、自适应和容错能力，可以对非线性不确定模型进行快速逼近，在预测控制的基础上使用神经网络将大大提升控制器的运算速度，改善控制系统对于未知输入和外来干扰的适应性。

神经网络预测控制算法针对系统模型参数未知的被控对象，基于系统的状态变量，通过神经网络辨识被控对象的未知参数，并将被控对象的模型信息提供给自适应反馈控制器。校正主要通过采集的过程输入、输出信息，基于神经网络实现过程模型的在线辨识和参数估计。在获得过程模型或估计参数的基础上，按照性能优化准则，计算控制参数，使得闭环系统能够达到最优的控制品质。相对于传统控制器，通过反馈校正机理控制系统拥有了更强的鲁棒性。控制器采用神经网络，利用预测模型的反馈信息，动态地修改神经网络的连接权，实现对被控对象的控制。

神经网络预测控制器实际上是一个自学习实时滚动优化器，整个过程为预测—优化—实施—输出—再预测—再优化等循环前进。通过这种方法，当控制系统收到外来干扰时，控制器可以通过神经网络自学习和滚动优化始终给出当前最优输出控制，极大地提高系统的适应能力和鲁棒性。图 7.2.8 给出一种神经网络预测控制的系统框图，其中 P 为非线性被控对象，输入为 y_r，控制变量为 u，输出为 y_p，干扰为 d。神经网络模型 M 可以根据 k 时刻以及 k 时刻以前的输入输出值来预报 $y(k+1)$，为一步预报器。神经网络模型 M 将预测数据反馈到优化算法 O 中，使性能目标函数 J 在选择合适的控制信号 u' 条件下达到最小值，即

$$J=\frac{N_2}{j-N_1}\left[y_r(k+j)-y_m(k+j)\right]^2+\int_{j=1}^{N}\lambda_j\left[u'(k+j-1)-u'(k+j-2)\right]^2 \tag{7.2.3}$$

其中，常量 N_1、N_2 为规定跟踪误差和所考虑控制的增量；λ 为控制权值。等号右侧第一项是让输出 $y(k+j)$ 跟随参考输入 $r(k+j)$，第二项是限制控制量的增量不要太大。图 7.2.8 的结构表明，对于给定对象输出作为优化变量 u'，这种方法可以在训练完成后，不再需要对象模型和优化的常规下的外环(图 7.2.8 虚线部分)，即“多步预测，一步控制”。

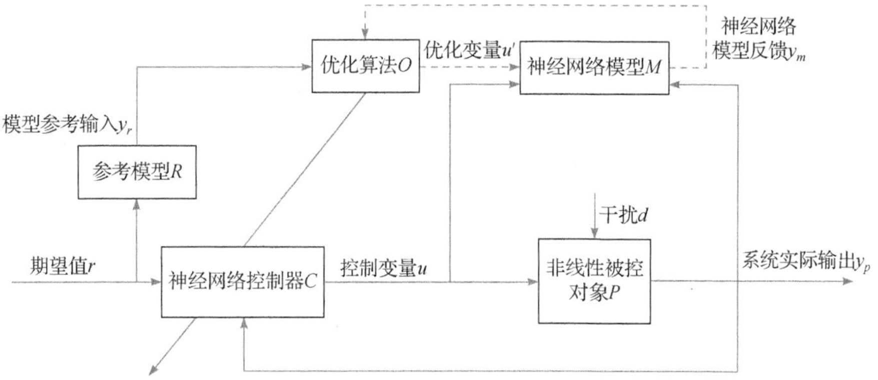

图 7.2.8　神经网络预测控制的系统框图

7.3　容错飞行控制系统

随着控制技术和航空工业的发展成熟，各类飞行器在人们的生活中发挥着越来越重要的作用，飞行器的可靠性和安全保障问题逐渐成为人们关注的热点。与陆上交通工具相比，飞行器在工作过程中受到的影响因素更多，故障更复杂，故障后乘客的逃生更困难，这使得飞行器故障引起的损失更大。以民用航班为例，虽然现在已经有了较为成熟

的控制和保障系统，在遇到突发因素引发的安全事故时，造成的生命和财产损失远大于其他交通工具(阿尔维等，2014)。容错控制可提高控制系统对故障的鲁棒性，削弱故障对系统性能的影响，在航空航天等领域得到了广泛应用。容错控制系统的合理设计，可以极大地提高飞行器在复杂环境和突发故障情况下的抗毁伤和自我恢复能力。

本节将从以下四个方面介绍容错飞行控制系统。首先，7.3.1 小节介绍容错控制的相关概念；7.3.2 小节介绍飞行器故障分析与诊断，并给出故障建模、故障检测和故障分离的基本方法；具有滑模变结构控制不仅对系统的不确定因素具有较强的鲁棒性和抗干扰性，而且可以通过滑动模态的设计获得满意的动态品质，控制简单、易于实现，在容错控制设计中备受青睐(郝立颖等，2017)；7.3.3 小节将对滑模变结构控制进行介绍；7.3.4 小节给出了一种新型的能够有效针对非线性系统的容错控制方法——非线性动态逆控制。

7.3.1 容错控制相关概念

容错控制(fault-tolerant control，FTC)是 20 世纪 80 年代发展起来的一种提高可靠性的技术，其目标是尽量保证动态系统在发生故障时仍可稳定运行，并具有可接受的性能指标。

多年来，许多学者在容错控制的理论研究和实践应用领域开展了卓有成效的工作，并取得了大量成果。根据控制系统是否需要获知故障信息，可以将容错控制分为两大部分，即主动容错控制和被动容错控制，具体分类如图 7.3.1 所示。

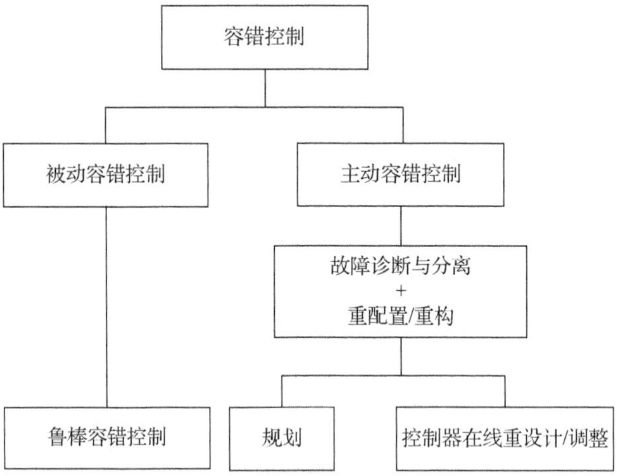

图 7.3.1　容错控制分类图

1. 主动容错控制

主动容错控制需要获知故障信息所提供的信息，利用系统中的可用资源和应用硬件冗余或解析冗余实现故障容错，保证故障发生后系统的稳定性和性能指标。主动容错控制具有灵活性大、容错能力强等特点，但是其控制效果依赖于故障诊断结果的准确性，面对未知故障的容错能力略显不足。

一部分主动容错控制需要故障诊断与分离(fault detection and isolation，FDI)子系统提供准确的故障信息；另一部分虽然不需要 FDI 子系统，但也需要获知各种故障信息。常见的故障诊断方法可大致分为基于模型的方法、基于数据的方法和基于知识的方法三种。这三种方法各有利弊，表 7.3.1 对这三种故障诊断方法的优缺点进行了简单的总结。

表 7.3.1　常见的故障诊断方法

类型	要求	优点	缺点
基于模型的方法	需硬件或解析冗余	结果准确、物理意义明确	复杂系统难以建模、易受模型不确定性影响
基于数据的方法	系统的历史数据	不需准确模型、不存在知识获取瓶颈	诊断效果依赖于历史数据的数量和质量
基于知识的方法	专家知识、定性模型等	不需要准确模型	存在知识获取瓶颈、通用性差、结果较粗略

2. 被动容错控制

被动容错控制又称鲁棒容错控制，通过设计一个鲁棒控制器，使系统对某些部件、传感器和执行机构等故障不敏感(刘金琨，2019；阿尔维等，2014)。被动容错控制发展到现在，研究过三类典型问题：可靠镇定问题、完整性问题、同时镇定问题。与主动容错控制不同，被动容错控制对故障信息的获取没有要求，依靠控制器自身的鲁棒性来抑制故障的影响。被动容错控制不依赖于故障信息，在抵御模型偏差和未知故障方面具有一定的优势，但这种控制策略的容错能力是有限的，其有效性依赖于无故障时系统的鲁棒性。

鲁棒容错控制的优点是故障发生时能够及时实现容错控制，不存在重构容错控制中，因分离延时而引起控制性能变坏的问题。常用的方法主要是基于李雅普诺夫(Lyapunov)函数的方法，通过将滑模控制、反步控制、自适应控制等理论方法引入系统来设计容错控制律；此外，还有 H_∞ 方法、参数空间方法和变结构方法等。

7.3.2　飞行器故障分析与诊断

1. 飞行器典型故障分析

1) 传感器典型故障分析

传感器典型故障主要包括：完全失效故障、固定偏差故障、漂移偏差故障和精度下降故障四类。其中，固定偏差故障和漂移故障不容易被发现，且在故障发生时会引起一系列的无法预计的问题，使控制系统长期不能正常发挥作用。

(1) 完全失效故障是指传感器测量的突然失灵，测量值一直为某一常数。

(2) 固定偏差故障主要是指传感器的测量值与真实值相差某一恒定常数的一类故障。

(3) 漂移偏差故障是指传感器测量值与真实值的差值随时间的增加而发生化的一类故障。

(4) 精度下降故障是指传感器的测量能力变差，精度变低。精度等级降低时，测量的平均值并没有发生变化，而是测量的方差发生变化。

图 7.3.2 给出了传感器的典型故障。

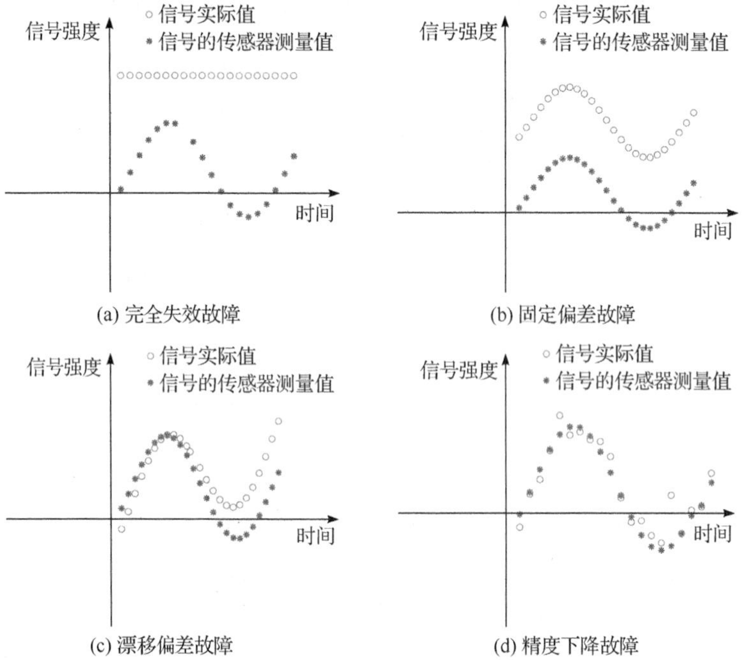

图 7.3.2 传感器的典型故障

2) 执行机构典型故障分析

执行机构的故障主要指飞行器的舵系统出现的故障，舵系统包括舵机控制系统和舵面，其典型故障包括舵机/舵面卡死故障、舵机松浮故障和舵面破损故障。

(1) 舵机/舵面卡死故障：舵机或舵面的角度输出不随指令变化，而是固定在某一位置不变的故障现象，称为舵机/舵面卡死故障。无论是舵机或舵面，卡死故障的效应是类似的。

(2) 舵机松浮故障：舵机松浮故障是指舵机的控制力矩无法传递到舵面，即舵面处于悬浮状态，随气动负载的变化自由运动，这种情况下可以认为舵效为 0。

(3) 舵面破损故障：舵面的气动面出现破洞或缺损，导致升力损失，从而造成舵效降低，严重时舵效可降到 0。

3) 飞行器结构典型故障分析

飞行器结构故障主要是指飞行器外形改变导致的气动特性或质量分布发生大的改变。本书中主要针对飞行器翼面破损和飞行器翼面结冰两种故障进行分析。

(1) 飞行器翼面破损故障。飞行器翼面破损和舵面破损故障类似，区别是翼面破损主要影响升力特性或侧力特性。如果是不对称破损，也会导致附加的力矩效应。

(2) 飞行器翼面结冰故障。机翼结冰会大大降低飞机获得的升力。根据研究显示，如果机翼表面出现了直径 1～2mm 的食盐颗粒大小的冰粒，就会让机翼升力削减约 30%，造成严重的后果。

4) 飞行器故障建模

考虑如下的飞行器线性化模型：

$$\dot{\boldsymbol{x}} = \boldsymbol{A}\boldsymbol{x} + \boldsymbol{B}\boldsymbol{u} \tag{7.3.1}$$

下面给出几类飞行器常见故障的故障模型。

(1) 舵面故障。舵面故障在飞行器线性化模型中相当于控制矩阵发生变化。式(7.3.2)给出了飞行器的舵面故障模型：

$$\dot{\boldsymbol{x}} = \boldsymbol{A}\boldsymbol{x} + \boldsymbol{B}_f\boldsymbol{u} \tag{7.3.2}$$

其中，$\boldsymbol{B}_f$ 为发生故障后的控制矩阵。

(2) 传感器失效故障。传感器失效故障相当于无人机飞行控制系统某一反馈信号开环，其飞行控制系统数学模型为

$$\begin{cases} \dot{\boldsymbol{x}} = \boldsymbol{A}\boldsymbol{x} + \boldsymbol{B}\boldsymbol{u} \\ \boldsymbol{u} = \boldsymbol{K}\boldsymbol{M}_s\boldsymbol{x} \end{cases} \tag{7.3.3}$$

$$\boldsymbol{M}_s = \mathrm{diag}(\delta f_1, \delta f_2, \cdots, \delta f_m) \tag{7.3.4}$$

$$\delta f_i = \begin{cases} 1, & 第i个传感器正常 \\ 0, & 第i个传感器故障 \end{cases} \tag{7.3.5}$$

其中，$\boldsymbol{A}$ 为状态矩阵；$\boldsymbol{B}$ 为输入矩阵；$\boldsymbol{K}$ 为控制输入 $\boldsymbol{u}$ 的参数矩阵；$\boldsymbol{M}_s$ 为传感器故障信息矩阵；δf_i 为第 i 个传感器的状态。

(3) 蒙皮破损故障。发生蒙皮破损故障时，意味着无人机的气动外形发生了改变。此时，控制对象本身特性发生了变化，即高空长航时无人机线性化模型中的状态矩阵 $\boldsymbol{A}$ 发生了变化。因此，蒙皮破损故障时无人机数学模型为

$$\dot{\boldsymbol{x}} = \boldsymbol{A}_f\boldsymbol{x} + \boldsymbol{B}\boldsymbol{u} \tag{7.3.6}$$

其中，$\boldsymbol{A}_f$ 为发生故障后的状态矩阵。

2. 飞行器故障诊断方法

针对故障诊断问题，有两种常见的诊断方法：一种是基于参数估计的故障诊断方法；另一种是基于鲁棒观测器的故障诊断方法。下面分别介绍这两类故障诊断法。

1) 基于参数估计的故障诊断方法

图 7.3.3 给出了参数估计故障诊断的原理图(胡昌华等，2000)，其基本步骤如下。

(1) 根据数学模型描述，得到正常模型参数和物理参数，并建立模型参数变化与故障的对应关系模型；

(2) 建立模型参数和物理参数的关联方程；

(3) 由输入输出的量测信号进行参数估计，得到模型参数的估计值；

(4) 计算实际物理参数；

(5) 确定实际物理参数 $\boldsymbol{P}$ 相对于标称参数值 $\boldsymbol{P}_0$ 的变化量 $\Delta\boldsymbol{P}$；

(6) 根据物理参数值变化与故障的对应关系，进行故障决策，判断是否发生故障；

(7) 利用故障分离与检测方法，进行故障分离，判断故障发生的原因、大小、类型和位置。

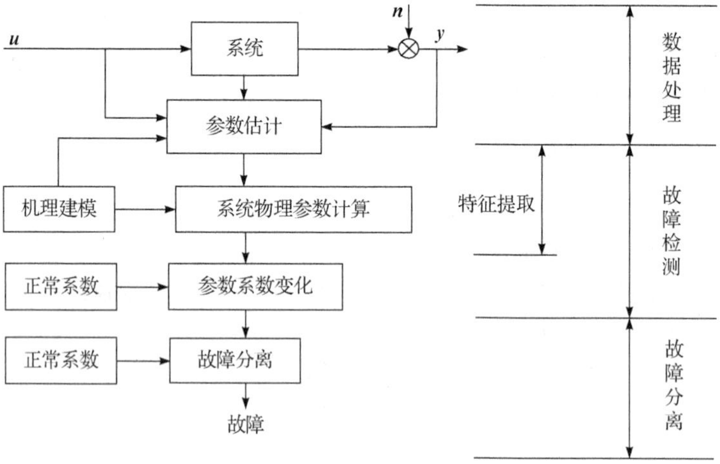

图 7.3.3 基于参数估计的故障诊断原理图

2) 基于鲁棒观测器的故障诊断方法

图 7.3.4 给出了基于鲁棒观测器的故障诊断原理图(胡昌华等，2000)。下面介绍两种常见的故障诊断方法。

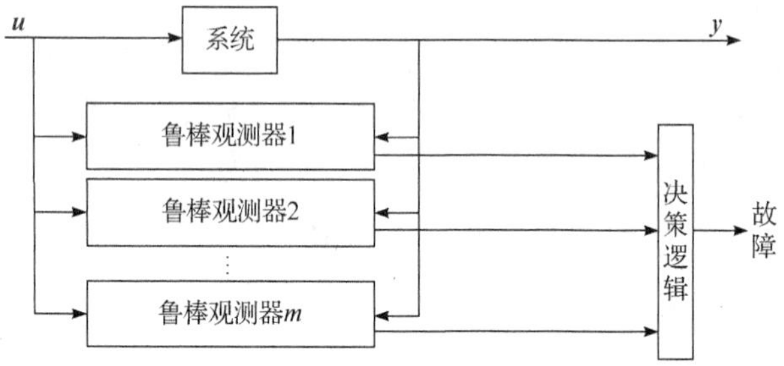

图 7.3.4 基于鲁棒观测器的故障诊断原理图

方案 1 设系统可能发生的故障集 $F=\{f_i,1,2,\cdots,m\}$，设计一组鲁棒观测器，使第 i 个鲁棒观测器对故障 i 的发生具有鲁棒性，而对其余的故障发生敏感，则第 i 个故障的发生可通过下面的决策逻辑实现：

$$r_i^*=\begin{cases}1, & r_i>\varepsilon \\ 0, & r_i\leqslant\varepsilon\end{cases} \tag{7.3.7}$$

其中，r_i 为第 i 个鲁棒观测器的残差。若 $\prod_{i=1,j\neq i}^{m} r_j^*=1$，且 $r_i^*=0$，则 f_i 发生故障。

方案 2 设系统可能发生的故障集 $F=\{f_i,1,2,\cdots,m\}$，设计一组鲁棒观测器，使第 i 个鲁棒观测器对故障 i 的发生敏感，而对其余的故障发生具有鲁棒性，则第 i 个故障的发生可通过下面的决策逻辑实现：

$$r_i^* = \begin{cases} 0, & r_i > \varepsilon \\ 1, & r_i \leqslant \varepsilon \end{cases} \tag{7.3.8}$$

其中，若 $r_i^* = 1$，则 f_i 发生故障。

7.3.3　滑模变结构控制

变结构控制出现在 20 世纪 50 年代，经过几十年的发展，已形成了一个相对独立的研究分支，成为自动控制系统的一种一般性的设计方法。作为变结构控制的重要组成部分，滑模变结构控制广泛应用于线性与非线性系统，并在实际工程中逐渐得到推广应用，如飞机控制、机器人控制、卫星姿态控制等。这种控制方法通过控制量的切换，使系统状态沿着滑模面滑动，系统在受到参数摄动和外干扰的时候具有不变性，受到学者的广泛重视。

1. 基本原理

考虑一般的情况，在系统

$$\dot{\boldsymbol{x}} = f(\boldsymbol{x}), \quad \boldsymbol{x} \in \boldsymbol{R}^n \tag{7.3.9}$$

的状态空间中，有一个超曲面 $s(x) = s(x_1, x_2, \cdots, x_n) = 0$，如图 7.3.5 所示。

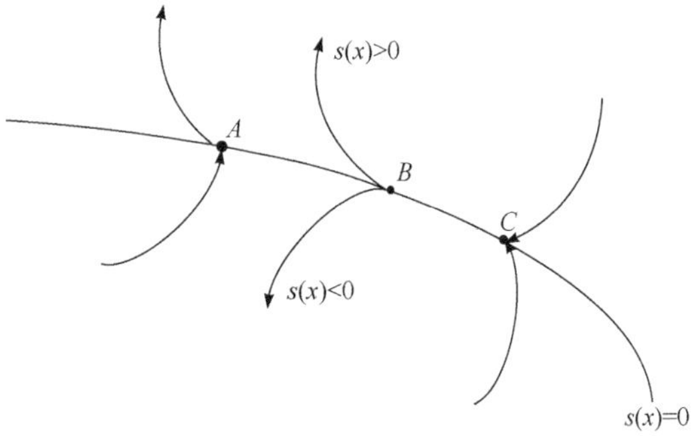

图 7.3.5　切换面上三种点的特性

它将状态空间分成上下两部分：$s(x) > 0$ 及 $s(x) < 0$ 在切换面上的运动点有三种情况。

(1) 通常点：系统运动点运动到切换面 $s(x) = 0$ 附近时穿越此点而过(点 A)。

(2) 起始点：系统运动点到达切换面 $s(x) = 0$ 附近时，向切换面的该点的两边离开(点 B)。

(3) 终止点：系统运动点到达切换面 $s(x) = 0$ 附近时，从切换面的两边趋向于该点(点 C)。

如果在切换面上某一区域内所有的点都是终止点，则一旦运动点趋近于该区域时，就被“吸引”在该区域内运动。此时，就称在切换面 $s(x) = 0$ 上所有的运动点都是终止点的区域为“滑动模态区”，或简称为“滑模区”。系统在滑模区中的运动就称为“滑模运动”。

按照滑动模态区上的运动点都必须是终止点这一要求，当运动点到达切换面

$s(x)=0$附近时，必有

$$\lim_{s(x)\to 0} s(x)\dot{s}(x)\leqslant 0 \tag{7.3.10}$$

此不等式对系统提出了一个形如

$$v(x_1,x_2,\cdots,x_n)=\left[s(x_1,x_2,\cdots,x_n)\right]^2 \tag{7.3.11}$$

的李雅普诺夫函数的必要条件。由于在切换面邻域内的函数式(7.3.11)是正定的，而按照式(7.3.10)，$s^2(x)$的导数是负半定的，也就是说，在$s(x)=0$附近$v(x)$是一个非增函数，因此如果满足条件式(7.3.10)，则式(7.3.11)是系统的一个条件李雅普诺夫函数。系统本身也就稳定于条件$s(x)=0$。

2. 滑模控制基本方法

滑模控制(sliding mode control，SMC)的设计思路是使系统的状态轨迹趋近并停留在所设计的滑模面上。与其他的控制方法相比，滑模控制器的性能主要取决于设计的滑模面，设计过程较为独特。

1) 控制器设计方法

一般来说，滑模控制器的设计过程分为以下三步：步骤 1，设计滑模面s；步骤 2，根据李雅普诺夫稳定性，设计控制输入u；步骤 3，调节控制参数，达到控制系统的品质需求。

下面以一个电机负载系统的角度控制为例，介绍滑模控制器的设计方法。负载通过电机的控制输入u，动态模型如下：

$$J\ddot{\theta}=u+d(t) \tag{7.3.12}$$

其中，u为控制输入；θ为角度位置；转动惯量J为常数，$J>0$；$d(t)<\eta$，为干扰，干扰上界η为常数。

控制目标：电机的角度θ控制到期望角度θ_d处并保持静止。即$\theta\to\theta_d,\dot{\theta}\to 0$。

步骤 1　设计滑模面s。在设计滑模控制器时，一般根据指令跟踪误差设计滑模面s。定义滑模面s为

$$s=ce+\dot{e} \tag{7.3.13}$$

其中，$e=\theta_d-\theta$，为跟踪误差。由式(7.3.13)可知，当$s(t)=0$时，有

$$ce(t)+\dot{e}(t)=0 \tag{7.3.14}$$

$$e(t)=e(0)e^{-ct} \tag{7.3.15}$$

式(7.3.15)给出了系统的收敛结果。若$c<0$，系统的跟踪误差无法收敛；若$c\geqslant 0$，当$t\to\infty$时，跟踪误差收敛于 0，收敛速度取决于c的大小。

步骤 2　设计控制输入u。定义如下李雅普诺夫函数：

$$V=\frac{1}{2}s^2 \tag{7.3.16}$$

$$\dot{V} = s\dot{s} \tag{7.3.17}$$

由于

$$\dot{s} = c\dot{e} + \ddot{e} + \frac{1}{J}\left[u + d(t)\right] \tag{7.3.18}$$

$$\dot{V} = s\dot{s} = s\left[c\dot{\theta} + \frac{1}{J}u + \frac{1}{J}d(t)\right] \tag{7.3.19}$$

考虑到式(7.3.19)应当满足李雅普诺夫稳定，即 $\dot{V} \leqslant 0$，将滑模控制律设计为

$$u = J\left[-c\dot{\theta} - \frac{1}{J}ks - \frac{1}{J}\eta\mathrm{sign}(s)\right] \tag{7.3.20}$$

其中，$\eta > 0$；$\mathrm{sign}(s)$ 为关于 s 的符号函数。此时，

$$\dot{V} = \frac{1}{J}\left[-ks^2 - \eta|s| + sd(t)\right] \leqslant 0 \tag{7.3.21}$$

所设计的控制律是满足李雅普诺夫稳定的。

步骤 3　调节控制参数。在式(7.3.12)所描述的系统中，取 $J = 2$，外部干扰为 $d(t) = \sin t$。在仿真中，设定模型的初始状态为 $\theta = 0, \dot{\theta} \neq 0$。采用式(7.3.20)给出的控制律，选取 $c = 10$，设定指令为阶跃信号，$\theta_d = 1$，分别取 $k = 0$、$k = 1$、$k = 5$，仿真结果如图 7.3.6 所示。

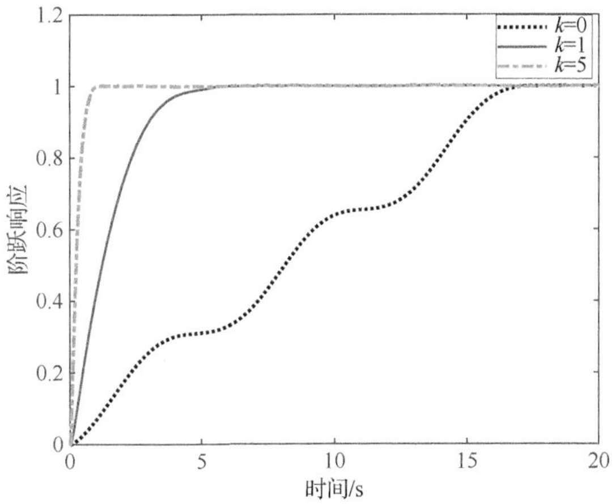

图 7.3.6　控制回路仿真结果图

控制目标：系统的跟踪时间 $t_d \leqslant 5\mathrm{s}$，且系统控制输入的抖动情况较小。

综合控制响应曲线和控制输入，应取 $k = 5$。

2) 基于趋近律的滑模控制

滑模运动包括趋近运动和滑模运动两个过程。其中，系统从任一初始状态趋向滑模面，直至到达滑模面的过程称为趋近运动，即 $s \to 0$ 的过程。滑模的可达性条件并未对趋近运动的具体轨迹做出限制，采用趋近律的方法可以改善趋近运动的动态品质。下面介绍几种常见的趋近律。

(1) 等速趋近律：

$$\dot{s}=-\varepsilon\text{sign}(s),\quad \varepsilon>0 \tag{7.3.22}$$

其中，系数 ε 表示系统的运动点趋近滑模面的速率。ε 越小，趋近速率越慢；ε 越大，趋近速率越快，运动点到达滑模面时的速度更大，引起的抖动也较大。

(2) 指数趋近律：

$$\dot{s}=-\varepsilon\text{sign}(s)-ks,\quad \varepsilon>0,k>0 \tag{7.3.23}$$

其中，$-ks$ 为指数趋近项，其解为 $s=s(0)\mathrm{e}^{-kt}$。$-ks$ 能保证当 s 较大时，系统状态能以较大的速度趋近于滑模面，适合解决具有较大阶跃的响应控制问题。

值得注意的是，指数趋近中，趋近速度从较大值逐步减小到零，不仅缩短了趋近时间，而且使运动点到达切换面时的速度很小。若是单纯的指数趋近，运动点趋近于滑模面的过程是渐进的，不能保证在有限时间内到达，所以要增加一个等速趋近项 $-\varepsilon\text{sign}(s)$。当 s 接近于 0 时，趋近速度是 ε 而不是 0，可以保证有限时间到达。

在指数趋近律中，为了保证快速趋近的同时削弱抖动，应该在增大 k 的同时减小 ε。

(3) 幂次趋近律：

$$\dot{s}=-k|s|^{\alpha}\text{sign}(s),\quad k>0,1>\alpha>0 \tag{7.3.24}$$

调整 α 的值可以保证当系统远离滑动模态(s 较大)时，能以较大的速度趋近于滑动模态；当系统靠近滑动模态(s 较小)时，保证较小的控制增益，降低抖动。

(4) 一般趋近律：

$$\dot{s}=-\varepsilon\text{sign}(s)-f(s),\quad \varepsilon>0 \tag{7.3.25}$$

其中，$f(0)=0$；当 $s\neq0$ 时，$sf(s)>0$。

显然，上述四种趋近律都满足滑模到达条件 $s\dot{s}\leqslant0$，当且仅当 $s=0$ 时，$s\dot{s}=0$。例如，对于等速趋近律，$s\dot{s}=-\varepsilon|s|\leqslant0$。

3) 降低振动的常用方法

控制输入中的切换项 $\eta\text{sign}(s)$ 保证了运动点在到达滑模面后能够被“吸附”在滑模面上。当干扰 $d(t)$ 较大时，为了保证系统的鲁棒性，需要足够大的 η。然而，当 η 较大时，会造成振动，增加系统的能耗，并缩短系统的寿命。如何减小、消除控制器的抖动，一直是滑模控制领域中的重要研究课题。消除抖动的一个常用方法是替换切换项中的符号函数 $\text{sign}(s)$，使切换函数连续化。下面介绍几种常用的替换切换项方法。

(1) 使用饱和函数替换。饱和函数的本质是在边界层之内的部分采用线性反馈控制，边界层之外的部分则继续采用切换控制：

$$\text{sat}(s)=\begin{cases}1, & s>\Delta\\ ks, & |s|<\Delta\\ -1, & s<-\Delta\end{cases} \tag{7.3.26}$$

其中，Δ 被称为“边界层”；$\text{sat}(s)$ 为关于 s 的饱和函数。

虽然采用饱和函数法可以有效地克服滑模抖动，但饱和函数不属于连续函数，不适合需要对切换函数求导的情况。下面给出两种采用连续光滑函数代替不连续切换函数的方法，可以有效降低滑模控制中的抖动。

(2) 采用继电函数进行连续化。继电函数 $\vartheta(s)$ 的表达式为

$$\vartheta(s)=\frac{s}{|s|+\delta} \tag{7.3.27}$$

其中，δ 是一个非常小的正数。

(3) 采用双曲正切函数进行替换：

$$\tanh\frac{s}{\varepsilon}=\frac{\mathrm{e}^{\frac{s}{\varepsilon}}-\mathrm{e}^{-\frac{s}{\varepsilon}}}{\mathrm{e}^{\frac{s}{\varepsilon}}+\mathrm{e}^{-\frac{s}{\varepsilon}}} \tag{7.3.28}$$

其中，$\varepsilon>0$，ε 的大小决定了双曲正切函数拐点的变化快慢。

7.3.4　非线性动态逆控制

非线性动态逆(nonlinear dynamic inversion，NDI)控制是一种通过线性方式控制非线性系统的方法。该方法以逆系统模型为基础，主要思想：首先建立原系统的 k 阶逆系统，原系统和逆系统的非线性特性可以相互抵消，这一过程可以通过对系统状态的反馈来实现；之后，将原系统补偿为具有线性关系的伪线性系统，并产生虚拟控制输入，通过虚拟控制输入产生简单的线性控制律控制系统。

考虑如下非线性系统：

$$\dot{x}=f(x)+g(x)u \tag{7.3.29}$$

$$y=h(x) \tag{7.3.30}$$

式(7.3.30)的微分表达式为

$$\dot{y}=\frac{\partial h}{\partial x}\dot{x}=\frac{\partial h}{\partial x}f(x)+\frac{\partial h}{\partial x}g(x)=F(x)+G(x)u \tag{7.3.31}$$

其中，$G(x)$ 必须是可逆的。引入虚拟输入 ν，令 $\nu=\dot{y}$，得到 NDI 控制器如下所示：

$$u=G(x)^{-1}(\nu-F(x)) \tag{7.3.32}$$

NDI 控制可消除系统的非线性因素，能广泛用于不同种类的飞行器，在航空航天领域已经得到了大量的应用。然而，NDI 控制是一种高度依赖模型的控制方法，模型的精确程度会对系统的控制精度造成影响。此外，NDI 控制还可提高非线性系统的鲁棒性，达到被动容错控制的结果。值得注意的是，此处采用比例微分控制(proportional-derivative control，PDC)作为系统的虚拟输入 ν，采用滑模控制、反步控制、自适应控制等鲁棒控制方法设计虚拟输入 ν，可达到更好的容错控制效果。

7.4 协同制导控制系统

针对多弹协同作战模式的研究起源于日益增长的突防需求(赵建博等，2017)。随着各国反导系统能力的大幅增强和目标速度与机动能力的提升，仅依靠单枚导弹完成突防、拦截、打击目标等作战任务日趋困难，多弹协同制导技术应运而生。协同制导技术按约束条件可划分为碰撞时间控制制导(impact time control guidance，ITCG)、碰撞角度控制制导(impact angle control guidance，IACG)以及碰撞时间和碰撞角度制导(impact time and angle control guidance，ITACG)。

本节将重点讨论同时考虑时间约束(齐射攻击)和空间约束(视线角约束)的三维经典 ITACG 方法。首先，建立视线坐标系下描述导弹-目标(简称“弹目”)相对运动关系的制导模型；其次，将介绍基于代数图论的多智能体一致性相关理论，为多弹齐射攻击设计提供理论支撑；最后，综合运用上述模型和算法，给出 ITACG 设计的思路和方法，以及相应的数值仿真分析。

7.4.1 相对运动制导模型构建

本小节将介绍建立视线坐标系下平面和空间中的导弹-目标相对运动制导模型。该模型实质上是描述导弹-目标相对运动关系的一组二阶动力学非线性微分方程，在平面模型中包含两个微分方程，表征弹目距离 r 和视线角 q 两个状态变量以及弹目加速度之间的相互约束关系；在三维空间模型中包含三个微分方程，表征弹目距离 r 、视线倾角 q_ε 和视线偏角 q_β 三个状态变量以及弹目加速度之间的相互约束关系。

本小节以矢量运算性质和坐标变换为核心，首先从更具一般意义的空间情形入手推导导弹-目标相对运动方程，然后视平面情形由空间情形退化而来，沿用空间模型的建立方法给出平面相对运动制导模型。

1. 空间情形

为便于分析和论证，本节约定矢量及其导数运算的记法(Stevens et al., 2015)：右下角标“A/B”表示“A 相对于 B”；左上角标仅在矢量进行求导运算时出现，指定了矢量在该坐标系中求导；右上角标意味着矢量由该坐标系中分量的形式描述。现举例如下：

$$\begin{cases} \boldsymbol{p}_{A/B} \equiv \text{点} A \text{相对于点} B \text{的位置矢量} \overrightarrow{BA} \\ \boldsymbol{v}_{A/i} \equiv \text{点} A \text{在坐标系} F_i \text{中的速度矢量} \\ {}^b\dot{\boldsymbol{v}}_{A/i} \equiv \text{速度矢量} \boldsymbol{v}_{A/i} \text{在坐标系} F_b \text{中的矢量导数} \\ \boldsymbol{v}^c_{A/i} \equiv \text{速度矢量} \boldsymbol{v}_{A/i} \text{在坐标系} F_c \text{中的分量形式} \\ {}^b\dot{\boldsymbol{v}}^c_{A/i} \equiv \text{矢量导数} {}^b\dot{\boldsymbol{v}}_{A/i} \text{在坐标系} F_c \text{中的分量形式} \end{cases}$$

图 7.4.1 展示了单枚导弹 M 与机动目标 T 在三维空间中的相对运动几何关系。其中，M 和 T 分别表示二者的质心；导弹与目标的连线 MT 称为视线(LOS)；惯性坐标系

(参考系) $Mx_Iy_Iz_I$ 简记为 F_I；视线坐标系 $Mx_Ly_Lz_L$ 简记为 F_L。

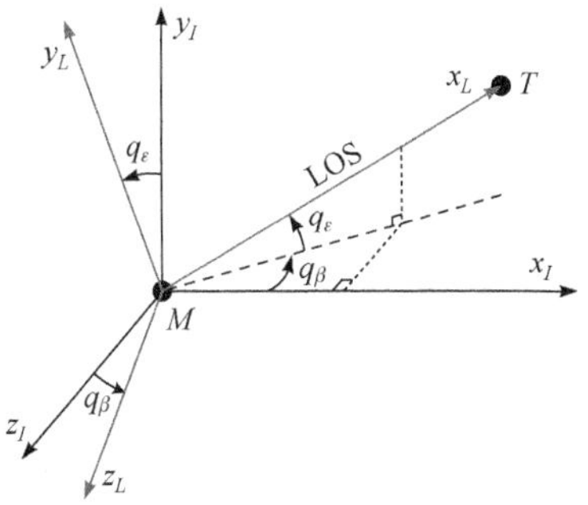

图 7.4.1 单枚导弹 M 与机动目标 T 在三维空间中的相对运动几何关系

从 F_I 至 F_L 的坐标变换矩阵 $\boldsymbol{C}_{L/I}$ 由视线倾角 q_ε 和视线偏角 q_β 这两个欧拉角表示为

$$\boldsymbol{C}_{L/I}=\boldsymbol{C}_z(q_\varepsilon)\boldsymbol{C}_y(q_\beta)=\begin{bmatrix}\cos q_\varepsilon & \sin q_\varepsilon & 0\\ -\sin q_\varepsilon & \cos q_\varepsilon & 0\\ 0 & 0 & 1\end{bmatrix}\begin{bmatrix}\cos q_\beta & 0 & -\sin q_\beta\\ 0 & 1 & 0\\ \sin q_\beta & 0 & \cos q_\beta\end{bmatrix}$$

$$=\begin{bmatrix}\cos q_\varepsilon\cos q_\beta & \sin q_\varepsilon & -\cos q_\varepsilon\sin q_\beta\\ -\sin q_\varepsilon\cos q_\beta & \cos q_\varepsilon & \sin q_\varepsilon\sin q_\beta\\ \sin q_\beta & 0 & \cos q_\beta\end{bmatrix} \tag{7.4.1}$$

导弹与目标的连线 MT 称为视线，目标相对于导弹的位置矢量记为 $\boldsymbol{p}_{T/M}$。$\boldsymbol{p}_{T/M}$ 对参考系 F_I 的绝对导数与对视线坐标系 F_L 的相对导数之间的关系由科里奥利(Coriolis)方程给出：

$$^I\dot{\boldsymbol{p}}_{T/M}={}^L\dot{\boldsymbol{p}}_{T/M}+\boldsymbol{\omega}_{L/I}\times\boldsymbol{p}_{T/M} \tag{7.4.2}$$

其中，$\boldsymbol{\omega}_{L/I}$ 为视线坐标系 F_L 相对于参考系 F_I 的角速度矢量，其在 F_L 上的分量形式由两个欧拉角表示为

$$\boldsymbol{\omega}_{L/I}^L=\boldsymbol{C}_z(q_\varepsilon)\begin{bmatrix}0\\ \dot{q}_\beta\\ 0\end{bmatrix}+\begin{bmatrix}0\\ 0\\ \dot{q}_\varepsilon\end{bmatrix}=\begin{bmatrix}\dot{q}_\beta\sin q_\varepsilon\\ \dot{q}_\beta\cos q_\varepsilon\\ \dot{q}_\varepsilon\end{bmatrix} \tag{7.4.3}$$

再次利用科里奥利方程，对(7.4.2)式两端同时在参考系 F_I 中求导，得

$$^I\ddot{\boldsymbol{p}}_{T/M}={}^L\ddot{\boldsymbol{p}}_{T/M}+\boldsymbol{\omega}_{L/I}\times{}^L\dot{\boldsymbol{p}}_{T/M}+({}^L\dot{\boldsymbol{\omega}}_{L/I}+\underbrace{\boldsymbol{\omega}_{L/I}\times\boldsymbol{\omega}_{L/I}}_{\boldsymbol{0}})\times\boldsymbol{p}_{T/M}+\boldsymbol{\omega}_{L/I}\times{}^I\dot{\boldsymbol{p}}_{T/M} \tag{7.4.4}$$

将相对位置矢量 $\boldsymbol{p}_{T/M}$ 简记为 $\boldsymbol{r}$，并将(7.4.2)式代入(7.4.4)式右端最后一项，简化整理得

$$^I\ddot{\boldsymbol{r}}={}^L\ddot{\boldsymbol{r}}+2\boldsymbol{\omega}_{L/I}\times{}^L\dot{\boldsymbol{r}}+{}^L\dot{\boldsymbol{\omega}}_{L/I}\times\boldsymbol{r}+\boldsymbol{\omega}_{L/I}\times(\boldsymbol{\omega}_{L/I}\times\boldsymbol{r}) \tag{7.4.5}$$

将式(7.4.5)中所有的矢量均投影至视线坐标系 F_L 中，即有

$$\begin{cases} {}^{I}\ddot{\boldsymbol{r}}^{L}=\begin{bmatrix} a_{Tr}-a_{Mr} & a_{T\varepsilon}-a_{M\varepsilon} & a_{T\beta}-a_{M\beta} \end{bmatrix}^{\mathrm{T}} \\ {}^{L}\ddot{\boldsymbol{r}}^{L}=\begin{bmatrix} \ddot{r} & 0 & 0 \end{bmatrix}^{\mathrm{T}} \\ \boldsymbol{\omega}_{L/I}^{L}=\begin{bmatrix} \dot{q}_{\beta}\sin q_{\varepsilon} & \dot{q}_{\beta}\cos q_{\varepsilon} & \dot{q}_{\varepsilon} \end{bmatrix}^{\mathrm{T}} \\ {}^{L}\dot{\boldsymbol{r}}^{L}=\begin{bmatrix} \dot{r} & 0 & 0 \end{bmatrix}^{\mathrm{T}} \\ {}^{L}\dot{\boldsymbol{\omega}}_{L/I}^{L}=\begin{bmatrix} \ddot{q}_{\beta}\sin q_{\varepsilon}+\dot{q}_{\beta}(\cos q_{\varepsilon})\dot{q}_{\varepsilon} \\ \ddot{q}_{\beta}\cos q_{\varepsilon}-\dot{q}_{\beta}(\sin q_{\varepsilon})\dot{q}_{\varepsilon} \\ \ddot{q}_{\varepsilon} \end{bmatrix} \\ \boldsymbol{r}^{L}=\begin{bmatrix} r & 0 & 0 \end{bmatrix}^{\mathrm{T}} \end{cases} \tag{7.4.6}$$

其中，a_{Mr}、$a_{M\varepsilon}$、$a_{M\beta}$ 分别为导弹沿视线坐标系 F_L 三轴的加速度分量；a_{Tr}、$a_{T\varepsilon}$、$a_{T\beta}$ 分别为目标沿 F_L 三轴的加速度分量。利用向量积的运算规则：

$$\boldsymbol{u}^{L}=[u_x \quad u_y \quad u_z]^{\mathrm{T}},\boldsymbol{v}^{L}=[v_x \quad v_y \quad v_z]^{\mathrm{T}},(\boldsymbol{u}\times\boldsymbol{v})^{L}=\tilde{\boldsymbol{u}}^{L}\boldsymbol{v}^{L}=\begin{bmatrix} 0 & -u_z & u_y \\ u_z & 0 & -u_x \\ -u_y & u_x & 0 \end{bmatrix}\begin{bmatrix} v_x \\ v_y \\ v_z \end{bmatrix} \tag{7.4.7}$$

其中，矩阵 $\tilde{\boldsymbol{u}}^{L}$ 为矢量 $\boldsymbol{u}^{L}$ 所对应的反对称矩阵。将矢量方程(7.4.5)投影至视线坐标系 F_L 中，有

$$\begin{cases} {}^{I}\ddot{\boldsymbol{r}}^{L}={}^{L}\ddot{\boldsymbol{r}}^{L}+2\boldsymbol{\omega}_{L/I}^{L}\times{}^{L}\dot{\boldsymbol{r}}^{L}+{}^{L}\dot{\boldsymbol{\omega}}_{L/I}^{L}\times\boldsymbol{r}^{L}+\boldsymbol{\omega}_{L/I}^{L}\times\left(\boldsymbol{\omega}_{L/I}^{L}\times\boldsymbol{r}^{L}\right) \\ {}^{I}\ddot{\boldsymbol{r}}^{L}={}^{L}\ddot{\boldsymbol{r}}^{L}+2\tilde{\boldsymbol{\omega}}_{L/I}^{L}\,{}^{L}\dot{\boldsymbol{r}}^{L}+{}^{L}\dot{\tilde{\boldsymbol{\omega}}}_{L/I}^{L}\boldsymbol{r}^{L}+\left(\tilde{\boldsymbol{\omega}}_{L/I}^{L}\right)^{2}\boldsymbol{r}^{L} \end{cases} \tag{7.4.8}$$

综合式(7.4.6)～式(7.4.8)，整理得到式(7.4.8)在 F_L 中的分量形式，即视线坐标系下的导弹–目标相对运动制导模型：

$$\begin{cases} a_{Tr}-a_{Mr}=\ddot{r}-r\dot{q}_{\varepsilon}^{2}-r\dot{q}_{\beta}^{2}\cos^{2}q_{\varepsilon} \\ a_{T\varepsilon}-a_{M\varepsilon}=2\dot{r}\dot{q}_{\varepsilon}+r\ddot{q}_{\varepsilon}+r\dot{q}_{\beta}^{2}\sin q_{\varepsilon}\cos q_{\varepsilon} \\ a_{T\beta}-a_{M\beta}=-r\ddot{q}_{\beta}\cos q_{\varepsilon}-2\dot{r}\dot{q}_{\beta}\cos q_{\varepsilon}+2r\dot{q}_{\varepsilon}\dot{q}_{\beta}\sin q_{\varepsilon} \end{cases} \tag{7.4.9}$$

2. 平面情形

方便起见，平面情形完全沿用空间情形的思路和方法，且仍在三维空间中推导，但仅考虑纵向(或横向)平面内的运动。图 7.4.2 为纵向平面拦截几何关系。其中，q 为视线角，即惯性坐标系 F_I 与视线坐标系 F_L 各坐标轴的夹角；$Mz_L(Mz_I)$ 垂直于纸面向外。

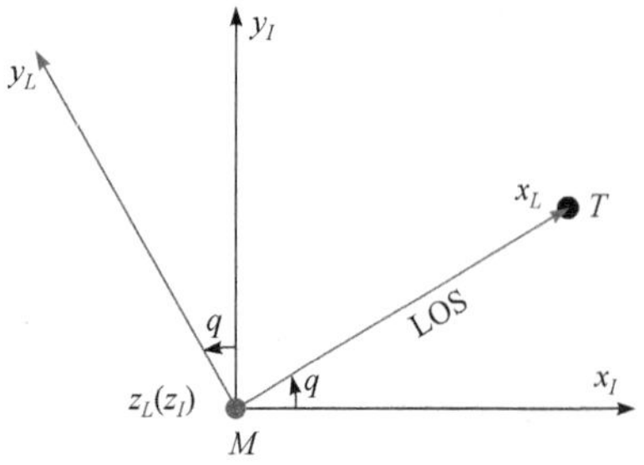

图 7.4.2 纵向平面拦截几何关系

由 F_I 至 F_L 仅需绕 Mz_I 轴按右手定则方向旋转视线角 q，其坐标变换矩阵 $\boldsymbol{C}_{L/I}'$ 为

$$\boldsymbol{C}'_{L/I}=\begin{bmatrix}\cos q & \sin q & 0\\ -\sin q & \cos q & 0\\ 0 & 0 & 1\end{bmatrix} \tag{7.4.10}$$

同理，使用两次科里奥利方程得

$$^{I}\ddot{\boldsymbol{r}}={}^{L}\ddot{\boldsymbol{r}}+2\bar{\boldsymbol{\omega}}_{L/I}\times{}^{L}\dot{\boldsymbol{r}}+{}^{L}\dot{\bar{\boldsymbol{\omega}}}_{L/I}\times\boldsymbol{r}+\bar{\boldsymbol{\omega}}_{L/I}\times(\bar{\boldsymbol{\omega}}_{L/I}\times\boldsymbol{r}) \tag{7.4.11}$$

其中，$\bar{\boldsymbol{\omega}}_{L/I}$ 为视线坐标系 F_L 相对于参考系 F_I 的角速度矢量，用上划线与空间情形加以区分。同样，将式(7.4.11)中的所有矢量投影至视线坐标系 F_L 中，即

$$\begin{cases}^{I}\ddot{\boldsymbol{r}}^{L}=\begin{bmatrix}a_{Tr}-a_{Mr} & a_{Tq}-a_{Mq} & 0\end{bmatrix}^{\mathrm{T}}\\ ^{L}\ddot{\boldsymbol{r}}^{L}=\begin{bmatrix}\ddot{r} & 0 & 0\end{bmatrix}^{\mathrm{T}}\\ \bar{\boldsymbol{\omega}}_{L/I}^{L}=\begin{bmatrix}0 & 0 & \dot{q}\end{bmatrix}^{\mathrm{T}}\\ ^{L}\dot{\boldsymbol{r}}^{L}=\begin{bmatrix}\dot{r} & 0 & 0\end{bmatrix}^{\mathrm{T}}\\ ^{L}\dot{\bar{\boldsymbol{\omega}}}_{L/I}^{L}=\begin{bmatrix}0 & 0 & \ddot{q}\end{bmatrix}^{\mathrm{T}}\\ \boldsymbol{r}^{L}=\begin{bmatrix}r & 0 & 0\end{bmatrix}^{\mathrm{T}}\end{cases} \tag{7.4.12}$$

其中，a_{Mr}、a_{Mq} 分别为导弹沿视线方向 Mx_L 和视线法向 My_L 的加速度分量；a_{Tr}、a_{Tq} 分别为目标沿视线方向和视线法向的加速度分量。同理，将矢量方程(7.4.11)投影至视线坐标系 F_L，有

$$\begin{cases}^{I}\ddot{\boldsymbol{r}}^{L}={}^{L}\ddot{\boldsymbol{r}}^{L}+2\bar{\boldsymbol{\omega}}_{L/I}^{L}\times{}^{L}\dot{\boldsymbol{r}}^{L}+{}^{L}\dot{\bar{\boldsymbol{\omega}}}_{L/I}^{L}\times\boldsymbol{r}^{L}+\bar{\boldsymbol{\omega}}_{L/I}^{L}\times\left(\bar{\boldsymbol{\omega}}_{L/I}^{L}\times\boldsymbol{r}^{L}\right)\\ ^{I}\ddot{\boldsymbol{r}}^{L}={}^{L}\ddot{\boldsymbol{r}}^{L}+2\tilde{\bar{\boldsymbol{\omega}}}_{L/I}^{L}\,{}^{L}\dot{\boldsymbol{r}}^{L}+{}^{L}\dot{\tilde{\bar{\boldsymbol{\omega}}}}_{L/I}^{L}\boldsymbol{r}^{L}+\left(\tilde{\bar{\boldsymbol{\omega}}}_{L/I}^{L}\right)^{2}\boldsymbol{r}^{L}\end{cases} \tag{7.4.13}$$

综合式(7.4.11)～式(7.4.13)，整理得到式(7.4.13)在 F_L 中的分量形式：

$$\begin{cases}a_{Tr}-a_{Mr}=\ddot{r}-r\dot{q}^{2}\\ a_{Tq}-a_{Mq}=2\dot{r}\dot{q}+r\ddot{q}\\ 0=0\end{cases} \tag{7.4.14}$$

取式(7.4.14)前两个分量，即为平面视线坐标系下的导弹–目标相对运动制导模型：

$$\begin{cases}a_{Tr}-a_{Mr}=\ddot{r}-r\dot{q}^{2}\\ a_{Tq}-a_{Mq}=2\dot{r}\dot{q}+r\ddot{q}\end{cases} \tag{7.4.15}$$

比较空间模型式(7.4.9)和平面模型式(7.4.15)，令 $q_\beta=0,q_\varepsilon=q,a_{M\varepsilon}=a_{Mq},a_{T\varepsilon}=a_{Tq}$，取前两个分量即可得到模型式(7.4.15)。因此，纵向平面模型可视为空间模型中无侧向弹目相对运动时的特殊情形。

7.4.2　多智能体一致性理论简介

代数图论(Ren，2008)是用于描述多智能体系统通信拓扑结构的有力工具。考虑一

个由 n 个个体组成的多智能体系统，其通信拓扑由有向图 $G=\{\mathcal{V},\mathcal{E},\boldsymbol{A}\}$ 描述，其中 $\mathcal{V}=\{\pi_1,\pi_2,\cdots,\pi_n\}$ 表示由 n 个个体组成的节点集合，$\mathcal{E}\subseteq\mathcal{V}\times\mathcal{V}$ 是由拓扑结构上直接相连的节点所组成有向边的集合，定义 $\boldsymbol{A}=[a_{ij}]\in\mathbb{R}^{n\times n}$ 为有向图 G 的权邻接矩阵。π_i 和 π_j 组成的有向边 $(\pi_j,\pi_i)\in G$ 表示节点 π_i 能从节点 π_j 获取信息。若进一步有 $(\pi_j,\pi_i)\in\mathcal{E}\subseteq G$，即 π_i 和 π_j 在拓扑结构上直接相连，此时称 π_j 为 π_i 的邻节点，π_i 的所有邻节点由集合 $N_i=\{\pi_j\,|\,(\pi_j,\pi_i)\in\mathcal{E}\}$ 表示。有向图权邻接矩阵 $\boldsymbol{A}$ 中的各元素按如下规则定义：

$$a_{ij}=\begin{cases}1, & (\pi_j,\pi_i)\in\mathcal{E}\\ 0, & (\pi_j,\pi_i)\notin\mathcal{E}\end{cases}\tag{7.4.16}$$

特别地，$\forall i\in\{1,2,\cdots,n\}$ 有 $a_{ii}=0$，即有向图 G 中不允许存在自环。定义有向图 G 的拉普拉斯矩阵 $\boldsymbol{L}=[l_{ij}]\in\mathbb{R}^{n\times n}$，其中的各元素为

$$l_{ij}=\begin{cases}\sum\limits_{k=1,k\neq i}^{n}a_{ik}, & i=j\\ -a_{ij}, & i\neq j\end{cases}\tag{7.4.17}$$

本小节假设弹群之间的通信拓扑是无向且连通的。无向图是有向图的一种特殊情形，在无向图中只关心节点之间相连与否，而不强调边的方向，因为如果 $(\pi_j,\pi_i)\in\mathcal{E}$，则必有 $(\pi_i,\pi_j)\in\mathcal{E}$，反之亦然。$(\pi_j,\pi_i)\in\mathcal{E}\Leftrightarrow(\pi_i,\pi_j)\in\mathcal{E}$ 在权邻接矩阵 $\boldsymbol{A}$ 中体现为 $a_{ij}=a_{ji}=1$，故 $\boldsymbol{A}$ 为实对称矩阵。如果无向图 $\mathcal{G}$ 中的任意两个节点间至少存在一条通路，则称 $\mathcal{G}$ 是连通的；若无向图 $\mathcal{G}$ 中 $\forall i,j\in\{1,2,\cdots,n\},i\neq j$ 均有 $(\pi_j,\pi_i)\in\mathcal{E}$，即任意两节点在拓扑结构上是直接相连的，则称 $\mathcal{G}$ 是全连通的，此时 $\mathcal{G}$ 对应的权邻接矩阵 $\boldsymbol{A}$ 的主对角元素均为 0，其余元素均为 1。无向图的拉普拉斯矩阵 $\boldsymbol{L}$ 具有如下重要性质(Ren, 2008)。

性质 7.1 $\boldsymbol{L}$ 对称且半正定，并且 0 一定是 $\boldsymbol{L}$ 的最小特征值，对应特征向量为 $\boldsymbol{1}_n$。

性质 7.2 如果无向图是连通的，则 0 是 $\boldsymbol{L}$ 的单特征值且所有其他特征值均为正实数。

在此基础上，下面将介绍一阶一致性算法、二阶一致性算法的定义，并分别给出一例多智能体一致性算法，这是后续设计多弹齐射攻击制导律的核心理论支撑。

定义 7.1(Wang et al., 2010) 针对一个一阶多智能体系统：

$$\dot{\xi}_i=u_i\tag{7.4.18}$$

其中，ξ_i 表示第 i 个智能体的位置；u_i 表示对第 i 个智能体施加的加速度指令。若所设计的加速度指令 u_i 能使 ξ_i 达到一致，则称 u_i 为一阶一致性算法。

算法 7.1(Zhang et al., 2013) 对于一阶多智能体系统(式(7.4.18))，如果其通信拓扑图 $\mathcal{G}$ 是无向且连通的，设计如下控制指令 u_i：

$$u_i=\text{sign}\left(\sum_{j=1}^{n}a_{ij}(\xi_j-\xi_i)\right)\cdot\sum_{j=1}^{n}a_{ij}\left|\xi_j-\xi_i\right|^{\alpha}\quad(0<\alpha<1)\tag{7.4.19}$$

则 ξ_i 能在有限时间内达到一致，且收敛于其初值的平均值 $1/n\sum_{i=1}^{n}\xi_i(0)$。

定义 7.2(Mei et al., 2013)　针对一个二阶多智能体系统：

$$\begin{cases}\dot{\xi}_i = v_i \\ \dot{v}_i = u_i\end{cases} \tag{7.4.20}$$

若所设计的 u_i 能使 ξ_i 和 v_i 分别达到一致，则称 u_i 为二阶一致性算法。

算法 7.2(Wang et al., 2008)　对于二阶多智能体系统(式(7.4.20))，如果其通信拓扑图 $\mathcal{G}$ 是无向且连通的，设计如下控制指令 u_i：

$$u_i = \sum_{j=1}^{n} a_{ij}\left(\psi_1(\mathrm{sig}^{\alpha_1}(\xi_j - \xi_i)) + \psi_2(\mathrm{sig}^{\alpha_2}(v_j - v_i))\right) \tag{7.4.21}$$

则能实现 ξ_i 和 v_i 的全局有限时间一致。其中，$\alpha_1 \in (0,1)$；$\alpha_2 = 2\alpha_1/(1+\alpha_1)$；$\mathrm{sig}^{\alpha}(\cdot) = |\cdot|^{\alpha}\cdot\mathrm{sign}(\cdot)$；$\psi_1(\cdot)$ 和 $\psi_2(\cdot)$ 为连续奇函数，且满足如下两条性质：

$$x\psi_i(x) > 0 \quad (\forall x \neq 0, x \in \mathbb{R}, i = 1,2) \tag{7.4.22}$$

$$\lim_{x\to 0}\frac{\psi_i(x)}{x} = c_i \quad (c_i > 0, i = 1,2) \tag{7.4.23}$$

7.4.3　多约束条件下的协同制导律设计方法

本小节将基于上述二阶一致性算法和自适应鲁棒控制(adaptive robust control，ARC)方法，设计一种能同时实现齐射攻击和满足视线角约束条件的三维 ITACG。首先，需要借助数学语言明确协同制导律的设计目标；其次，将协同制导系统按视线坐标系划分为视线方向子系统、视线法向(包含视线高低角(视线倾角)方向及视线方位角(视线偏角)方向)子系统，而后分别沿视线方向和视线法向设计齐射制导律以及视线角约束制导律；最后，将通过数值仿真验证所设计制导律的有效性。

1. 协同制导问题阐述

本小节拟介绍的协同制导律一方面能在时间上确保多弹对机动目标的齐射攻击；另一方面能在空间上满足碰撞时的视线角约束条件。为了便于问题分析，首先做出以下假设。

假设 1：将导弹和目标均视为空间中的质点，即仅考虑其质心的平动运动。由于协同末制导阶段持续时间较短，期间不考虑地球自转的影响。

假设 2：导引头和自动驾驶仪的动态响应特性相较于制导回路足够快，在制导律设计过程中忽略不计。导弹–目标相对位置矢量 $\boldsymbol{r}$ 及其导数 ${}^{l}\dot{\boldsymbol{r}}$ 均可由导引头实时探测。

假设 3：导弹沿视线方向、视线高低角方向及视线方位角方向的过载指令均可在机动能力范围内连续变化。

本小节统一约定：右下角标“i”表示对应于弹群中的第 i 枚导弹；右下角标“d”表示期望值；t 表示当前时刻，从进入协同制导段的时刻算起；t_{go} 表示剩余飞行时间；t_F 表示终端碰撞时刻；上标“^”表示状态估计量。

齐射制导律的设计目标为 $\forall i,j\in\{1,2,\cdots,n\}, i\neq j$，有

$$t_{F,i}=t_{F,j}\Leftrightarrow t+t_{go,i}=t+t_{go,j} \tag{7.4.24}$$

消去 t 即有

$$t_{go,i}=t_{go,j} \tag{7.4.25}$$

由式(7.4.24)和式(7.4.25)可知，欲使得多弹的总飞行时间达到一致，即需控制各枚导弹的剩余时间达到一致。剩余飞行时间由式(7.4.26)估计：

$$\hat{t}_{go,i}=-\frac{r_i}{\dot{r}_i} \tag{7.4.26}$$

后文将进一步解释剩余时间估计表达式(7.4.26)的合理性。显然，$\forall i,j\in\{1,2,\cdots,n\}, i\neq j$，$\lim\limits_{t\to\infty}\hat{t}_{go,i}=\hat{t}_{go,j}$ 的充分条件为

$$\begin{cases}\lim\limits_{t\to\infty}(r_i-r_j)=0\\ \lim\limits_{t\to\infty}(\dot{r}_i-\dot{r}_j)=0\end{cases} \tag{7.4.27}$$

取式(7.4.27)作为齐射的控制目标，当以上充分条件达成时，各枚导弹的剩余估计时间 $\hat{t}_{go,i}$ 也将趋于一致。

视线角约束制导律的设计目标为分别控制终端视线倾角 $q_{\varepsilon,i}(t_F)$ 以及视线偏角 $q_{\beta,i}(t_F)$ 收敛于各自对应的期望值。此外，由零化视线角速率确保所设计的协同制导律能够实现对目标的零脱靶量打击，即 $\forall i,j\in\{1,2,\cdots,n\}, i\neq j$，有

$$\begin{cases}\lim\limits_{t\to\infty}(q_{\varepsilon,i}-q_{\varepsilon,d,i})=0, & \lim\limits_{t\to\infty}(q_{\beta,i}-q_{\beta,d,i})=0\\ \lim\limits_{t\to\infty}\dot{q}_{\varepsilon,i}=0, & \lim\limits_{t\to\infty}\dot{q}_{\beta,i}=0\end{cases} \tag{7.4.28}$$

虽然式(7.4.27)和式(7.4.28)中仅要求各状态变量是渐近收敛的，但可以通过选择合适的控制参数使得状态量在较短时间内收敛到期望值的某个足够小的邻域内，从而兼顾工程实际的快速性需求与控制精度要求。

下面将从导引几何原理(Zarchan，2012)出发，解释说明式(7.4.26)作为估计剩余飞行时间表达式的合理性。图 7.4.3 中 xOy 为平面惯性坐标系，导弹速度为 V_M，导引加速度指令为 n_c；目标速度为 V_T，以法向加速度 n_T 做机动；视线 LOS 与水平参考线夹角为视线角 q，目标速度 V_T 的方向与水平参考线夹角为 β；L 为理论速度前置角，其物理含义为当目标不做机动，导弹以该速度前置角 L 匀速直线飞行时，恰好能与目标在拦截点 I 相遇。此时导弹、目标的轨迹 MI、TI 与视线 MT 围成的三角形称为理想碰撞三角 MIT；HE 为初始航向误差(heading error)角，表示导弹初始速度矢量偏离理想碰撞三角 MIT 的角度；导弹速度 V_M 的方向与水平参考线夹角为平面中的弹道倾角 $\theta=\mathrm{HE}+L+q$。我们熟知的比例导引方法本质上以消除航向误差角，以及消除由目标机动 n_T 所引起的偏离理想碰撞三角 MIT 的运动为目的，尽可能实现导弹与目标沿 MIT

的准平行接近。

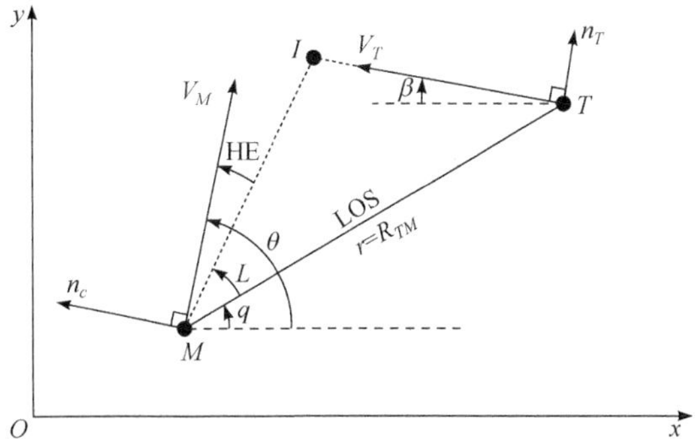

图 7.4.3　比例导引原理图

注意到式(7.4.28)要求各枚导弹相对于目标的终端视线角速率为零，即导弹与目标严格沿理想碰撞三角实现惯性空间中的平行交会。因此，沿视线法向的制导律目标式(7.4.28)一方面用于约束终端视线角收敛于期望值，另一方面用于保证导弹–目标平行接近，进而实现零脱靶拦截。此外，在二阶一致性算法式(7.4.21)的作用下，沿视线方向的弹目接近速率 $\dot{r}_i$ 能近似趋于某常数(后文仿真分析部分将展示 $\dot{r}_i$ 的变化曲线)，故沿视线方向的导弹–目标相对运动最终趋于匀速直线运动，由式(7.4.26)给出的估计剩余飞行时间将非常接近实际值。

2. 沿视线方向的齐射协同制导律设计

假设目标在面对敌方威胁时以侧向机动逃逸为主，忽略目标沿第 i 枚导弹视线方向的机动加速度，即令 $a_{Tr,i}=0$。选取如下状态变量：

$$x_1=r, x_2=\dot{r}, x_3=q_\varepsilon-q_{\varepsilon,d}, x_4=\dot{q}_\varepsilon, x_5=q_\beta-q_{\beta,d}, x_6=\dot{q}_\beta$$

模型式(7.4.9)中的第一式可写为如下二阶多智能体系统：

$$\begin{cases}\dot{x}_{1,i}=x_{2,i}\\ \dot{x}_{2,i}=x_{1,i}x_{4,i}^2+x_{1,i}x_{6,i}^2\cos^2 q_{\varepsilon,i}-a_{Mr,i}=u_i\end{cases} \tag{7.4.29}$$

其中，u_i 按(7.4.21)式给出，即

$$u_i=\sum_{j=1}^{n}a_{ij}\left(\psi_1(\mathrm{sig}^{\alpha_1}(x_{1,j}-x_{1,i}))+\psi_2(\mathrm{sig}^{\alpha_2}(x_{2,j}-x_{2,i}))\right) \tag{7.4.30}$$

不妨取

$$\begin{cases}\psi_1(x)=m_1\tanh(x,\varepsilon_1)=m_1\dfrac{\mathrm{e}^{x/\varepsilon_1}-\mathrm{e}^{-x/\varepsilon_1}}{\mathrm{e}^{x/\varepsilon_1}+\mathrm{e}^{-x/\varepsilon_1}} \quad (m_1,\varepsilon_1>0)\\ \psi_2(x)=m_2\tanh(x,\varepsilon_2)=m_2\dfrac{\mathrm{e}^{x/\varepsilon_2}-\mathrm{e}^{-x/\varepsilon_2}}{\mathrm{e}^{x/\varepsilon_2}+\mathrm{e}^{-x/\varepsilon_2}} \quad (m_2,\varepsilon_2>0)\end{cases} \tag{7.4.31}$$

联立式(7.4.29)、式(7.4.30)，得第 i 枚导弹沿视线方向的加速度指令为

$$a_{Mr,i} = x_{1,i}x_{4,i}^2 + x_{1,i}x_{6,i}^2 \cos^2 q_{\varepsilon,i} - u_i$$
$$= x_{1,i}x_{4,i}^2 + x_{1,i}x_{6,i}^2 \cos^2 q_{\varepsilon,i} - \sum_{j=1}^{n} a_{ij}\left(\psi_1(\text{sig}^{\alpha_1}(x_{1,j} - x_{1,i})) + \psi_2(\text{sig}^{\alpha_2}(x_{2,j} - x_{2,i}))\right) \quad (7.4.32)$$

3. 沿视线法向的视线角约束制导律设计

考虑带有一个不确定参数 θ_ε 的视线高低角方向的状态方程，即将模型(7.4.9)中的第二式写为

$$\begin{cases} \dot{x}_{3,i} = x_{4,i} \\ \theta_\varepsilon \dot{x}_{4,i} = -\dfrac{2x_{2,i}x_{4,i}}{x_{1,i}} - x_{6,i}^2 \sin q_{\varepsilon,i} \cos q_{\varepsilon,i} - \dfrac{a_{M\varepsilon,i}}{x_{1,i}} + d_{\varepsilon,i} \end{cases} \quad (7.4.33)$$

其中，$d_{\varepsilon,i} = a_{T\varepsilon,i}/x_{1,i}$。理想情况下，$\theta_\varepsilon = 1$ 为一确定值，考虑到实际系统中受传感器信号起伏等不确定因素的影响，现将 θ_ε 视为理想值 1 附近的不确定参数。将式(7.4.33)记为

$$\begin{cases} \dot{x}_{3,i} = x_{4,i} \\ \theta_\varepsilon \dot{x}_{4,i} = u_{\varepsilon,i} + d_{\varepsilon,i} \end{cases} \quad (7.4.34)$$

其中，

$$u_{\varepsilon,i} = -\frac{2x_{2,i}x_{4,i}}{x_{1,i}} - x_{6,i}^2 \sin q_{\varepsilon,i} \cos q_{\varepsilon,i} - \frac{a_{M\varepsilon,i}}{x_{1,i}} \quad (7.4.35)$$

为引入的辅助控制量。设不确定参数 θ_ε 在理想值 $\theta_\varepsilon = 1$ 附近取值，取值集合为数集 Ω_ε，即

$$\theta_\varepsilon \in \Omega_\varepsilon \equiv \left\{\theta \middle| 0 < \theta_{\varepsilon,\min} \leqslant \theta \leqslant \theta_{\varepsilon,\max}\right\} \quad (7.4.36)$$

由目标机动引起的干扰项有界，即 $0 \leqslant |d_{\varepsilon,i}| < \Delta_\varepsilon$，$\Delta_\varepsilon$ 为一有界正常数。根据视线法向的制导律设计目标式(7.4.28)，需使得状态变量 $x_{3,i}$ 和 $x_{4,i}$ 均收敛至零，选取如下线性滑模函数：

$$s_{\varepsilon,i} = x_{4,i} + ax_{3,i} \quad (a > 0) \quad (7.4.37)$$

取 $\hat{\theta}_\varepsilon$ 为 θ_ε 的估计值，定义正定李雅普诺夫函数：

$$V_{\varepsilon,i} = \frac{1}{2}\theta_\varepsilon s_{\varepsilon,i}^2 + \frac{1}{2\gamma_\varepsilon}\tilde{\theta}_\varepsilon^2 \quad (7.4.38)$$

其中，$\tilde{\theta}_{\varepsilon,i} = \hat{\theta}_{\varepsilon,i} - \theta_\varepsilon$；$\gamma_\varepsilon > 0$。对式(7.4.38)求导，得

$$\dot{V}_{\varepsilon,i} = \theta_\varepsilon s_{\varepsilon,i}\dot{s}_{\varepsilon,i} + \frac{1}{\gamma_\varepsilon}\tilde{\theta}_{\varepsilon,i}\dot{\hat{\theta}}_{\varepsilon,i} = \theta_\varepsilon s_{\varepsilon,i}(\dot{x}_{4,i} + ax_{4,i}) + \frac{1}{\gamma_\varepsilon}\tilde{\theta}_{\varepsilon,i}\dot{\hat{\theta}}_{\varepsilon,i}$$
$$= s_{\varepsilon,i}(u_{\varepsilon,i} + d_{\varepsilon,i} + a\theta_\varepsilon x_{4,i}) + \frac{1}{\gamma_\varepsilon}\tilde{\theta}_{\varepsilon,i}\dot{\hat{\theta}}_{\varepsilon,i} \quad (7.4.39)$$

辅助控制量 $u_{\varepsilon,i}$ 设计为

$$u_{\varepsilon,i} = \hat{\theta}_{\varepsilon,i}(-ax_{4,i}) - k_1 s_{\varepsilon,i} - k_2 \mathrm{sign}(s_{\varepsilon,i}) \tag{7.4.40}$$

其中，$k_1 > 0$; $k_2 > \varDelta_\varepsilon$，将式(7.4.40)代入式(7.4.39)得

$$\begin{aligned}\dot{V}_{\varepsilon,i} &= s_{\varepsilon,i}(\hat{\theta}_{\varepsilon,i}(-ax_{4,i}) - k_1 s_{\varepsilon,i} - k_2 \mathrm{sign}(s_{\varepsilon,i}) + d_{\varepsilon,i} + a\theta_\varepsilon x_{4,i}) + \frac{1}{\gamma_\varepsilon}\tilde{\theta}_{\varepsilon,i}\dot{\hat{\theta}}_{\varepsilon,i} \\ &= s_{\varepsilon,i}(\tilde{\theta}_{\varepsilon,i}(-ax_{4,i}) - k_1 s_{\varepsilon,i} - k_2 \mathrm{sign}(s_{\varepsilon,i}) + d_{\varepsilon,i}) + \frac{1}{\gamma_\varepsilon}\tilde{\theta}_{\varepsilon,i}\dot{\hat{\theta}}_{\varepsilon,i} \\ &= -k_1 s_{\varepsilon,i}^2 - k_2\left|s_{\varepsilon,i}\right| + d_{\varepsilon,i}s_{\varepsilon,i} + \tilde{\theta}_{\varepsilon,i}\left(s_{\varepsilon,i}(-ax_{4,i}) + \frac{1}{\gamma_\varepsilon}\dot{\hat{\theta}}_{\varepsilon,i}\right)\end{aligned} \tag{7.4.41}$$

暂取自适应律为

$$\dot{\hat{\theta}}_{\varepsilon,i} = -\gamma_\varepsilon s_{\varepsilon,i}(-ax_{4,i}) \tag{7.4.42}$$

则有

$$\dot{V}_{\varepsilon,i} = -k_1 s_{\varepsilon,i}^2 - k_2\left|s_{\varepsilon,i}\right| + d_{\varepsilon,i}s_{\varepsilon,i} \leqslant -k_1 s_{\varepsilon,i}^2 - \left(\varDelta_\varepsilon\left|s_{\varepsilon,i}\right| - d_{\varepsilon,i}s_{\varepsilon,i}\right) \leqslant -k_1 s_{\varepsilon,i}^2 \leqslant 0 \tag{7.4.43}$$

显然，当且仅当 $s_{\varepsilon,i} = 0$ 时，$\dot{V}_{\varepsilon,i} = 0$，根据拉萨尔(LaSalle)不变性原理，在辅助控制量 u_ε 和自适应律 $\dot{\hat{\theta}}_{\varepsilon,i}$ 的作用下，系统状态关于滑模面 $s_{\varepsilon,i} = 0$ 是渐近稳定的。

根据式(7.4.36)中的限制，将自适应律 $\dot{\hat{\theta}}_{\varepsilon,i}$ 修正为

$$\dot{\hat{\theta}}_{\varepsilon,i} = \begin{cases} 0, & \hat{\theta}_{\varepsilon,i} \geqslant \theta_{\varepsilon,\max} \wedge (-\gamma_\varepsilon s_{\varepsilon,i}(-ax_{4,i})) > 0 \\ 0, & \hat{\theta}_{\varepsilon,i} \leqslant \theta_{\varepsilon,\min} \wedge (-\gamma_\varepsilon s_{\varepsilon,i}(-ax_{4,i})) < 0 \\ -\gamma_\varepsilon s_{\varepsilon,i}(-ax_{4,i}), & \text{其他} \end{cases} \tag{7.4.44}$$

其中，取初值 $\hat{\theta}_{\varepsilon,i}(0) = 1$。

联立式(7.4.35)和式(7.4.40)，得到沿视线高低角方向的实际加速度指令为

$$a_{M\varepsilon,i} = -2x_{2,i}x_{4,i} - x_{1,i}x_{6,i}^2 \sin q_{\varepsilon,i}\cos q_{\varepsilon,i} + a\hat{\theta}_{\varepsilon,i}x_{1,i}x_{4,i} + k_1 x_{1,i}s_{\varepsilon,i} + k_2 x_{1,i}\mathrm{sign}(s_{\varepsilon,i}) \tag{7.4.45}$$

当系统状态收敛至滑模面 $s_{\varepsilon,i} = 0$ 后，显然有

$$x_{4,i} = -ax_{3,i} \tag{7.4.46}$$

选取另一个李雅普诺夫函数：

$$V_{x_3,i} = \frac{1}{2}x_{3,i}^2 \tag{7.4.47}$$

其导数为

$$\dot{V}_{x_3,i} = x_{3,i}x_{4,i} = x_{3,i}(-ax_{3,i}) = -ax_{3,i}^2 \leqslant 0 \tag{7.4.48}$$

即在滑模面 $s_{\varepsilon,i} = 0$ 上，系统状态 $x_{3,i}$ 关于原点是渐近稳定的，当 $x_{3,i}$ 收敛至原点后，必有 $x_{4,i} = \dot{x}_{3,i} = 0$。至此说明了在沿视线方向的过载指令式(7.4.45)及自适应律的共同作用下，可以达成沿视线高低角方向的制导目标——各枚导弹的视线倾角能收敛至期望值，

且视线倾角速率也能收敛至零。

完全同理，考虑带有一个不确定参数 θ_β 的视线方位角方向的状态方程，即将模型式(7.4.9)中的第三式写为

$$\begin{cases}\dot{x}_{5,i}=x_{6,i}\\ \theta_\beta \dot{x}_{6,i}=-\dfrac{2x_{2,i}x_{6,i}}{x_{1,i}}+2x_{4,i}x_{6,i}\tan q_{\varepsilon,i}+\dfrac{a_{M\beta,i}}{x_{1,i}\cos q_{\varepsilon,i}}+d_{\beta,i}\end{cases} \tag{7.4.49}$$

其中，$d_{\beta,i}=-a_{T\beta,i}/(x_{1,i}\cos q_{\varepsilon,i}),\left|d_{\beta,i}\right|<\Delta_\beta$，$\Delta_\beta$ 为一有界正常数。引入辅助控制量：

$$u_{\beta,i}=-\frac{2x_{2,i}x_{6,i}}{x_{1,i}}+2x_{4,i}x_{6,i}\tan q_{\varepsilon,i}+\frac{a_{M\beta,i}}{x_{1,i}\cos q_{\varepsilon,i}} \tag{7.4.50}$$

选取滑模函数：

$$s_{\beta,i}=x_{6,i}+bx_{5,i}\quad (b>0) \tag{7.4.51}$$

辅助控制量 $u_{\beta,i}$ 设计为

$$u_{\beta,i}=\hat{\theta}_{\beta,i}(-bx_{6,i})-l_1 s_{\beta,i}-l_2\operatorname{sign}(s_{\beta,i}) \tag{7.4.52}$$

其中，$l_1>0$；$l_2>\Delta_\beta$。联立式(7.4.50)～式(7.4.52)，得到沿视线方位角方向的实际加速度指令：

$$a_{M\beta,i}=x_{1,i}\cos q_{\varepsilon,i}\left(\frac{2x_{2,i}x_{6,i}}{x_{1,i}}-2x_{4,i}x_{6,i}\tan q_{\varepsilon,i}-b\hat{\theta}_{\beta,i}x_{6,i}-l_1 s_{\beta,i}-l_2\operatorname{sign}(s_{\beta,i})\right) \tag{7.4.53}$$

自适应律取

$$\dot{\hat{\theta}}_{\beta,i}=\begin{cases}0, & \hat{\theta}_{\beta,i}\geqslant\theta_{\beta,\max}\wedge(-\gamma_\beta s_{\beta,i}(-ax_{6,i}))>0\\ 0, & \hat{\theta}_{\beta,i}\leqslant\theta_{\beta,\min}\wedge(-\gamma_\beta s_{\beta,i}(-ax_{6,i}))<0\\ -\gamma_\beta s_{\beta,i}(-bx_{6,i}), & \text{其他}\end{cases} \tag{7.4.54}$$

其中，$\gamma_\beta>0$；取初值 $\hat{\theta}_{\beta,i}(0)=1$。

此外，为了抑制符号函数在滑模面附近频繁切换带来的系统抖振现象，分别选取边界层厚度为 δ_ε 和 δ_β 的饱和函数替换式(7.4.45)和式(7.4.53)中的符号函数，将沿视线法向的加速度指令修正为

$$a_{M\varepsilon,i}=-2x_{2,i}x_{4,i}-x_{1,i}x_{6,i}^2\sin q_{\varepsilon,i}\cos q_{\varepsilon,i}+a\hat{\theta}_{\varepsilon,i}x_{1,i}x_{4,i}+k_1x_{1,i}s_{\varepsilon,i}+k_2x_{1,i}\operatorname{sat}(s_{\varepsilon,i},\delta_\varepsilon) \tag{7.4.55}$$

$$a_{M\beta,i}=x_{1,i}\cos q_{\varepsilon,i}\left(\frac{2x_{2,i}x_{6,i}}{x_{1,i}}-2x_{4,i}x_{6,i}\tan q_{\varepsilon,i}-b\hat{\theta}_{\beta,i}x_{6,i}-l_1 s_{\beta,i}-l_2\operatorname{sat}(s_{\beta,i},\delta_\beta)\right) \tag{7.4.56}$$

其中，边界层厚度为 δ 的饱和函数 $\operatorname{sat}(\cdot)$ 定义为

$$\operatorname{sat}(s,\delta)=\begin{cases}\operatorname{sign}(s), & |s|>\delta\\ \dfrac{s}{\delta}, & |s|<\delta\end{cases} \tag{7.4.57}$$

7.5 算例方法

7.5.1 无人机增稳回路设计算例

代码

本算例运用参数空间理论来进行无人机容错飞行控制系统的设计。无人机纵向增稳系统的结构如图 7.5.1 所示。这里研究的无人机纵向通道具有静不稳定特性，纵向增稳常采用俯仰角速率反馈和攻角反馈控制方案。考虑到攻角测量很难达到较高的精度，根据攻角与法向加速度满足比例关系的特点，这里采用俯仰角速率反馈和法向加速度反馈增稳方案。式(7.5.1)和式(7.5.2)给出了无人机纵向运动的小扰动线性化模型：

$$\begin{bmatrix} \Delta\dot{a}_z \\ \Delta\dot{q} \end{bmatrix} = \begin{bmatrix} -Z_\alpha & -k_\alpha^{a_z} \\ M_\alpha / k_\alpha^{a_z} & -M_q \end{bmatrix} \begin{bmatrix} \Delta a_z \\ \Delta q \end{bmatrix} + \begin{bmatrix} 0 & 0 & 0 \\ -M_{\delta_e} & -M_{\delta_a} & -M_{\delta_r} \end{bmatrix} \begin{bmatrix} \delta_e \\ \delta_a \\ \delta_r \end{bmatrix} \tag{7.5.1}$$

$$k_\alpha^{a_z} = \frac{qSC_{L_\alpha}}{m} = Z_a V_0 \tag{7.5.2}$$

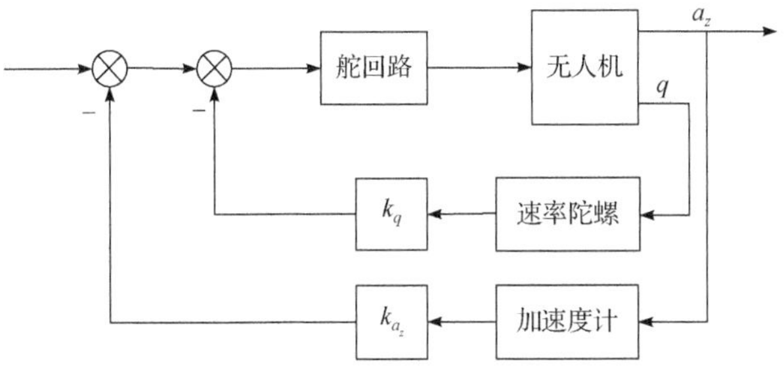

图 7.5.1　无人机纵向增稳系统的结构图

操纵面故障设计：考虑三种模式，无故障模式、升降舵半损模式及升降舵全损模式。无人机纵向通道控制对象为 $(G_i, P_i), i = 1, 2, \cdots$，其中 i 对应于无人机不同的故障状态。

控制品质要求：无人机纵向增稳系统一级品质为调节时间 $t_s \leqslant 2\text{s}$，超调量 $\sigma \leqslant 5\%$；二级飞行品质为调节时间 $t_s \leqslant 5\text{s}$，超调量 $\sigma \leqslant 15\%$。一级品质和二级品质对应闭环极点区域如图 7.5.2 所示。下面分别给出满足一级品质和二级品质的控制器设计方法。

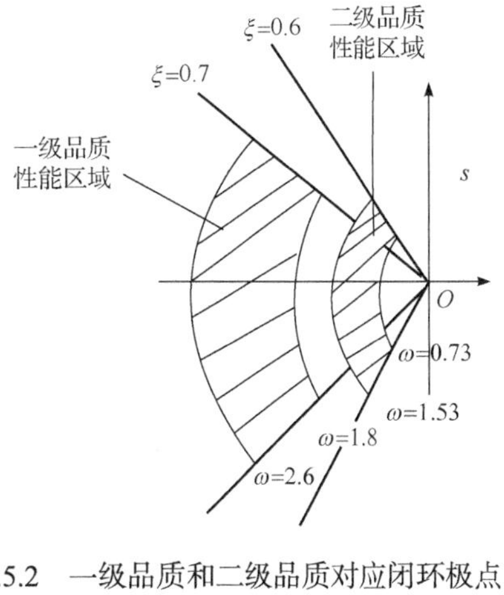

图 7.5.2　一级品质和二级品质对应闭环极点区域

1. 设计过程

忽略升降舵产生的力效应($Z_{\delta_e}=0$)，无人机纵向通道短周期传递函数为

$$G(s)=\frac{a_z(s)}{\delta_e(s)}=\frac{k_\alpha^{a_z}M_{\delta_e}}{s^2+(Z_\alpha+M_q)s+M_\alpha+Z_\alpha M_q} \tag{7.5.3}$$

$$G(s)=\frac{a_z(s)}{\delta_e(s)}=\frac{-M_{\delta_e}s-M_{\delta_e}Z_\alpha}{s^2+(Z_\alpha+M_q)s+M_\alpha+Z_\alpha M_q} \tag{7.5.4}$$

用Matlab求解不同控制品质下的控制器参数空间。下面给出参数空间的计算方法。

```
    jj = 0;
    for ii_kesi1 = kesi1_min:0.05:1
        for ii_wn1 = wn1_min:0.05:wn1_max
            jj = jj+1;
            array_kq(jj) = (Z_alpha + M_q - 2*ii_kesi1*ii_wn1)/M_dlte;
            array_kaz(jj) = -(M_alpha+Z_alpha*M_q-M_dlte*Z_alpha*array_kq(jj)-ii_wn1^2)/( M_dlte*K_alpha2az );
            array_kq_half(jj) = (Z_alpha + M_q - 2*ii_kesi1*ii_wn1)/M_dlte_half;
            array_kaz_half(jj) = - (M_alpha + Z_alpha * M_q - M_dlte_half * Z_alpha * array_kq_half(jj) - ii_wn1^2) /
(M_dlte_half * K_alpha2az);
            array_kq_full(jj) = (Z_alpha + M_q - 2*ii_kesi1*ii_wn1) / M_dlte_full;
            array_kaz_full(jj) = - (M_alpha + Z_alpha * M_q - M_dlte_full * Z_alpha * array_kq_full(jj) - ii_wn1^2) /
(M_dlte_full * K_alpha2az);
        end
    end
```

图 7.5.3 给出了一、二级品质下无人机无故障模式、升降舵半损模式、升降舵全损模式的控制器参数空间。

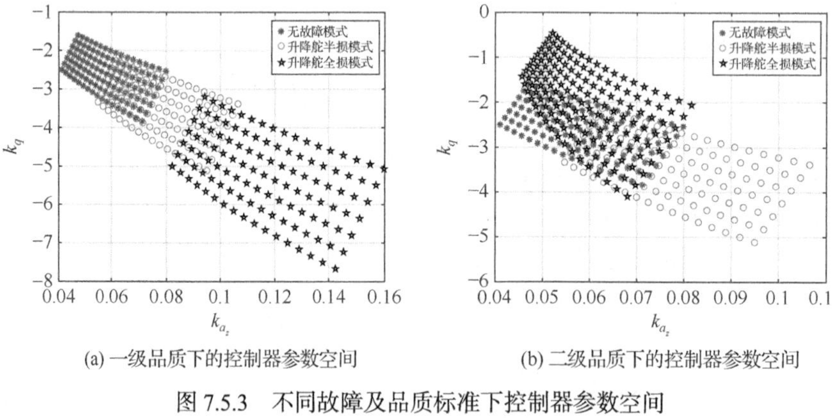

(a) 一级品质下的控制器参数空间　　(b) 二级品质下的控制器参数空间

图 7.5.3　不同故障及品质标准下控制器参数空间

从图 7.5.3 中可以看出，三种模式不存在参数集交集，因此不存在可使三种模式都满足一级品质的公共控制器。升降舵半损模式与无故障模式存在着参数集合交集，表示存在公共控制器，可以使无人机无故障模式和升降舵半损模式都满足一级飞行品质。同理，升降舵半损模式与升降舵全损模式存在参数集合交集，表示存在公共控制器，可以使升降舵半损模式和升降舵全损模式都满足一级飞行品质。

综上所述，单纯的被动容错控制系统无法保证无人机在这三种可能的模式下维持一级品质。对这个问题，有两种解决思路：一种是采用被动容错控制方式，放宽升降舵全

损故障时的飞行品质要求；另一种是引入主动容错控制方式。

主动容错控制方式：从图 7.5.3(a)看出，通过控制参数的选择，可以使得无故障和半损故障情况有相同的品质参数；半损故障情况和全损故障情况有相同的品质参数。通过状态观测器判断无人机的故障种类，并改变控制参数 k_q 和 k_{a_z}，使得无人机能够在升降舵半损模式和升降舵全损模式下均满足一级品质要求。

被动容错控制方式：放宽对升降舵全损模式，将飞行品质要求降为二级，无故障模式和升降舵半损模式仍然保持一级飞行品质要求。此时，控制器参数空间如图 7.5.3(b)所示。由于无故障模式、升降舵半损模式和升降舵全损模式的控制器参数空间存在着交集，意味着存在公共的控制器，可以实现对无人机无故障模式和升降舵半损模式的一级品质控制以及对升降舵全损模式的二级品质控制。

2. 仿真验证

主动容错控制方法：由图 7.5.3 所示的状态空间图，将无故障模式和升降舵半损模式情况下的控制参数定为 $k_q=-2.8, k_{a_z}=0.06656$；升降舵全损模式下的控制参数定为 $k_{q1}=-3.9556, k_{a_z1}=0.1027$。

被动容错控制方法：将无人机的控制参数定为 $k_q=-3.3333, k_{a_z}=0.06592$。

无人机的故障情况：0～10s 为正常状态，10～20s 为舵面半损状态，20～30s 为舵面全损失状态。图 7.5.4 给出了容错控制系统的加速度响应曲线。

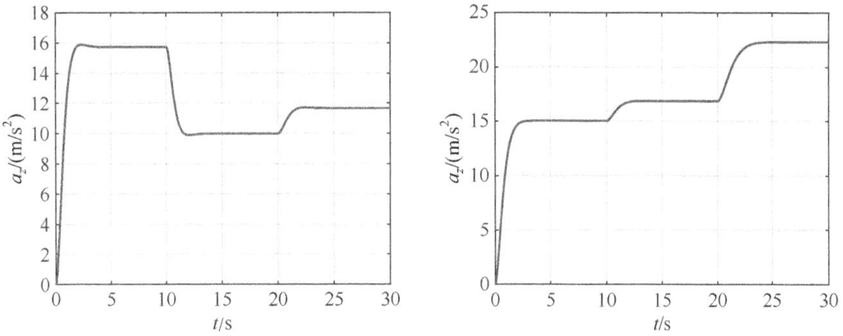

(a) 一级品质下的加速度响应曲线　　(b) 二级品质下的加速度响应曲线

图 7.5.4　不同品质等级下无人机容错控制系统的加速度响应曲线图

7.5.2　飞行器协同拦截仿真分析算例

代码

1. 设计过程

本小节将通过数值仿真验证所提出协同制导律的作用效果。下面将针对四种飞行器协同拦截水平面内做匀速直线运动和周期阶跃机动的敌方飞行器两种场景，展开仿真分析。仿真过程中，默认各飞行器的最大可用过载为 30g，仿真步长为 1ms。飞行器参数的选取如表 7.5.1 所示，注意到取 k_2 与 l_2 为时变参数。飞行器之间的通信拓扑结构及其权系数矩阵如图 7.5.5 所示。

表 7.5.1 飞行器参数的选取

视线方向	视线倾角方向	视线偏角方向
$l_1 = 0.1, l_2 = \left\|12g/(x_{1,i}\cos q_{\varepsilon,i})\right\|$	$a = 1$	$b = 1$
$\alpha_1 = 0.5, \alpha_2 = 2/3$	$\gamma_\varepsilon = 5$	$\gamma_\beta = 5$
$m_1 = 800, m_2 = 500$	$k_1 = 0.1, k_2 = \left\|12g/x_{1,i}\right\|$	$l_1 = 0.1, l_2 = \left\|12g/(x_{1,i}\cos q_{\varepsilon,i})\right\|$
$\varepsilon_1 = 150, \varepsilon_2 = 150$	$\theta_{\varepsilon,\min} = 0.9, \theta_{\varepsilon,\max} = 1.1$	$\theta_{\beta,\min} = 0.9, \theta_{\beta,\max} = 1.1$

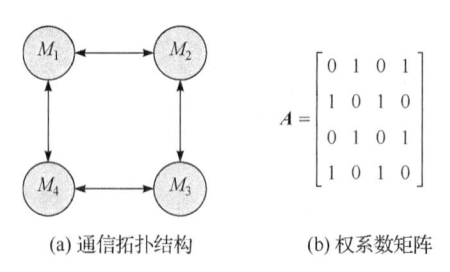

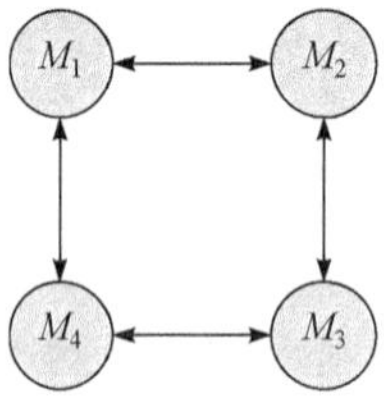

$$A = \begin{bmatrix} 0 & 1 & 0 & 1 \\ 1 & 0 & 1 & 0 \\ 0 & 1 & 0 & 1 \\ 1 & 0 & 1 & 0 \end{bmatrix}$$

(a) 通信拓扑结构　　(b) 权系数矩阵

图 7.5.5 飞行器之间的通信拓扑结构及其权系数矩阵

飞行器的初始条件与视线角约束条件如表 7.5.2 所示，初始位置和初始速度均分解至惯性坐标系中。目标在两种场景下的运动信息如表 7.5.3 所示，仍在惯性坐标系中表示。

表 7.5.2 飞行器的初始条件与视线角约束条件

飞行器编号	初始位置 (x_I, y_I, z_I) / km	初始速度 (V_{Mx}, V_{My}, V_{Mz}) / (km/s)	视线倾角约束 $q_{\varepsilon,d}$ / (°)	视线偏角约束 $q_{\beta,d}$ / (°)
M_1	(0,30,0)	(1.02,0,0)	−20	−20
M_2	(3,30,0)	(1.02,0,0)	−25	−10
M_3	(5,30,0)	(1.02,0,0)	−30	10
M_4	(8,30,0)	(1.02,0,0)	−35	15

表 7.5.3 目标在两种场景下的运动信息

场景	初始位置 (x_I, y_I, z_I) / km	初始速度 (V_{Mx}, V_{My}, V_{Mz}) / (km/s)	机动加速度 $(a_{Tx}, a_{Ty}, a_{Tz})g$
场景一	(40,10,0)	(−0.51,0,0)	(0,0,0)
场景二	(40,10,0)	(−0.51,0,0)	$(0, 0, 6\text{sign}(\cos(0.5t)))$

2. 仿真分析

场景一和场景二的仿真结果分别如图 7.5.6 和图 7.5.7 所示中，(a)为飞行器轨迹图，(b)为飞行器-目标相对距离变化曲线，各飞行器均能在同一时刻命中目标；(c)为飞行器-目标沿视线方向的接近速率曲线，在 13s 左右之后趋于平稳；(d)、(e)、(f)分别为视线方向过载指令、视线高低角方向过载指令以及视线方位角方向过载指令；(g)、(h)为视线倾角

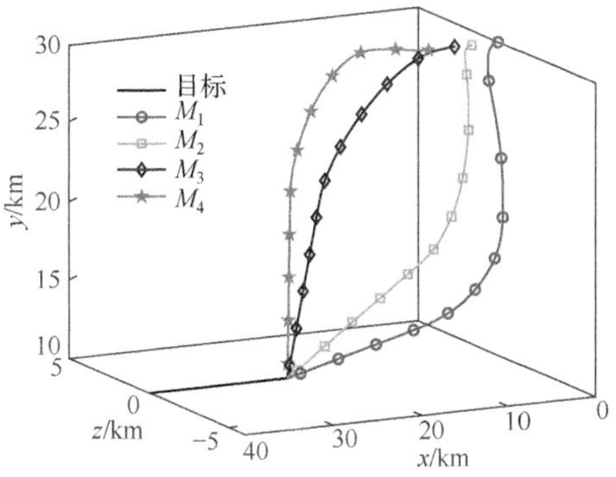

(a) 飞行器轨迹

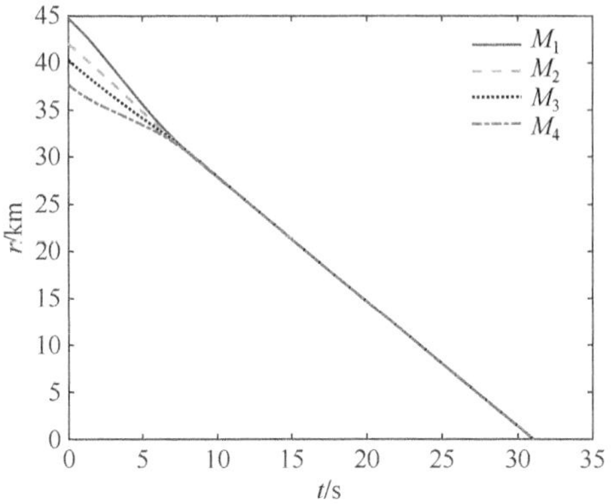

(b) 飞行器–目标相对距离

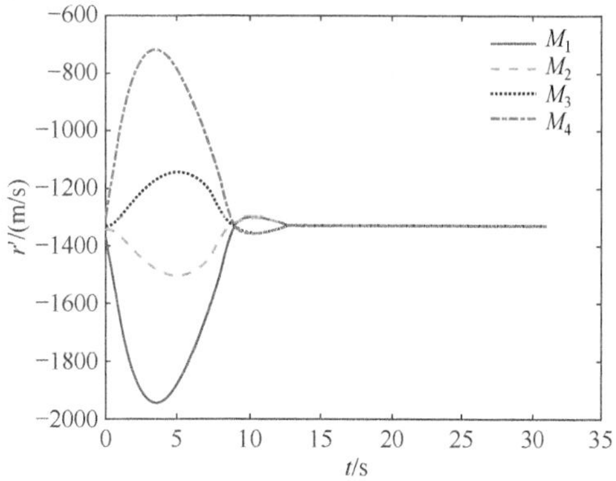

(c) 飞行器–目标相对速率

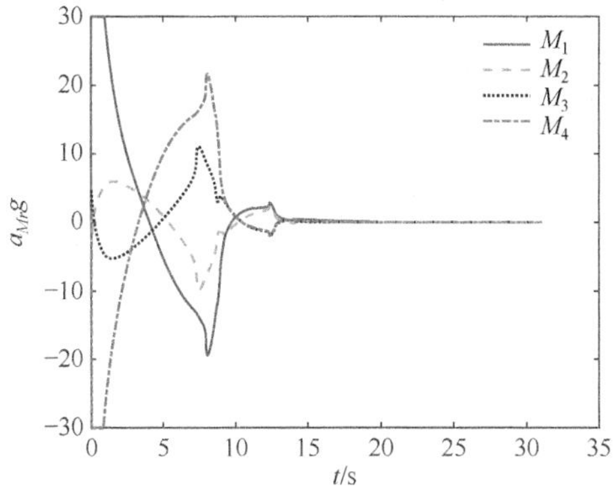

(d) 视线方向过载指令

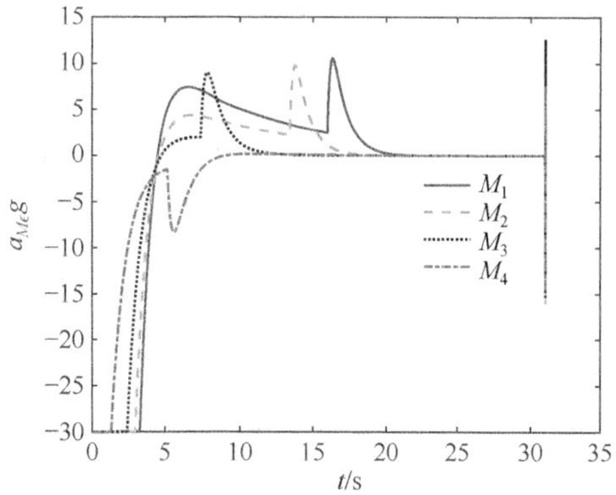

(e) 视线高低角方向过载指令

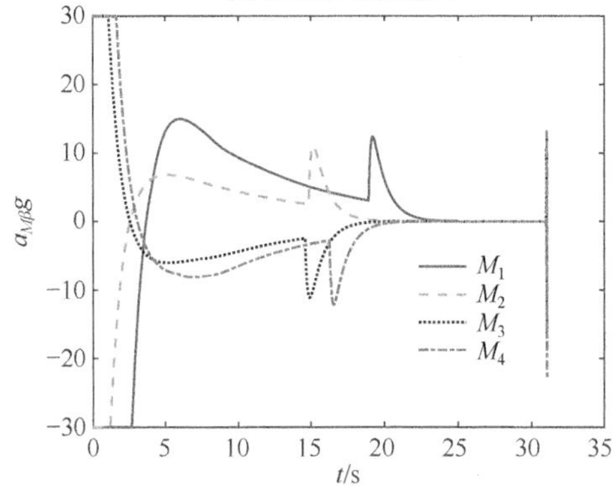

(f) 视线方位角方向过载指令

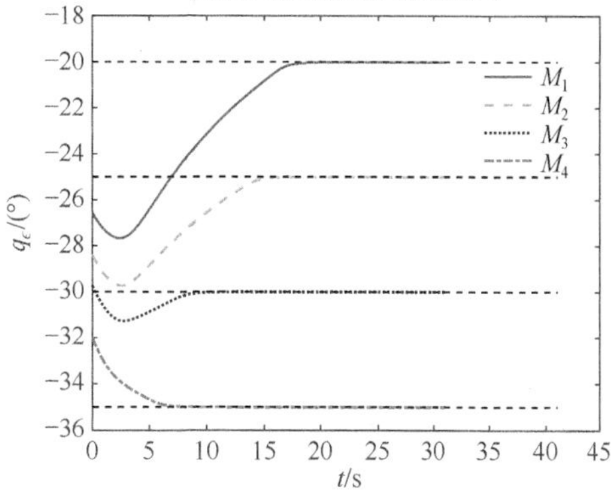

(g) 视线倾角

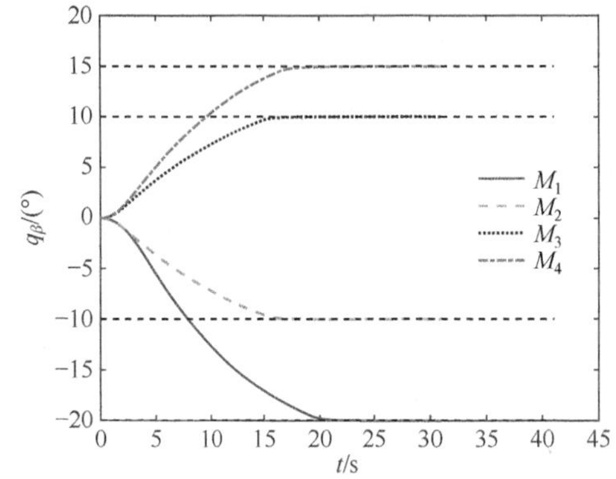

(h) 视线偏角

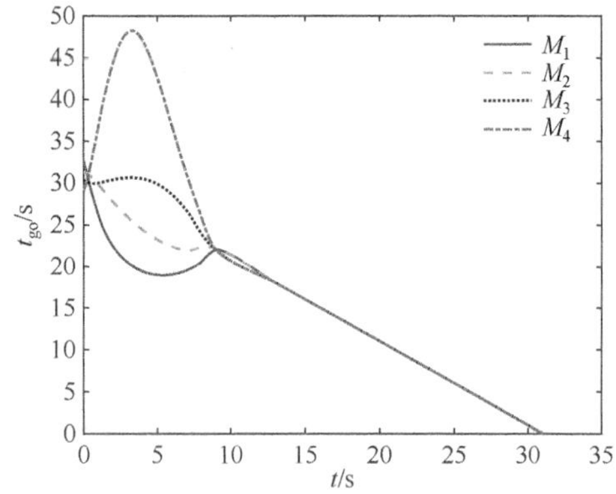

(i) 估计剩余时间

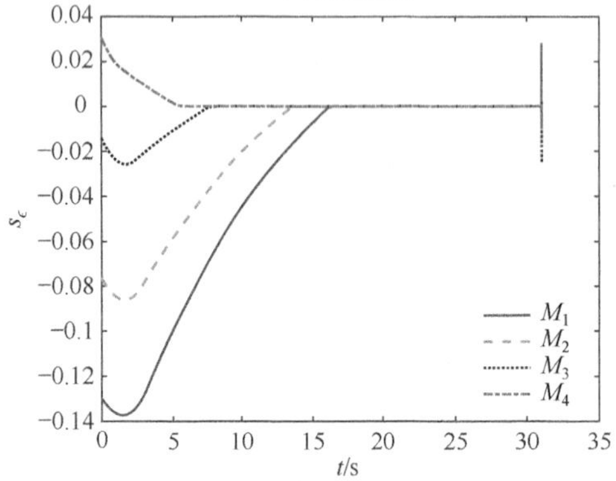

(j) 沿视线高低角方向的滑模函数

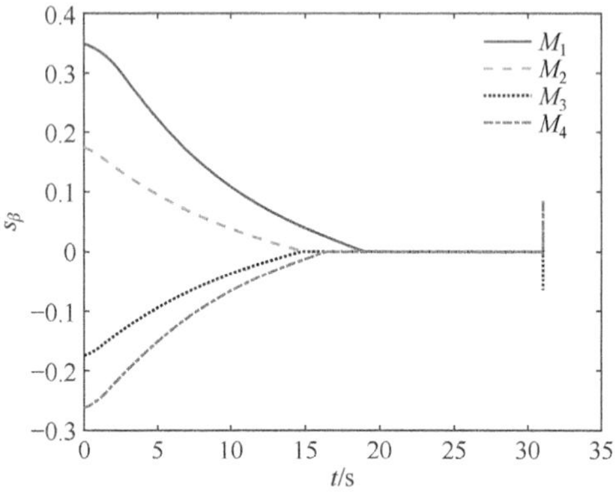

(k) 沿视线方位角方向的滑模函数

图 7.5.6　场景一仿真结果

和视线偏角变化曲线，能在一段时间后收敛于预先设定的期望值；(i)为估计剩余时间曲线，在约 13s 之后与实际剩余时间几乎完全一致，这体现了在该制导律的作用下，使用估计剩余时间式(7.4.26)是完全合理的；(j)、(k)分别为沿视线高低角方向与视线方位角方向的滑模函数变化曲线，与此前论证的结论相吻合——滑模函数关于原点是渐进稳定的。各飞行器的脱靶量、实际拦截时间、实际拦截视线角如表 7.5.4 所示，面对机动目标的最大协同时间误差为 4ms，视线倾角最大约束误差为 0.0519°，视线偏角最大约束误差为 0.0329°。

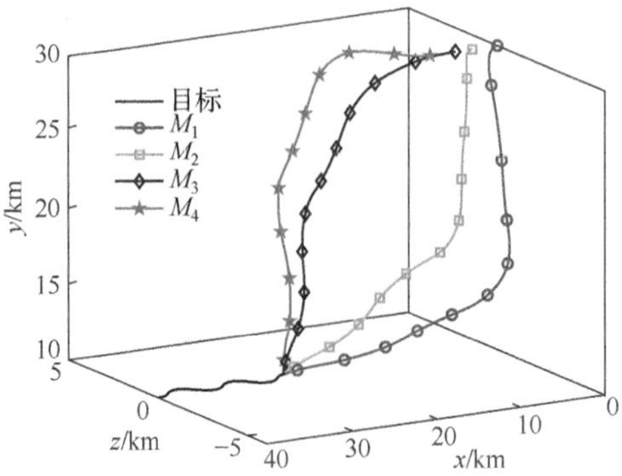

(a) 飞行器轨迹

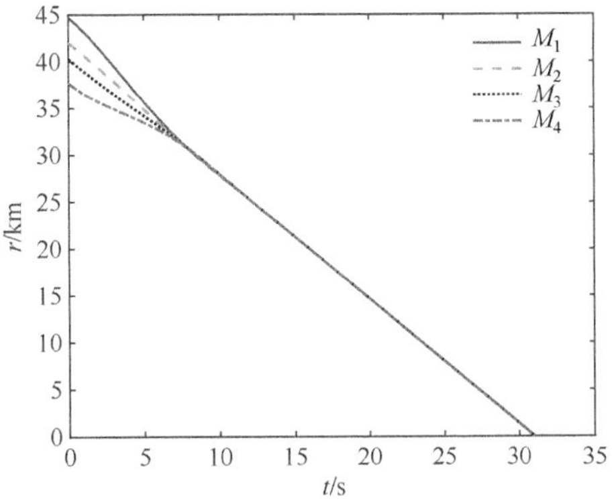

(b) 飞行器-目标相对距离

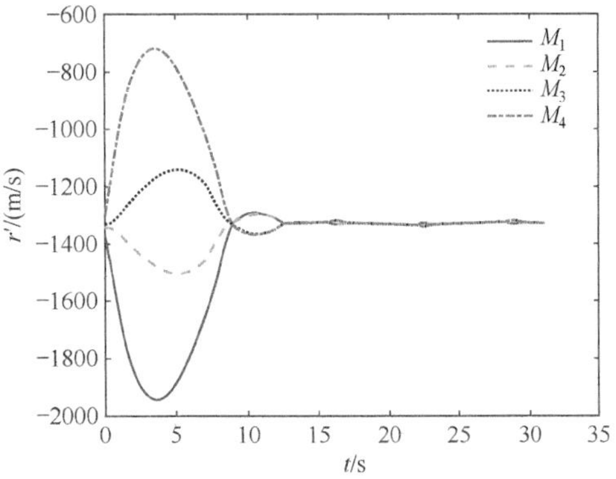

(c) 飞行器-目标相对速率

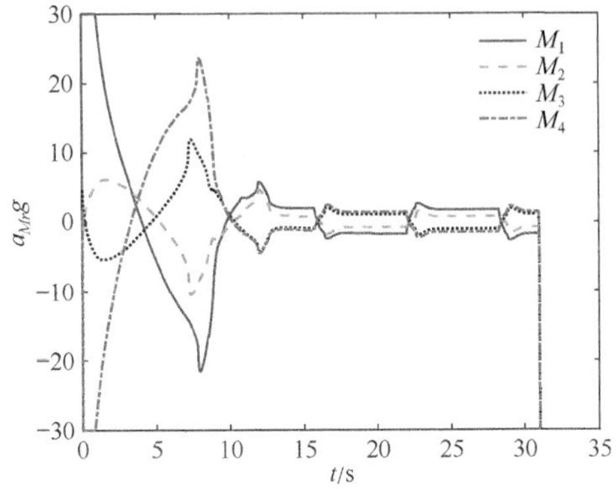

(d) 视线方向过载指令

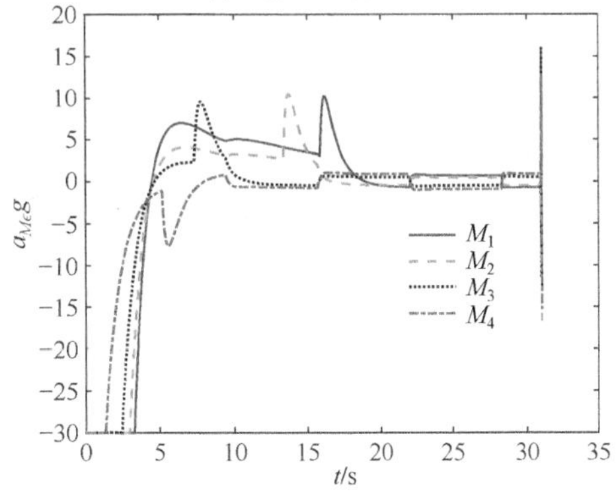

(e) 视线高低角方向过载指令

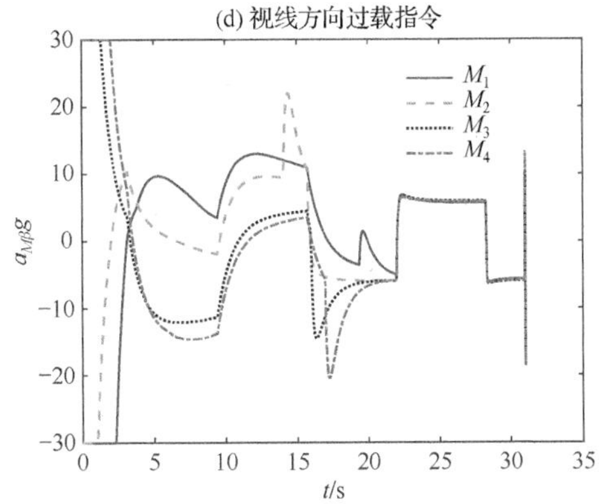

(f) 视线方位角方向过载指令

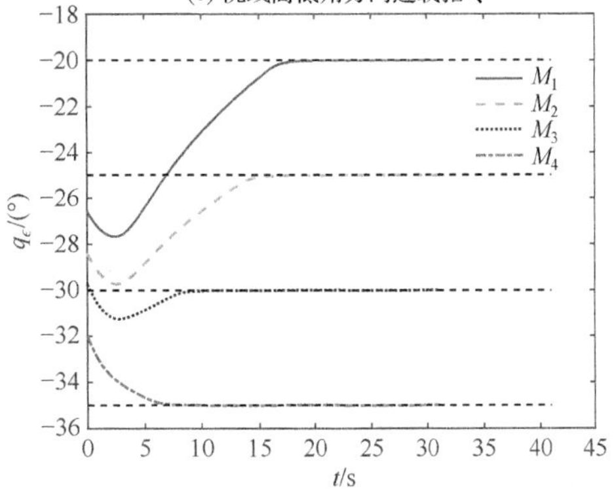

(g) 视线倾角

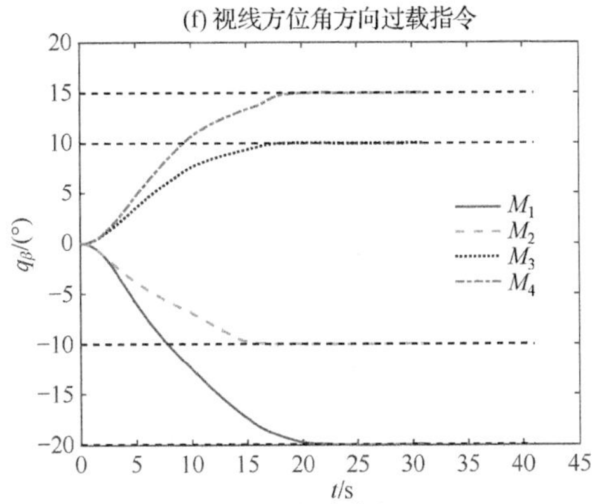

(h) 视线偏角

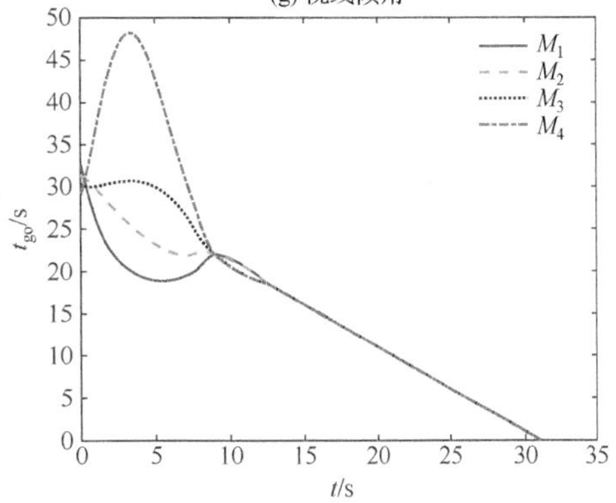

(i) 估计剩余时间

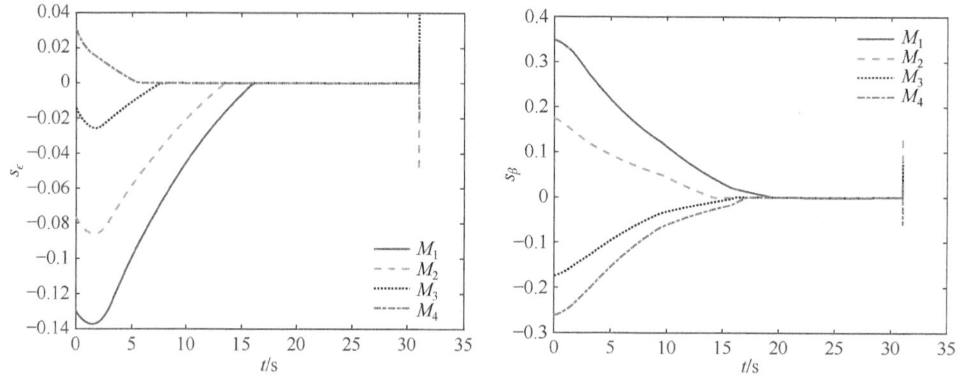

(j) 沿视线高低角方向的滑模函数　　(k) 沿视线方位角方向的滑模函数

图 7.5.7　场景二仿真结果

表 7.5.4　各飞行器的脱靶量、实际拦截时间、实际拦截视线角

场景	飞行器编号	脱靶量/m	实际拦截时间/s	实际拦截视线倾角/(°)	期望拦截视线倾角/(°)	实际拦截视线偏角/(°)	期望拦截视线偏角/(°)
场景一	M_1	0.5403	31.036	−19.9964	−20	−20.0001	−20
	M_2	0.5403	31.036	−24.9995	−25	−9.9965	−10
	M_3	0.5403	31.036	−29.9989	−30	9.9925	10
	M_4	0.5403	31.036	−34.9966	−35	15.0065	15
场景二	M_1	0.5343	31.028	−20.0045	−20	−19.9703	−20
	M_2	0.0334	31.029	−24.9481	−25	−9.9719	−10
	M_3	0.4128	31.032	−29.9997	−30	10.0329	10
	M_4	0.4690	31.032	−34.9915	−35	15.0203	15

思　考　题

7.1　结合本书及相关参考书推导地面坐标系与弹体坐标系、地面坐标系与弹道坐标系、速度坐标系与弹体坐标系、速度坐标系与弹道坐标系的旋转变换。

7.2　推导比例导引的相对运动关系。

7.3　请简述控制科学的发展过程以及智能控制的基本特点。

7.4　模糊控制系统的核心是什么？请简述模糊控制系统性能评估的几个因素。

7.5　请概述模糊控制器的组成结构及其具体功能。

7.6　神经网络控制具有哪些优越性？可以应用在哪些飞行器相关的应用场景？

7.7　主动容错控制的故障信息可以通过哪几种方式得到？

7.8　NDI 控制具有哪些特点？如何提高 NDI 控制的性能？

7.9　平面相对运动方程(7.4.15)是由三维空间中的相对运动模型(7.4.9)去除侧向相对运动

后退化而来。请依据如下平面相对运动几何，在平面视线坐标系$(\boldsymbol{e}_r, \boldsymbol{e}_\theta)$下直接推导弹目相对运动方程。

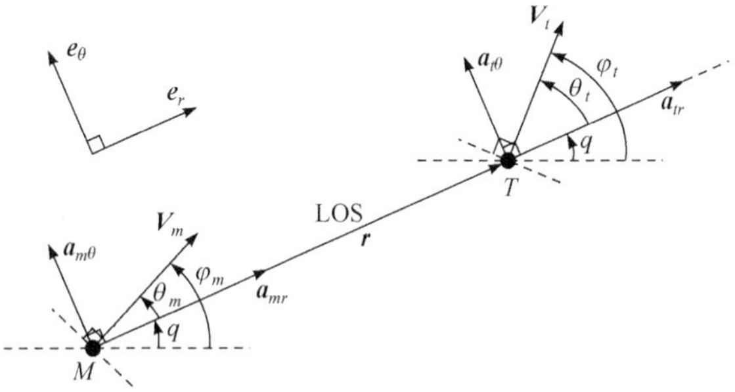

7.10 沿视线方向的加速度指令式(7.4.32)是基于二阶一致性算法式(7.4.21)设计的，请依据一阶一致性算法式(7.4.19)重新设计沿视线方向的加速度指令，并通过数值仿真验证其正确性。(提示：依据$t_{F,i} = t + t_{\mathrm{go},i} \approx 1 - \dfrac{\mathrm{d}}{\mathrm{d}t}(r_i / \dot{r}_i)$构造一阶系统)

第 8 章

空天飞行器博弈制导与控制

8.1 微分博弈制导控制

8.1.1 纳什–庞特里亚金最大最小原理

纳什–庞特里亚金(Nash-Pontryagin)最大最小原理是在状态或是输入控件有限制条件的情形下，可以找到将动力系统由一个状态到另一个状态的最优控制信号，是变分法中欧拉–拉格朗日方程的特例。此原理是指在所有可能的控制中，需让“控制哈密顿量”取极值，极值是最大值还是最小值则依据问题及哈密顿量的符号定义而不同。

设 n 维系统的状态方程为 $\dot{\boldsymbol{x}}(t)=\boldsymbol{f}[\boldsymbol{x}(t),\boldsymbol{u}(t),\boldsymbol{v}(t),t]$，微分博弈问题的性能指标为

$$J[\boldsymbol{u}(t),\boldsymbol{v}(t)]=\theta[\boldsymbol{x}(t_{\mathrm{f}}),t_{\mathrm{f}}]+\int_{t_0}^{t_{\mathrm{f}}}L[\boldsymbol{x}(t),\boldsymbol{u}(t),\boldsymbol{v}(t),t]\mathrm{d}t \tag{8.1.1}$$

定义哈密顿函数如下：

$$H[\boldsymbol{x}(t),\boldsymbol{u}(t),\boldsymbol{v}(t),\boldsymbol{\lambda}(t),t]=L[\boldsymbol{x}(t),\boldsymbol{u}(t),\boldsymbol{v}(t),t]+\boldsymbol{\lambda}^{\mathrm{T}}(t)\boldsymbol{f}[\boldsymbol{x}(t),\boldsymbol{u}(t),\boldsymbol{v}(t),t] \tag{8.1.2}$$

定理 8.1 若 $\boldsymbol{u}^*(t)$ 和 $\boldsymbol{v}^*(t)$，$t\in[t_0,t_{\mathrm{f}}]$ 是最优控制，则有以下条件成立。

(1) 状态变量 $\boldsymbol{x}(t)$ 与协态变量 $\boldsymbol{\lambda}(t)$ 满足以下规范方程：

$$\boldsymbol{x}(t)=\frac{\partial H}{\partial\boldsymbol{\lambda}}=\boldsymbol{f}[\boldsymbol{x}(t),\boldsymbol{u}(t),\boldsymbol{v}(t),t] \tag{8.1.3}$$

$$\dot{\boldsymbol{\lambda}}=-\frac{\partial H}{\partial\boldsymbol{x}}=-\frac{\partial L\left[\boldsymbol{x}(t),\boldsymbol{u}(t),\boldsymbol{v}(t),t\right]}{\partial\boldsymbol{x}}-\left\{\frac{\partial\boldsymbol{f}[\boldsymbol{x}(t),\boldsymbol{u}(t),\boldsymbol{v}(t),t]}{\partial\boldsymbol{x}}\right\}^{\mathrm{T}}\boldsymbol{\lambda}(t) \tag{8.1.4}$$

边界条件为

$$\boldsymbol{x}(t_0)=\boldsymbol{x}_0 \tag{8.1.5}$$

$$\boldsymbol{\lambda}(t_{\mathrm{f}})=\frac{\partial\theta[\boldsymbol{x}(t_{\mathrm{f}}),t_{\mathrm{f}}]}{\partial\boldsymbol{x}(t_{\mathrm{f}})} \tag{8.1.6}$$

(2) 对于任意 $t\in[t_0,t_{\mathrm{f}}]$，哈密顿函数 $H[\boldsymbol{x}^*(t),\boldsymbol{u}(t),\boldsymbol{v}(t),\boldsymbol{\lambda}^*(t),t]$ 关于 $\boldsymbol{u}(t)\in\mathbb{R}^{m_u}$ 和 $\boldsymbol{v}(t)\in\mathbb{R}^{m_v}$ 存在全局鞍点，即对于所有的 $\boldsymbol{u}(t)\in\mathbb{R}^{m_u}$，有

$$H\left[\boldsymbol{x}^*(t),\boldsymbol{u}^*(t),\boldsymbol{v}^*(t),\boldsymbol{\lambda}^*(t),t\right]\leqslant H\left[\boldsymbol{x}^*(t),\boldsymbol{u}(t),\boldsymbol{v}^*(t),\boldsymbol{\lambda}^*(t),t\right] \tag{8.1.7}$$

而对于所有的 $\boldsymbol{v}(t)\in\mathbb{R}^{m_v}$，有

$$H\left[\boldsymbol{x}^*(t),\boldsymbol{u}^*(t),\boldsymbol{v}^*(t),\boldsymbol{\lambda}^*(t),t\right]\geqslant H\left[\boldsymbol{x}^*(t),\boldsymbol{u}^*(t),\boldsymbol{v}(t),\boldsymbol{\lambda}^*(t),t\right] \tag{8.1.8}$$

即

$$\begin{aligned}H\left[\boldsymbol{x}^*(t),\boldsymbol{u}^*(t),\boldsymbol{v}^*(t),\boldsymbol{\lambda}^*(t),t\right]&=\min_{\boldsymbol{u}}\max_{\boldsymbol{v}}H\left[\boldsymbol{x}^*(t),\boldsymbol{u}(t),\boldsymbol{v}(t),\boldsymbol{\lambda}^*(t),t\right]\\&=\max_{\boldsymbol{v}}\min_{\boldsymbol{u}}H\left[\boldsymbol{x}^*(t),\boldsymbol{u}(t),\boldsymbol{v}(t),\boldsymbol{\lambda}^*(t),t\right]\end{aligned} \tag{8.1.9}$$

(3) 对于应用闭环控制的情况，若二者之一应用状态反馈定律 $\boldsymbol{v}(t)=\boldsymbol{K}_v[\boldsymbol{X}(t),t]$，$\boldsymbol{u}^*$ 仍是使最优控制问题泛函全局最小的控制函数；若另一者应用状态反馈定律 $\boldsymbol{u}(t)=\boldsymbol{K}_u[\boldsymbol{x}(t),t]$，$\boldsymbol{v}^*$ 仍是使最优控制问题泛函全局最大的控制函数。

与庞特里亚金最小值定理相比，定理 8.1 额外有条件(3)。在微分博弈问题中，相互独立的两方显然都可以运用状态反馈控制。本章仅讨论变量可分离的微分博弈问题，这类问题满足上述条件(3)。庞特里亚金最小值原理只要求哈密顿函数 H 关于控制函数 $\boldsymbol{u}$ 达到最小值；而在纳什–庞特里亚金最大最小原理中，要求哈密顿函数关于控制函数 $\boldsymbol{u}$ 达到最小值，关于函数 $\boldsymbol{v}$ 达到最大值。

下面将根据一个相关实例进行详细说明。在追逃对局中，$y(t)$ 与 $v(t)$ 分别表示追赶者与逃跑者的相对位移和速度，追赶者希望终端脱靶 $|y(t_f)|$ 最小，而逃跑者希望此值最大。该问题可描述为如下微分博弈问题，系统状态方程和初值为

$$\begin{cases}\dot{y}(t)=v(t)\\\dot{v}(t)=a_1(t)-a_2(t)\end{cases},\quad\begin{cases}y(t_0)=0\\v(t_0)=v_0\end{cases}$$

t_f 给定，目标函数为

$$J=\frac{1}{2}y^2(t_f)$$

其中，追赶者与逃跑者的加速度 $a_1(t)$ 与 $a_2(t)$ 是该问题的两个控制变量，而且它们具有有界性限制，即 $|a_1(t)|\leqslant a_{1m},|a_2(t)|\leqslant a_{2m},a_{1m}>a_{2m}\geqslant 0$。

解　写出哈密顿函数

$$H=\lambda_1 v+\lambda_2(a_1-a_2)$$

其对有界的 $a_1(t)$ 与 $a_2(t)$ 分别取最小值和最大值，可得

$$\begin{cases}a_1^*(t)=-a_{1m}\operatorname{sign}\left(\lambda_2(t)\right)\\a_2^*(t)=-a_{2m}\operatorname{sign}\left(\lambda_2(t)\right)\end{cases}$$

协态方程 $\dot{\lambda}_1=-\dfrac{\partial H}{\partial y}$，$\dot{\lambda}_2=-\dfrac{\partial H}{\partial v}$，边界条件为

$$\begin{cases} \dot{\lambda}_1(t)=0 \\ \dot{\lambda}_2(t)=-\lambda_1(t) \end{cases}, \quad \begin{cases} \lambda_1(t_{\rm f})=y(t_{\rm f}) \\ \lambda_2(t_{\rm f})=0 \end{cases}$$

解微分方程得

$$\begin{cases} \lambda_1(t)=y(t_{\rm f}) \\ \lambda_2(t)=(t_{\rm f}-t)y(t_{\rm f}) \end{cases}$$

从而

$$\begin{cases} a_1^*(t)=-a_{1\rm m}{\rm sign}\left(y(t_{\rm f})\right) \\ a_2^*(t)=-a_{2\rm m}{\rm sign}\left(y(t_{\rm f})\right) \end{cases}$$

原状态方程为

$$\begin{cases} \dot{y}(t)=v(t) \\ \dot{v}(t)=(a_{2\rm m}-a_{1\rm m}){\rm sign}\left(y(t_{\rm f})\right) \end{cases}, \quad \begin{cases} y(t_0)=0 \\ v(t_0)=v_0 \end{cases}$$

可得

$$y(t)=v_0(t-t_0)+\frac{1}{2}(a_{2\rm m}-a_{1\rm m})(t-t_0)^2{\rm sign}\left(y(t_{\rm f})\right)$$

故得确定 $y(t_{\rm f})$ 的方程为

$$y(t_{\rm f})=v_0(t_{\rm f}-t_0)+\frac{1}{2}(a_{2\rm m}-a_{1\rm m})(t_{\rm f}-t_0)^2{\rm sign}\left(y(t_{\rm f})\right)$$

可得

$$\begin{cases} y(t_{\rm f})>0 \Rightarrow \dfrac{2v_0}{(t_{\rm f}-t_0)(a_{1\rm m}-a_{2\rm m})}>1 \\ y(t_{\rm f})<0 \Rightarrow \dfrac{2v_0}{(t_{\rm f}-t_0)(a_{1\rm m}-a_{2\rm m})}<-1 \end{cases}$$

最后，得到

$$a_1^*=\begin{cases} -a_{1\rm m}, & \dfrac{2v_0}{(t_{\rm f}-t_0)(a_{1\rm m}-a_{2\rm m})}>1 \\ a_{1\rm m}, & \dfrac{2v_0}{(t_{\rm f}-t_0)(a_{1\rm m}-a_{2\rm m})}<-1 \end{cases}$$

$$a_2^*=\begin{cases} -a_{2\rm m}, & \dfrac{2v_0}{(t_{\rm f}-t_0)(a_{1\rm m}-a_{2\rm m})}>1 \\ a_{2\rm m}, & \dfrac{2v_0}{(t_{\rm f}-t_0)(a_{1\rm m}-a_{2\rm m})}<-1 \end{cases}$$

8.1.2 微分博弈纳什均衡解

由于使用的微分博弈的领域不同，对微分博弈的求解可以大致上分为定性微分博弈和定量微分博弈两类。

定性微分博弈所关心的不是博弈的最优策略和博弈状态的演变过程，而是一些导致博弈策略或结果发生重大变化的空间流形。这些流形通常称为奇异曲面(或界栅)，多种奇异曲面将博弈状态空间划分为多个相互独立的区域。定性微分博弈通过求得这些奇异曲面，便可确定在不同区域中博弈参与者应采取的博弈策略或者判断博弈的某种结局能否实现。因此，定性微分博弈的关键是对奇异曲面的解析构造，而对大部分问题而言该过程是十分复杂和困难的。

定量微分博弈的解又被称为纳什均衡解，该解的定义：假设存在一个博弈参与者的博弈策略$\left(\boldsymbol{u}_1^*,\boldsymbol{u}_2^*,\cdots,\boldsymbol{u}_N^*\right)$，使得任意一个参与者的支付函数满足：

$$J_i\left(\boldsymbol{u}_1^*,\cdots,\boldsymbol{u}_{i-1}^*,\boldsymbol{u}_i^*,\boldsymbol{u}_{i+1}^*,\cdots,\boldsymbol{u}_N^*\right)\leqslant J_i\left(\boldsymbol{u}_1^*,\cdots,\boldsymbol{u}_{i-1}^*,\boldsymbol{u}_i,\boldsymbol{u}_{i+1}^*,\cdots,\boldsymbol{u}_N^*\right),\quad i\in N \tag{8.1.10}$$

则称该组博弈策略为微分博弈的纳什均衡解。其中，$\boldsymbol{u}_i$ 表示第 i 个参与者的最优策略；N 表示参与者的数目。需要注意的是，在零和博弈中，其中一个参与者的目标是保证支付函数达到最大值，而其他一方的目标则与之恰恰相反，即

$$J_1=J,\quad J_2=-J \tag{8.1.11}$$

由上述分析，在零和博弈中式(8.1.10)可以改写为

$$J\left(\boldsymbol{u}_1^*,\boldsymbol{u}_2\right)\leqslant J\left(\boldsymbol{u}_1^*,\boldsymbol{u}_2^*\right)\leqslant J\left(\boldsymbol{u}_1,\boldsymbol{u}_2^*\right) \tag{8.1.12}$$

这类最优策略$\left(\boldsymbol{u}_1^*,\boldsymbol{u}_2^*\right)$通常被称为鞍点。纳什均衡解的在博弈中的实际意义是对参与者 i 来说，如果其他参与者采取了对应的最优策略 $\boldsymbol{u}_j^*(j\in N, j\neq i)$，那么对于参与者 i 采取最优策略 $\boldsymbol{u}_i^*$ 将会更接近自身的博弈目标。换言之，如果参与者 i 采取的策略偏离最优策略 $\boldsymbol{u}_i^*$ 越远，就会导致自身状态越远离设定好的博弈目标。

8.1.3　基于纳什均衡解的最优控制方法

在线性系统存在干扰的最优控制系统设计中，或躲避与拦截线性系统中，往往存在线性二次型最小与最大双边最优控制问题，这便是线性二次型微分博弈问题。本小节首先建立线性二次型微分博弈模型，然后利用纳什–庞特里亚金最大最小原理进行求解。

1. 线性二次型微分博弈问题

线性二次型微分博弈问题可概括如下。找到分段连续无约束控制 $\boldsymbol{u}(t)\in\Omega_{\boldsymbol{u}}\subset\mathbb{R}^{m_u}$，$t\in[t_0,t_{\mathrm{f}}]$ 和 $\boldsymbol{v}(t)\in\Omega_{\boldsymbol{v}}\subset\mathbb{R}^{m_v}$，$t\in[t_0,t_{\mathrm{f}}]$，使得线性定常系统：

$$\dot{\boldsymbol{x}}(t)=\boldsymbol{A}\boldsymbol{x}(t)+\boldsymbol{B}_1\boldsymbol{u}(t)+\boldsymbol{B}_2\boldsymbol{v}(t) \tag{8.1.13}$$

从给定初始状态 $\boldsymbol{x}(t_0)=\boldsymbol{x}_0$ 变换到固定末段时刻 t_{f} 的任意状态，使得二次型性能指标：

$$J[\boldsymbol{u}(t),\boldsymbol{v}(t)]=\frac{1}{2}\boldsymbol{x}^{\mathrm{T}}(t_{\mathrm{f}})\boldsymbol{S}\boldsymbol{x}(t_{\mathrm{f}})+\frac{1}{2}\int_{t_0}^{t_{\mathrm{f}}}\left[\boldsymbol{x}^{\mathrm{T}}(t)\boldsymbol{Q}\boldsymbol{x}(t)+\boldsymbol{v}^{\mathrm{T}}(t)\boldsymbol{u}(t)-\gamma^2\boldsymbol{v}^{\mathrm{T}}(t)\boldsymbol{v}(t)\right]\mathrm{d}t \tag{8.1.14}$$

关于 $\boldsymbol{u}(t)$ 极小，关于 $\boldsymbol{v}(t)$ 极大，其中 $\boldsymbol{S}>0$ 且 $\boldsymbol{Q}>0$。

2. 利用纳什–庞特里亚金最大最小原理求解

构造哈密顿函数：

$$H=\frac{1}{2}\boldsymbol{x}^{\mathrm{T}}\boldsymbol{Q}\boldsymbol{x}+\frac{1}{2}\boldsymbol{u}^{\mathrm{T}}\boldsymbol{u}-\frac{1}{2}\gamma^2\boldsymbol{v}^{\mathrm{T}}\boldsymbol{v}+\boldsymbol{\lambda}^{\mathrm{T}}\boldsymbol{A}\boldsymbol{x}+\boldsymbol{\lambda}^{\mathrm{T}}\boldsymbol{B}_1\boldsymbol{u}+\boldsymbol{\lambda}^{\mathrm{T}}\boldsymbol{B}_2\boldsymbol{v} \tag{8.1.15}$$

由定理 8.1 得到下列必要条件：

$$\begin{cases}\boldsymbol{x}=\dfrac{\partial H}{\partial \lambda}=\boldsymbol{A}\boldsymbol{x}+\boldsymbol{B}_1\boldsymbol{u}+\boldsymbol{B}_2\boldsymbol{v}\\ \dot{\boldsymbol{\lambda}}=-\dfrac{\partial H}{\partial \boldsymbol{x}}=-\boldsymbol{Q}\boldsymbol{x}-\boldsymbol{A}^{\mathrm{T}}\boldsymbol{\lambda}\\ \boldsymbol{x}(t_0)=\boldsymbol{x}_0\\ \boldsymbol{\lambda}(t_{\mathrm{f}})=\boldsymbol{S}\boldsymbol{x}(t_{\mathrm{f}})\\ \dfrac{\partial H}{\partial \boldsymbol{u}}=0=\boldsymbol{u}+\boldsymbol{B}_1^{\mathrm{T}}\boldsymbol{\lambda}\\ \dfrac{\partial H}{\partial \boldsymbol{v}}=0=-\gamma^2\boldsymbol{v}+\boldsymbol{B}_2^{\mathrm{T}}\boldsymbol{\lambda}\end{cases} \tag{8.1.16}$$

分别解得最优控制量为

$$\begin{cases}\boldsymbol{u}^*(t)=-\boldsymbol{B}_1^{\mathrm{T}}\boldsymbol{\lambda}(t)\\ \boldsymbol{v}^*(t)=\dfrac{1}{\gamma^2}\boldsymbol{B}_2^{\mathrm{T}}\boldsymbol{\lambda}(t)\end{cases} \tag{8.1.17}$$

继而将式(8.1.17)代入状态方程中，得到线性的两点边值问题：

$$\begin{cases}\dot{\boldsymbol{x}}(t)=\boldsymbol{A}\boldsymbol{x}(t)-\boldsymbol{B}_1\boldsymbol{B}_1^{\mathrm{T}}\boldsymbol{\lambda}(t)+\dfrac{1}{\gamma^2}\boldsymbol{B}_2\boldsymbol{B}_2^{\mathrm{T}}\boldsymbol{\lambda}(t),\boldsymbol{x}(t_0)=\boldsymbol{x}_0\\ \dot{\boldsymbol{\lambda}}(t)=-\boldsymbol{Q}\boldsymbol{x}(t)-\boldsymbol{A}^{\mathrm{T}}\boldsymbol{\lambda}(t),\boldsymbol{\lambda}(t_{\mathrm{f}})=\boldsymbol{S}\boldsymbol{x}(t_{\mathrm{f}})\end{cases} \tag{8.1.18}$$

式(8.1.18)中两个关于 $\boldsymbol{x}(t)$ 和 $\boldsymbol{\lambda}(t)$ 的微分方程是齐次的，且在终端时间 t_f 处，协态变量 $\boldsymbol{\lambda}(t_{\mathrm{f}})$ 是终端状态 $\boldsymbol{x}(t_{\mathrm{f}})$ 的线性函数，因此确定：

$$\boldsymbol{\lambda}(t)=\boldsymbol{P}(t)\boldsymbol{x}(t) \tag{8.1.19}$$

其中，$\boldsymbol{P}(t)$ 是一个时变的 $n\times n$ 矩阵。将式(8.1.19)对时间 t 求微分，并考虑协态变量 $\boldsymbol{\lambda}(t)$ 和状态变量 $\boldsymbol{x}(t)$ 的微分方程，将式(8.1.19)代入微分方程中，得

$$\begin{aligned}\dot{\boldsymbol{\lambda}}(t)&=\dot{\boldsymbol{P}}(t)\boldsymbol{x}(t)+\boldsymbol{P}(t)\dot{\boldsymbol{x}}(t)\\ &=\dot{\boldsymbol{P}}(t)\boldsymbol{x}(t)+\boldsymbol{P}(t)\boldsymbol{A}\boldsymbol{x}(t)-\boldsymbol{P}(t)\boldsymbol{B}_1\boldsymbol{B}_1^{\mathrm{T}}\boldsymbol{P}(t)\boldsymbol{x}(t)+\frac{1}{\gamma^2}\boldsymbol{P}(t)\boldsymbol{B}_2\boldsymbol{B}_2^{\mathrm{T}}\boldsymbol{P}(t)\boldsymbol{x}(t)\\ &=-\boldsymbol{Q}\boldsymbol{x}(t)-\boldsymbol{A}^{\mathrm{T}}\boldsymbol{P}(t)\boldsymbol{x}(t)\end{aligned} \tag{8.1.20}$$

式(8.1.20)等价于：

$$\left[\dot{\boldsymbol{P}}(t)+\boldsymbol{A}^{\mathrm{T}}\boldsymbol{P}(t)+\boldsymbol{P}(t)\boldsymbol{A}-\boldsymbol{P}(t)\boldsymbol{B}_1\boldsymbol{B}_1^{\mathrm{T}}\boldsymbol{P}(t)+\frac{1}{\gamma^2}\boldsymbol{P}\boldsymbol{v}(t)\boldsymbol{B}_2\boldsymbol{B}_2^{\mathrm{T}}\boldsymbol{P}(t)+\boldsymbol{Q}\right]\boldsymbol{x}(t)\equiv 0 \quad (8.1.21)$$

此式在 $t\in[t_0,t_{\mathrm{f}}]$ 成立。另外，式(8.1.19)推导过程与初始状态 $\boldsymbol{x}_0$ 无关，即对于 $\boldsymbol{x}_0\in\mathbb{R}^n$ 均成立，则 $\boldsymbol{x}(t)$ 是任意的，即不恒为零，所以

$$\dot{\boldsymbol{P}}(t)+\boldsymbol{A}^{\mathrm{T}}\boldsymbol{P}(t)+\boldsymbol{P}(t)\boldsymbol{A}-\boldsymbol{P}(t)\boldsymbol{B}_1\boldsymbol{B}_1^{\mathrm{T}}\boldsymbol{P}(t)+\frac{1}{\gamma^2}\boldsymbol{P}(t)\boldsymbol{B}_2\boldsymbol{B}_2^{\mathrm{T}}\boldsymbol{P}(t)+\boldsymbol{Q}=0 \quad (8.1.22)$$

则最优状态反馈控制为

$$\begin{cases}\boldsymbol{u}^*(t)=-\boldsymbol{B}_1^{\mathrm{T}}\boldsymbol{P}(t)\boldsymbol{x}(t)\\ \boldsymbol{v}^*(t)=\dfrac{1}{\gamma^2}\boldsymbol{B}_2^{\mathrm{T}}\boldsymbol{P}(t)\boldsymbol{x}(t)\end{cases} \quad (8.1.23)$$

其中，$n\times n$ 正定对称矩阵 $\boldsymbol{P}(t)$ 是矩阵里卡蒂(Riccati)微分方程

$$\boldsymbol{P}(t)=-\boldsymbol{A}^{\mathrm{T}}\boldsymbol{P}(t)-\boldsymbol{P}(t)\boldsymbol{A}-\boldsymbol{Q}+\boldsymbol{P}(t)\left(\boldsymbol{B}_1\boldsymbol{B}_1^{\mathrm{T}}-\frac{1}{\gamma^2}\boldsymbol{B}_2\boldsymbol{B}_2^{\mathrm{T}}\right)\boldsymbol{P}(t) \quad (8.1.24)$$

在边界条件 $\boldsymbol{P}(t_{\mathrm{f}})=\boldsymbol{S}$ 的解。

需要说明的是，参数 γ 必须足够大以使得 $\boldsymbol{P}(t)$ 在时域 $[t_0,t_{\mathrm{f}}]$ 为有限值。

8.2　非零和博弈制导控制

8.2.1　CW 追逃博弈

追逃博弈是一种常见的微分博弈，由目的冲突双方组成。其中，追赶者致力于在最短的时间内将状态引导到一个给定的目标，而他的对手逃跑者则希望最大限度地延长拦截时间。这种博弈的最优解被称为鞍点解，并且追赶者/逃跑者的决策均会影响这个数值的解。

1. 问题定义

假设航天器采取连续低推力推进，在推力大小保持不变的情况下，此时控制的变量是每个航天器的推力指向角。基于微分对策理论，可以将追逃博弈问题转换为性能指标对称的零和博弈问题来进行求解。考虑到两个航天器距离很近且移动距离很短的情况，追逃博弈问题可以被大大简化。在这种情况下，追逃问题可以表示为两个航天器之间与参考轨道相关的相对运动问题。假设参考轨道位于圆轨道上，就可以将运动方程线性化，得到相对运动微分 Clohessy-Wiltshire(CW)方程，从而求解该问题的解析解。

2. CW 方程推导

以地球惯性(earth centered inertial，ECI)坐标系 $OXYZ$ 为参考系，研究追踪航天器相对于目标航天器的运动。地球惯性坐标系 $OXYZ$ 的原点 O 为地球质心，OZ 轴沿地球自

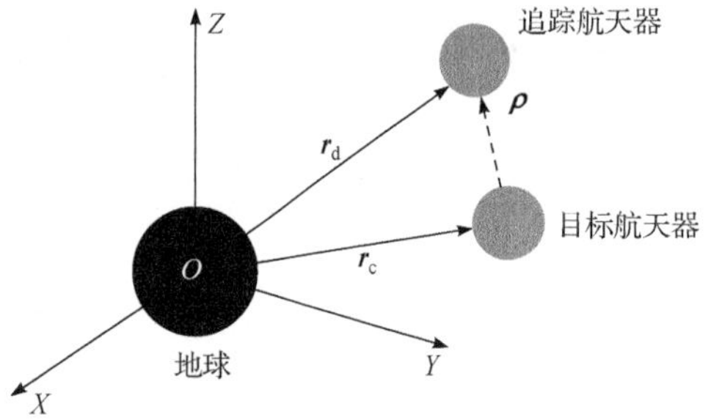

图 8.2.1 CW 方程推导参考坐标系

转轴指向协议北极，OX 轴位于赤道平面内并指向春分点，OY 轴与前两者构成右旋正交系，如图 8.2.1 所示。

目标航天器的运动方程为

$$\ddot{\boldsymbol{r}}_c+\frac{\mu}{\|\boldsymbol{r}_c\|^3}\boldsymbol{r}_c=0 \tag{8.2.1}$$

其中，$\boldsymbol{r}_c$ 表示目标航天器的位置矢量；μ 表示引力常数。

追踪航天器的运动方程为

$$\ddot{\boldsymbol{r}}_d+\frac{\mu}{\|\boldsymbol{r}_d\|^3}\boldsymbol{r}_d=0 \tag{8.2.2}$$

其中，$\boldsymbol{r}_d$ 表示追踪航天器的位置矢量。

可将追踪航天器相对于目标航天器的运动定义为

$$\boldsymbol{\rho}=\boldsymbol{r}_d-\boldsymbol{r}_c \tag{8.2.3}$$

即可以得到位于地球惯性坐标系下的公式：

$$\ddot{\boldsymbol{\rho}}\big|_{\mathrm{ECI}}=\frac{\mu}{\|\boldsymbol{r}_d\|^3}\boldsymbol{r}_d-\frac{\mu}{\|\boldsymbol{r}_c\|^3}\boldsymbol{r}_c \tag{8.2.4}$$

其中，$\boldsymbol{\rho}$ 表示两个航天器之间的相对距离；$\ddot{\boldsymbol{\rho}}\big|_{\mathrm{ECI}}$ 表示在地球惯性坐标系下的相对加速度。

由于当地垂直当地水平(local vertical, local horizontal，LVLH)坐标系 $oxyz$ 相对于地球惯性坐标系 $OXYZ$ 具有旋转角速度 ω，可以得到绝对速度与绝对加速度的表达式：

$$\dot{\boldsymbol{\rho}}\big|_{\mathrm{ECI}}=\dot{\boldsymbol{\rho}}\big|_{\mathrm{LVLH}}+\boldsymbol{\omega}\times\boldsymbol{\rho} \tag{8.2.5}$$

$$\ddot{\boldsymbol{\rho}}\big|_{\mathrm{ECI}}=\ddot{\boldsymbol{\rho}}\big|_{\mathrm{LVLH}}+\dot{\boldsymbol{\omega}}\big|_{\mathrm{LVLH}}\times\boldsymbol{\rho}+\boldsymbol{\omega}\times(\boldsymbol{\omega}\times\boldsymbol{\rho})+2\boldsymbol{\omega}\times\dot{\boldsymbol{\rho}}\big|_{\mathrm{LVLH}} \tag{8.2.6}$$

其中，$\dot{\boldsymbol{\rho}}\big|_{\mathrm{ECI}}$ 表示绝对速度；$\dot{\boldsymbol{\rho}}\big|_{\mathrm{LVLH}}$ 表示相对速度；$\boldsymbol{\omega}\times\boldsymbol{\rho}$ 表示牵连速度；$\ddot{\boldsymbol{\rho}}\big|_{\mathrm{ECI}}$ 表示绝对加速度；$\ddot{\boldsymbol{\rho}}\big|_{\mathrm{LVLH}}$ 表示相对加速度；$\dot{\boldsymbol{\omega}}\big|_{\mathrm{LVLH}}\times\boldsymbol{\rho}+\boldsymbol{\omega}\times(\boldsymbol{\omega}\times\boldsymbol{\rho})$ 表示牵连加速度；$2\boldsymbol{\omega}\times\dot{\boldsymbol{\rho}}\big|_{\mathrm{LVLH}}$ 表示科氏加速度。

将式(8.2.3)与式(8.2.4)代入式(8.2.6)中，可以得到以下形式：

$$\ddot{\boldsymbol{\rho}}\big|_{\mathrm{LVLH}}=\frac{\mu}{\|\boldsymbol{r}_c\|^3}\boldsymbol{r}_c-\frac{\mu}{\|\boldsymbol{r}_c+\boldsymbol{\rho}\|^3}(\boldsymbol{r}_c+\boldsymbol{\rho})-\dot{\boldsymbol{\omega}}\big|_{\mathrm{LVLH}}\times\boldsymbol{\rho}-\boldsymbol{\omega}\times(\boldsymbol{\omega}\times\boldsymbol{\rho})-2\boldsymbol{\omega}\times\dot{\boldsymbol{\rho}}\big|_{\mathrm{LVLH}} \tag{8.2.7}$$

将相对运动方程的矢量形式分解为坐标分量形式，则可以得到：

$$
\begin{cases}
\ddot{x}=2\dot{f}_c\dot{y}+\ddot{f}_c y+\dot{f}_c^2 x-\dfrac{\mu(r_c+x)}{\left[\left(\|\boldsymbol{r}_c\|+x\right)^2+y^2+z^2\right]^{\frac{3}{2}}}+\dfrac{\mu}{\|\boldsymbol{r}_c\|^2} \\
\ddot{y}=-2\dot{f}_c\dot{x}-\ddot{f}_c x+\dot{f}_c^2 y-\dfrac{\mu y}{\left[\left(\|\boldsymbol{r}_c\|+x\right)^2+y^2+z^2\right]^{\frac{3}{2}}} \\
\ddot{z}=-\dfrac{\mu z}{\left[\left(\|\boldsymbol{r}_c\|+x\right)^2+y^2+z^2\right]^{\frac{3}{2}}}
\end{cases}
\tag{8.2.8}
$$

其中，$\dot{f}_c=h_c\big/\|\boldsymbol{r}_c\|^2=\sqrt{\mu/p_c^3}(1+e_c\cos f_c)^2$；$\ddot{f}_c=-2\mu\big/p_c^3(1+e_c\cos f_c)^3 e_c\sin f_c$。

式(8.2.8)是一个非线性微分方程，其中非线性项的来源是航天器位置不同带来的引力差异。因此，为了得到解析解，需要对式(8.2.8)进行线性化。采取泰勒展开的方法，保持一阶项，并假设存在条件$\|\boldsymbol{\rho}\|\ll\|\boldsymbol{r}_c\|$或$x/\|\boldsymbol{r}_c\|\ll 1$，$y/\|\boldsymbol{r}_c\|\ll 1$，$z/\|\boldsymbol{r}_c\|\ll 1$，此时，可以证明式(8.2.9)成立：

$$
\begin{cases}
-\dfrac{\mu(r+x)}{[(r+x)^2+y^2+z^2]^{\frac{3}{2}}}+\dfrac{\mu}{r^2}\approx\dfrac{2\mu x}{r^3} \\
\dfrac{\mu y}{[(r+x)^2+y^2+z^2]^{\frac{3}{2}}}\approx\dfrac{\mu y}{r^3} \\
\dfrac{\mu z}{[(r+x)^2+y^2+z^2]^{\frac{3}{2}}}\approx\dfrac{\mu z}{r^3}
\end{cases}
\tag{8.2.9}
$$

与此同时，假设参考轨道位于圆轨道上，即偏心率$e=0$，则可以得到：

$$
\begin{cases}
\dot{f}=n=\sqrt{\mu/a^3}=\text{常数} \\
\ddot{f}=0
\end{cases}
\tag{8.2.10}
$$

联立式(8.2.8)～式(8.2.10)，可以解出 CW 方程的标准形式：

$$
\begin{cases}
\ddot{x}=2n\dot{y}+3n^2x \\
\ddot{y}=-2n\dot{x} \\
\ddot{z}=-n^2z
\end{cases}
\tag{8.2.11}
$$

8.2.2　粒子群优化算法

对于受约束的连续系统进行数值优化时，常用的方法是将微分方程转化为代数约束问题，然后使用非线性优化(nonlinear programming，NLP)求解器求解。此时，所有参数的初始猜测值都必须在最优解的领域内，否则会出现错误。因此，受到鸟群觅食行为的规律性启发，Kennedy 等(1995)建立了一个简化算法模型，经过多年改进最终形成了粒子群优化(particle swarm optimization，PSO)算法，也可称为粒子群算法(李爱国等，2002)。粒子群算法是一种更有可能找到全局最优解的数值解析方法。

粒子群算法具有收敛速度快、参数较少、算法简单易实现等优点，但同样存在陷入局部最优解的问题。粒子群算法的思想源于对鸟类觅食行为的研究，鸟类通过集体的信息共享使群体找到食物。把这种情况抽象成概念，即可以把优化问题中的解看作为搜索空间中的一只鸟，可以把这只鸟称之为“粒子”，每个“粒子”都具有一个由被优化的函数决定的适应值，每个“粒子”还有一个速度决定飞行的方向和距离，这里就可以引出粒子群算法的变量和参数概念(吴其昌等，2019)。

1. 变量定义

假设在 D 维搜索空间中，存在 N 个粒子，每个粒子代表了一个解，则：

(1) 第 i 个粒子的位置 $\boldsymbol{X}_{id}=(x_{i1},x_{i2},\cdots,x_{iD})$；

(2) 第 i 个粒子的速度(粒子移动的距离和方向) $\boldsymbol{V}_{id}=(v_{i1},v_{i2},\cdots,v_{iD})$；

(3) 第 i 个粒子搜索到的最优位置(个体最优解) $\boldsymbol{P}_{id,\text{pbest}}=(p_{i1},p_{i2},\cdots,p_{iD})$；

(4) 群体搜索到的最优位置(群体最优解) $\boldsymbol{P}_{d,\text{gbest}}=(p_{1,\text{gbest}},p_{2,\text{gbest}},\cdots,p_{D,\text{gbest}})$；

(5) 第 i 个粒子搜索到的最优位置的适应值(优化目标函数的值)为 f_{p}；

(6) 群体搜索道德最优位置的适应值为 f_{g}。

2. 重要参数

粒子群算法中需要设置的重要参数包括：群体规模 m，惯性权重 w，加速常数 c_1 和 c_2，最大速度 $\boldsymbol{V}_{\max}$，最大迭代数 T，粒子群个数 n。具体来说，$\boldsymbol{V}_{\max}$ 决定了在当前位置与最好位置之间区域的精度。如果 $\boldsymbol{V}_{\max}$ 的值过高，粒子可能会跳过最优解；如果 $\boldsymbol{V}_{\max}$ 的值过低，粒子不能在区域内进行足够的探索，可能会陷入局部最优解问题。惯性权重 w 使粒子保持运动的惯性，使其具有扩展探索更多区域的趋势。加速常数 c_1 和 c_2 表示将每个粒子推向个体最优解和群体最优解这两个位置的统计加速度的权重，较低的值使粒子可以在迭代之前在目标区域外徘徊，而较高的值则会导致粒子突然冲向或者跳过目标区域。

3. 算法流程

以一维搜索空间为例，粒子群算法流程如图 8.2.2 所示，下面给出具体步骤。

(1) 初始化粒子群，每个粒子的位置 $\boldsymbol{X}_i$ 和速度 $\boldsymbol{V}_i$。

(2) 设置最大迭代数 T，T 初始值设为 1。

(3) 计算每个粒子的适应度 fit(i)。

(4) 对于每个粒子，用它的适应度 fit(i) 与个体最优解 pbest(i) 进行比较。如果出现 fit(i)<pbest(i) 的情况，则使用 fit(i) 替换 pbest(i)；反之，保持不变。

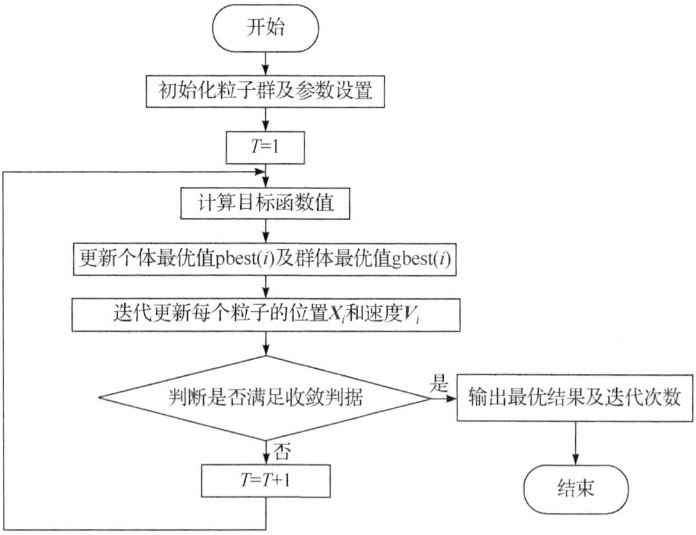

图 8.2.2　粒子群算法流程图

(5) 同样地，对于每个粒子，用它的适应度 fit(i) 与群体最优解 gbest(i) 进行比较。如果出现 fit(i)<gbest(i) 的情况，则使用 fit(i) 替换 gbest(i)；反之，保持不变。

(6) 迭代更新粒子的位置 $\boldsymbol{X}_i$ 和速度 $\boldsymbol{V}_i$。

(7) 判断算法终止条件是否满足，如果是，则结束算法并输出最优结果及迭代次数；如果不是，则使迭代次数增加 1，返回第(3)步继续计算。

8.2.3　非零和博弈最优控制方法

通常情况下，对航天器追逃博弈问题的研究均是基于零和微分对策理论推导而来，其对策过程需满足消耗燃料最少、飞行时间最短等诸多要求(黄成等，2023)。对于此问题，通常很难求得解析解，需要通过数值方法来解决(王英杰等，2023)。常用的数值方法有两种，分别为配点法和打靶法。其中，Pontani 等(2009)提出了采用半直接配点法求解航天器共面轨道追逃微分对策的鞍点。郝志伟等(2019)则采用半直接配点法将博弈问题转换为最优控制问题，进而采用非线性规划问题求解。在实际空间对抗任务中，还存在一类双方收益损失和不为零的非零和博弈问题(Ratnoo et al., 2012)。例如，高价值目标航天器逃逸过程中不考虑自身燃料消耗，尽最大努力逃逸成功，而追踪航天器为延长其在轨工作寿命考虑燃料消耗。此时，针对这种性能指标不对称的非零和博弈问题需要提出新的策略求解。

1. 问题描述

为了方便描述追踪航天器和目标航天器的动力学模型，以追逃航天器附近参考航天器圆轨道为参考轨道，建立图 8.2.3 所示的参考航天器当地轨道坐标系。原点 O 为参考航天器，Ox 轴沿参考航天器地心矢径，Oy 轴在参考轨道平面内与 Ox 轴垂直沿飞行方向，Oz 轴沿参考轨道角动量方向与 Ox、Oy 构成右手坐标系。图 8.2.3 中，P 和 E 分别代表追踪航天器和目标航天器，r_{oe}代表参考航天器与目标航天器之间的距离，r_{op}代表参考航天器与追踪航天器之间的距离。

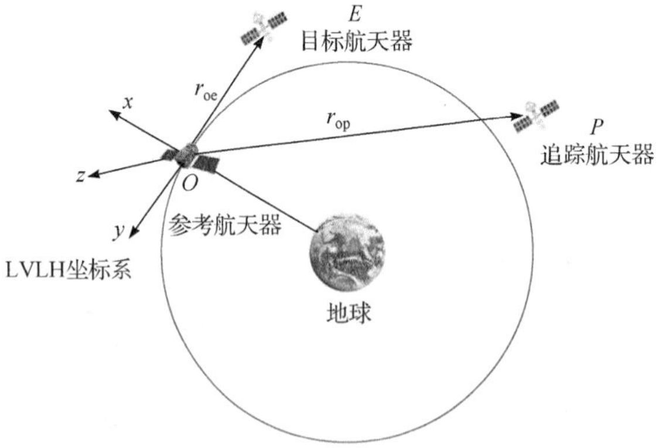

图 8.2.3 参考航天器当地轨道坐标系

在该坐标系中，追逃航天器的运动可由式(8.2.12)描述，得到：

$$\begin{cases} \ddot{x}-2\omega\dot{y}-3\omega^2 x=a_x \\ \ddot{y}+2\omega\dot{x}=a_y \\ \ddot{z}+\omega^2\dot{z}=a_z \end{cases} \tag{8.2.12}$$

其中，x、y、z、$\dot{x}$、$\dot{y}$、$\dot{z}$为航天器在参考航天器LVLH坐标系中的位置和速度分别在 x、y、z 轴上的分量；$\omega=\sqrt{\mu/a_{\mathrm{r}}^3}$，为参考轨道平均角速度，$\mu$为地球引力常数，$a_{\mathrm{r}}$为参考轨道半径；$a_x$、$a_y$、$a_z$分别为航天器径向、迹向和法向推力加速度分量。

将式(8.2.12)写成状态空间的表达形式：

$$\dot{\boldsymbol{X}}_i=\boldsymbol{A}\boldsymbol{X}_i+\boldsymbol{B}\boldsymbol{u}_i \tag{8.2.13}$$

其中，$i=\mathrm{p,e}$，分别表示追踪航天器与目标航天器；$\boldsymbol{X}_{\mathrm{p}}=\left[x_{\mathrm{p}},y_{\mathrm{p}},z_{\mathrm{p}},v_{x\mathrm{p}},v_{y\mathrm{p}},v_{z\mathrm{p}}\right]^{\mathrm{T}}$及$\boldsymbol{X}_{\mathrm{e}}=\left[x_{\mathrm{e}},y_{\mathrm{e}},z_{\mathrm{e}},v_{x\mathrm{e}},v_{y\mathrm{e}},v_{z\mathrm{e}}\right]^{\mathrm{T}}$分别表示追逃两航天器的相对状态量；$\boldsymbol{A}$ 和 $\boldsymbol{B}$ 分别表示系统矩阵与输出矩阵；$\boldsymbol{u}_{\mathrm{p}}=\left[u_{\mathrm{p}x},u_{\mathrm{p}y},u_{\mathrm{p}z}\right]^{\mathrm{T}}$及$\boldsymbol{u}_{\mathrm{e}}=\left[u_{\mathrm{e}x},u_{\mathrm{e}y},u_{\mathrm{e}z}\right]^{\mathrm{T}}$分别表示追踪航天器及目标航天器的推力加速度。

$$\boldsymbol{A}=\begin{bmatrix} 0 & 0 & 0 & 1 & 0 & 0 \\ 0 & 0 & 0 & 0 & 1 & 0 \\ 0 & 0 & 0 & 0 & 0 & 1 \\ 3\omega^2 & 0 & 0 & 0 & 2\omega & 0 \\ 0 & 0 & 0 & -2\omega & 0 & 0 \\ 0 & 0 & -\omega^2 & 0 & 0 & 0 \end{bmatrix} \tag{8.2.14}$$

$$\boldsymbol{B}=\begin{bmatrix}0&0&0\\0&0&0\\0&0&0\\1&0&0\\0&1&0\\0&0&1\end{bmatrix} \tag{8.2.15}$$

若 LVLH 坐标系追逃航天器推力加速度与 $O\text{-}xy$ 平面的夹角为 β，在 $O\text{-}xy$ 平面内投影与 x 轴的夹角为 α，则追逃航天器在 LVLH 坐标系上的加速度矢量在各个轴上的分量为

$$\begin{cases}u_{ix}=T_i\cos\alpha_i\cos\beta_i\\u_{iy}=T_i\sin\alpha_i\cos\beta_i\\u_{iz}=T_i\sin\beta_i\end{cases} \tag{8.2.16}$$

其中，$i=\mathrm{p,e}$；T_i 为推力加速度。$\boldsymbol{u}_\mathrm{p}$、$\boldsymbol{u}_\mathrm{e}$ 满足如式(8.2.17)所示的幅值限制：

$$\begin{cases}\|\boldsymbol{u}_\mathrm{p}\|\leqslant\rho_\mathrm{p}\\\|\boldsymbol{u}_\mathrm{e}\|\leqslant\rho_\mathrm{e}\\\rho_\mathrm{p}>\rho_\mathrm{e}\end{cases} \tag{8.2.17}$$

2. 非零和博弈建模

将追踪航天器与目标航天器之间的相对距离小于所设定的终端距离这种情况定义为成功追上。对策的目标集为

$$\Lambda=\left\{\boldsymbol{X}\,\middle|\,(x_\mathrm{p}-x_\mathrm{e})^2+(y_\mathrm{p}-y_\mathrm{e})^2+(z_\mathrm{p}-z_\mathrm{e})^2\leqslant R_0\right\} \tag{8.2.18}$$

其中，R_0 为设定的终端距离值。

在追逃过程中，追踪航天器和目标航天器尽可能使终端相对距离对自己有利，因此追逃航天器性能指标均包含终端相对距离。对于高价值目标航天器，其最终目的是逃逸成功，在追逃博弈过程中无须考虑燃料消耗；追踪航天器为延长工作时间，性能指标附加燃料消耗项(Stupik et al., 2012)，因此性能指标设计分别为

$$J_\mathrm{p}=(\boldsymbol{X}_\mathrm{p}-\boldsymbol{X}_\mathrm{e})^\mathrm{T}\boldsymbol{Q}_T(\boldsymbol{X}_\mathrm{p}-\boldsymbol{X}_\mathrm{e})+\int_{t_0}^{t_\mathrm{f}}\boldsymbol{u}_\mathrm{p}^\mathrm{T}\boldsymbol{R}_\mathrm{p}\boldsymbol{u}_\mathrm{p}\mathrm{d}t \tag{8.2.19}$$

$$J_\mathrm{e}=-(\boldsymbol{X}_\mathrm{p}-\boldsymbol{X}_\mathrm{e})^\mathrm{T}\boldsymbol{Q}_T(\boldsymbol{X}_\mathrm{p}-\boldsymbol{X}_\mathrm{e}) \tag{8.2.20}$$

其中，$\boldsymbol{Q}_T=\begin{bmatrix}\boldsymbol{I}_{3\times3}&\boldsymbol{0}\\\boldsymbol{0}&\boldsymbol{0}\end{bmatrix}$；$\boldsymbol{R}_\mathrm{p}=\boldsymbol{I}_{3\times3}$。

如果对于任意的 $\boldsymbol{u}_\mathrm{p}$、$\boldsymbol{u}_\mathrm{e}$，有

$$J_\mathrm{p}(\boldsymbol{u}_\mathrm{p}^*,\boldsymbol{u}_\mathrm{e}^*)=\min_{\boldsymbol{u}_\mathrm{p}\in U,\boldsymbol{u}_\mathrm{e}\in U}(\boldsymbol{X}_\mathrm{p}-\boldsymbol{X}_\mathrm{e})^\mathrm{T}\boldsymbol{Q}_T(\boldsymbol{X}_\mathrm{p}-\boldsymbol{X}_\mathrm{e})+\int_{t_0}^{t_\mathrm{f}}\boldsymbol{u}_\mathrm{p}^\mathrm{T}\boldsymbol{R}_\mathrm{p}\boldsymbol{u}_\mathrm{p}\mathrm{d}t \tag{8.2.21}$$

$$J_{\mathrm{e}}(\boldsymbol{u}_{\mathrm{p}}^{*},\boldsymbol{u}_{\mathrm{e}}^{*})=\min_{\boldsymbol{u}_{\mathrm{p}}\in U,\boldsymbol{u}_{\mathrm{e}}\in U}-(\boldsymbol{X}_{\mathrm{p}}-\boldsymbol{X}_{\mathrm{e}})^{\mathrm{T}}\boldsymbol{Q}_{T}(\boldsymbol{X}_{\mathrm{p}}-\boldsymbol{X}_{\mathrm{e}}) \tag{8.2.22}$$

则 $\boldsymbol{u}_{\mathrm{p}}^{*}$， $\boldsymbol{u}_{\mathrm{e}}^{*}$ 是微分对策的鞍点解，即此时追逃航天器策略达到纳什均衡。

3. 极小值原理求解双边最优问题

终端约束函数为

$$\begin{aligned}\boldsymbol{N}\left(\boldsymbol{X}_{\mathrm{p}}(t_{\mathrm{f}}),\boldsymbol{X}_{\mathrm{e}}(t_{\mathrm{f}}),t_{\mathrm{f}}\right)&=\left(\boldsymbol{X}_{\mathrm{p}}(t_{\mathrm{f}})-\boldsymbol{X}_{\mathrm{e}}(t_{\mathrm{f}})\right)^{\mathrm{T}}\boldsymbol{Q}_{T}\left(\boldsymbol{X}_{\mathrm{p}}(t_{\mathrm{f}})-\boldsymbol{X}_{\mathrm{e}}(t_{\mathrm{f}})\right)\\&=\begin{bmatrix}x_1(t_{\mathrm{f}})-x_7(t_{\mathrm{f}})\\x_2(t_{\mathrm{f}})-x_8(t_{\mathrm{f}})\\x_3(t_{\mathrm{f}})-x_9(t_{\mathrm{f}})\end{bmatrix}=0\end{aligned} \tag{8.2.23}$$

构造拉格朗日乘子 $\boldsymbol{\lambda}_{\mathrm{p}}=[\lambda_1,\lambda_2,\lambda_3,\lambda_4,\lambda_5,\lambda_6]^{\mathrm{T}}$， $\boldsymbol{\lambda}_{\mathrm{e}}=[\lambda_7,\lambda_8,\lambda_9,\lambda_{10},\lambda_{11},\lambda_{12}]^{\mathrm{T}}$ ，以及终端约束对应的拉格朗日乘子 $\boldsymbol{\upsilon}_{\mathrm{p}}=[\upsilon_1,\upsilon_2,\upsilon_3]^{\mathrm{T}}$ ，可将原问题转换为增广性能泛函求极值问题。令 $\varPhi_{\mathrm{p}}\left(\boldsymbol{X}_{\mathrm{p}}(t_{\mathrm{f}}),\boldsymbol{X}_{\mathrm{e}}(t_{\mathrm{f}}),t_{\mathrm{f}}\right)=\left(\boldsymbol{X}_{\mathrm{p}}(t_{\mathrm{f}})-\boldsymbol{X}_{\mathrm{e}}(t_{\mathrm{f}})\right)^{\mathrm{T}}\boldsymbol{Q}_{T}\left(\boldsymbol{X}_{\mathrm{p}}(t_{\mathrm{f}})-\boldsymbol{X}_{\mathrm{e}}(t_{\mathrm{f}})\right)$，构造增广泛函如下：

$$\begin{aligned}J_{\mathrm{p}}'&=\varPhi_{\mathrm{p}}\left(\boldsymbol{X}_{\mathrm{p}}(t_{\mathrm{f}}),\boldsymbol{X}_{\mathrm{e}}(t_{\mathrm{f}}),t_{\mathrm{f}}\right)+\boldsymbol{\upsilon}_{\mathrm{p}}^{\mathrm{T}}\boldsymbol{N}\left(\boldsymbol{X}_{\mathrm{p}}(t_{\mathrm{f}}),\boldsymbol{X}_{\mathrm{e}}(t_{\mathrm{f}}),t_{\mathrm{f}}\right)\\&\quad+\int_{t_0}^{t_{\mathrm{f}}}\boldsymbol{u}_{\mathrm{p}}^{\mathrm{T}}\boldsymbol{R}_{\mathrm{p}}\boldsymbol{u}_{\mathrm{p}}+\boldsymbol{\lambda}_{\mathrm{p}}^{\mathrm{T}}(\boldsymbol{A}\boldsymbol{X}_{\mathrm{p}}+\boldsymbol{B}\boldsymbol{u}_{\mathrm{p}}-\dot{\boldsymbol{X}}_{\mathrm{p}})\mathrm{d}t\end{aligned} \tag{8.2.24}$$

令 $H_{\mathrm{p}}=\boldsymbol{u}_{\mathrm{p}}^{\mathrm{T}}\boldsymbol{R}_{\mathrm{p}}\boldsymbol{u}_{\mathrm{p}}+\boldsymbol{\lambda}_{\mathrm{p}}^{\mathrm{T}}(\boldsymbol{A}\boldsymbol{X}_{\mathrm{p}}+\boldsymbol{B}\boldsymbol{u}_{\mathrm{p}})$， $\varPsi_{\mathrm{p}}=H_{\mathrm{p}}-\boldsymbol{\lambda}_{\mathrm{p}}^{\mathrm{T}}\dot{\boldsymbol{X}}_{\mathrm{p}}$ ，则增广矩阵可以改写为以下形式：

$$J_{\mathrm{p}}'=\varPhi_{\mathrm{p}}\left(\boldsymbol{X}_{\mathrm{p}}(t_{\mathrm{f}}),\boldsymbol{X}_{\mathrm{e}}(t_{\mathrm{f}}),t_{\mathrm{f}}\right)+\boldsymbol{\upsilon}_{\mathrm{p}}^{\mathrm{T}}\boldsymbol{N}\left(\boldsymbol{X}_{\mathrm{p}}(t_{\mathrm{f}}),\boldsymbol{X}_{\mathrm{e}}(t_{\mathrm{f}}),t_{\mathrm{f}}\right)+\int_{t_0}^{t_{\mathrm{f}}}\varPsi_{\mathrm{p}}\mathrm{d}t \tag{8.2.25}$$

对式(8.2.25)中的 J_{p}' 求一次变分，可得

$$\delta J_{\mathrm{p}}'=\delta J_{\mathrm{p}\_t_{\mathrm{f}}}+\delta J_{\mathrm{p}\_\boldsymbol{X}}+\delta J_{\mathrm{p}\_\boldsymbol{w}} \tag{8.2.26}$$

其中，$\delta J_{\mathrm{p}\_t_{\mathrm{f}}}$、$\delta J_{\mathrm{p}\_\boldsymbol{X}}$、$\delta J_{\mathrm{p}\_\boldsymbol{w}}$ 各自为 t_{f}、$\boldsymbol{X}_{\mathrm{p}}$、$\boldsymbol{w}_{\mathrm{p}}$ 作极小改变而导致的 J_{p}' 的一次变分。式(8.2.26)中各项分别为

$$\begin{cases}\delta J_{\mathrm{p}\_t_{\mathrm{f}}}=\dfrac{\partial}{\partial t_{\mathrm{f}}}\left(\varPhi_{\mathrm{p}}+\boldsymbol{\upsilon}_{\mathrm{p}}^{\mathrm{T}}\boldsymbol{N}+\displaystyle\int_{t_0}^{t_{\mathrm{f}}+\delta t_{\mathrm{f}}}\varPsi_{\mathrm{p}}\mathrm{d}t\right)\Bigg|_{t=t_{\mathrm{f}}}\\\delta t_{\mathrm{f}}=\left(\dfrac{\partial\varPhi_{\mathrm{p}}}{\partial t_{\mathrm{f}}}+\dfrac{\partial\boldsymbol{N}^{\mathrm{T}}}{\partial t_{\mathrm{f}}}\boldsymbol{\upsilon}_{\mathrm{p}}+\varPsi_{\mathrm{p}}\right)\Bigg|_{t=t_{\mathrm{f}}}\delta t_{\mathrm{f}}\end{cases} \tag{8.2.27}$$

$$
\begin{aligned}
\delta J_{\mathrm{p\_}X} &= \mathrm{d}\boldsymbol{X}_{\mathrm{p}}^{\mathrm{T}}(t_{\mathrm{f}})\frac{\partial}{\partial X}\left(\boldsymbol{\Phi}_{\mathrm{p}}+\boldsymbol{\upsilon}_{\mathrm{p}}^{\mathrm{T}}\boldsymbol{N}\right)\Big|_{t=t_{\mathrm{f}}}+\int_{t_0}^{t_{\mathrm{f}}}\left(\delta\boldsymbol{X}_{\mathrm{p}}^{\mathrm{T}}\frac{\partial\Psi_{\mathrm{p}}}{\partial\boldsymbol{X}_{\mathrm{p}}}+\delta\dot{\boldsymbol{X}}_{\mathrm{p}}^{\mathrm{T}}\frac{\partial\Psi_{\mathrm{p}}}{\partial\dot{\boldsymbol{X}}_{\mathrm{p}}}\right)\mathrm{d}t \\
&= \mathrm{d}\boldsymbol{X}_{\mathrm{p}}^{\mathrm{T}}(t_{\mathrm{f}})\left(\frac{\partial\boldsymbol{\Phi}_{\mathrm{p}}}{\partial\boldsymbol{X}_{\mathrm{p}}}+\frac{\partial\boldsymbol{N}^{\mathrm{T}}}{\partial\boldsymbol{X}_{\mathrm{p}}}\boldsymbol{\upsilon}_{\mathrm{p}}+\frac{\partial\Psi_{\mathrm{p}}}{\partial\dot{\boldsymbol{X}}_{\mathrm{p}}}\right)\Big|_{t=t_{\mathrm{f}}}-\dot{\boldsymbol{X}}_{\mathrm{p}}^{\mathrm{T}}(t)\frac{\partial\Psi_{\mathrm{p}}}{\partial\dot{\boldsymbol{X}}_{\mathrm{p}}}\Big|_{t=t_{\mathrm{f}}}+\int_{t_0}^{t_{\mathrm{f}}}\delta\boldsymbol{X}_{\mathrm{p}}^{\mathrm{T}}\left(\frac{\partial\Psi_{\mathrm{p}}}{\partial\boldsymbol{X}_{\mathrm{p}}}-\frac{\mathrm{d}}{\mathrm{d}t}\frac{\partial\Psi_{\mathrm{p}}}{\partial\dot{\boldsymbol{X}}_{\mathrm{p}}}\right)\mathrm{d}t
\end{aligned}
\tag{8.2.28}
$$

$$
\delta J_{\mathrm{p\_}w}=\delta\boldsymbol{w}_{\mathrm{p}}^{\mathrm{T}}(t_{\mathrm{f}})\frac{\partial\Psi_{\mathrm{p}}}{\partial\dot{\boldsymbol{w}}_{\mathrm{p}}}\Big|_{t=t_{\mathrm{f}}}-\int_{t_0}^{t_{\mathrm{f}}}\delta\boldsymbol{w}_{\mathrm{p}}^{\mathrm{T}}\frac{\mathrm{d}}{\mathrm{d}t}\frac{\partial\Psi_{\mathrm{p}}}{\partial\dot{\boldsymbol{w}}_{\mathrm{p}}}\mathrm{d}t \tag{8.2.29}
$$

将式(8.2.27)～式(8.2.29)代入式(8.2.26)，可以得到：

$$
\begin{aligned}
\delta J_{\mathrm{p}}' &= \left(\Psi_{\mathrm{p}}-\dot{\boldsymbol{X}}_{\mathrm{p}}^{\mathrm{T}}\frac{\partial\Psi_{\mathrm{p}}}{\partial\dot{\boldsymbol{X}}_{\mathrm{p}}}+\frac{\partial\boldsymbol{\Phi}_{\mathrm{p}}}{\partial t_{\mathrm{f}}}+\frac{\partial\boldsymbol{N}^{\mathrm{T}}}{\partial t_{\mathrm{f}}}\boldsymbol{\upsilon}_{\mathrm{p}}\right)\Big|_{t=t_{\mathrm{f}}}\delta t_{\mathrm{f}}+\mathrm{d}\boldsymbol{X}_{\mathrm{p}}^{\mathrm{T}}(t_{\mathrm{f}})\left(\frac{\partial\boldsymbol{\Phi}_{\mathrm{p}}}{\partial\boldsymbol{X}_{\mathrm{p}}}+\frac{\partial\boldsymbol{N}^{\mathrm{T}}}{\partial\boldsymbol{X}_{\mathrm{p}}}\boldsymbol{\upsilon}_{p}+\frac{\partial\Psi_{\mathrm{p}}}{\partial\dot{\boldsymbol{X}}_{\mathrm{p}}}\right)\Big|_{t=t_{\mathrm{f}}} \\
&\quad+\int_{t_0}^{t_{\mathrm{f}}}\left[\delta\boldsymbol{X}_{\mathrm{p}}^{\mathrm{T}}\left(\frac{\partial\Psi_{\mathrm{p}}}{\partial\boldsymbol{X}_{\mathrm{p}}}-\frac{\mathrm{d}}{\mathrm{d}t}\frac{\partial\Psi_{\mathrm{p}}}{\partial\dot{\boldsymbol{X}}_{\mathrm{p}}}\right)-\delta\boldsymbol{w}_{\mathrm{p}}^{\mathrm{T}}\frac{\mathrm{d}}{\mathrm{d}t}\frac{\partial\Psi_{\mathrm{p}}}{\partial\dot{\boldsymbol{w}}_{\mathrm{p}}}\right]\mathrm{d}t+\delta\boldsymbol{w}_{\mathrm{p}}^{\mathrm{T}}(t_{\mathrm{f}})\frac{\partial\Psi_{\mathrm{p}}}{\partial\dot{\boldsymbol{w}}_{\mathrm{p}}}\Big|_{t=t_{\mathrm{f}}}
\end{aligned}
\tag{8.2.30}
$$

因为 δt_{f}、$\delta\boldsymbol{X}_{\mathrm{p}}(t_{\mathrm{f}})$、$\delta\boldsymbol{X}_{\mathrm{p}}$、$\delta\boldsymbol{w}_{\mathrm{p}}$ 可取任意值，所以只需根据 $\delta J_{\mathrm{p}}'=0$ 即可求解令 J_{p}' 极小满足的必要条件，可以得到欧拉方程(8.2.31)和横截条件式(8.2.32)～式(8.2.34)：

$$
\begin{cases}
\dfrac{\partial\Psi_{\mathrm{p}}}{\partial\boldsymbol{X}_{\mathrm{p}}}-\dfrac{\mathrm{d}}{\mathrm{d}t}\dfrac{\partial\Psi_{\mathrm{p}}}{\partial\dot{\boldsymbol{X}}_{\mathrm{p}}}=0 \\[2ex]
\dfrac{\partial\Psi_{\mathrm{p}}}{\partial\boldsymbol{w}_{\mathrm{p}}}-\dfrac{\mathrm{d}}{\mathrm{d}t}\dfrac{\partial\Psi_{\mathrm{p}}}{\partial\dot{\boldsymbol{w}}_{\mathrm{p}}}=0 \text{ 即 } \dfrac{\mathrm{d}}{\mathrm{d}t}\dfrac{\partial\Psi_{\mathrm{p}}}{\partial\dot{\boldsymbol{w}}_{\mathrm{p}}}=0
\end{cases}
\tag{8.2.31}
$$

$$
\left(\Psi_{\mathrm{p}}-\dot{\boldsymbol{X}}_{\mathrm{p}}^{\mathrm{T}}\frac{\partial\Psi_{\mathrm{p}}}{\partial\dot{\boldsymbol{X}}_{\mathrm{p}}}+\frac{\partial\boldsymbol{\Phi}_{\mathrm{p}}}{\partial t_{\mathrm{f}}}+\frac{\partial\boldsymbol{N}^{\mathrm{T}}}{\partial t_{\mathrm{f}}}\boldsymbol{\upsilon}_{\mathrm{p}}\right)\Big|_{t=t_{\mathrm{f}}}=0 \tag{8.2.32}
$$

$$
\left(\frac{\partial\boldsymbol{\Phi}_{\mathrm{p}}}{\partial\boldsymbol{X}_{\mathrm{p}}}+\frac{\partial\boldsymbol{N}^{\mathrm{T}}}{\partial\boldsymbol{X}_{\mathrm{p}}}\boldsymbol{\upsilon}_{\mathrm{p}}+\frac{\partial\Psi_{\mathrm{p}}}{\partial\dot{\boldsymbol{X}}_{\mathrm{p}}}\right)\Big|_{t=t_{\mathrm{f}}}=0 \tag{8.2.33}
$$

$$
\frac{\partial\Psi_{\mathrm{p}}}{\partial\dot{\boldsymbol{w}}_{\mathrm{p}}}\Big|_{t=t_{\mathrm{f}}}=0 \tag{8.2.34}
$$

上述为满足最优解的必要条件，若要最优解达到最小，仍然需要满足魏尔斯特拉斯(Weierstrass)函数 E 沿最优轨线为负的要求(Khanh et al., 2019)，即满足式(8.2.35)：

$$
\begin{aligned}
E &= \Psi_{\mathrm{p}}\left[\boldsymbol{X}_{\mathrm{p}}^{*},\boldsymbol{w}_{\mathrm{p}}^{*},\dot{\boldsymbol{X}}_{\mathrm{p}},\dot{\boldsymbol{w}}_{\mathrm{p}},\boldsymbol{X}_{\mathrm{e}}^{*},\boldsymbol{w}_{\mathrm{e}}^{*},\dot{\boldsymbol{X}}_{\mathrm{e}},\dot{\boldsymbol{w}}_{\mathrm{e}}\right]-\Psi_{\mathrm{p}}\left[\boldsymbol{X}_{\mathrm{p}}^{*},\boldsymbol{w}_{\mathrm{p}}^{*},\dot{\boldsymbol{X}}_{\mathrm{p}}^{*},\dot{\boldsymbol{w}}_{\mathrm{p}}^{*},\boldsymbol{X}_{\mathrm{e}}^{*},\boldsymbol{w}_{\mathrm{e}}^{*},\dot{\boldsymbol{X}}_{\mathrm{e}}^{*},\dot{\boldsymbol{w}}_{\mathrm{e}}^{*}\right] \\
&\quad-\left[\dot{\boldsymbol{X}}_{\mathrm{p}}-\dot{\boldsymbol{X}}_{\mathrm{p}}^{*}\right]^{\mathrm{T}}\frac{\partial\Psi_{\mathrm{p}}}{\partial\dot{\boldsymbol{X}}_{\mathrm{p}}}-\left[\dot{\boldsymbol{w}}_{\mathrm{p}}-\dot{\boldsymbol{w}}_{\mathrm{p}}^{*}\right]^{\mathrm{T}}\frac{\partial\Psi_{\mathrm{p}}}{\partial\dot{\boldsymbol{w}}_{\mathrm{p}}}-\left[\dot{\boldsymbol{X}}_{\mathrm{e}}-\dot{\boldsymbol{X}}_{\mathrm{e}}^{*}\right]^{\mathrm{T}}\frac{\partial\Psi_{\mathrm{p}}}{\partial\dot{\boldsymbol{X}}_{\mathrm{e}}}-\left[\dot{\boldsymbol{w}}_{\mathrm{e}}-\dot{\boldsymbol{w}}_{\mathrm{e}}^{*}\right]^{\mathrm{T}}\frac{\partial\Psi_{\mathrm{p}}}{\partial\dot{\boldsymbol{w}}_{\mathrm{e}}}\geqslant 0
\end{aligned}
\tag{8.2.35}
$$

沿最优轨线存在$\partial \Psi_p / \partial \dot{\boldsymbol{X}}_p = -\boldsymbol{\lambda}_p$、$\partial \Psi_p / \partial \dot{\boldsymbol{w}}_p \equiv 0$、$\partial \Psi_p / \partial \dot{\boldsymbol{X}}_e \equiv 0$、$\partial \Psi_p / \partial \dot{\boldsymbol{w}}_e \equiv 0$，代入式(8.2.35)可得

$$E = H_p\left[\boldsymbol{X}_p^*, \boldsymbol{\lambda}_p^*, \dot{\boldsymbol{w}}_p, \boldsymbol{X}_e^*, \boldsymbol{\lambda}_e^*, t\right] - H_p\left[\boldsymbol{X}_p^*, \boldsymbol{\lambda}_p^*, \dot{\boldsymbol{w}}_p^*, \boldsymbol{X}_e^*, \boldsymbol{\lambda}_e^*, t\right] \geqslant 0 \tag{8.2.36}$$

将$\dot{\boldsymbol{w}}_p = \boldsymbol{u}_p$，$\boldsymbol{w}_p^* = \boldsymbol{u}_p^*$代入式(8.2.36)得

$$H_p\left[\boldsymbol{X}_p^*, \boldsymbol{\lambda}_p^*, \boldsymbol{u}_p, \boldsymbol{X}_e^*, \boldsymbol{\lambda}_e^*, t\right] - H_p\left[\boldsymbol{X}_p^*, \boldsymbol{\lambda}_p^*, \boldsymbol{u}_p^*, \boldsymbol{X}_e^*, \boldsymbol{\lambda}_e^*, t\right] \geqslant 0 \tag{8.2.37}$$

对于目标航天器，令$\Phi_e\left(\boldsymbol{X}_p(t_f), \boldsymbol{X}_e(t_f), t_f\right) = -\left(\boldsymbol{X}_p(t_f) - \boldsymbol{X}_e(t_f)\right)^{\mathrm{T}} \boldsymbol{Q}_T\left(\boldsymbol{X}_p(t_f) - \boldsymbol{X}_e(t_f)\right)$，$H_e = \boldsymbol{\lambda}_p^{\mathrm{T}}(\boldsymbol{A}\boldsymbol{X}_p + \boldsymbol{B}\boldsymbol{u}_p) + \boldsymbol{\lambda}_e^{\mathrm{T}}(\boldsymbol{A}\boldsymbol{X}_e + \boldsymbol{B}\boldsymbol{u}_e)$，同理可知，有关$J_e$的极小值也可以证明。

4. 非零和追逃博弈纳什均衡策略

将Ψ_i和$\partial \Psi / \partial \dot{\boldsymbol{X}}_i = -\boldsymbol{\lambda}_i$代入极小值原理所得条件，即式(8.2.31)～式(8.2.34)，能够求解非零和博弈纳什均衡策略。

在最优状态轨线上满足正则方程式如下：

$$\dot{\boldsymbol{X}}_i = \frac{\partial H_i}{\partial \boldsymbol{\lambda}_i}, \quad i = \mathrm{p,e} \tag{8.2.38}$$

$$\dot{\boldsymbol{\lambda}}_i = -\frac{\partial H_i}{\partial \boldsymbol{X}_i} = -\boldsymbol{A}^{\mathrm{T}} \boldsymbol{\lambda}_i, \quad i = \mathrm{p,e} \tag{8.2.39}$$

对于追踪航天器P需满足$E \geqslant 0$，最优控制变量$\boldsymbol{u}_p^*$相对的哈密顿函数H_p获得极小值(罗亚中等，2020)，如式(8.2.40)所示。对于目标航天器E，需满足$E \geqslant 0$，最优控制变量$\boldsymbol{u}_e^*$相对的哈密顿函数H_e获得极大值，如式(8.2.41)所示。得到追踪航天器微分对策鞍点为式(8.2.42)，目标航天器微分对策鞍点为式(8.2.43)。

$$\min_{\boldsymbol{u}_p \in U} H_p\left[\boldsymbol{X}_p^*, \boldsymbol{\lambda}_p^*, \boldsymbol{u}_p, \boldsymbol{X}_e^*, \boldsymbol{\lambda}_e^*, t\right] = H_p\left[\boldsymbol{X}_p^*, \boldsymbol{\lambda}_p^*, \boldsymbol{u}_p^*, \boldsymbol{X}_e^*, \boldsymbol{\lambda}_e^*, t\right] \tag{8.2.40}$$

$$\max_{\boldsymbol{u}_e \in U} H_e\left[\boldsymbol{X}_p^*, \boldsymbol{\lambda}_p^*, \boldsymbol{u}_p, \boldsymbol{X}_e^*, \boldsymbol{\lambda}_e^*, t\right] = H_e\left[\boldsymbol{X}_p^*, \boldsymbol{\lambda}_p^*, \boldsymbol{u}_p^*, \boldsymbol{X}_e^*, \boldsymbol{\lambda}_e^*, t\right] \tag{8.2.41}$$

追踪航天器和目标航天器的鞍点为

$$\boldsymbol{u}_p^* = \begin{cases} -\dfrac{1}{2}\boldsymbol{R}_p^{-1}\boldsymbol{B}^{\mathrm{T}}\boldsymbol{\lambda}_p, & -\dfrac{1}{2}\boldsymbol{R}_p^{-1}\boldsymbol{B}^{\mathrm{T}}\boldsymbol{\lambda}_p < a_p \\ \rho_p, & -\dfrac{1}{2}\boldsymbol{R}_p^{-1}\boldsymbol{B}^{\mathrm{T}}\boldsymbol{\lambda}_p \geqslant a_p \end{cases} \tag{8.2.42}$$

$$\boldsymbol{u}_e^* = \begin{cases} \rho_e, & \boldsymbol{B}^{\mathrm{T}}\boldsymbol{\lambda}_e > 0 \\ 0, & \boldsymbol{B}^{\mathrm{T}}\boldsymbol{\lambda}_e = 0 \\ -\rho_e, & \boldsymbol{B}^{\mathrm{T}}\boldsymbol{\lambda}_e < 0 \end{cases} \tag{8.2.43}$$

由于$\partial H_p / \partial \boldsymbol{u}_p = 0$且$\partial H_p^2 / \partial \boldsymbol{u}_p^2 > 0$，有

$$\begin{cases} \sin\beta_{\mathrm{p}} = -\dfrac{\lambda_6}{2\sqrt{\lambda_4^2+\lambda_5^2+\lambda_6^2}} \\ \cos\alpha_{\mathrm{p}} = -\dfrac{\lambda_5}{2\cos\beta_{\mathrm{p}}\sqrt{\lambda_4^2+\lambda_5^2+\lambda_6^2}} \\ \sin\alpha_{\mathrm{p}} = -\dfrac{\lambda_4}{2\cos\beta_{\mathrm{p}}\sqrt{\lambda_4^2+\lambda_5^2+\lambda_6^2}} \end{cases} \tag{8.2.44}$$

由于$\partial H_{\mathrm{e}} / \partial \boldsymbol{u}_{\mathrm{e}} = 0$且$\partial H_{\mathrm{e}}^2 / \partial \boldsymbol{u}_{\mathrm{e}}^2 < 0$，有

$$\begin{cases} \sin\beta_{\mathrm{e}} = \dfrac{\lambda_{12}}{\sqrt{\lambda_{10}^2+\lambda_{11}^2+\lambda_{12}^2}} \\ \cos\alpha_{\mathrm{e}} = \dfrac{\lambda_{11}}{\cos\beta_{\mathrm{e}}\sqrt{\lambda_{10}^2+\lambda_{11}^2+\lambda_{12}^2}} \\ \sin\alpha_{\mathrm{e}} = \dfrac{\lambda_{10}}{\cos\beta_{\mathrm{e}}\sqrt{\lambda_{10}^2+\lambda_{11}^2+\lambda_{12}^2}} \end{cases} \tag{8.2.45}$$

哈密顿函数H_i在最优状态轨线末端时刻满足：

$$\left. \left(\frac{\partial \boldsymbol{\varPhi}_i}{\partial t_{\mathrm{f}}} + \frac{\partial \boldsymbol{N}^{\mathrm{T}}}{\partial t_{\mathrm{f}}} \boldsymbol{\upsilon}_i + H_i \right) \right|_{t=t_{\mathrm{f}}} = 0 \tag{8.2.46}$$

非零和追逃博弈纳什均衡策略下横截条件：

$$\boldsymbol{\lambda}_i(t_{\mathrm{f}}) = \left. \left(\frac{\partial \boldsymbol{\varPhi}_i}{\partial \boldsymbol{X}_i} + \frac{\partial \boldsymbol{N}^{\mathrm{T}}}{\partial \boldsymbol{X}_i} \boldsymbol{\upsilon}_i \right) \right|_{t=t_{\mathrm{f}}} \tag{8.2.47}$$

其中，$i = \mathrm{p,e}$；

$$\begin{cases} \lambda_1(t_{\mathrm{f}}) = \upsilon_1 \\ \lambda_2(t_{\mathrm{f}}) = \upsilon_2 \\ \lambda_3(t_{\mathrm{f}}) = \upsilon_3 \\ \lambda_4(t_{\mathrm{f}}) = 0 \\ \lambda_5(t_{\mathrm{f}}) = 0 \\ \lambda_6(t_{\mathrm{f}}) = 0 \end{cases}, \quad \begin{cases} \lambda_7(t_{\mathrm{f}}) = -\upsilon_1 \\ \lambda_8(t_{\mathrm{f}}) = -\upsilon_2 \\ \lambda_9(t_{\mathrm{f}}) = -\upsilon_3 \\ \lambda_{10}(t_{\mathrm{f}}) = 0 \\ \lambda_{11}(t_{\mathrm{f}}) = 0 \\ \lambda_{12}(t_{\mathrm{f}}) = 0 \end{cases} \tag{8.2.48}$$

边界条件为

$$\begin{cases} \boldsymbol{X}_{\mathrm{p}}(t_0) = \boldsymbol{X}_{\mathrm{p0}}, \ t \in [t_0, t_{\mathrm{f}}] \\ \boldsymbol{X}_{\mathrm{e}}(t_0) = \boldsymbol{X}_{\mathrm{e0}}, \ t \in [t_0, t_{\mathrm{f}}] \end{cases} \tag{8.2.49}$$

$$\begin{aligned} \boldsymbol{N}\left(\boldsymbol{X}_{\mathrm{p}}(t_{\mathrm{f}}), \boldsymbol{X}_{\mathrm{e}}(t_{\mathrm{f}}), t_{\mathrm{f}}\right) &= \left(\boldsymbol{X}_{\mathrm{p}}(t_{\mathrm{f}}) - \boldsymbol{X}_{\mathrm{e}}(t_{\mathrm{f}})\right)^{\mathrm{T}} \boldsymbol{Q}_T \left(\boldsymbol{X}_{\mathrm{p}}(t_{\mathrm{f}}) - \boldsymbol{X}_{\mathrm{e}}(t_{\mathrm{f}})\right)^{\mathrm{T}} \\ &= \begin{bmatrix} x_1(t_{\mathrm{f}}) - x_7(t_{\mathrm{f}}) \\ x_2(t_{\mathrm{f}}) - x_8(t_{\mathrm{f}}) \\ x_3(t_{\mathrm{f}}) - x_9(t_{\mathrm{f}}) \end{bmatrix} = 0 \end{aligned} \tag{8.2.50}$$

根据上述内容，可以采用粒子群优化算法，以 12 个拉格朗日乘子作为决策参数，通过最优控制量、相对运动方程积分确定终端相对距离，结合横截条件、哈密顿函数来确定适应度，最终优化得到最优博弈策略。

8.3 强化学习博弈制导控制

强化学习(reinforcement learning，RL)是一种机器学习方法，其主要任务是让智能体(agent)通过与环境的互动学习，以最大化某种累积奖励信号或目标函数的值。在强化学习中，智能体通过不断采取行动来探索环境，观察环境对其行动的反馈，并根据这些反馈来调整其行为策略，以使其在特定任务中表现得更好。这种学习方式与监督学习不同，这是因为在强化学习中，智能体必须在没有明确的标签或指导的情况下从试错中学习。

空天飞行器制导系统是导引并控制导弹以一定的弹道、速度和制导精度飞向目标的系统，其中制导律是直接影响弹目相对运动的重要因素，制导律的设计往往影响到导弹能否充分发挥机动能力以及导弹的脱靶量等。比例制导律(proportional navigation guidance，PNG)及其改进形式被广泛应用在实际工程应用上，但随着科技的进步，需要制导精度更高的制导律来满足战场需求。国内外大多数制导律研究都回归到 PNG，对 PNG 进行改进。例如，通过引入模糊逻辑对 PNG 进行改进，将 PNG 模糊成一个模糊规则表，针对输入的状态变量给出模糊化的过载指令。在 PNG 的基础上提出变论域的模糊制导律，提高了模糊制导精度。上述两种方法将 PNG 作为经验，设计了模糊的智能制导律，但并未从智能决策的角度研究。随着人工智能领域突飞猛进的发展，强化学习作为一种体现智能体智能决策的算法，得到了众多学者的认可。阿尔法围棋(AlphaGo)人工智能系统战胜人类顶尖棋手，验证了强化学习算法具有很强的工程应用性。强化学习算法在机器人路径规划和人机游戏博弈对抗等领域的应用，也充分说明了强化学习算法具有很强的通用性(Kennedy et al.,1995)。

8.3.1 *Q*学习制导控制

1. 方法简介

Q 学习(Q-learning)算法是一种基于值迭代(value iteration)的强化学习(RL)算法，用于学习一个具有值函数的最优策略，即在交互式任务中学习一组决策规则，以最大化累积奖励的预期值。假设一个 MDP 的智能体在状态空间 S 中执行动作 A，每个状态 s 有一个奖励 r，智能体的目标是通过与环境交互来学习一个最优策略 π^*，使得期望累积奖励最大化。

Q 学习的核心思想是学习一个状态–动作值函数 $Q(s,a)$，表示在状态 s 选择动作 a 的价值。对于每个状态 s 和动作 a，使用贝尔曼(Bellman)方程更新 Q 值：

$$Q(s,a) \leftarrow Q(s,a) + \alpha[r + \gamma \max_{a'} Q(s',a') - Q(s,a)] \tag{8.3.1}$$

其中，$0<\alpha<1$，是学习率(learning rate)；$0<\gamma<1$，是折扣因子(discount factor)；r 是执行动作 a 后获得的奖励；s' 是因执行动作 a 而转移到的下一个状态；$\max_{a'} Q(s',a')$ 是在

下一个状态中最大化 Q 值的动作价值，即最优动作价值。

式(8.3.1)的含义：根据当前状态 s 和执行的动作 a，智能体会获得奖励 r 并转移到下一个状态 s'，Q 值需要更新为当前的 Q 值加上学习率 α 乘以估计误差，即当前奖励加下一个状态最大 Q 值的折扣值减去当前状态执行该动作的 Q 值。

Q 学习算法可以概括为以下 6 个步骤。

步骤 1：初始化 Q 值为随机值或者 0。

步骤 2：在当前状态 s 中选择动作 a。使用 ε-贪心策略(ε-greedy exploration)进行探索(exploration)和利用(exploitation)的平衡，即以 ε 的概率执行随机动作，以 $1-\varepsilon$ 的概率执行具有最大 Q 值的动作。

步骤 3：执行选定的动作 a，获得即时奖励 r，并移动到下一个状态 s'。

步骤 4：更新 Q 函数 $Q(s,a)$，使用贝尔曼方程更新。

步骤 5：重复步骤 2～4，直至达到终止状态。

步骤 6：通过学习后的 Q 函数计算最优策略，即 $\pi^*(s)=\arg\max\limits_a Q(s,a)$。

在实际算法中，Q 学习算法的实现步骤如下所示。

步骤 1：给定折扣因子 γ、学习率 α、奖励矩阵 $\boldsymbol{R}$。

步骤 2：令状态行动 Q 函数初始化为 0。

步骤 3：开始迭代。

(1) 随机选择一个状态 s；

(2) 若从该状态无法达到目标，则执行以下几步：

① 从当前状态所有可能的行为中选取一个行为 a；

② 从选定的行为 a，得到下一个状态 r；

③ 按照 Q 函数的更新方法进行值更新；

④ 设置当前状态 s 为 r。

2. 收敛性

在一些特定条件下，可以证明 Q 学习算法确保收敛到最优解(optimal solution)，即找到了累积奖励最大的最优策略，这种条件通常被称为可用性条件(availability condition)。可用性条件要求在环境中，所有状态和动作都需要被访问无限次，并且学习率 α 满足：学习率序列单调递减，并且 $\sum\limits_{t=1}^{\infty}\alpha t=\infty$；学习率序列平方和有界，并且 $\sum\limits_{t=1}^{\infty}\alpha t<\infty$。这些条件确保了 Q 学习算法在探索和利用的过程中逐渐收敛到最优策略。在满足可用性条件的情况下，可以证明 Q 学习算法收敛到最优策略的值函数 $Q(s,a)$，即执行状态 s 下选择动作 a 的累积奖励的最大值。$Q(s,a)$ 满足贝尔曼方程：

$$Q(s,a)=\sum s'P(s,a,s')[r+\gamma\max_{a'}Q(s',a')] \tag{8.3.2}$$

其中，$P(s,a,s')$ 表示选择动作 a 后在状态 s 转移到状态 s' 的概率；r 表示在状态 s 并执行动作 a 后获得的即时奖励；γ 表示折扣因子。

当随机选择动作时，Q 学习算法会以一定概率选择当前的最优动作，这种选择是基于查表(tabular)更新的 Q 函数 $Q(s,a)$。然而，这种方法难以应用于大规模状态-动作空间，这是因为查找表的大小会随着状态和动作的数量呈指数级增长。为了解决这个问题，可以使用函数逼近(function approximation)方法，如线性函数逼近(linear function approximation)或神经网络(neural network)等方法，来近似 $Q(s,a)$。但是，函数逼近可能导致 Q 学习算法的收敛性失败，这是因为函数逼近可能使得估计误差增加，进而导致算法无法收敛到最优解。因此，在使用函数逼近方法时，需要采取一些特殊的技巧或优化算法来确保算法的收敛性，如经验回放(experience replay)、双重 Q 学习(double Q-learning)、优先经验回放(prioritized experience replay)、深度 Q 网络(deep Q-network)和策略梯度算法(policy gradient algorithms)等。综上所述，可以证明 Q 学习算法在一些特定条件下可以收敛到最优策略的值函数，但在实际应用中，需要针对具体问题和环境设计合适的算法和策略，以达到最优学习效果。

3. 制导控制

1) 弹目相对运动模型

在本小节中构建弹目一对一拦截制导情况的模型，该模型在地球惯性坐标系中构建，其具体构建基于以下假设：①将拦截器与目标看作可操纵的质点；②在运动中的各种干扰暂不考虑；③在导弹拦截的计算过程中，不考虑地球曲率。

基于本小节的假设，将拦截器与目标的质心运动加以研究。假设拦截器在拦截器弹道坐标系的坐标为 $(\boldsymbol{x}_{\mathrm{M}},\boldsymbol{y}_{\mathrm{M}},\boldsymbol{z}_{\mathrm{M}})$，速度为 $\boldsymbol{V}_{\mathrm{M}}$，质量为 m_{M}，除去重力外所有外力之和为 $\boldsymbol{P}_{\mathrm{M}}$，则拦截器的运动学方程如下：

$$
\begin{cases}
m_{\mathrm{M}}\dfrac{\mathrm{d}\boldsymbol{V}_{\mathrm{M}}}{\mathrm{d}t}=\boldsymbol{P}_{\mathrm{M}}\cos\alpha_{\mathrm{M}}\cos\beta_{\mathrm{M}}-\boldsymbol{X}_{\mathrm{M}}-m_{\mathrm{M}}\boldsymbol{g}\sin\theta_{\mathrm{M}} \\
m_{\mathrm{M}}\boldsymbol{V}_{\mathrm{M}}\dfrac{\mathrm{d}\theta_{\mathrm{M}}}{\mathrm{d}t}=\boldsymbol{P}_{\mathrm{M}}(\sin\alpha_{\mathrm{M}}\cos\gamma_{\mathrm{M}}+\cos\alpha_{\mathrm{M}}\sin\beta_{\mathrm{M}}\sin\gamma_{\mathrm{M}}) \\
\qquad\qquad +\boldsymbol{Y}_{\mathrm{M}}\cos\gamma_{\mathrm{M}}-\boldsymbol{Z}_{\mathrm{M}}\sin\gamma_{\mathrm{M}}-m_{\mathrm{M}}\boldsymbol{g}\cos\theta_{\mathrm{M}} \\
-m_{\mathrm{M}}\boldsymbol{V}_{\mathrm{M}}\cos\theta_{\mathrm{M}}\dfrac{\mathrm{d}\varphi_{\mathrm{M}}}{\mathrm{d}t}=\boldsymbol{P}_{\mathrm{M}}(\sin\alpha_{\mathrm{M}}\sin\gamma_{\mathrm{M}}-\cos\alpha_{\mathrm{M}}\sin\beta_{\mathrm{M}}\cos\gamma_{\mathrm{M}}) \\
\qquad\qquad +\boldsymbol{Y}_{\mathrm{M}}\sin\gamma_{\mathrm{M}}+\boldsymbol{Z}_{\mathrm{M}}\cos\gamma_{\mathrm{M}} \\
\dfrac{\mathrm{d}\boldsymbol{x}_{\mathrm{M}}}{\mathrm{d}t}=\boldsymbol{V}_{\mathrm{M}}\cos\theta_{\mathrm{M}}\cos\varphi_{\mathrm{M}} \\
\dfrac{\mathrm{d}\boldsymbol{y}_{M}}{\mathrm{d}t}=\boldsymbol{V}_{\mathrm{M}}\sin\theta_{\mathrm{M}} \\
\dfrac{\mathrm{d}\boldsymbol{z}_{\mathrm{M}}}{\mathrm{d}t}=-\boldsymbol{V}_{\mathrm{M}}\cos\theta_{\mathrm{M}}\sin\varphi_{\mathrm{M}}
\end{cases}
\tag{8.3.3}
$$

其中，下标 M 为拦截器；α_{M} 为平衡攻角；β_{M} 为平衡侧滑角；$\boldsymbol{X}_{\mathrm{M}}$ 为与 α_{M}、β_{M} 对应的平衡阻力；$\boldsymbol{Y}_{\mathrm{M}}$ 为对应平衡升力；$\boldsymbol{Z}_{\mathrm{M}}$ 为对应平衡侧向力；θ_{M} 为俯仰角；φ_{M} 为偏航角；γ_{M} 为滚转角。

假设目标在拦截器弹道坐标系的坐标为$(\boldsymbol{x}_{\mathrm{T}},\boldsymbol{y}_{\mathrm{T}},\boldsymbol{z}_{\mathrm{T}})$，速度为$\boldsymbol{V}_{\mathrm{T}}$，质量为$m_{\mathrm{T}}$，除去重力外所有外力之和为$\boldsymbol{P}_{\mathrm{T}}$，则目标的运动学方程为

$$\begin{cases} m_{\mathrm{T}}\dfrac{\mathrm{d}\boldsymbol{V}_{\mathrm{T}}}{\mathrm{d}t}=\boldsymbol{P}_{\mathrm{T}}\cos\alpha_{\mathrm{T}}\cos\beta_{\mathrm{T}}-\boldsymbol{X}_{\mathrm{T}}-m_{\mathrm{T}}\boldsymbol{g}\sin\theta_{\mathrm{T}} \\ m_{\mathrm{T}}\boldsymbol{V}_{\mathrm{T}}\dfrac{\mathrm{d}\theta_{\mathrm{T}}}{\mathrm{d}t}=\boldsymbol{P}_{\mathrm{T}}(\sin\alpha_{\mathrm{T}}\cos\gamma_{\mathrm{T}}+\cos\alpha_{\mathrm{T}}\sin\beta_{\mathrm{T}}\sin\gamma_{\mathrm{T}})+\boldsymbol{Y}_{\mathrm{T}}\cos\gamma_{\mathrm{T}}-\boldsymbol{Z}_{\mathrm{T}}\sin\gamma_{\mathrm{T}}-m_{\mathrm{T}}\boldsymbol{g}\cos\theta_{\mathrm{T}} \\ -m_{\mathrm{T}}\boldsymbol{V}_{\mathrm{T}}\cos\theta_{\mathrm{T}}\dfrac{\mathrm{d}\varphi_{\mathrm{T}}}{\mathrm{d}t}=\boldsymbol{P}_{\mathrm{T}}(\sin\alpha_{\mathrm{T}}\sin\gamma_{\mathrm{T}}-\cos\alpha_{\mathrm{T}}\sin\beta_{\mathrm{T}}\cos\gamma_{\mathrm{T}})+\boldsymbol{Y}_{\mathrm{T}}\sin\gamma_{\mathrm{T}}+\boldsymbol{Z}_{\mathrm{T}}\cos\gamma_{\mathrm{T}} \\ \dfrac{\mathrm{d}\boldsymbol{x}_{\mathrm{T}}}{\mathrm{d}t}=\boldsymbol{V}_{\mathrm{T}}\cos\theta_{\mathrm{T}}\cos\varphi_{\mathrm{T}} \\ \dfrac{\mathrm{d}\boldsymbol{y}_{\mathrm{T}}}{\mathrm{d}t}=\boldsymbol{V}_{\mathrm{T}}\sin\theta_{\mathrm{T}} \\ \dfrac{\mathrm{d}\boldsymbol{z}_{\mathrm{T}}}{\mathrm{d}t}=-\boldsymbol{V}_{\mathrm{T}}\cos\theta_{\mathrm{T}}\sin\varphi_{\mathrm{T}} \end{cases} \tag{8.3.4}$$

其中，下标 T 为目标；α_{T}为平衡攻角；β_{T}为平衡侧滑角；$\boldsymbol{X}_{\mathrm{T}}$为与$\alpha_{\mathrm{T}}$、$\beta_{\mathrm{T}}$对应的目标的平衡阻力；$\boldsymbol{Y}_{\mathrm{T}}$为对应平衡升力，$\boldsymbol{Z}_{\mathrm{T}}$为对应平衡侧向力；$\theta_{\mathrm{T}}$为俯仰角；$\varphi_{\mathrm{T}}$为偏航角；$\gamma_{\mathrm{T}}$为滚转角。

在地球惯性坐标系下，某时刻t的拦截器与目标的位置分别为

$$\begin{cases} \boldsymbol{R}_{\mathrm{M}}(t)=[\boldsymbol{x}_{\mathrm{M}}(t),\boldsymbol{y}_{\mathrm{M}}(t),\boldsymbol{z}_{\mathrm{M}}(t)] \\ \boldsymbol{R}_{\mathrm{T}}(t)=[\boldsymbol{x}_{\mathrm{T}}(t),\boldsymbol{y}_{\mathrm{T}}(t),\boldsymbol{z}_{\mathrm{T}}(t)] \end{cases} \tag{8.3.5}$$

对应的该时刻的拦截器与目标的速度分别为

$$\begin{cases} \boldsymbol{V}_{\mathrm{M}}(t)=[\boldsymbol{V}_{\mathrm{M}x}(t),\boldsymbol{V}_{\mathrm{M}y}(t),\boldsymbol{V}_{\mathrm{M}z}(t)] \\ \boldsymbol{V}_{\mathrm{T}}(t)=[\boldsymbol{V}_{\mathrm{T}x}(t),\boldsymbol{V}_{\mathrm{T}y}(t),\boldsymbol{V}_{\mathrm{T}z}(t)] \end{cases} \tag{8.3.6}$$

拦截器与目标的相对位置关系如图 8.3.1 所示。为便于将角度更好的展示，在图 8.3.1 中将导弹质心表示为原点，q_θ为视线倾角，q_φ为视线偏角。

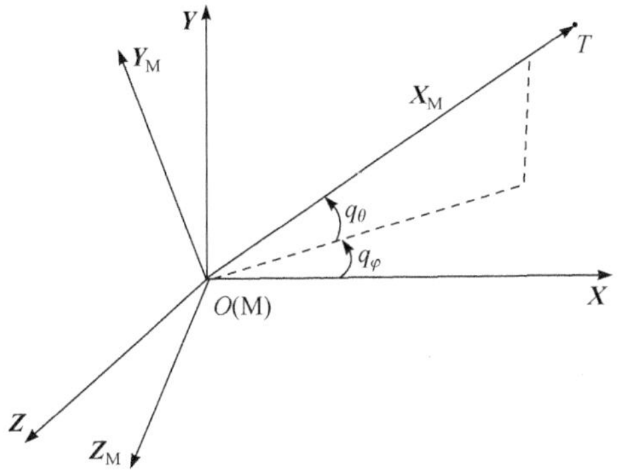

图 8.3.1　拦截器与目标的相对位置关系

拦截器与目标的相对位置与相对速度表示为

$$\begin{cases} \boldsymbol{x} = \boldsymbol{x}_{\mathrm{T}}(t) - \boldsymbol{x}_{\mathrm{M}}(t) \\ \boldsymbol{y} = \boldsymbol{y}_{\mathrm{T}}(t) - \boldsymbol{y}_{\mathrm{M}}(t) \\ \boldsymbol{z} = \boldsymbol{z}_{\mathrm{T}}(t) - \boldsymbol{z}_{\mathrm{M}}(t) \\ \dot{\boldsymbol{x}} = \boldsymbol{V}_{\mathrm{T}x}(t) - \boldsymbol{V}_{\mathrm{M}x}(t) \\ \dot{\boldsymbol{y}} = \boldsymbol{V}_{\mathrm{T}y}(t) - \boldsymbol{V}_{\mathrm{M}y}(t) \\ \dot{\boldsymbol{z}} = \boldsymbol{V}_{\mathrm{T}z}(t) - \boldsymbol{V}_{\mathrm{M}z}(t) \end{cases} \tag{8.3.7}$$

2) 状态空间设计

在制导律设计中，所选取的状态空间应该包含整个制导过程的所有状态。例如，将视线转率(即角速度)作为当前制导问题的状态空间，可以充分表示运动的各种状态。考虑到弹体本身的特性对过载有一定的限制，视线转率通常取值范围为$[-0.5,0.5]$ rad/s。

弹目相对运动的状态空间通常是连续的高维状态空间，即状态与动作的数量十分庞大，这可能导致Q学习算法陷入维数灾难，无法收敛。因此，需要对连续的状态空间进行离散化，如将其离散成21个点，即$S=[-0.5, -0.3, -0.2, -0.15, -0.1, -0.05, -0.04, -0.03, -0.02, -0.01, 0, 0.01, 0.02, 0.03, 0.04, 0.05, 0.1, 0.15, 0.2, 0.3, 0.5]$。

3) 动作空间设计

导弹追击目标问题可以类比追逃博弈问题，一般的追逃博弈类问题的动作空间都是由上、下、左、右等离散动作组成，或者是由视线角变化率等连续动作组成。学习过程中发现，在导弹追击目标的过程中单纯套用这样的动作空间，会使动作搜索空间变大，导致算法最终无法收敛。

4) 奖励函数设计

Q学习算法用奖励函数来判断执行动作的好坏。在导弹追击目标的过程中，相邻时刻如果导弹与目标的相对距离缩短，那么将得到一个正的奖励。如果导弹最后命中目标，将获得一个更大的奖励；但如果没有命中目标，则奖励为0。

5) 行为策略设计

Q学习的行为策略一般为ε-贪心策略。为了充分发挥Q学习算法的探索和寻优能力，在学习前期，设置较大的ε，让智能体在动作空间中充分搜索，随着学习的推进逐渐衰减，使得智能体在已有经验的基础上做出正确的动作。

8.3.2 强化学习比例导引控制

1. 比例导引法

在采用地球惯性坐标系时，忽略地球曲率的影响。同时，假设导弹和目标为质点，忽略重力作用和空气阻力。图8.3.2为比例导引示意图。

图8.3.2中，$\boldsymbol{V}_{\mathrm{M}}$、$\boldsymbol{V}_{\mathrm{T}}$分别为导弹和目标的速度；$\boldsymbol{n}_{\mathrm{T}}$为目标的加速度，方向垂直于目标速度矢量；$\lambda$为目标线与水平参考线的夹角；$\beta$为目标速度矢量与水平参考线的夹角；$\boldsymbol{R}_{\mathrm{TM}}$为目标–导弹相隔距离；$L$为相撞角，即当导弹速度矢量与目标线夹角为此值

时，导弹和目标保持当前速度飞行，将恰好相撞；HE 为方向误差，表示导弹初始飞行方向与相撞角的偏差。关于目标线的运动方程如下：

$$\begin{cases} \boldsymbol{R}_{\mathrm{TM1}} = \boldsymbol{R}_{\mathrm{T1}} - \boldsymbol{R}_{\mathrm{M1}}, \boldsymbol{R}_{\mathrm{TM2}} = \boldsymbol{R}_{\mathrm{T2}} - \boldsymbol{R}_{\mathrm{M2}} \\ \left|\boldsymbol{R}_{\mathrm{TM}}\right| = \sqrt{\left|\boldsymbol{R}_{\mathrm{TM1}}\right|^2 + \left|\boldsymbol{R}_{\mathrm{TM2}}\right|^2} \\ \boldsymbol{V}_{\mathrm{TM1}} = \boldsymbol{V}_{\mathrm{T1}} - \boldsymbol{V}_{\mathrm{M1}}, \boldsymbol{V}_{\mathrm{TM2}} = \boldsymbol{V}_{\mathrm{T2}} - \boldsymbol{V}_{\mathrm{M2}} \\ \boldsymbol{V}_{\mathrm{C}} = -\dot{\boldsymbol{R}}_{\mathrm{TM}} = \dfrac{-\left(\left|\boldsymbol{R}_{\mathrm{TM1}}\right|\boldsymbol{V}_{\mathrm{TM1}} + \left|\boldsymbol{R}_{\mathrm{TM2}}\right|\boldsymbol{V}_{\mathrm{TM2}}\right)}{\left|\boldsymbol{R}_{\mathrm{TM}}\right|} \end{cases} \tag{8.3.8}$$

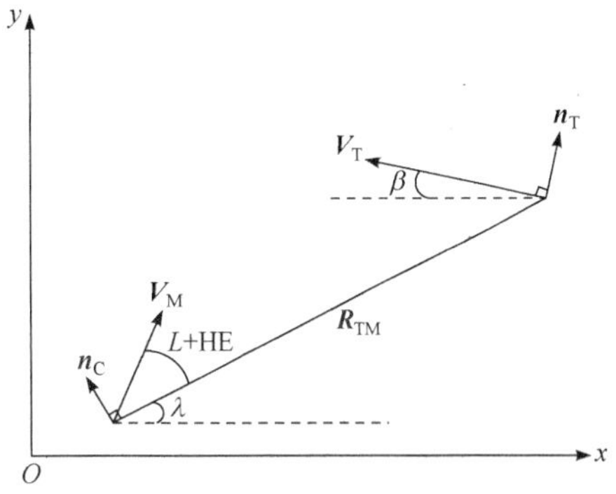

图 8.3.2　比例导引示意图

关于目标的运动方程如下：

$$\begin{cases} \dot{\boldsymbol{R}}_{\mathrm{T1}} = \boldsymbol{V}_{\mathrm{T1}}, \dot{\boldsymbol{R}}_{\mathrm{T2}} = \boldsymbol{V}_{\mathrm{T2}} \\ \dot{\boldsymbol{V}}_{\mathrm{T1}} = \boldsymbol{a}_{\mathrm{T1}}, \dot{\boldsymbol{V}}_{T2} = \boldsymbol{a}_{\mathrm{T2}} \\ \boldsymbol{V}_{\mathrm{T1}} = -\boldsymbol{V}_{\mathrm{T}}\cos\beta, \boldsymbol{V}_{\mathrm{T2}} = \boldsymbol{V}_{\mathrm{T}}\sin\beta \\ \boldsymbol{a}_{\mathrm{T1}} = \boldsymbol{n}_{\mathrm{T}}\sin\beta, \boldsymbol{a}_{\mathrm{T2}} = \boldsymbol{n}_{\mathrm{T}}\cos\beta \\ \dot{\beta} = \dfrac{\left|\boldsymbol{n}_{\mathrm{T}}\right|}{\left|\boldsymbol{V}_{\mathrm{T}}\right|} \end{cases} \tag{8.3.9}$$

关于导弹的运动方程如下：

$$\begin{cases} \dot{\boldsymbol{R}}_{\mathrm{M1}} = \boldsymbol{V}_{\mathrm{M1}}, \dot{\boldsymbol{R}}_{\mathrm{M2}} = \boldsymbol{V}_{\mathrm{M2}} \\ \dot{\boldsymbol{V}}_{\mathrm{M1}} = \boldsymbol{a}_{\mathrm{M1}}, \dot{\boldsymbol{V}}_{\mathrm{M2}} = \boldsymbol{a}_{\mathrm{M2}} \\ \boldsymbol{a}_{\mathrm{M1}} = -\boldsymbol{n}_{\mathrm{C}}\sin\lambda, \boldsymbol{a}_{\mathrm{M2}} = \boldsymbol{n}_{\mathrm{C}}\cos\lambda \\ \lambda = \tan^{-1}\dfrac{\left|\boldsymbol{R}_{\mathrm{TM2}}\right|}{\left|\boldsymbol{R}_{\mathrm{TM1}}\right|} \\ \dot{\lambda} = \dfrac{\left|\boldsymbol{R}_{\mathrm{TM1}}\right|\boldsymbol{V}_{\mathrm{TM2}} - \left|\boldsymbol{R}_{\mathrm{TM2}}\right|\boldsymbol{V}_{\mathrm{TM1}}}{\left|\boldsymbol{R}_{\mathrm{TM}}\right|^2} \\ L = \sin^{-1}\dfrac{\left|\boldsymbol{V}_{\mathrm{T}}\right|\sin(\beta+\lambda)}{\left|\boldsymbol{V}_{\mathrm{M}}\right|} \\ \boldsymbol{V}_{\mathrm{M1}}(0) = \boldsymbol{V}_{\mathrm{M}}\cos(L + \mathrm{HE} + \lambda) \\ \boldsymbol{V}_{\mathrm{M2}}(0) = \boldsymbol{V}_{\mathrm{M}}\sin(L + \mathrm{HE} + \lambda) \end{cases} \tag{8.3.10}$$

至此，比例导引法建模结束。

2. 基于 PPO 算法的增强比例导引法

1) 状态空间设计

假设博弈参与者在整个博弈中，可以通过传感器采取的数据判断自身状态，其中主要包括所有参与者在空间中的位置信息、速度信息、加速度信息、视线角信息。即在博弈过程中的博弈状态均是可获取的，所以整个博弈过程也叫作完全信息博弈。

在强化学习的过程中，状态的选取将直接影响最后的训练结果。通常来讲，训练过程中状态空间必须包括必要的状态观测量，也可以将多个状态进行信息融合获取特征数据作为状态的输入。值得注意的是，状态空间不能过于庞大，少包含或者不包含无用信息，这对提升学习的效果和性能有至关重要的影响。

在本小节中，选择学习的状态主要有参与者在空间中的位置信息、各方的速度、加速度，不再要求我方参与者能以期望撞击角度对目标进行攻击。

2) 动作空间设计

动作空间通常是执行神经网络的输出，用来提供在博弈中我方的策略(加速度)。在本研究中，所设计的我方策略为连续动作空间，执行动作空间输出两个标量，分别为高斯分布的均值与方差，然后采样得出一个具体的策略 a 。

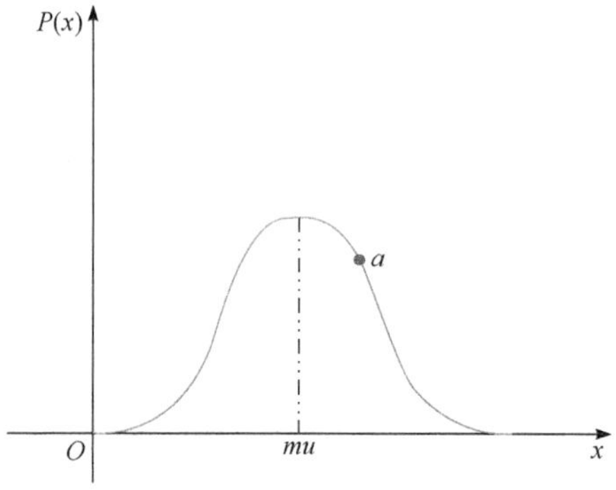

图 8.3.3　构建正态分布对动作采样图

图 8.3.3 中，横轴表示动作的采样范围，纵轴表示对应动作被采样的概率。尽管这样操作会导致动作的采样范围较大，使每次采样的动作不一定是最优动作，但这样做的优点是可以使动作连续且有足够大的动作空间，并使输出的动作无限接近最优动作。

因为学习采用飞行器六自由度模型会增加算法收敛难度，使最后的学习效果难以保证，无法达到预设想到空空导弹博弈效果，所以暂时只采用飞行器的三自由度模型。在未来研究中，将考虑采用近端策略优化算法进行空空导弹的六自由度博弈研究。在本小节中，动作空间主要选择增强比例导引的比例系数，来保证既能躲过敌方拦截者的追击又可以对目标进行攻击。如果直接采用空空弹的三轴加速度作为动作空间，将极易引起算法不收敛。因为空空导弹为满足空中格斗等对抗，通常具有几十 g 的过载(g 为重力加速度)，如果直接用于动作空间设计的话，导致动作空间太大，难以对其进行有效的探索。在本研究中还是借助于传统的增强比例导引法来实现三方博弈场景的我方博弈制导策略设计。传统增强比例导引的表达式如下：

$$\begin{cases} a_{\mathrm{M}\varepsilon} = \dfrac{-3\dot{r}\dot{q}_{\varepsilon}}{g} + K_y \\ a_{\mathrm{M}\beta} = \dfrac{-3\dot{r}\dot{q}_{\beta}}{g} + K_z \end{cases} \tag{8.3.11}$$

其中，K_y、K_z 为比例导引偏置项；$\dot{r}$ 为相对距离变化率；$\dot{q}_{\varepsilon}$ 、$\dot{q}_{\beta}$ 为视线高低角与视线方位角的变化率；$a_{\mathrm{M}\varepsilon}$ 、$a_{\mathrm{M}\beta}$ 为我方在视线下的加速度。

3) 策略网络与动作网络构建

策略网络与评估网络的结构对整个算法的收敛和最后的学习效果有着至关重要的影

响。过于复杂的网络结构所需训练时间较长，且针对复杂的博弈策略和值函数容易出现过拟合，从而导致近端策略优化算法的鲁棒性大大降低。如果网络结构简单、神经元数目少，则会导致智能体无法学习到有效的博弈策略，以及值函数出现欠拟合的情况。

在近端策略优化算法中，主要利用神经网络的拟合功能对于策略和值函数进行学习。环境状态作为策略网络的输入，输出智能体在需要执行的策略已得到下一步的环境状态。评价网络以状态动作作为输入，输出为当前状态和动作下，智能体能够获得的累积奖励。在前面两节中，已经对状态空间和动作空间进行了设计。接下来将设计在本研究中所使用到的策略网络和评价网络。

策略网络采用 4 个隐藏层、1 个输入层、1 个输出层的结构来进行设计。其中，输出动作是我方空空弹的博弈策略(增强比例导引系数)，因为三轴加速存在正负之分，所以输出层采取 tanh 激活函数来对输出动作进行处理。为提高神经网络的训练速度，所有隐藏层中均采用常见的 ReLU 函数作为激活函数。其中，输入层对所有输入状态采取归一化处理，所有状态将被归一化到[−1,1]。这样做有以下几个优点：①当神经网络的输入状态被归一化后，可以使用较高的学习率，加快算法收敛，这是因为此时的梯度将更具有预测性和稳定性；②提升所训练模型的精度。本小节所采用策略网络结构如图 8.3.4 所示。

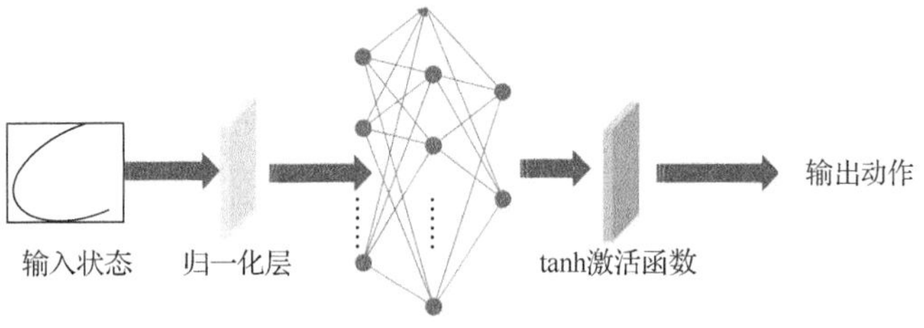

图 8.3.4　策略网络结构示意图

在基于三方博弈智能制导律设计任务中，状态空间的维度是 27，动作空间的维度是 3，所以策略神经网络的输入神经元个数就为 27 个，输出为 3 个。因为状态空间所包含的状态较多，所以对策略神经网络的信息容量要求较高，需要设置较多的神经元个数。因此，在本次设计任务中中间隐藏层的神经元个数设置为 512 个。

评价网络主要是对状态、动作精选评估，判断此时选择的动作是否是一个有价值的动作。状态与动作作为评价网络中的输入，而输出值则为评价值 Q。需要注意的是，评价网络不仅在输入输出与策略网络存在差别，在网络结构上也存在一定的不同。即动作与状态并不同时输入到同一层神经网络层中，而是在第二个隐藏层中进行输入。

评价网络的结构与策略网络基本保持一致，将状态进行归一化再送入接下来的隐藏层中，其中隐藏层的神经网络个数为 256 个。

4) 奖励函数设计

奖励函数在智能体的训练和行为指导中扮演着关键角色，旨在量化智能体行为的优劣，并提供指导以优化其策略选择。本小节设计了一种特定的奖励函数，旨在引导智能体采取有效的行动以增加导弹击中目标的概率。奖励函数设计如下：

$$\text{reward}(r)=\begin{cases}1000, & r<10\\ 68.5-r, & 10\leqslant r<50\\ 28.5-\dfrac{r}{5}, & 50\leqslant r<100\\ 12.5-\dfrac{r}{25}, & 100\leqslant r<250\\ 5-\dfrac{r}{100}, & 250\leqslant r<500\end{cases} \tag{8.3.12}$$

其中，r 为导弹与目标的相对距离。r 是一个关键的指标，直接影响导弹的击中概率。通过将相对距离作为奖励函数的输入，能够对导弹的行为进行实时评估，并根据其与目标的距离来量化其行动的有效性。

这种奖励函数的设计旨在鼓励智能体采取能够缩短导弹与目标之间距离的行动，从而增加击中目标的可能性。通过这种方式，智能体可以逐步学习并改进其策略，以使导弹在最短的时间内达到目标，并提高击中目标的成功率。总体来说，这样的奖励函数可为智能体提供明确的目标和指导，使其能够在导弹拦截任务中表现出更加智能和高效的行为。这种奖励函数的应用有望在提高导弹拦截系统的性能和效率方面发挥重要作用，并为未来的智能体研究和应用提供有益的借鉴。

8.3.3 强化学习过载制导控制

1. 强化学习比例导引控制的缺点

当使用强化学习来控制比例导引法中的比例系数时，存在以下潜在的缺点需要考虑。

(1) 固定控制策略限制：虽然强化学习具有动态调整参数的能力，但一旦选择了比例系数的控制策略，通常会固定在该策略上，这意味着在实时应对不同情况下进行灵活调整可能会受到限制。如果环境动态变化或者导弹任务需求变化，固定策略可能无法满足要求。

(2) 依赖先验知识：对比例系数的初始设定通常需要基于先验知识或者经验。如果初始设置不合适，可能导致学习过程中陷入局部最优，或者导致学习效果不佳。这需要对系统的工作原理和环境有一定的了解，否则可能会在错误的策略上浪费时间和资源。

(3) 过载控制精度受限：由于强化学习是基于奖励信号来进行学习的，控制比例系数可能无法直接影响导弹的过载；相反，它可能通过影响比例导引的行为来间接影响过载，导致过载控制精度受到限制，这是因为奖励信号可能无法直接反映出过载的变化。这可能需要额外的工程技巧和奖励函数设计来解决。

因此，尽管使用强化学习控制比例导引法中的比例系数具有潜在的优势，但需要充分考虑这些潜在的缺点，并在实践中加以解决和优化。

2. 基于 PPO 算法的过载控制算法

使用 PPO 算法直接控制导弹过载是一项复杂且具有挑战性的任务。在这个过程中，状态空间、动作空间以及策略网络和评价网络的构建至关重要。状态空间包括导弹、目标及其他相关信息的动态状态数据，如位置、速度、加速度等信息。这些状态信息对于决定导弹下一步的行动至关重要。动作空间是指导弹执行的具体动作，这里可能对过载进行控制。设计连续动作空间，可以在输出中包含高斯分布的均值和方差，并采样以得到具体的过载策略。这种连续性的设计可以提供更大的动作空间，增加策略变化的可能性。此外，为了控制导弹过载，必须设计有效的策略网络和评价网络，这些神经网络的结构需要足够复杂，以应对导弹在空中的动态行为。输入应该是状态空间的信息，输出是针对过载的策略。保持策略网络和评价网络结构的一致性，并合理设置隐藏层的神经元数量，可以帮助提升算法的收敛性和性能。针对导弹过载控制的任务，奖励函数的设计至关重要。奖励函数通过引导智能体执行有效的动作，提高导弹达到目标的成功率。奖励函数应考虑导弹与目标的相对距离等因素，以评估导弹行为的表现。

通过 PPO 算法控制导弹的过载，需要综合考虑状态空间、动作空间、策略网络、评价网络和奖励函数的设计，以实现高效的智能导弹控制。这种方法将带来新的挑战和机遇，有望提升导弹拦截系统的性能和效率(Zhang et al., 2024)。

8.4 算例仿真

8.4.1 飞行器博弈制导控制算例

代码

本小节通过设计 Matlab 仿真实验验证微分博弈制导律的有效性。仿真实验中脱靶量范围为 10m，仿真时间步长为 0.01s。

1. 仿真条件及实现过程

表 8.4.1 给出了目标采取博弈机动时交战双方初始状态。目标在惯性坐标系下的最大加速度为 $\pm 98\ \mathrm{m/s^2}$，最大速度为 ± 800m/s。飞行器在惯性坐标系下的最大加速度为 $\pm 147\ \mathrm{m/s^2}$，最大速度为 ± 2000m/s。

表 8.4.1　目标采取博弈机动时交战双方初始状态

交战双方	x / m	y / m	z / m	θ / (°)	ψ / (°)	V_0 / (m/s)
飞行器	5000	1000	8000	0	30	1600
目标	–5000	8000	–8000	0	0	600

设置博弈双方初始参数：

```
x_target=-5000;
y_target=8000;
z_target=-8000;
```

```
V_target=500;
theta_target_trb=deg2rad(0);  %尾标 trb 表示弹道坐标系下变量
phi_target_trb=deg2rad(0);
x_lead=5000;
y_lead=1000;
z_lead=8000;
V_lead=1500;
theta_lead_trb=deg2rad(0);
phi_lead_trb=deg2rad(30);
```

计算博弈过程中弹目相对变量信息(详见附录 compute_relative_information 函数)：

```
[rel_x_target_lead,rel_y_target_lead,rel_z_target_lead,rel_u_target_lead,rel_v_target_lead,...
rel_w_target_lead,rel_R_target_lead]=compute_relative_information(x_target,y_target,...
z_target,u_target,v_target,w_target,x_lead,y_lead,z_lead,u_lead,v_lead,w_lead);
```

求解博弈双方加速度策略(详见附录 compute_game_accelerations 函数)：

```
[a_u_target,a_v_target,a_w_target,a_u_lead,a_v_lead,a_w_lead,T_1]=...
compute_game_accelerations1(rel_x_target_lead,rel_y_target_lead,rel_z_target_lead,...
rel_u_target_lead,rel_v_target_lead,rel_w_target_lead,T_1,dt);
```

博弈双方坐标更新(详见附录kinematics3_target_new函数和kinematics3_new函数)：

```
[x_target,y_target,z_target,u_target,v_target,w_target,theta_target_trb,phi_target_trb,...
a_u_target,a_v_target,a_w_target,t_snake]=kinematics3_target_new_snake(x_target,...
y_target,z_target,V_target,dt,theta_target_trb,phi_target_trb,t_snake);
[x_lead,y_lead,z_lead,u_lead,v_lead,w_lead,theta_lead_trb,phi_lead_trb,V_lead,a_u_lead,...
a_v_lead,a_w_lead]=kinematics3_new(x_lead,y_lead,z_lead,V_lead,a_u_lead,a_v_lead,...
a_w_lead,dt,theta_lead_trb,phi_lead_trb);
```

2. 仿真结果

仿真结果如图 8.4.1 和图 8.4.2 所示。由此可知，飞行器的拦截弹道比较平直，最后脱靶量为 3.5069m。由图 8.4.2 可知，在博弈初始阶段飞行器加速度制导指令达到峰值，随博弈过程不断向前制导指令逐渐收敛到零。

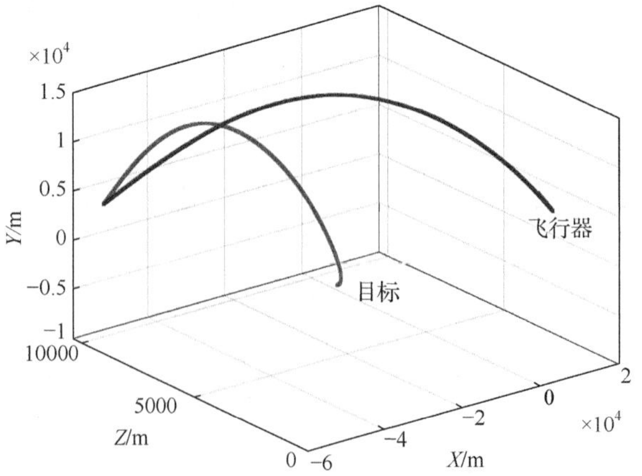

图 8.4.1 飞行器和目标在三维空间中的运动轨迹

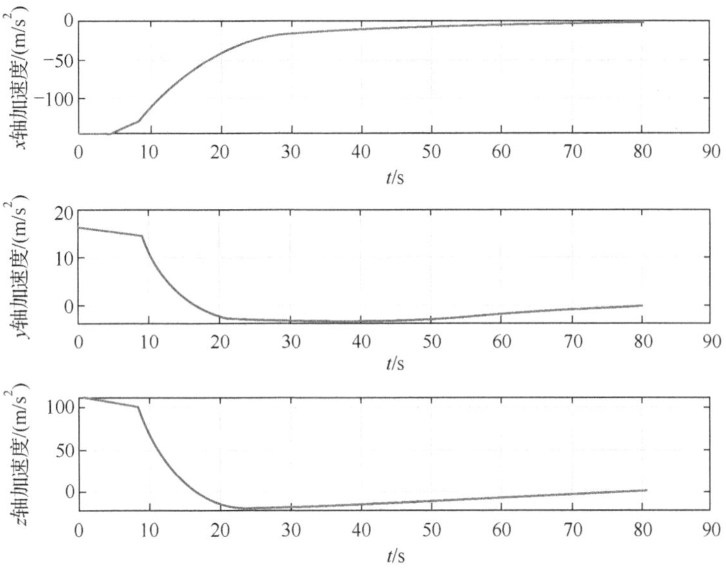

图 8.4.2　飞行器在惯性坐标系下的加速度指令变化情况

8.4.2　在轨航天器追逃博弈控制算例

为了验证本章所提方法的有效性，进行了三种不同场景下的追逃博弈策略对比分析，包括典型机动场景、零和博弈场景和非零和博弈场景。

初始条件设定如下：选取参考轨道为高度 $H = 400\text{km}$ 的近地圆轨道，选择仿真对策时间为200s，捕获半径为 $R_0 = 10\text{m}$ 。追踪航天器和目标航天器的最大推力加速度分别为 5m/s^2 和 $\sqrt{3}\text{m/s}^2$，追踪航天器和目标航天器的初始相对状态见表 8.4.2。

表 8.4.2　追踪航天器和目标航天器的初始相对状态

相对状态	追踪航天器	目标航天器
$\boldsymbol{x}$ / km	−6.0	0
$\boldsymbol{y}$ / km	−16.0	0
$\boldsymbol{z}$ / km	4	0
$\dot{\boldsymbol{x}}$ / (m / s)	−9	0
$\dot{\boldsymbol{y}}$ / (m / s)	20	0
$\dot{\boldsymbol{z}}$ / (m / s)	0	0

1. 实现过程

$$\boldsymbol{u} = \begin{bmatrix} \cos(t\pi/100) \\ \cos(t\pi/100) \\ \cos(t\pi/100) \end{bmatrix} \text{m/s}^2$$

在 Matlab 中编写主程序如下：

```
rng default
   IntCon = 1;
fun = @myconl;%优化函数
```

对于三种不同的情况，只需要改变输入初值即可输出不同结果，输入：

```
[x1,y1,z1,x2,y2,z2,a1,a2,vxp,vyp,vzp,vxe,vye,vze,w,rp,d]=input_ini;%输入初值
```

画图：

```
figure(1)%追踪航天器和目标航天器三维空间轨迹
plot3(xp/1000,yp/1000,zp/1000, 'r-', 'LineWidth', 1.5);
hold on
plot3(xe/1000,ye/1000,ze/1000, 'b--', 'LineWidth', 1.5);
figure(2)%相对距离大小变化规律
plot(ll,rr,'b','linewidth',2);
figure(3)%相对速度大小变化规律
plot(ll,vv,'r','LineWidth', 2);
figure(4)%三组场景控制量大小变化规律
subplot(3,1,1);
plot(t1,uxp,'b--','LineWidth', 1.5);
hold on
plot(t2,uxe,'r-', 'LineWidth', 1.5);
subplot(3,1,2);
plot(t1,uyp,'b--', 'LineWidth', 1.5);
hold on
plot(t2,uye, 'r-', 'LineWidth', 1.5);
subplot(3,1,3);
plot(t1,uzp,'b--', 'LineWidth', 1.5);
hold on
plot(t2,uze,'r-',   'LineWidth', 1.5);
```

2. 检测结果

假设目标航天器的机动方式为余弦机动，可以得到参考坐标系下的三维运动轨迹，如图 8.4.3 所示。追逃双方的相对距离和相对速度随时间变化规律如图 8.4.4 所示。

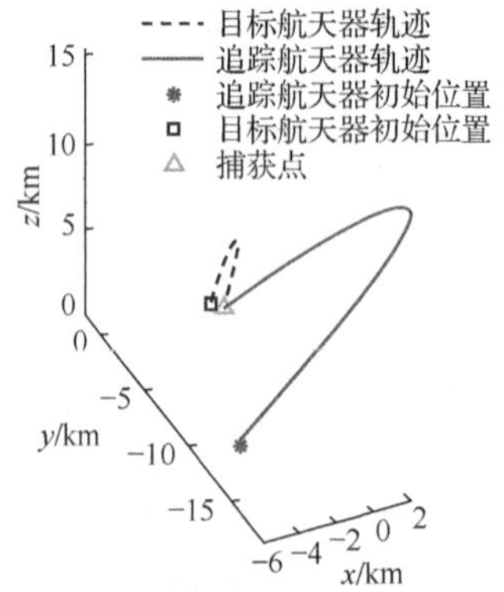

图 8.4.3　典型机动场景下追踪航天器和目标航天器三维运动轨迹

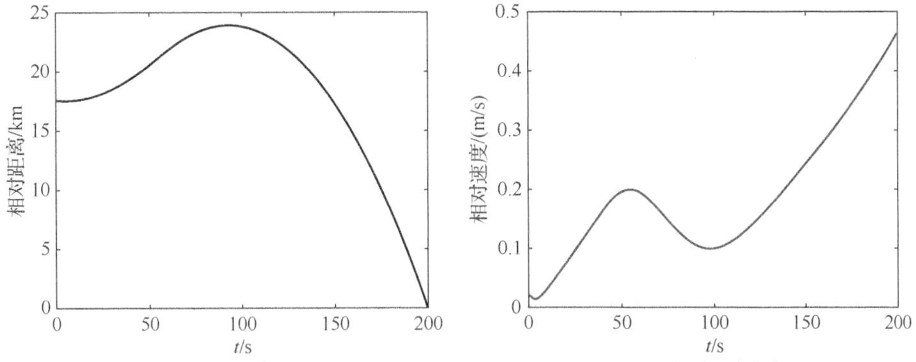

(a) 相对距离变化　(b) 相对速度变化

图 8.4.4　典型机动场景下追逃双方的相对距离和相对速度随时间变化规律

由图 8.4.4(a)可知，针对采取典型机动的目标航天器，数值计算结果收敛，追踪航天器 P 成功追上目标航天器 E，终端约束误差为 1.757×10^{-7}。图 8.4.4(b)表明，对策开始时追踪航天器为了尽快接近目标航天器，相对速度持续增加，中间过程为节省燃料，相对速度有所下降。不要求对策结束时相对速度为零，只需实际终端相对距离小于所设定的终端距离值，即认为追踪航天器成功追上目标航天器。此外，8.2 节所用计算方法能够得到追踪航天器和目标航天器的控制量随时间的变化规律，如图 8.4.5 所示。

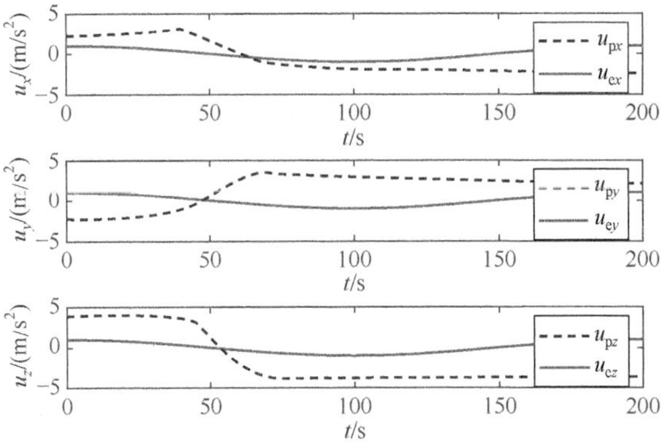

图 8.4.5　典型机动场景下追逃双方的追逃航天器控制量随时间的变化规律

由图 8.4.5 可以看出，目标航天器 E 为余弦机动，追踪航天器 P 的控制策略随着目标航天器的机动方式变化。

3. 零和博弈场景

追踪航天器与目标航天器博弈过程中只考虑终端相对距离。通过求解零和博弈问题，得到追踪航天器和目标航天器的控制策略。对对策的状态方程进行更新迭代获得追踪航天器和目标航天器各自的相对状态变化情况，得到参考坐标系下三维运动轨迹，如图 8.4.6 所示。追逃双方的相对距离和相对速度随时间变化规律如图 8.4.7 所示。

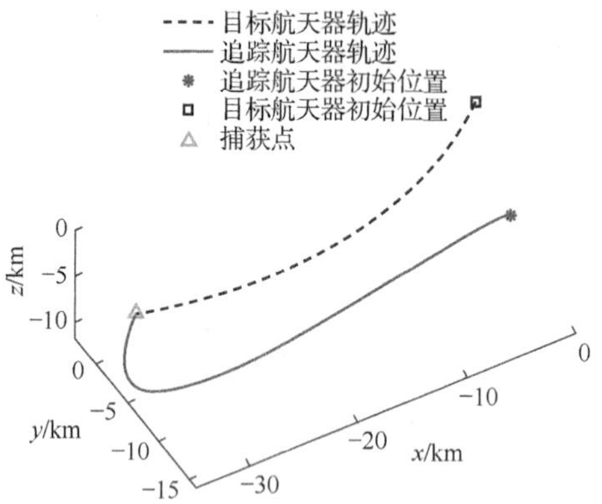

图 8.4.6　零和博弈场景下追踪航天器和目标航天器三维运动轨迹

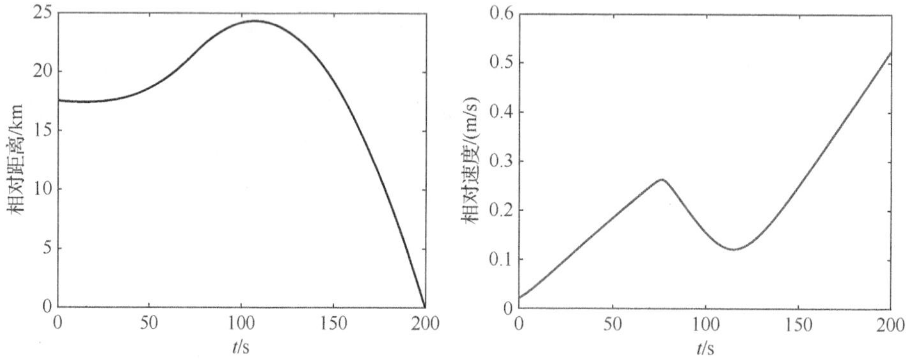

(a) 相对距离变化　　(b) 相对速度变化

图 8.4.7　零和博弈场景下追逃双方的相对距离和相对速度随时间变化规律

由图 8.4.7(a)可以看出，由于追踪航天器 y 方向初始速度较大，对策开始时相对距离逐渐增加。对策结束时，追踪航天器 P 成功追上目标航天器 E，终端约束误差为 9.339×10^{-8}。由图 8.4.7(b)可以看出，追踪航天器为减小终端相对距离，在对策结束前增加相对速度，接近目标航天器。利用 8.2 节所用的计算方法得到追逃过程中追踪航天器和目标航天器的控制量随时间的变化规律，如图 8.4.8 所示。

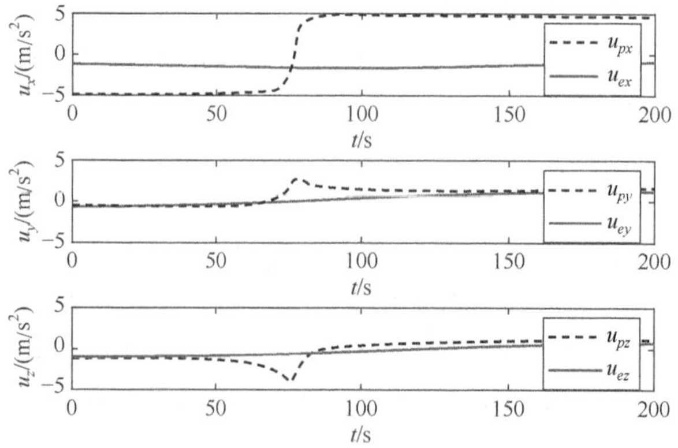

图 8.4.8　零和博弈场景下追逃航天器控制量随时间的变化规律

由图 8.4.8 可以看出，由于初始时双方相对距离较远，目标航天器控制量较小；随着对策过程接近结束，目标航天器为增加终端相对距离，控制量存在明显增加。

4. 非零和博弈场景

采用式(8.2.41)和式(8.2.42)给出的鞍点形式，首先，通过提出的数值方法对追逃博弈问题进行求解，得到追踪航天器和目标航天器的控制策略；其次，通过对状态方程进行更新迭代获得追踪航天器和目标航天器各自的相对状态变化情况，得到参考坐标系下三维运动轨迹，如图 8.4.9 所示。追逃双方的相对距离和相对速度随时间变化规律如图 8.4.10 所示。

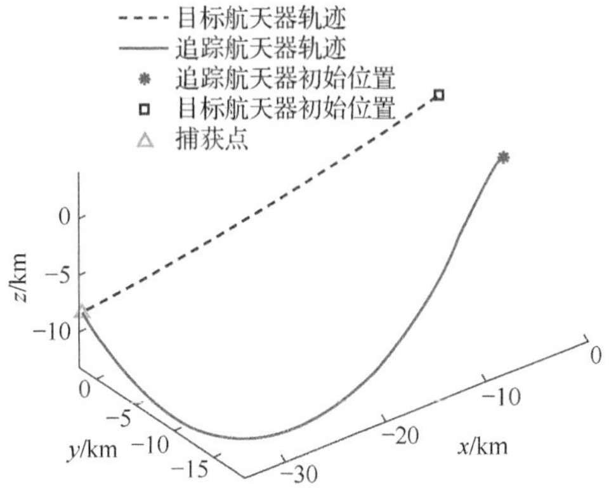

图 8.4.9　非零和博弈场景下追踪航天器和目标航天器三维运动轨迹

由图 8.4.10(a)可以看出在给定的初始状态和推力条件下，对策结束时，追踪航天器 P 成功追上目标航天器 E，终端约束误差为 3.906×10^{-7}。图 8.4.10(b)可以看出，对策结束前相对速度持续增加，根据前文，相对速度不要求为零，只需实际相对距离小于所设定的终端距离值，即认为追踪航天器成功追上目标航天器。利用此计算方法还可以得到追逃过程中，追踪航天器和目标航天器的控制量随时间的变化规律，如图 8.4.11 所示。

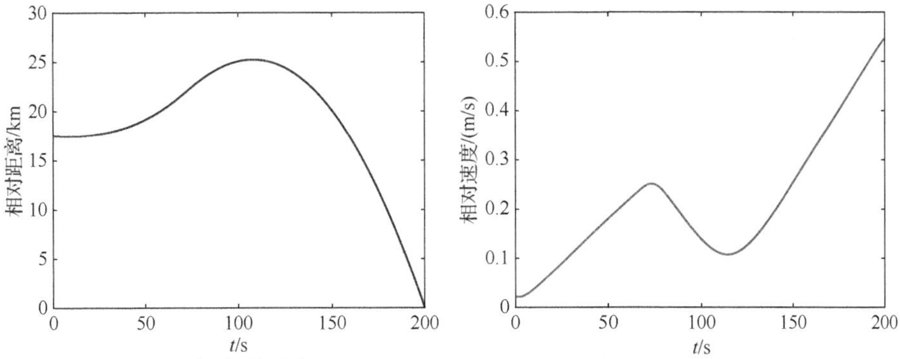

(a) 相对距离变化　(b) 相对速度变化

图 8.4.10　非零和博弈场景下追逃双方的相对距离和相对速度随时间变化规律

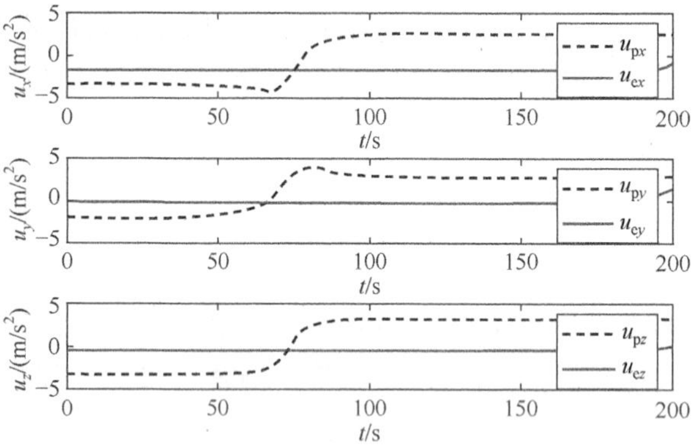

图 8.4.11 非零和博弈场景下追逃航天器控制量随时间的变化规律

由图 8.4.11 可以看出，在时间区间[50,100] s，追踪航天器控制量方向发生了变化。在给定初始状态下，控制量为初始速度反方向，一段时间后，相对距离逐渐增加，之后为尽快接近目标航天器，控制量方向发生了变化。最后的区间处控制量出现折点，这是因为拉格朗日乘子 $\boldsymbol{\lambda}_{\mathrm{p}}$、$\boldsymbol{\lambda}_{\mathrm{e}}$ 在终端时刻数值趋近于零，控制量此时会出现奇点。

此外，对以上三种不同场景下的控制量进行对比分析，如图 8.4.12 所示，目标采取典型机动场景下，追踪航天器随目标航天器机动方式选择机动策略。零和博弈场景下，追逃双方性能指标为终端相对距离，追踪航天器以最大加速度接近目标航天器，而目标航天器同样以最大加速度逃逸。非零和博弈场景下，追踪航天器与目标航天器采用提出的非零和纳什均衡策略进行追逃博弈。追踪航天器和目标航天器性能指标均包含终端相对距离，同时追踪航天器还考虑了燃料消耗。可以看出，与零和博弈场景相比，目标航天器机动策略相同，而非零和博弈场景下追踪航天器在博弈过程中所选择的策略更加节省燃料。

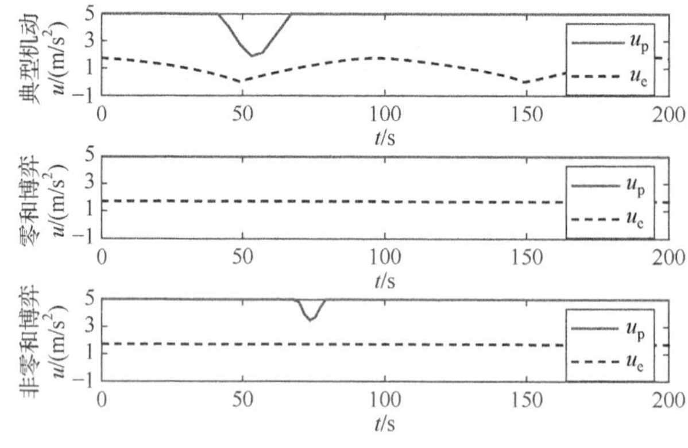

图 8.4.12 三种场景控制量随时间变化规律

思 考 题

8.1 简述庞特里亚金最小值原理和纳什-庞特里亚金最大最小原理的区别。

8.2 什么是鞍点?纳什均衡解的实际意义是什么?

8.3 假设在运行粒子群算法时，观察到算法在早期阶段收敛速度较快，但在接近最优解时，收敛速度明显减慢。请分析可能的原因，并提出改进方案，以提高粒子群算法在整个优化过程中的收敛性能。

8.4 讨论航天器追逃问题中从零和博弈到非零和博弈的转换条件。例如，初期的追逃场景可能是对抗性的，但随着任务的进行，双方的目标逐渐重叠，合作成为可能。请分析哪些因素（如外部威胁、资源共享、时间压力）可能促使博弈从零和转向非零和。

8.5 在 t 时刻，奖励 r_t 和 r_{t+1} 同样重要吗?为什么折扣因子 $\gamma \in [0,1]$？

8.6 在应用 PPO 算法进行导弹过载控制时，如何设计奖励函数以确保智能体能够有效地平衡导弹的过载与目标拦截的成功率？请考虑在奖励函数中引入哪些具体的参数或指标，以提高算法的性能和效率。

参考文献

阿尔维, 爱德华, 陈品谭, 2014. 基于滑模理论的故障检测与容错控制[M]. 周浩, 叶慧娟, 吴茂林, 译. 北京: 国防工业出版社.

程里春, 1990. 近似推理的几个定理[C]. 中国系统工程学会模糊数学与模糊系统委员会第五届年会, 成都.

郝立颖, 郑柏超, 2017. 基于滑模技术的鲁棒与容错控制[M]. 北京: 科学出版社.

郝志伟, 孙松涛, 张秋华, 等, 2019. 半直接配点法在航天器追逃问题求解中的应用[J]. 宇航学报, 40(6): 628-635.

胡昌华, 许化龙, 2000. 控制系统故障诊断与容错控制的分析和设计[M]. 北京: 国防工业出版社.

黄成, 王涛, 许家忠, 2023. 一种航天器交会与接近路径规划算法[J]. 宇航学报, 44(8): 1225-1237.

李爱国, 覃征, 鲍复民, 等, 2002. 粒子群优化算法[J]. 计算机工程与应用, 38(21): 1-3.

李少远, 戴先中, 王耀南, 等, 2011. 智能控制发展研究[C]//中国科学技术协会, 中国自动化学会. 2010～2011 控制科学与工程学科发展报告. 北京: 科学技术出版社.

李元凯, 李滚, 雍恩米, 等, 2017. 飞行器制导与控制原理[M]. 北京: 高等教育出版社.

李震, 郭华东, 李新武, 等, 2002. SAR 干涉测量的相干性特征分析及积雪划分[J]. 遥感学报, 6(5): 334-338.

李振洪, 宋闯, 余琛, 等, 2019. 卫星雷达遥感在滑坡灾害探测和监测中的应用:挑战与对策[J].武汉大学学报(信息科学版), 44(7): 967-979.

刘金琨, 2019. 滑模变结构控制 MATLAB 仿真: 基本理论与设计方法[M].4 版. 北京: 清华大学出版社.

刘泽栋, 2023. 基于低秩与稀疏特性的高光谱图像目标探测算法研究[D]. 北京: 北京化工大学.

罗亚中, 李振瑜, 祝海, 2020. 航天器轨道追逃微分对策研究综述[J]. 中国科学: 技术科学, 50(12): 1533-1545.

邱锡鹏, 2020. 神经网络与深度学习[M]. 北京: 机械工业出版社.

屈博, 郑向涛, 钱学明, 等, 2024. 高光谱遥感影像异常目标检测研究进展[J]. 遥感学报, 28(1): 42-54.

王杰超, 2019. 基于稀疏性与低秩性的高光谱图像异常检测[D]. 北京: 中国科学院大学.

王英杰, 袁利, 汤亮, 等, 2023. 信息非完备下多航天器轨道博弈强化学习方法[J]. 宇航学报, 44(10): 1522-1533.

王芋人, 武德安, 2021. 基于深度学习的小目标检测[J]. 激光杂志, 42(10): 42-46.

吴其昌, 张洪波, 2019. 基于生存型微分对策的航天器追逃策略及数值求解[J]. 控制与信息技术, (4): 39-43.

张伟楠, 沈键, 俞勇, 2022. 动手学强化学习[M]. 北京: 人民邮电出版社.

赵建博, 杨树兴, 2017. 多导弹协同制导研究综述[J]. 航空学报, 38(1): 17-29.

ALAHI A, GOEL K, RAMANATHAN V, et al., 2016. Social LSTM: Human trajectory prediction incrowded spaces[C]. Proceedings of the IEEE Conference on Computer Vision and Pattern Recognition, Las Vegas, USA: 961-971.

ALLEBOSCH G, DEBOEVERIE F, VEELAERT P, et al., 2015. EFIC: Edge based foreground background segmentation and interior classification for dynamic camera viewpoints[C]. Advanced Concepts for Intelligent Vision Systems, Catania, Italy: 130-141.

BAKER S, SCHARSTEIN D, LEWIS J P, et al., 2011. A database and evaluation methodology for optical flow[J]. International Journal of Computer Vision, 92: 1-31.

BALTIERRA S, VALDEBENITO J, MORA M, 2022. A proposal of edge detection in images with multiplicative noise using the Ant Colony System algorithm[J]. Engineering Applications of Artificial Intelligence, 110: 104715.

BARNES R M, 1988. Roll-invariant decompositions for the polarization covariance matrix[C]. Proceedings of the Polarimetry Technology Workshop, Alabama, USA: 1618.

BARNICH O, DROOGENBROECK M V, 2010. ViBe: A universal background subtraction algorithm for video sequences[J]. IEEE Transactions on Image processing, 20(6): 1709-1724.

BARRON J L, FLEET D J, BEAUCHEMIN S S, 1994. Performance of optical flow techniques[J]. International Journal of Computer Vision, 12: 43-77.

BERTINETTO L, VALMADRE J, HENRIQUES J F, et al., 2016. Fully-convolutional Siamese networks for object tracking[C].

Proceedings of Computer Vision, Lecture Notes in Computer Science, Amsterdam, Netherlands: 850-865.

BOERNER W M, BRAND H, CRAM L A, et al., 2013. Inverse Methods in Electromagnetic Imaging: Part 2[M]. Berlin: Springer Science & Business Media.

BOLME D S, BEVERIDGE J R, DRAPER B A, et al., 2010. Visual object tracking using adaptive correlation filters[C]. IEEE Computer Society Conference on Computer Vision and Pattern Recognition, California, USA: 2544-2550.

BROMLEY J, GUYON I, LECUN Y, et al., 1994. Signature verification using a 'Siamese' time delay neural network[J]. Advances in Neural Information Processing Systems: 25-44.

CAMERON W L, LEUNG L K, 1990. Feature motivated polarization scattering matrix decomposition[C]. IEEE International Conference on Radar, Washington D C, USA: 549-557.

CAMERON W L, RAIS H, 2006. Conservative polarimetric scatterers and their role in incorrect extensions of the Cameron decomposition[J]. IEEE Transactions on Geoscience and Remote Sensing, 44(12): 3506-3516.

CANDÈS E J, ROMBERG J, TAO T, 2006. Robust uncertainty principles: Exact signal reconstruction from highly incomplete frequency information[J]. IEEE Transactions on information theory, 52(2): 489-509.

CHANDRASEKHAR S, 1960. Radiative Transfer[M]. North Chelmsford: Courier Corporation.

CLOUDE S R, 1986. Group theory and polarisation algebra[J]. Optik (Stuttgart), 75(1): 26-36.

CLOUDE S R, POTTIER E, 1994. Matrix difference-operators as classifiers in polarimetric radar imaging[J]. Onde Electrique, 74(3): 34-40.

DAI J, LI Y, HE K, et al., 2016. R-FCN: Object detection via region-based fully convolutional networks[J]. Advances in Neural information Processing Systems: 379-387.

DANELLJAN M, HÄGER G, KHAN FS, et al., 2014. Accurate scale estimation for robust visual tracking[C]. British Machine Vision Conference, Nottingham, UK.

DANELLJAN M, HÄGER G, KHAN F S, et al., 2015a. Convolutional features for correlation filter based visual tracking[C]. IEEE International Conference on Computer Vision Workshop (ICCVW), Santiago, Chile: 621-629.

DANELLJAN M, HÄGER G, KHAN F S, et al., 2015b. Learning spatially regularized correlation filters for visual tracking[C]. Proceedings of the IEEE International Conference on Computer Vision, Santiago, Chile: 4310-4318.

DANELLJAN M, HÄGER G, KHAN F S, et al., 2016. Adaptive decontamination of the training set: A unified formulation for discriminative visual tracking[C]. Proceedings of the IEEE Conference on Computer Vision and Pattern Recognition, Las Vegas, USA: 1430-1438.

DUBUISSON M P, JAIN A K, 1995. Contour extraction of moving objects in complex outdoor scenes[J]. International Journal of Computer Vision, 14(1): 83-105.

FINN H M, 1968. Adaptive detection mode with threshold control as a function of spatially sampled-clutter-level estimates[J]. RCA Review, 29: 414-465.

FISHER R A, 1922. On the mathematical foundations of theoretical statistics[J]. Philosophical Transactions of the Royal Society A, 222(594-604): 309-368.

FOO B Y, CHAUDHURI S, BOERNER W M, 1984. Polarization correction to Kennaugh's target impulse response formulation and its application to the interpretation of Huynen's Mueller matrix parameters in radar polarimetry[C]. Antennas and Propagation Society International Symposium, Colorado, USA, 22: 31-34.

FREEMAN A, DURDEN S L, 1998. A three-component scattering model for polarimetric SAR data[J]. IEEE Transactions on Geoscience and Remote Sensing, 36(3): 963-973.

GALOOGAHI H K, FAGG A, LUCEY S, 2017. Learning background-aware correlation filters for visual tracking[C]. IEEE International Conference on Computer Vision, Venice, Italy: 1144-1152.

GARCIA C E, MORARI M, 1982. Internal model control. A unifying review and some new results[J]. Industrial and Engineering Chemistry Process Design and Development, 21(2): 308-323.

GIRSHICK R, 2015. Fast RCNN[C]. Proceedings of the IEEE International Conference on Computer Vision, Santiago, Chile: 1440-

1448.

GIRSHICK R, DONAHUE J, DARRELL T, et al., 2014. Rich feature hierarchies for accurate object detection and semantic segmentation[C]. Proceedings of the IEEE Conference on Computer Vision and Pattern Recognition, Columbus, USA: 580-587.

GOODFELLOW I, POUGET-ABADIE J, MIRZA M, et al., 2014. Generative adversarial nets[J]. Advances in Neural Information Processing Systems, 27.

GUO Q, FENG W, ZHOU C, et al., 2017. Learning dynamic Siamese network for visual object tracking[C]. International Conference on Computer Vision, Venice, Italy: 1763-1771.

HAN X, GAO Y, LU Z, et al., 2015. Research on moving object detection algorithm based on improved three frame difference method and optical flow[C]. 2015 Fifth International Conference on Instrumentation and Measurement, Computer, Communication and Control, Qinhuangdao, China: 580-584.

HANSSEN R F, 2001. Radar Interferometry Data Interpretation and Error Analysis[M].Berlin: Springer Science & Business Media.

HE A, LUO C, TIAN X, et al., 2018. A twofold Siamese network for real-time object tracking[C]. Conference on Computer Vision and Pattern Recognition, Utah, USA: 4834-4843.

HE K, GKIOXARI G, DOLLÁR P, et al., 2017. Mask R-CNN[C]. IEEE International Conference on Computer Vision, Venice, Italy: 2980-2988.

HE K, ZHANG X, REN S, et al., 2015. Spatial pyramid pooling in deep convolutional networks for visual recognition[J]. IEEE Transactions on Pattern Analysis and Machine Intelligence, 37(9): 1904-1916.

HE K, ZHANG X, REN S, et al., 2016. Deep residual learning for image recognition[C]. Proceedings of the IEEE Conference on Computer Vision and Pattern Recognition, Nevada, USA: 770-778.

HENRIQUES J F, CASEIRO R, MARTINS P, et al., 2012. Exploiting the circulant structure of tracking-by-detection with kernels[C]. 12th European Conference on Computer Vision, Florence, Italy: 702-715.

HENRIQUES J F, CASEIRO R, MARTINS P, et al., 2015. High-speed tracking with kernelized correlation filters[J]. IEEE Transactions on Pattern Analysis and Machine Intelligence, 37(3): 583-596.

HESSEL M, MODAYIL J, VAN HASSELT H, et al., 2018. Rainbow: Combining improvements in deep reinforcement learning[C]. Proceedings of the AAAI Conference on Artificial Intelligence, New Orleans, USA: 3215-3222.

HOLM W A, BARNES R M, 1988. On radar polarization mixed target state decomposition techniques[C]. Proceedings of the 1988 IEEE national radar conference, Ann Arbor, USA: 249-254.

HORN B K P, SCHUNCK B G, 1981. Determining optical flow[J]. Artificial intelligence, 17(1-3): 185-203.

HOWARD A G, ZHU M, CHEN B, et al., 2017. MobileNets: Mobilenets: Efficient convolutional neural networks for mobile vision applications[J]. ArXiv: 1704.04861.

HUNT K J, SBARBARO D, ŻBIKOWSKI R, et al., 1992. Neural networks for control systems: A survey[J]. Automatica, 28(6): 1083-1112.

HUYNEN J R, 1970. Phenomenological theory of radar targets[D]. Delft: Delft University of Technology.

HUYNEN J R, 1990. Stokes matrix parameters and their interpretation in terms of physical target properties[C]. Polarimetry: Radar, Infrared, Visible, Ultraviolet, and X-ray, Hunt sville, USA, 1317: 195-207.

IANDOLA F N, HAN S, MOSKEWICZ M W, et al., 2016. SqueezeNet: AlexNet-level accuracy with 50x fewer parameters and <0.5MB model size[J]. ArXiv: 1602.07360.

ICHOKU C, KARNIELI A, ARKIN Y, et al., 1998. Exploring the utility potential of SAR interferometric coherence images[J]. International Journal of Remote Sensing, 19: 1147-1160.

JIA Y, 2014. Learning semantic image representations at a large scale[D]. Berkeley: University of California.

KENNEDY J, EBERHART R, 1995. Particle swarm optimization[C]. Proceedings of ICNN'95-International Conference on Neural Networks, Perth, Australia, 4: 1942-1948.

KHANH P Q, QUAN N H, 2019. Versions of the Weierstrass theorem for bifunctions and solution existence in optimization[J]. SIAM Journal on Optimization, 29(2): 1502-1523.

KIM K, CHALIDABHONGSE T H, HARWOOD D, et al., 2005. Real-time foreground-background segmentation using codebook model[J]. Real-time Imaging, 11(3): 172-185.

KRIZHEVSKY A, SUTSKEVER I, HINTON G E, 2012. Imagenet classification with deep convolutional neural networks[J]. Advances in Neural Information Processing Systems, 60(6): 84-90.

KROGAGER E, 1990. New decomposition of the radar target scattering matrix[J]. Electronics Letters, 18(26): 1525-1527.

KUMAR V, VENKATARAMAN G, 2011. SAR interferometric coherence analysis for snow cover mapping in the western Himalayan region[J]. International Journal of Digital Earth, 4(1): 78-90.

LEE J S, POTTIER E, 2017. Polarimetric Radar Imaging: From Basics to Applications[M]. Boca Raton: CRC Press.

LEI T, JIA X, ZHANG Y, et al., 2018. Significantly Fast and Robust Fuzzy C-Means Clustering Algorithm Based on Morphological Reconstruction and Membership Filtering[J]. IEEE Transactions on Fuzzy Systems, 26(5): 3027-3041.

LI K, WAN G, CHENG G, et al., 2020. Object detection in optical remote sensing images: A survey and a new benchmark[J]. ISPRS Journal of Photogrammetry and Remote Sensing, 159: 296-307.

LI Y, ZHU J, 2014. A scale adaptive kernel correlation filter tracker with feature integration[C]. Computer Vision-ECCV 2014 Workshops: Zurich, Switzerland, Proceedings, Part Ⅱ 13. Springer International Publishing: 254-265.

LIM T, HAN B, HAN J H, 2012. Modeling and segmentation of floating foreground and background in videos[J]. Pattern Recognition, 45(4): 1696-1706.

LIN M, CHEN Q, YAN S, 2013. Network in network[J]. ArXiv: 1312.4400.

LIN T Y, GOYAL P, GIRSHICK R, et al., 2017. Focal loss for dense object detection[C]. Proceedings of the IEEE International Conference on Computer Vision, Venice, Italy: 2980-2988.

LIPTON A J, FUJIYOSHI H, PATIL R S, 1998. Moving target classification and tracking from real-time video[C]. Proceedings fourth IEEE Workshop on Applications of Computer Vision, Princeton, USA: 8-14.

LIU H, DAI J, WANG R, et al., 2016a. Combining background subtraction and three-frame difference to detect moving object from underwater video[C]. OCEANS, Shanghai, China: 1-5.

LIU T, WANG G, YANG Q X, 2015. Real-time part-based visual tracking via adaptive correlation filters[C]. Proceedings of the 2015 IEEE Conference on Computer Vision and Pattern Recognition, Boston, USA: 4902-4912.

LIU W, ANGUELOV D, ERHAN D, et al., 2016b. SSD: Single shot multibox detector[C]. Computer Vision-ECCV 2016 14th European Conference, Amsterdam, Netherlands: 21-37.

LUCAS B D, KANADE T, 1981. An Interactive registration technique with an application to stereo vision[C]. Proceedings of Imaging Understanding Workshop, Vancouver, Canada, 2: 674-679.

LÜNEBURG E, 1995. Principles of radar polarimetry[J]. IEICE Transactions on Electronics, 78(10): 1339-1345.

MA J, SHAO W, YE H, et al., 2018. Arbitrary-oriented scene text detection via rotation proposals[J]. IEEE Transactions on Multimedia, 20(11): 3111-3122.

MEI J, REN W, MA G, 2013. Distributed coordination for second-order multi-agent systems with nonlinear dynamics using only relative position measurements[J]. Automatica, 49(5): 1419-1427.

MELEKHOV I, KANNALA J, RAHTU E, 2016. Siamese network features for image matching[C]. International Conference on Pattern Recognition (ICPR), Cancun, Mexico: 378-383.

MEYER D, DENZLER J, NIEMANN H, 1997. Model based extraction of articulated objects in image sequences for gait analysis[C]. Proceedings of International Conference on Image Processing, Santa Barbara, USA, 3: 78-81.

MINSKY M, 1961. Steps toward artificial intelligence[J]. Proceedings of the IRE, 49(1): 8-30.

MOTTAGHI R, CHEN X, LIU X, et al., 2014. The role of context for object detection and semantic segmentation in the wild[C]. Computer Vision and Pattern Recognition,Columbus, USA: 891-898.

NAM H, HAN B, 2016. Learning multi-domain convolutional neural networks for visual tracking[C]. Proceedings of the IEEE Conference on Computer Vision and Pattern Recognition, Las Vegas, USA: 4293-4302.

OTSU N, 1979. A threshold selection method from gray-level histograms[J]. IEEE Transactions on Systems, Man, and Cybernetics,

9(1): 62-66.

PACE P, TAYLOR L, 1994. False alarm analysis of the envelope detection GO-CFAR processor[J]. IEEE Transactions on Aerospace and Electronic Systems, 30(3): 848-864.

PONTANI M, CONWAY B A, 2009. Numerical solution of the three-dimensional orbital pursuit-evasion game[J]. Journal of Guidance Control and Dynamics, 2(32): 474-487.

RATNOO A, SHIMA T, 2012. Guidance strategies against defended aerial targets[J]. Journal of Guidance, Control, and Dynamics, 35(4): 1059-1068.

RAULT J, RICHALET A, TESTUD J L, et al., 1978. Model predictive heuristic control: Application to industrial processes[J]. Automatica, 14(5): 413-428.

REDMON J, DIVVALA S, GIRSHICK R, et al., 2016. You only look once: Unified, real-time object detection[C]. Proceedings of the IEEE Conference on Computer Vision and Pattern Recognition, Las Vegas, USA: 779-788.

REDMON J, FARHADI A, 2018. Yolov3: An incremental improvement[J]. ArXiv: 1804.02767.

REED I S, YU X, 1990. Adaptive multiple-band CFAR detection of an optical pattern with unknown spectral distribution[J]. IEEE Transactions on Acoustics, Speech, and Signal Processing, 38(10): 1760-1770.

REN S, HE K, GIRSHICK R, et al., 2015. Faster RCNN: Towards real-time object detection with region proposal networks[J]. IEEE Transactions on Pattern Analysis and Machine Intelligence, 39(6): 1137-1149.

REN W, 2008. On consensus algorithms for double-integrator dynamics[J]. IEEE Transactions on Automatic Control, 6(53): 1503-1509.

RICHARDS M A, SCHEER J A, HOLM W A, 2010. Principles of modern radar: Basic principles[R]. Stevenage: IET Digital Library.

RINGROSE R, HARRIS N, 2000. Ship detection using polarimetric SAR data[C]. SAR Workshop: CEOS Committee on Earth Observation Satellites, Noordwijk, the Netherlands, 450: 687.

ROHLING H, 1983. Radar CFAR thresholding in clutter and multiple target situations[J]. IEEE Transactions on Aerospace and Electronic Systems, (4): 608-621.

ROWEIS S T, SAUL L K, 2000. Nonlinear dimensionality reduction by locally linear embedding[J]. Science, 290(5500): 2323-2326.

SICA F, PULELLA A, NANNINI M, et al., 2019. Repeat-pass SAR interferometry for land cover classification: A methodology using Sentinel-1 Short-Time-Series[J]. Remote Sensing of Environment, 232: 111277.

SIMONYAN K, ZISSERMAN A, 2014. Very deep convolutional networks for large-scale image recognition[J]. ArXiv: 1409.1556.

STAUFFER C, GRIMSON W E L, 1999. Adaptive background mixture models for real-time tracking[C]. IEEE Computer Society Conference on Computer Vision and Pattern Recognition, Fort Collins, USA, 2: 246-252.

STEVENS B L, LEWIS F L, JOHNSON E N, 2015. Aircraft Control and Simulation: Dynamics, Controls Design, and Autonomous Systems[M]. Hoboken: John Wiley & Sons.

STUPIK J, PONTANI M, CONWAY B, 2012. Optimal pursuit/evasion spacecraft trajectories in the hill reference frame[C]. AIAA/AAS Astrodynamics Specialist Conference, Minneapolis, USA: 4882.

SUTSKEVER I, MARTENS J, HINTON G E, 2011. Generating text with recurrent neural networks[C]. Proceedings of the 28th International Conference on Machine Learning, Washington D C, USA: 1017-1024.

SZEGEDY C, LIU W, JIA Y, et al., 2015. Going deeper with convolutions[C]. Proceedings of the IEEE Conference on Computer Vision and Pattern Recognition, Boston, USA: 1-9.

TAO R, GAVVES E, SMEULDERS A W M, 2016. Siamese instance search for tracking[C]. Conference on Computer Vision and Pattern Recognition, Las Vegas, USA: 1420-1429.

TOUZI R, CHARBONNEAU F, 2002. Characterization of target symmetric scattering using polarimetric SARs[J]. IEEE Transactions on Geoscience and Remote Sensing, 40(11): 2507-2516.

TOUZI R, CHARBONNEAU F, HAWKINS R K, et al., 2001. Ship-sea contrast optimization when using polarimetric SARs[C]. International Geoscience and Remote Sensing Symposium, Sydney, Australia, 1: 426-428.

TOUZI R, LOPES A, BRUNIQUEL J, et al., 1999. Coherence estimation for SAR imagery[J]. IEEE Transactions on Geoscience and

Remote Sensing, 37(1): 135-149.

TRUNK G V, 1978. Range resolution of targets using automatic detectors[J]. IEEE Transactions on Aerospace and Electronic Systems, (5): 750-755.

VALMADRE J, BERTINETTO L, HENRIQUES J, et al., 2017. End-to-end representation learning for correlation filter based tracking[C]. Conference on Computer Vision and Pattern Recognition, Honolulu, USA: 2805-2813.

VAN DROOGENBROECK M, PAQUOT O, 2012. Background subtraction: Experiments and improvements for ViBe[C]. IEEE Computer Society Conference on Computer Vision and Pattern Recognition Workshops,Providence, USA: 32-37.

VAN HASSELT H, GUEZ A, SILVER D, 2016. Deep reinforcement learning with double Q-learning[C]. Proceedings of the AAAI Conference on Artificial Intelligence,Phoenix, USA: 30.

VASWANI A, SHAZEER N, PARMAR N, et al., 2017. Attention is all you need[J]. Advances in Neural Information Processing Systems, 30.

WANG L, XIAO F, 2010. Finite-time consensus problems for networks of dynamic agents[C]. 31st Conference on Neural Information Processing System, Long Beach, USA: 5998-6008.

WANG Q, TENG Z, XING J, et al., 2018. Learning attentions: Residual attentional Siamese network for high performance online visual tracking[C]. Conference on Computer Vision and Pattern Recognition,Salt Lake City, USA: 4854-4863.

WANG X, HONG Y, 2008. Finite-time consensus for multi-agent networks with second-order agent dynamics[J]. IFAC Proceedings Volumes, 41(2): 15185-15190.

WANG Z, SCHAUL T, HESSEL M, et al., 2016. Dueling network architectures for deep reinforcement learning[C]. International Conference on Machine Learning, New York, USA, 48: 1995-2003.

WERNER P, THORPE R, BUNKER D, 1996. Teaching games for understanding: Evolution of a model[J]. Journal of Physical Education Recreation and Dance, 67(1): 28-33.

WILLIAMS R J, 1992. Simple statistical gradient-following algorithms for connectionist reinforcement learning[J]. Machine Learning, 8: 229-256.

WREN C R, AZARBAYEJANI A, DARRELL T, et al., 1997. Pfinder: Real-time tracking of the human body[J]. IEEE Transactions on Pattern Analysis and Machine Intelligence, 19(7): 780-785.

YAMAGUCHI Y, MORIYAMA T, ISHIDO M, et al., 2005. Four-component scattering model for polarimetric SAR image decomposition[J]. IEEE Transactions on Geoscience and Remote Sensing, 43(8): 1699-1706.

YANG J, PENG Y N, YAMAGUCHI Y, et al., 2006. On Huynen's decomposition of a Kennaugh matrix[J]. IEEE Geoscience and Remote Sensing Letters, 3(3): 369-372.

YU D, GUO H, ZHANG B, et al., 2019. Aircraft detection in remote sensing images using cascade convolutional neural networks[J]. Acta Geodaetica et Cartographica Sinica, 48(8): 1046-1058.

YU X, HU X, WANG G, et al., 2022. Machine - learning estimation of snow depth in 2021 Texas statewide winter storm using SAR imagery[J]. Geophysical Research Letters, 49(17): e2022GL099119.

ZAGORUYKO S, KOMODAKIS N, 2015. Learning to compare image patches via convolutional neural networks[C]. Proceedings of the IEEE Conference on Computer Vision and Pattern Recognition, Boston, USA: 4353-4361.

ZARCHAN P, 2012. Tactical and Strategic Missile Guidance[M]. Reston: American Institute of Aeronautics and Astronautics, Inc.

ZEBKER H A, CHEN K, 2005. Accurate estimation of correlation in InSAR observations[J]. IEEE Geoscience and Remote Sensing Letters, 2(2): 124-127.

ZEBKER H A, WERNER C L, ROSEN P A, et al., 1994. Accuracy of topographic maps derived from ERS-1 interferometric radar[J]. IEEE Transactions on Geoscience and Remote Sensing, 32(4): 823-836.

ZHANG A, LIPTON Z C, LI M, et al., 2023. Dive into Deep Learning[M]. Cambridge: Cambridge University Press.

ZHANG C, TAO C, XU Y, et al., 2024. Autonomous defense of unmanned aerial vehicles against missile attacks using a GRU-based PPO algorithm[J]. International Journal of Aeronautical and Space Sciences, 25: 1034-1049.

ZHANG P, LIU H H T, LI X, et al., 2013. Fault tolerance of cooperative interception using multiple flight vehicles[J]. Journal of the

Franklin Institute, 350(9): 2373-2395.

ZIEGLER V, LÜNEBURG E, SCHROTH A, 1992. Mean backscattering properties of random radar targets: A polarimetric covariance matrix concept[C]. Proceedings of the 12th Annual International Geoscience and Remote Sensing Symposium, Houston, USA, 1: 266-268.